# DIE LEHRE VOM CHARAKTER

# DIE LEHRE VOM CHARAKTER

EINE EINFÜHRUNG IN DIE PROBLEME
UND METHODEN DER DIAGNOSTISCHEN
PSYCHOLOGIE

VON

DR. ROBERT HEISS

O. PROF. AN DER
UNIVERSITÄT FREIBURG i. BR.

ZWEITE, DURCHGESEHENE
UND ERWEITERTE AUFLAGE

WALTER DE GRUYTER & CO.

VORMALS G. J. GÖSCHEN'SCHE VERLAGSHANDLUNG — J. GUTTENTAG, VERLAGSBUCHHANDLUNG — GEORG REIMER — KARL J. TRÜBNER — VEIT & COMP

BERLIN 1949

Printed in Germany
Archiv-Nr. 42 40 49
Herstellung Meisenbach Riffarth & Co., A.-G., Bln.-Schöneberg

# VORWORT

Die Charakterforschung hat in den letzten Jahrzehnten eine große Entwicklung durchgemacht. Neue Methoden sind aufgetaucht, neue Ergebnisse wurden gefunden. Wer heute das Ganze dieser Forschung darstellen will, muß zunächst die erprobten Ergebnisse, die bewährten alten und die neuen zukunftsweisenden Methoden aufzeigen. Dazu gehoren die referatmäßige Darstellung und der einfache Nachweis des Geleisteten.

Ein lehrbuchartiger Bericht, der sich darauf beschränkt, Methoden nebeneinander zu stellen und Ergebnisse darzustellen, erweckt nur zu leicht den Eindruck, als ob die Wissenschaft vom Charakter in eine Vielheit von Richtungen auseinandergebrochen sei und das gemeinsame Ziel verloren habe. Dieses Buch will zeigen, was die verschiedenen Ansätze leisten, inwiefern sie sich ergänzen, und wo die Grenzen der einzelnen Betrachtungsweisen liegen.

Doch will es mehr als das. Die bisherige Leistung der Charakterologie war im wesentlichen Deutung des Charakters als Ausdruck, und Erfassung des Charakters auf typologischem Weg. Mehr und mehr aber zeigte sich, daß es nicht genügt, einen Charakter in seiner gegenwärtigen Form zu erfassen, sondern daß er aus seiner Entwicklung begriffen werden muß. Das Buch will in diesem Sinn charakterologisch begreifen lehren, es will die Mittel und Wege finden und zeigen, die zu diesem Ziel führen.

Seit geraumer Zeit ist ein neues Wissen von den Grundlagen des menschlichen Seins im Entstehen begriffen. Unter dem Namen Anthropologie hat man die Gesamtheit dieser auf verschiedenen Wegen zu einem gemeinsamen Ziel strebenden Forschung begriffen. Wenn die Charakterologie ein Teil der Anthropologie ist, dann muß sie den Charakter in seinem Aufbau sehen und das Werden der Eigenschaften aus den allgemeinen Grundlagen und besonderen Anlagen des Menschen begreifen.

Zu danken habe ich für mancherlei Hilfe und Ratschlag: Herrn Dr. H. Bruch, Herrn Dr. C. Linfert und Frau E. Seeger.

Köln, im Juni 1936 *Robert Heiss*

## Zur zweiten Auflage

Die beabsichtigte vollständige Umarbeitung des Buches konnte anderer Arbeiten und der Ungunst der Zeit halber nicht verwirklicht werden. Doch wurde, um das Buch hinsichtlich der Methoden charakterlicher und psychologischer Begutachtung auf den Stand der heutigen Forschung zu bringen, das neunte Kapitel dazugefügt. Frl. Dr. H. Hiltmann und Frl. Dr. B. Muchow danke ich für Hilfe.

Freiburg, im Juli 1949 *Robert Heiss*

INHALTSVERZEICHNIS

# I. DIE ERBLICHE UND BEHARRENDE GRUNDGESTALT DES CHARAKTERS

## ERSTES KAPITEL

## DIE ENTSTEHUNG DER CHARAKTEROLOGIE AUS DER PSYCHOLOGIE UND IHRE BEITRÄGE ZUM PROBLEM DER PERSÖNLICHKEIT

Als die Psychologie sich von der Philosophie löste und zur Einzelwissenschaft wurde, war diese Wendung durch die Begrenzung des Seelenbegriffes markiert. Man betrachtete die Seele nicht mehr nach ihrer Bedeutung im Ganzen des Lebens, man fragte nicht mehr nach ihrer Bedeutung für das Leben und die Persönlichkeit, sondern man wollte zunächst das seelische Leben für sich, in seinen Elementen und Prozessen erkennen. Das seelische Leben wurde Gegenstand der Psychologie, und man ging davon aus, daß Bewußtsein sein Charakteristikum ist. Daher rückt jetzt in den Mittelpunkt der Psychologie die Dreiteilung von Denken, Fühlen und Wollen. In diesen Funktionen erscheint das seelische Leben, und ihre Untersuchung wurde die Hauptaufgabe der Psychologie. Weil diese Psychologie einen engen und in vielen Fällen zu engen Seelenbegriff zugrundelegte, setzte eine wachsende Kritik ein, und es gab manchen, der ihr Verfahren und ihre Ergebnisse überhaupt ablehnte. Indes ohne die gewaltigen Anstrengungen, ohne die Unsumme von Arbeit und Erkenntnissen, ohne die Erziehung zur sorgfältigen und genauen Betrachtung der seelischen Tatsachen und Vorgänge, die man dieser Psychologie verdankt, wäre man nicht weitergekommen. Schließlich war es doch die vielgeschmähte „Schulpsychologie", die langsam und stetig ihren eigenen Ansatz überwand und den Weg zu einer neuen Auffassung des seelischen Lebens im Gesamtleben der Persönlichkeit freimachte.

Freilich, die Schulpsychologie konnte offensichtlich keine Antwort auf die Frage nach der Bedeutung der Seele für den lebendigen Prozeß und die Persönlichkeit überhaupt geben. Über der Frage nach der Eigenart des seelischen Lebens hatte man die Frage nach der Bedeutung der Seele für das Leben verloren. Man hoffte, wenn man erst die seelischen Tatsachen und Prozesse erkannt hätte, wieder zu dieser Frage zurückzukehren und sie beantworten zu können. Aber eine Fülle von Elementen und Vorgängen zeigte sich, stets wachsend verzweigte sich für die Psychologie die Seele in eine unübersehbare Vielgestaltigkeit von Erscheinungen. Nirgends wurde der Begriff der Seele so verschieden definiert wie in der Psychologie, der Lehre von der Seele. Es bedurfte neuer Einsätze, um wieder zum seelischen Leben als zu einem Ganzen zurückzufinden.

## DIE TIEFENPSYCHOLOGIE

Die neue Auffassung des Seelenlebens ist durch die Einsicht gekennzeichnet, daß das seelische Leben notwendig immer auf andere Prozesse zurückweist, sei es auf den biologisch-körperlichen Prozeß oder auf den Prozeß der Entwicklung der ganzen Persönlichkeit. Der erste Einsatz, der stark genug war, eine neue Forschungslinie zu tragen, war die Entdeckung des Unbewußten. Bei der Untersuchung von seelischen Vorgängen, wie Hypnose, Suggestion, und Entartungserscheinungen des seelischen Lebens, wie Hysterie, erkannte man, daß hinter den bewußten Vorgängen das Unbewußte arbeitet. Entscheidend aber war die Einsicht, daß das Unbewußte ein Teil des Seelenlebens ist. Damit war die Einstellung, die lediglich im bewußten Seelenleben die Seele erkennen will, durchbrochen. Wiederum lag die eigentliche Bedeutung dieser Fragestellung nicht so sehr in der Erkenntnis, daß das Unbewußte direkt das bewußte Seelische beeinflußt. Man fand vielmehr, daß vom Unbewußten indirekte, dem Bewußtsein verborgene Wirkungen ausgehen. Das Bewußtsein kann, ohne es zu wissen, vom Unbewußten geführt werden. Diese Tatsache war der Angelpunkt, von dem aus man das Unbewußte erschloß. Man konnte nicht umhin, in ihm einen Teil der Seele zu erkennen. Denn der Hypnotisierte, der andern Tages einen in der Hypnose gegebenen Befehl bei vollem Bewußtsein ausführt, täuscht sich über seine wahren Beweggründe. Ihm selbst scheint es, als ob dieser Vorgang durch das Bewußtsein regiert und veranlaßt würde. Er weiß nichts davon, daß er einem fremden Willen untersteht, aber er sucht und findet Gründe, die Handlung zu rechtfertigen. Dieser Tatbestand zeigt unweigerlich, daß das Bewußtsein nicht immer die zentrale Stelle hat, die ihm die Schulpsychologie zuschrieb. Im Gegenteil: in diesen und ähnlichen Vorgängen ist das Bewußtsein von hintergründlichen Mächten geführt, und das bewußte Motiv ist nur ein Ersatz und eine Folge der unbewußten Veranlassung. Ähnliches zeigt sich beim Hysteriker. In seiner Untersuchung der Hysterie sagt Kretschmer: „Der hypobulische Wille gleicht hier in seinem Verhältnis zum Zweckwillen einem dunklen Doppelgänger, der seinen schmächtigen, blassen Bruder vor sich herschiebt. In allen Kleinigkeiten läßt er ihm scheinbar Vortritt und freie Hand. Bei jeder entscheidenden Situation aber drückt er ihn wie ein dünnes Schemen auf die Seite und ist mit einem Sprung selbst auf dem Platz“[1]. In der Verfolgung solcher Vorgänge und Erscheinungen kam es zu einer Auffassung des

[1] E. Kretschmer: Über Hysterie. Leipzig 1932. S. 85.

Seelenlebens, die in aller Einseitigkeit Freud zuerst vertreten hat. Danach ist die bewußte Seele nur der maskierte Doppelgänger des Unbewußten, der freilich eine gewisse Macht und Zensur über das unbewußte Geschehen hat. Das Bewußtsein gleicht einer Bühne, auf der sich eine Vorstellung mit ihrem eigenen Sinn und Zusammenhang abspielt. Aber hintergründlich wird die Vorstellung von den Kulissen regiert; was auf der Bühne geschieht, ist mehr oder minder Schein. Da Freud vereinfachend an die Stelle des Unbewußten das Triebleben setzt, so tritt im bewußten Seelenleben in tausend Verkleidungen, Masken und Symbolen immer nur der eigentliche Antreiber, das Triebleben, in Erscheinung.

Es ist bezeichnend für diese und ähnliche Forschungen, daß sie vor allem von Medizinern und Psychiatern ausgingen. Der Mediziner stößt in seiner Behandlung seelisch erkrankter Personen immer wieder auf die Tatsache, daß das bewußte Seelenleben in der seelisch kranken Persönlichkeit vorhanden ist und arbeitet, aber eigentümlich zwangsläufig von anderen Mächten regiert wird. Da er nun im Kranken eine Entartung des Gesunden sieht, ist er geneigt, die Hintergründe, die er im kranken Seelenleben findet, auch beim Gesunden zu vermuten. Was beim Kranken übermächtig geworden ist, muß sich auch beim Gesunden, freilich in geringerem Grade, finden.

Man hat die Gesamtheit dieser Forschung mit dem Namen Tiefenpsychologie bezeichnet. Dieser Name trifft wirklich die einzelnen, im Ansatz und Ergebnis verschiedenen Forschungsrichtungen in ihrer Hauptlinie.. Man wollte die G r u n d l a g e des Bewußtseins finden, und man suchte sie in Vorgängen, die vor und unter dem Bewußtsein liegen. Wenn man auch bald nicht mehr allein im Unbewußten die Grundlage des Bewußtseins vermutete, so entdeckte man sie doch in Geschehnissen, die dem Bewußtsein vorgängig sind. Freud hat das erste große tiefenpsychologische System gegeben. Adler verläßt diese Theorie von der Allgewalt des Unbewußten. Ihm hatte sich wiederum in der Behandlung seelischer Krankheiten die Tatsache ergeben, daß Organminderwertigkeiten vor allem das seelische Leben in Bewegung setzen. Er erweitert diesen Ansatz und behauptet, daß von den Minderwertigkeitsgefühlen der Anstoß zu seelischen Vorgängen kommt. Konsequent definiert er daher die Seele als Verteidigungsorgan. Schwache Punkte in der Persönlichkeit werden von ihr ergriffen. Sie treten zuerst als Minderwertigkeitsgefühl auf und lösen dann kompensatorische seelische Anstrengungen aus, die als Ziel die Überwindung der Minderwertigkeit erstreben. Im Prinzip ist diese Methode der Freudschen ähnlich, so verschieden sie in der Arbeit ist, und so heftig sich beide Richtungen bekämpfen. Auch Adler will aus den Tiefen oder, richtiger gesagt, aus den Untiefen der Seele das seelische Leben erklären. So ist denn auch diese Theorie nicht weniger einseitig als die Freudsche. Die Gültigkeit der einen wie der anderen Lehre für bestimmte Fälle des kranken seelischen Lebens kann nicht bestritten werden. Aber der Absolutheitsanspruch, mit dem beide Forscher behaupten, das seelische Leben in seiner Gesamtheit erklärt zu haben, ist unhaltbar; denn der Seelenbegriff, der hier auftaucht, ist unvergleichlich viel enger und beschränkter als derjenige der Schulpsychologie. In Wirklichkeit wird gar nicht mehr von der Seele gesprochen, sondern von Grenzvorgängen des seelischen Lebens. Die Stellung der Seele im Gesamtleben der Persönlichkeit wird von der kranken Persönlichkeit aus geklärt. Das Ergebnis ist in jedem Fall ein verzerrtes Bild der Seele.

Das Bestechende an diesen und ähnlichen Lehren ist die Vereinfachung des Seelenlebens, die sie vornehmen. Wie bei Freud das seelische Leben ein Wechselspiel zwischen Bewußtem und Unbewußtem, so ist es bei Adler ein Wechselspiel zwischen Minderwertigkeitsgefühl und seelischer Kompensation. Sieht man aber genauer zu, dann besteht die ganze Tätigkeit der Seele im einen Fall im Hemmen, im andern Fall im Verteidigen. Diese Vorgänge jedenfalls sind die Kernvorgänge. Im Grunde ist von hier aus nicht mehr weit zu der Behauptung des Behaviorismus, der von der Seele als von einer „leeren Annahme" spricht und an ihre Stelle auch wieder ein Verhältnis, nämlich das von Reiz und Reaktion, setzen will. Hier wie dort wird das seelische Leben bis zu einem Punkt vereinfacht, der es möglich macht, ohne den Begriff der Seele auszukommen. Wie der Behaviorismus zum Beweis seiner Behauptung vor allem das seelische Leben im Säuglingsalter analysiert, so analysieren Individualpsychologie und Psychoanalyse zum Beweis ihrer Behauptungen das seelische Leben Kranker. Aber die nicht zu leugnende Tatsache, daß man zur Erklärung dieser Fälle den Seelenbegriff so vereinfachen oder gar aufgeben kann, gibt noch nicht das Recht, mit diesen Mitteln das seelische Leben überhaupt darzustellen.

Diese Kritik berührt die positiven Leistungen der Tiefenpsychologie nicht. Abgesehen von den Leistungen in ihrem eigensten Lebensgebiet, der Heilung von seelischen Störungen, hat die Tiefenpsychologie auch die Kenntnis des gesunden seelischen Lebens bereichert. Vorgänge, die bis dahin nicht untersucht waren, wurden erkannt und beschrieben. Freud hat die verdrängende Funktion des Bewußtseins nachgewiesen, er konnte zeigen, wie sexuelle Wünsche aus dem Bewußtsein abgestoßen und ins Unbewußte verdrängt werden. Mit dieser Erkenntnis gewannen die Vorgänge des Vergessens und die sogenannten Fehlleistungen, wie Versprechen, Verschreiben und andere einen neuen Sinn. Man erkannte, daß auch das unbewußte Seelenleben sich nach bestimmten Prinzipien gestaltet. Adler wies auf den Vorgang der Kompensation hin. Er zeigte, wie die seelische Arbeit Ausgleichsarbeit sein kann, wie aus dem Gefühl der Minderwertigkeit, des Versagens und der Abhängigkeit Komplexe entstehen, die ihrerseits wieder der Anlaß zu seelischen Anstrengungen werden. Er gab damit den Schlüssel zum Verständnis von Gegensätzlichkeiten des seelischen Lebens, deren Charakter bis dahin nicht erkannt war. Er konnte zeigen, wie z. B. von der innerlichen Schüchternheit und der innerlichen Unsicherheit kompensatorisch der Weg zur äußerlichen Frechheit und Sicherheit führt. Die Vorgänge des Verdrängens und Kompensierens, die im kranken Seelenleben an zentraler Stelle stehen, haben auch im Seelenleben des Normalen ihre Bedeutung.

## DIE KONSTITUTIONSPSYCHOLOGIE

Die Frage nach dem Zusammenhang des seelischen Lebens mit dem körperlichen war durch die Tiefenpsychologie nicht beantwortet und nur noch dringlicher geworden. Freud und Adler hatten gezeigt, daß körperliche Vorgänge und Tatsachen, wie das Triebleben und organische Minderwertigkeiten, entscheidend in das seelische Leben eingreifen können. Weil in der Richtung ihrer Theorien die verallgemeinernde Behauptung lag, daß das Triebleben und die Minderwertigkeiten die Grundlage des seelischen Lebens überhaupt darstellen, war das alte Problem des Zusammenhangs von körperlichem und seelischem Geschehen in eine neue Situation gekommen.

Die Konstitutionspsychologie wollte diese Beziehungen klären, indem sie den Zusammenhang zwischen seelischen und körperlichen Formen aufs neue untersuchte. Frühere Versuche, wie die Gallsche Schädellehre, gingen einen primitiven Weg. Sie nahmen an, daß die seelischen Fähigkeiten und Eigenschaften im Gehirn lokalisiert wären und demzufolge an der Form des Schädels abgelesen werden könnten. Das Verfahren der Konstitutionspsychologie ist wesentlich feiner. Sie stellte Typen des seelischen Geschehens dar und ging auf der anderen Seite von Typen des Körperbaus aus. Es gelang sowohl Kretschmer wie Jaensch, den Nachweis zu führen, daß zwischen dem seelischen Geschehen und den biologischen Vorgängen Zusammenhänge bestehen.

Der eindrucksvollste Weg war der von Kretschmer. Er stellte zwei psychologische Typen der Persönlichkeit auf, die er aus den beiden großen Formen der Geisteskrankheiten gewann und bis ins Normale hinein verfolgte. Er gab dann an Hand eines Materials, das ursprünglich etwa 260 Personen, heute aber viele tausend Fälle umfaßt, den statistischen Nachweis, daß die gefundenen psychischen Grundtypen in weitaus überwiegender Zahl mit ihren Körperbauformen verbunden sind.

Die Kretschmerschen Untersuchungen sind in ihren Grundlagen abgeschlossen, die Ergebnisse der Arbeiten von Jaensch und seiner Schule aber liegen erst teilweise vor. Der Leitgedanke beider Forschungslinien ist der Begriff der Konstitution, der in der Medizin schon lange gebraucht wird. Unter Konstitution versteht der Mediziner die einheitliche körperliche und psychische Grundbeschaffenheit des Individuums. Die „psychophysiologische Grundstruktur" der Formen ist weitgehend durch die Erbmasse bestimmt. Kretschmer definiert Konstitution geradezu als „die Gesamtheit aller der individuellen Eigenschaften, die auf Vererbung beruhen, d. h. genotypisch verankert sind"[2]. Andere Definitionen des Konstitutionsbegriffes neigen dazu, auch Umweltfaktoren, die die Erbanlagen entscheidend und dauernd modifiziert haben, mit in die Konstitution einzurechnen.

Nun behauptet die Konstitutionspsychologie, daß diese ins Körperliche und Seelische übergreifende Grundanlage des Menschen sich wiederum in

---

[2] E. Kretschmer: Körperbau und Charakter. Berlin 1921. S. 184.

seiner Entwicklung und Ausprägung nach der seelischen wie der körperlichen Seite als geschlossener Typus gestaltet. Wenn daher der Zusammenhang zwischen körperlich-biologischem und seelischem Typ nachgewiesen werden kann, dürfte man annehmen, daß eine einheitliche konstitutionelle Grundstruktur der Träger dieser Typen ist. Sie wären zwei Ausformungen derselben Grundlage, und in diesem Sinn weisen der körperlich pyknische Typ und der seelisch zyklothyme Typ, der körperlich asthenische oder der athletische und der seelisch schizothyme Typ auf je eine einheitliche Konstitution hin. Kretschmer, der diese Typen aufgestellt hat, betont und belegt an Beispielen, daß bei Kreuzung konstitutioneller Anlagen auch die Typen sich kreuzen und verwaschen können.

Für die Psychologie und die Charakterkunde ist die Kardinalfrage, wieweit das seelische Geschehen durch die konstitutionellen Formelemente bedingt ist. Ist durch den Konstitutionstyp die gesamte Persönlichkeit bestimmt? In der Tat meinen Kretschmer und Jaensch, daß sich die typischen konstitutiven Züge der Persönlichkeit in allen ihren Verzweigungen und Schichten nachweisen lassen. Die Tendenz der Kretschmerschen Arbeit geht ausgesprochen dahin, das ganze Verhalten und Charakterbild eines Menschen auf den Konstitutionstyp zurückzuführen.

Man könnte danach vermuten, daß die Gesamtpersönlichkeit bis in ihre einzelnen Züge hinein eine Entfaltung des konstitutionellen Typs ist. Diese Vermutung hat so weit recht, als sich wirklich die charakteristischen psychologischen Merkmale einer Konstitution in allen Äußerungen der Persönlichkeit wiederfinden. Was die Persönlichkeit an Erfahrungen und sachlichen Gehalten aufnimmt, was sie an Ziel- und Wertsetzungen annimmt, und was sie als Leistung wieder aus sich herausstellt, ist durch den Konstitutionstyp gefärbt. Aber das geht nicht so weit, daß der Konstitutionstyp einen Menschen e i n d e u t i g zu bestimmten Erfahrungen, Werten, Zielen und Leistungen bestimmt. Denn er sagt nichts über die Inhalte, an denen und durch die sich die Person formt, sondern er ermittelt nur die Formprinzipien, durch welche die Formung und Prägung des Menschen geschieht.

Es ist daher charakteristisch, daß Kretschmer und Jaensch innere Bewegungsformen als Kern des psychologischen Grundtyps zeigen. Der Kretschmersche Typ des Zyklothymen ist durch die „diathetische Proportion", die zwischen heiter und traurig liegt, durch die schwingende Temperamentskurve, die zwischen beweglich und behäbig liegt, und durch die Psychomotilität, die reizadäquat, rund und natürlich ist, bestimmt. Dagegen ist der schizothyme Typ durch die „psychästhetische Proportion", die zwischen empfindlich und kühl liegt, durch die springende Temperamentskurve, die zwischen sprunghaft und zäh liegt, in ihrer Denk- und Fühlweise alternativ ist, und durch eine reizinadäquate Psychomotilität, die verhalten, lahm, gesperrt, steif usw. ist, gekennzeichnet. Jaensch unterscheidet die Haupttypen des „Integrierten" und „Desintegrierten". Unter „Integration" versteht er das gegenseitige Durchdringen und Ineinanderarbeiten psychischer

Funktionen. Der desintegrierte Typ zeigt Selbständigkeit der psychischen Funktionen, die bis zur Gespaltenheit und Isolierung der einzelnen Funktionen gehen kann. Jaensch selbst hat einen Vergleich des zyklothymen und integrierten und des schizothymen und desintegrierten Typs durchgeführt.

Wieweit bestimmen nun die psychologischen Typen die Persönlichkeit? In erster Linie werden die Typen durch den inneren Ablauf und das innere Bewegungsgefüge, durch das Beisammen bzw. das Gegeneinander der psychischen Funktionen charakterisiert. Damit ist natürlich auch das Verhalten der Person weitgehend bestimmt. Aber diese innere Steuerung läßt doch Spielraum für andere Einwirkungen. Was der Person an Situationen und Erlebnissen begegnet, die Erfahrungen, die sie macht, und die Zielmöglichkeiten, die ihr gegeben werden, erfüllen inhaltlich die von innen heraus bestimmte Bewegungsform. Sach- und Denkgehalte haben ihrerseits wiederum die Kraft, die Persönlichkeit zu steuern.

Kretschmers Buch trägt den Titel: Körperbau und Charakter. Der erste Teil handelt vom Körperbau, der zweite von den Temperamenten. Unter Temperament begreift er erstens die seelischen Apparate und zweitens die psychischen Temperamente im engeren Sinn, die sich nach der Seite der Psychästhesie, der Stimmungsfarbe, des psychischen Tempos und der Psychomotilität aufgliedern. Die seelischen Apparate sind durch den Sinnes-Gehirn-Motilitätsapparat und die Temperamente im engeren Sinn blutchemisch bedingt. Dagegen stellt Kretschmer den Begriff des Charakters dar als „die Gesamtheit aller affektiv-willensmäßigen Reaktionsmöglichkeiten eines Menschen, wie sie im Lauf seiner Lebensentwicklung entstanden sind, also aus Erbanlage und sämtlichen exogenen Faktoren: Körpereinflüssen, psychischer Erziehung, Milieu und Erlebnisspuren“[3]. Ausdrücklich sagt er, daß Charakter „die psychische Gesamtpersönlichkeit von der Affektseite, ohne daß sich natürlich die Intelligenz an irgendeiner Stelle davon trennen ließe“[4], nimmt. Das Temperament ist, wie aus der obigen Beschreibung hervorgeht, konstitutionell bestimmt. Der Charakter aber hat zwar „ein großes Stück mit dem Begriff Konstitution gemeinsam, nämlich den ererbten Teil der psychischen Qualitäten“[4], schließt andererseits aber in sich „die exogenen Faktoren, besonders die Erziehungs- und Milieuresultate, als wichtigen Bestandteil, die dem Konstitutionsbegriff fremd sind“[4]. In der Fortführung der Untersuchungen Kretschmers behauptet dann Ewald, daß „das Temperament ein für allemal erbbiologisch festgelegt ist“[5], während der Charakter angeborene Grundlagen hat, aber „in ungleich höherem Maße abhängig von den Faktoren der Umwelt“ ist[6].

Bei Kretschmer und vollends bei Ewald stehen einander Konstitution und Umwelt gegenüber. Die Persönlichkeit ist von konstitutionellen Bedingungen getragen und prägt sich nach diesen Bedingungen in den Inhalten der Umwelt aus. Soweit die Persönlichkeit sich auf konstitutionelle Be-

[3] Das. S. 184 f. [4] Das. S. 185. [5] Ewald, Temperament und Charakter, Berlin 1924. S. 13. [6] Das. S. 14.

dingungen zurückführen läßt, ist sie von innen heraus geformt, soweit wir sie aus Umwelteinflüssen erklären können, ist sie von „exogenen Faktoren" geformt. Wir müssen demnach zwischen einer inneren Bedingtheit der Person und einer äußeren scheiden. Der Sinn dieser Unterscheidung kann natürlich nicht sein, daß in der Persönlichkeit unvermittelt konstitutionelle Inhalte sich neben Umweltsinhalten oder konstitutionelle Prägungen sich neben Umweltsprägungen finden. Dann wäre die Person keine organische Einheit, Charakter und Persönlichkeit wären die mechanische Verbindung von Umwelt und Anlage. Wir müssen diesen Unterschied vielmehr so verstehen, daß die Persönlichkeit biologisch-konstitutionell b e d i n g t ist und sich auf Inhalte r i c h t e t und an ihnen formt. Wenn wir so biologische Bedingtheit und inhaltliche Richtung einander gegenüberstellen, dann wird verständlich, warum wir die ganze Persönlichkeit auf ihre konstitutionellen Bedingungen zurückführen können und gleichzeitig an ihr Umweltsinhalte und Umweltsprägungen finden. Wie im einzelnen Geschehen Erlebnisform und Inhalt untrennbar miteinander verbunden sind, so ist auch im Aufbau der Persönlichkeit beides miteinander verbunden.

Die Konstitutionspsychologie zeigt in erster Linie die biologische Bedingtheit der Person. Die Richtung ihrer Arbeit hat eine Fortsetzung in der biologischen Psychologie gefunden, deren Arbeit sich mehr und mehr um die Zwillingsforschung konzentriert. Der Vergleich eineiiger, also erbgleicher Zwillinge gibt eine sichere Methode an die Hand, um Anlage und Milieuwirkung voneinander zu trennen. Da sie von Fällen ausgeht, wo die Erbmasse gleich ist, kann die Wirkung der Erbfaktoren und der Umweltfaktoren getrennt werden. Erbgleiche Zwillinge müssen soweit die gleiche Persönlichkeit entwickeln, als ihre Entwicklung durch erbliche Anlagen bestimmt ist. In Charakter- und Persönlichkeitsunterschieden solcher Zwillinge müssen sich die nicht erbbedingten Einflüsse zeigen. Von dieser Methode wird später noch zu sprechen sein.

Die Konstitutionspsychologie aber muß ergänzt werden durch die Erkenntnis der anderen Seite der Persönlichkeit, der inhaltlichen Richtung. Zum Teil leistete das schon die Tiefenpsychologie. Sie gibt allgemeine und entscheidende Mechanismen des Seelenlebens an. In ihrer praktischen Arbeit war sie aber immer genötigt, am konkreten und einzelnen Fall zu zeigen, wie sich diese Mechanismen auswirken. So hat gerade die Tiefenpsychologie bei der Behandlung seelischer Krankheiten am stärksten die Einwirkung von Erlebnissen und Situationen untersucht. Freilich, die Blickrichtung der Tiefenpsychologie, die praktische Einstellung auf Heilung seelischer Störungen, hat auch hier die Arbeit begrenzt und nur die Erkenntnis von der Einwirkung bestimmter Erlebnisse und Situationen zugelassen.

Ferner hat die verstehende Psychologie die Erkenntnis dieser Seite der Persönlichkeit gefördert. Sie ging bei der Beschreibung der Persönlichkeiten von den seelischen Gehalten und Inhalten aus. Die Typen, die sie aufstellte, waren Typen konkreter Beschreibung, in deren Mittelpunkt die

Ausrichtung der Persönlichkeit auf Wirklichkeit und Werte stand. Zwar ergaben sich auch hier Grundformen der Persönlichkeit, aber diese Formen wurden nicht, wie bei der Tiefenpsychologie, aus Grundmechanismen des seelischen Lebens, und nicht, wie bei der Konstitutionspsychologie, aus konstitutionellen Bedingungen des seelischen Lebens, sondern aus der zur Welt sich öffnenden Einstellung und dem Weltbild des Menschen gewonnen.

## DIE VERSTEHENDE PSYCHOLOGIE

Gleichzeitig mit der Tiefenpsychologie und somit etwas früher als die Konstitutionspsychologie entstand die verstehende Psychologie. Auch in ihrem Ausgang offenbart sich die Krise der Psychologie. Sie will sich, wie die Arbeit von Dilthey „Ideen über eine beschreibende und zergliedernde Psychologie" klassisch zeigte, von der erklärenden Psychologie, „die gegenwärtig ein so großes Maß von Arbeit und Interesse in Anspruch nimmt"[7], abheben. Wie die Tiefenpsychologie, so rückt auch sie von der Schulpsychologie ab und sucht nach einem Ansatz, der es möglich macht, die volle Wirklichkeit des Seelenlebens zur Darstellung zu bringen.

Aber das ist auch das Einzige, was die verstehende Psychologie mit der Tiefenpsychologie gemeinsam hat: den Ansatz zur Erfassung des seelischen Lebens im Ganzen der Persönlichkeit. Im übrigen aber richtet sich die Abgrenzung, die die verstehende Psychologie der Schulpsychologie gegenüber durchführt, noch schärfer gegen die Tiefenpsychologie. Die Methode der erklärenden Psychologie, sagt Dilthey, ist die Zurückführung des seelischen Lebens auf eine begrenzte Zahl von analytisch gefundenen Elementen.

Die erklärende Psychologie, sagt Dilthey weiter, — sie bedient sich des naturwissenschaftlichen Verfahrens, sie sucht eine Mechanik des Seelenlebens aufzustellen und nach dem Prinzip von Ursache—Wirkung das seelische Geschehen abzuleiten. Auch diese Bestimmung trifft die Tiefenpsychologie stärker noch als die Schulpsychologie.

Demgegenüber verlangt Dilthey von der verstehenden Psychologie, daß sie vom Zusammenhang des Ganzen, der uns lebendig gegeben ist, v e r - stehend ausgeht und daraus das Einzelne erklärt. Wir gehen nicht weiter auf den vielfach behandelten Begriff des Verstehens bei Dilthey ein. Aber wir heben noch hervor, daß Dilthey seine Psychologie über der Erkenntnis von drei großen Zusammenhängen, die in der Struktur des Seelenlebens verbunden sind, aufbauen will. Das ist der Zusammenhang von Wahrnehmungen, Vorstellungen und Erkenntnissen, der Zusammenhang der Triebe und Gefühle und als dritter Zusammenhang unseres Seelenlebens derjenige der menschlichen Willenshandlungen.

Unterdessen ist das Programm, das Dilthey in seiner Abhandlung gegeben hat, in Arbeiten verwirklicht worden. Dilthey selbst hatte in der be-

[7] W. Dilthey: Ideen über eine beschreibende und zergliedernde Psychologie. Gesammelte Schriften, Bd. V, Leipzig 1924. S. 139.

kannten Abhandlung über „Die Typen der Weltanschauung und ihre Ausbildung in den metaphysischen Systemen" ein Beispiel der verstehenden Psychologie gegeben. Freilich finden sich in allen anderen Arbeiten Diltheys Stücke seiner psychologischen Erkenntnisse. Später gab die große Arbeit von Spranger „Lebensformen" eine Darstellung von Typen der Persönlichkeiten, die den Geist der verstehenden Psychologie atmet. Endlich war die Jasperssche „Psychologie der Weltanschauungen" von dem Willen getragen, den Menschen aus den Einstellungen, den Weltbildern und dem Leben des Geistes verständlich zu machen.

Dilthey selbst hatte der typologischen Methode keineswegs die erste Stelle im Verfahren der beschreibenden Psychologie gegeben. Aber die typologische Methode erwies sich als die via regia der verstehenden Psychologie, und es kam die Zeit, in der sie geradezu neu für die Psychologie entdeckt wurde. Allenthalben entstanden jetzt Typologien, die ganze und geschlossene Typen des seelischen Lebens aufstellten. Das ist das Gemeinsame der Arbeiten von Dilthey, Jaspers und Spranger. Dilthey gab in seinen Typen der Weltanschauung die Ausrichtung der Persönlichkeit auf die drei großen Ideen des Naturalismus, des Idealismus der Freiheit und des objektiven Idealismus. Er zeigt, wie daraus typische Weltanschauungen entstehen, deren jede eine Wirklichkeitserkenntnis, eine Würdigung des Lebens und eine Zwecksetzung in sich faßt. Spranger führt diesen Einsatz weiter und dehnt ihn aus. Er gibt die Beschränkung auf Typen philosophischer Weltanschauung auf und entwickelt sechs Typen der Persönlichkeit, die ihre Leitidee aus den Werten des Theoretischen, Ästhetischen, Religiösen, Politischen, Ökonomischen und Sozialen empfangen. Die ganze Fülle der wirklichen Persönlichkeiten läßt sich diesen Typen einordnen. In einem systematischen Ansatz von größtem Ausmaß hat dann Jaspers eine reiche Typologie entwickelt. Er gibt Typen der Weltbilder, so das sinnlich-räumliche, das seelisch-kulturelle und das metaphysische Weltbild. Er entwickelt weiter Typen der Einstellung: die gegenständliche, die selbstreflektierte und die enthusiastische Einstellung. Er vollendet seinen Ansatz, indem er Typen des geistigen Lebens darstellt: Der Skeptizismus und Nihilismus; der Halt im Begrenzten: die Gehäuse, der Halt im Unendlichen.

Es geht in diesen Arbeiten, wie schon die Stichworte zeigen, nicht darum, das Ganze der Persönlichkeit aus Mechanismen des Seelenlebens, wie es die Tiefenpsychologie tut, abzuleiten, es geht nicht darum, die Persönlichkeit aus psychischen Funktionen, die selbst wieder ins Biologische zurückweisen, nach der Art der Konstitutionspsychologie zu verstehen. Die Aufgabe der verstehenden Psychologie ist vielmehr, die Typen aus „Strukturzusammenhang, Zweckmäßigkeit, Lebenswert, seelischer Artikulation, Ausbildung eines erworbenen seelischen Zusammenhangs und schöpferischen Prozessen"[7a] zu begreifen.

Daher treten bei dieser Betrachtung nicht mehr die Bedingungen des Seelischen, sondern die Ausrichtungen in den Mittelpunkt der Persönlichkeit.

---

[7a] Das. S. 221.

Man verfolgt die seelischen Vorgänge nicht bis in die tiefer liegenden biologischen Vorgänge hinein, sondern sucht sie aus höheren geistigen Einheiten zu erfassen. Es ist durchaus eine Psychologie, die den Menschen von oben her betrachtet. Sie will zeigen, wie sich die Persönlichkeit um Gefühls- und Sachgehalte, um objektive Ziele und Zwecke zusammenschließt, und wie sie sich auf Werte, Sinneinheiten und Ideen ausrichtet. In den Vordergrund der Betrachtung rückte die geistige Akzentuierung und der Gehalt der Persönlichkeit. Sie wurde gleichzeitig ein Mittel, um aus den Persönlichkeiten heraus die Gestalten des kulturellen und sozialen Lebens zu verstehen.

Damit ist eine Begrenzung dieser Typologien gegeben. Denn nicht alle Menschen sind von ihren geistigen Gehalten aus zu erfassen. Dilthey hebt seine Typen der Weltanschauung und ihre Struktur unter Berufung auf die großen philosophischen Systeme heraus; wo Jaspers Beispiele gibt, sind sie gleichfalls den großen Erscheinungen des geistigen Lebens entnommen. Selbst die Sprangerschen Lebensformen, die in ihrem Ansatz nicht das Leben des Geistes im engeren, sondern im weiteren Sinn bis hinein ins soziale und ökonomische Leben fassen, unterliegen dieser Beschränkung.

Dadurch aber gelang es dieser Psychologie, die andere Seite der Persönlichkeit, ihre inhaltliche Richtung, zu zeigen. Gerade diese hochentwickelten Formen der Persönlichkeit zeigen einen Strukturzusammenhang, der seine Prägung von objektiven, gegenständlichen, d. h. kulturellen, sozialen, geistigen und anderen sinnhaften Gehalten erhält. Selbstverständlich kann man diese Typen auch von unten her betrachten, ihre biologischen und subjektiven Lebensbedingungen und ihren Rhythmus aufsuchen. Die Tiefenpsychologie hat das zur Genüge getan. Aber auf diese Weise wird man nicht in den „erworbenen Seelenzusammenhang" (Dilthey) dieser Menschen, soweit er sich um ein geistiges Zentrum zusammenschließt, eindringen.

Das hat Dilthey deutlich gesehen, und er empfiehlt mehrmals der verstehenden Psychologie, vom entwickelten Seelenleben auszugehen. „In Sprache, Mythos und religiösem Brauch, Sitte, Recht und äußerer Organisation sind Erzeugnisse des Gesamtgeistes vorliegend, in denen das menschliche Bewußtsein, mit Hegel zu reden, objektiv geworden ist und so der Zergliederung standhält"[8]. Das ist „gegenständlich gewordenes psychisches Leben", „feste Gestalten, welche sich aus psychischen Bestandteilen und nach deren Gesetzen aufbauen"[9]. Aber man mißverstände die Aufgabe der verstehenden Psychologie, wenn man annähme, daß sie nur Typen des Geistes geben soll. Sondern Dilthey fordert eine darüber hinausgehende Leistung. Die Aufgabe ist, das P s y c h i s c h e im Geistigen und das Geistige im erworbenen Zusammenhang des Lebens zu zeigen. Denn die verstehende Psychologie soll Psychologie, Lehre vom Seelenleben sein. Der Kern von dieser und von anderen Arbeiten Diltheys ist immer wieder die Darstellung des Zusammenhangs von geistiger Leistung und seelischem Leben der Persönlichkeit.

---

[8] Das. S. 180. [9] Das. S. 199 f.

Und hier hat Dilthey auf einen Punkt hingewiesen, den er selbst „den dunkelsten Teil der ganzen Psychologie"[10] nennt. Es ist eine Darstellung der geistigen Energie, des intelligenten Willens, und dieses Kernstück der verstehenden Psychologie fehlt bis heute. Zwei Reihen sind im Zusammenhang des Lebens verbunden, sagt Dilthey. „Die eine verläuft vom Spiel der Reize bis zum abstrakten Denkvorgang oder dem inneren künstlerischen Bilden, dann geht die andere von den Motiven bis zum Bewegungsvorgang"[10]. Die Schulpsychologie hat die Erscheinung des Willens deutlich gesehen. Aber sie versucht ihn als seelische Funktion zu fassen und im Bereich des seelischen Lebens zu deuten. Die Tiefenpsychologie hat dann vor allem den Vorgang des Willens „vom Spiel der Reize bis zum abstrakten Denkvorgang" untersucht, wobei der Linie ihrer Forschung gemäß die intelligenten Beweggründe des Willens zugunsten der treibenden Kraft des unbewußten Wollens zurücktreten. Aber jene Linie des Willentlichen, die von der Erfassung der Motive bis zum Bewegungsvorgang führt, blieb ungedeutet. Die Einsicht, die Dilthey in den Worten ausspricht: „Denn der Wille wirkt sich nur frei in einer Sphäre seiner Herrschaft aus"[11], wird nicht weiter verfolgt.

Und doch ist ohne dieses Hauptstück jenes Geschehen in der Persönlichkeit, das wir inhaltliche Richtung nannten, nicht verständlich. Es gibt vieles, was sich aus dem unbewußten und halbbewußten Lebenstrieb und -willen zu Erscheinung, Ausdruck und Werk verdichtet. Aber die Mehrzahl der geistigen Vorgänge, und im Zusammenhang damit das meiste der kulturellen, zivilisatorischen und politischen Taten des Menschen, läßt sich daraus allein nicht verstehen. Die Psychoanalyse hat sich bemüht, die höchsten geistigen Leistungen aus dem Zusammhang mit dem Triebleben des Menschen abzuleiten, mit dem Erfolg, daß sie oft verborgene Hintergründe des Werks aufzeigen konnte. Aber je mehr dies gelingt, um so weniger wird der sachliche Gehalt einer Leistung deutlich. Um so mehr zerfällt die eigene Gestalt des Werkes, ja, seine Bedeutung, von der unzweifelhaft Wirkungen auf andere Menschen ausgegangen sind, wird zersetzt.

Woran liegt das? Der Faktor, der zu jedem Schaffen unentbehrlich ist, der bewußte Wille, wird durchlöchert. Die geistige Konzentration nach außen, zum Werk hin, wird übersehen, seine Bedeutung wird zugunsten der subjektivsten Antriebe verkannt. Plötzlich verschwindet die Binsenwahrheit, daß zu jeder Leistung geistige Energie, Wille und Anstrengung auf das Gegenständliche gehört. Nur bei einem großen psychologischen Denker finden wir diese Einsicht breit behandelt, bei Klages. Und gerade bei ihm steht sie unter dem Vorurteil, daß der Wille das Leben zerstöre, und seine metaphysische Ablehnung des Willens läßt keinen Raum für eine positive Behandlung.

Gleichwohl hat die verstehende Psychologie die Bedeutung der gegenständlichen Inhalte und des geistigen Gehalts für die Persönlichkeit ein-

[10] Das. S. 204. [11] Das. S. 209 f.

sichtig zu machen gewußt. Hierin liegt ihr eigentlicher und bleibender Beitrag zur Charakterologie und Persönlichkeitslehre. Es mag sein, daß im einen oder andern Fall der Anteil des Geistigen an der Persönlichkeit überschätzt worden ist. Das ändert nichts am Gesamtergebnis: Die entwickelte und ganze Persönlichkeit, freilich nicht die gestörte und kranke, können wir voll nur verstehen, wenn wir ihre objektive Welt, ihr Bemühen und ihre Anstrengungen um einen Lebensgehalt miterfassen. Wir müssen zu ihr hinzurechnen, was sie durch eine wie immer geartete seelische Energie erworben hat.

## CHARAKTEROLOGIE UND PSYCHOLOGIE

Als die bahnbrechenden „Prinzipien der Charakterologie" von Klages erschienen waren, als etwa zur gleichen Zeit die medizinische Charakterologie der Individualpsychologie und Psychoanalyse sich auszuwirken begann, als dann die konstitutionspsychologischen Arbeiten von Kretschmer und Jaensch von einer dritten Seite das Problem der Charakterologie zeigten und endlich die verstehende Psychologie ihre Typen der Persönlichkeit aufstellte, war im Verlauf eines Zeitraums von knapp zwei Jahrzehnten eine neue Wissenschaft der Charakterologie entstanden. Es waren nicht allein diese Arbeiten, die das Problem der Charakterologie in den Vordergrund schoben. Die Zeitströmung half mit, und viele andere Arbeiten haben mehr oder minder deutlich, oft unter anderem Namen, das Ziel einer charakterologischen Forschung formuliert. Das vorläufige Ergebnis aber war dies: in kurzer Zeit standen die verschiedensten charakterologischen Systeme nebeneinander. Verschieden waren die Ansatzpunkte, verschieden waren die Ziele, verschiedene Methoden wurden ausgeprägt, und folglich entstanden auch verschiedene Begriffe des Charakters. Die Fülle der charakterologischen Blickpunkte, die sich neu ergaben, erweiterte nicht nur den Begriff des Charakters außerordentlich, sondern machte es zunächst sogar unmöglich, daß man sich auf einen gemeinsamen Begriff des Charakters einigte.

Am Beginn des Aufbruchs der neuen Forschung stand die Krise der Psychologie. Die meisten Arbeiten, die ausgesprochen die Untersuchung des Charakters in den Mittelpunkt ihrer Forschung stellten, waren an dieser Krise orientiert. Sie übernahmen das Erbe der Psychologie. Das Bewußtsein davon wirkt sich in vielen charakterologischen Arbeiten zunächst ganz offensichtlich als Kritik an der Schulpsychologie und ihren Methoden aus. Aber in einem anderen Sinn zeigt sich tiefer, wenn auch weniger offensichtlich, die Abhängigkeit von der damaligen Situation der Psychologie. Die Psychologie hatte die Aufgabe, die Gesamtpersönlichkeit darzustellen, nicht gelöst. Es hatte sich erwiesen, daß eine Darstellung der Gesamtpersönlichkeit mit diesen Mitteln unmöglich ist. Denn die Gestalt der Persönlichkeit ist nicht nur durch das Psychische im engsten Sinn der Schulpsychologie bestimmt.

Der Wille, eine bessere und dem lebendigen Seelischen nähere Psychologie zu finden, war einer der entscheidenden Antriebe, aus denen die Charakterologie erwachsen ist. Sie übernahm aus der psychologischen Forschung als Erbe aber schon das Bewußtsein von der Vielfältigkeit des psychischen Geschehens. Drei große Gesichtspunkte sind es, von denen aus man die Persönlichkeit als Ganzheit erfassen will. Der Gedanke, der sie vereinigt, ist nur ein kritischer. Alle neuen Ansätze wissen, daß die Einengung der Psychologie auf das Bewußtsein und die im engeren Sinn psychischen Vorgänge nicht zureicht, um zu einer Psychologie des ganzen Menschen zu führen. Auf diesem Boden scheiden sich die Ansätze. Die tragende Einsicht des einen Ansatzes geht davon aus, daß das Psychische im engeren Sinn b e d i n g t ist, die andere davon, daß es b e s t i m m t ist. So kommen drei große neue Ansätze der Persönlichkeitspsychologie zur Entfaltung. Man sucht einmal nach den Bedingungen des Seelischen. Dieser Ansatz wiederum zerfällt in zwei. Das eine Thema geht von der Einsicht aus, daß Trieb, triebhaftes Geschehen und triebhafter Wunsch und überhaupt die Sphäre des vitalen Geschehens in Drang und Trieb die Bedingung des Seelischen ist. Das Seelische im engeren Sinn erscheint als Gegenspieler und als Ergebnis dieser Bedingungen. Das ist der Ansatz der Tiefenpsychologie. Im Ergebnis kommt sie zu der Überzeugung, daß das Seelische im engeren Sinn durch die im Unbewußten verlaufenden Stücke des (unter)seelischen Lebens getragen und geformt wird. Ein zweiter Ansatz geht weiter. Sein Thema ist mit der Tatsache gegeben, daß das Psychische im engeren Sinn nicht allein auf das Triebleben, sondern überhaupt auf das biologische Grundgeschehen, die körperliche Beschaffenheit und die Gesamtheit der körperlichen Vorgänge zurückweist. Das ist der Ansatz der Konstitutionspsychologie. Auch er formuliert ein Ergebnis: die Persönlichkeit als Ganzes ist biologisch bedingt, und dieser Ansatz gewinnt den Anschluß an die neuere Gestalt der Biologie, wie sie in der Erblichkeitsforschung erscheint. Er dringt zu der Erkenntnis vor, daß auch das Psychische erblich bedingt ist. Gegen beide Ansätze stellt sich ein dritter. Er ist von der gleichen Grundbemühung getragen, auch er will das Ganze der Persönlichkeit erkennen, auch er weiß, daß das Psychische im engeren Sinn abhängig ist. Während aber Konstitutionspsychologie und Tiefenpsychologie die Bedingungen des Seelischen suchen, ist sein Thema die Bestimmung des Psychischen. Alles Psychische im engeren Sinn hat Bestimmungen, Inhalte, Ziele, es richtet sich als Denken, Fühlen und Wollen auf Gedachtes, Gefühltes und Gewolltes. Das Thema dieses Ansatzes lautet: die Struktur des Psychischen in seiner Ausrichtung auf Inhalte, Gegebenheiten, Situationen und Werte.

Aber immer noch fühlte sich ein Teil dieser charakterologischen Forschung als Fortsetzung der Psychologie. Das zeigen die neuen Begriffe, die auftauchen. „Verstehende Psychologie" nennt Dilthey seinen charakterologischen Ansatz, als „Psychoanalyse" und „Individualpsychologie" treten die Forschungen der Tiefenpsychologie auf, die weitgehend charakterologischer

Natur sind. Noch war das Feld der Charakterologie nicht eindeutig vom Feld der psychologischen Forschung abgegrenzt, und selbst heute noch findet man in der psychologischen Forschung Vieles, was unter dem Namen der Psychologie geht, aber der Sache nach in das Gebiet der Charakterologie gehört.

Freilich, so wird man fragen, darf man denn Psychologie und Charakterologie so voneinander trennen? Gehören sie nicht wesensmäßig zusammen? Bedingt nicht eine Wissenschaft die andere? Hat vor allem nicht der Charakterologe die genaue Kenntnis der psychologischen Vorgänge und Zusammenhänge nötig? Eine enge Verbundenheit der beiden Forschungen besteht und soll nicht geleugnet werden. Man wird die beiden Forschungskreise nie ganz voneinander trennen können. Sicherlich aber müssen sie sich im heutigen Stadium ihrer Entwicklung voneinander trennen, und wahrscheinlich wird diese Trennung bei der Tendenz jeder Wissenschaft, ihren Gegenstand schärfer zu fassen und ihre Methoden zu verfeinern, auch weiterhin bestehen bleiben.

So wie sich das Forschungsziel der Psychologie heute darstellt, ist es auf die allgemeine Kenntnis und Erforschung des Psychischen gerichtet. Die Psychologie umfaßt die Lehre von den psychischen Vorgängen im engeren Sinn, sie sollen für sich betrachtet und möglichst von den anderen Vorgängen des Lebens abgetrennt werden. Diese Fragestellung ist heute nicht mehr auf das menschliche Seelenleben begrenzt, sondern erstreckt sich in der Tierpsychologie auch auf das tierische Leben. Soweit die Psychologie den Aufbau des Psychischen und seine Zusammenhänge untersucht, geht sie von unmittelbaren psychischen Gegebenheiten aus und fragt in erster Linie nach den neuen psychischen Gestalten und Zusammenhängen, die daraus entstehen. Natürlich ist der Psychologie nicht verborgen geblieben, daß das Seelische einerseits durch körperliche Vorgänge und andererseits wiederum durch seine Richtung auf die Welt und Umwelt bestimmt ist. Aber die Psychologie hat doch im allgemeinen diese tieferen Bedingungen und Richtungen der Seele aus ihrem Forschungsfeld, das ohnedies schon kaum übersehbar ist, ausgegrenzt. Psychisches in diesem Sinn ist jenseits des Physischen und diesseits der Inhalte und Gehalte, die die Seele erfaßt. Weder das Physische noch die Inhalte der Seele können mit den methodischen Mitteln der Psychologie erfaßt werden. Diese Definition der Psychologie wird zwar manchen Psychologen unbefriedigt lassen, aber sie soll auch nur dazu dienen, die Abgrenzung von der Charakterologie durchzuführen.

Demnach könnte man das Ziel der Charakterologie darin sehen, daß sie das Ganze der Persönlichkeit erfassen will. Diese Definition der charakterologischen Aufgabe ist jedoch nur scheinbar, solange man die Aufgabe dieses Ziels negativ versteht, in dem Sinne, daß die Charakterologie nicht das Psychische im engeren Sinn untersuchen darf und sich nie auf den Bereich der seelischen Zusammenhänge allein beschränken kann. Noch hat man damit nicht den eigentlichen Gegenstand der Charakterologie angegeben.

Damit ist nur eine Richtung angedeutet, in der das Seelische im weiteren Sinn mit allen seinen Richtungen und Bedingungen erfaßt werden sollte. Nicht aber ist gesagt, wie sich dieses Zusammen von Psychischem und Bedingungen des Psychischen, dieses Ineinander von Seele und Welt, erforschen ließe.

Nun war das aber nicht der einzige Ausgangspunkt für die Charakterologie, nicht allein aus der Krise der Psychologie ist sie entstanden. Immer hatte man gesehen und gewußt, daß die Persönlichkeit sich in Eigenschaften und Verhaltensformen ausdrückt. Nur hatte diese alte Charakterologie keinen eigentlich wissenschaftlichen Weg gefunden, um die Ausdruckswelt und die Ausdrucksformen des Menschen zu erfassen. Zwar wußte sie, daß am Verhalten und der Ausdruckswelt des Menschen und auch des Tieres das Seelische stark beteiligt ist, aber immer wieder tauchte daneben die Vermutung auf, daß man beides auf die körperliche Beschaffenheit zurückführen könnte. Man denke nur an die Gallsche Schädellehre, derzufolge die Eigenschaften eines Menschen sich aus der Beschaffenheit seines Schädels erkennen lassen.

Aber diese älteste Linie und Fragestellung nach dem Wesen des Menschen kam der neu entstehenden Charakterologie zu Hilfe. Was hier an wirklich erarbeiteten und gültigen Erkenntnissen vorhanden war, ging in sie ein. Es verband sich glücklich mit jenem Ansatz, der aus der Krise der Psychologie neu die Bemühungen um Erkenntnis des Charakters hervortrieb. Auf die negative Erkenntnis, daß das Psychische im engeren Sinn n i c h t das Wesen des Menschen ausmacht, sondern daß die Persönlichkeit aus diesem Psychischen mit all seinen tieferen Bedingungen und inhaltlichen Bestimmungen besteht, wirkte das alte charakterologische Wissen befruchtend. Daraus ergab sich eine wirklich positive Bestimmung der Aufgabe der Charakterologie. Sie soll das Ganze der Persönlichkeit erfassen samt seinen biologischen und tieferen Bedingungen und seinen inhaltlichen Richtungen. Sie soll es aber nicht in der Analyse psychologischer Zusammenhänge und des psychischen Aufbaus, sondern am Verhalten und an der Ausdruckswelt der Persönlichkeit erforschen.

Jede Ausdruckserscheinung und jedes Verhalten weist auf das Psychische und auf die Bedingungen und Richtungen des Psychischen zurück. Was sich an der Persönlichkeit ausdrückt, und was sie in ihrem Verhalten zeigt, muß in ihr bewußt oder unbewußt sein, es muß im engeren Kreis des Seelischen gegeben oder ungegeben sie beeinflussen. Zumeist mischen sich im Verhalten seelische Züge mit körperlichen Momenten, oder es richtet sich in seiner Arbeit auf Gegenstände und Inhalte. Unmittelbar tritt hier also das Zusammen von eigentlich Seelischem und seinen biologischen Bedingungen oder inhaltlichen Bestimmungen in Erscheinung. Alles Verhalten schließt immer die drei Momente in sich, daß es einen Anlaß hat, eine seelische Verarbeitung erfährt und in eine Richtung zielt. Ähnlich ist es mit den Ausdruckserscheinungen. In ihnen erscheint etwas Seelisches, das wiederum auf Körperliches zurückverweisen kann und auf etwas abzielt.

So können wir heute die Charakterologie als jene Wissenschaft begreifen, die nach den Eigenschaften, Ausdruckserscheinungen und Verhaltensformen der Persönlichkeit fragt und in diese Frage die andere einschließt: woher sie entstanden sind, und wohin sie zielen. Eine Wissenschaft vom bloßen Verhalten, von den bloßen Ausdruckserscheinungen oder eine Wissenschaft, die sich nur um die Eigenschaften bemüht, wäre in diesem Sinn keine Charakterologie. Als jener Teil der Charakterologie, der die Erscheinung und den Ausdruck des Charakters beschreibt, hat sie zwar ihren Sinn. Doch der Forschungsanspruch der Charakterologie muß weiter gehen. Er will sowohl die Gründe und Entstehung, als auch die Auswirkung und Bestimmung des Charakters erfassen. Wie man Charakter auch faßt, ob als Eigenschaftsgefüge oder Verhaltenszentrum, man muß das Woher, aus dem der Charakter entsteht, und das Wohin, auf das er zielt, begreifen. Wenn das nicht geschieht, wird die Charakterologie ihre eigentliche Aufgabe nicht erfüllen. Solange sie hier zögert, wird sie immer nur Persönlichkeitsformen, Eigenschaftsformen und Ausdruckserscheinungen beschreiben und vergleichend nebeneinander stellen. Sie wird aber nicht zu jenem Punkt vordringen, der in einem tieferen Sinn die Bemühungen der Charakterologie vorantreibt. Das Wort Charakter hat eine Bedeutung, die freilich weitgehend durch die wissenschaftliche Charakterologie, welche Charakter als Gesamtpersönlichkeit faßt, verdrängt ist. Es meint einen innersten Kern der Persönlichkeit, ein lebendiges Zentrum, aus dem sich das Wesen eines Menschen entfaltet. Gelingt es nicht, diesen Kern und dieses Zentrum der Persönlichkeit aufzufinden, dann wird die Charakterologie ihren eigentlichen Gegenstand, eben den Charakter, nicht bestimmen können, und sie wird ihn überdies nicht gegen andere Erscheinungen der Persönlichkeit abzugrenzen wissen.

## CHARAKTER IN SEINER BIOLOGISCHEN BEDINGTHEIT UND SEINER INHALTLICHEN RICHTUNG

Der Erneuerer der Charakterologie, Klages, gab der beginnenden Forschung den Grundgedanken, daß Charakter Ausdruck und Wesen der Persönlichkeit sei. Die gleichzeitig aus der Krise der Psychologie herauswachsenden Ansätze zu einer Persönlichkeitspsychologie aber zeigten schon die grundsätzliche Verschiedenheit, die heute in der Verschiedenheit der Charakterbegriffe und Methoden der Charakterforschung vor unseren Augen steht. Die beiden Möglichkeiten, die Persönlichkeit entweder aus ihren inhaltlichen Zielsetzungen und Richtungen zu erkennen, oder aus ihren biologischen Bedingungen zu begreifen, treten einander fremd gegenüber. Noch ist die Lösung, die heute schon sichtbar wird, nicht zu fassen. Dennoch schließen sie sich nicht aus, sondern ergänzen sich. Die biologischen Bedingungen der Persönlichkeit sind auf Inhalte angewiesen und entwickeln sich im

Ergreifen von Gehalten, die inhaltliche Erfüllung und Verfestigung des Charakters aber gestaltet sich nach den biologischen Bedingungen.

Die Tiefenpsychologie und die Konstitutionspsychologie fanden im wesentlichen innere Kräfte und stießen auf eine innere Bedingtheit des Charakters. Die verstehende Psychologie sah in der Ausrichtung und der Werteinstellung des Menschen die den Charakter bestimmende Linie. Jener gelang es, den Nachweis zu führen, daß die Persönlichkeit durch biologische und unbewußte Kräfte gesteuert wird. Dieser Nachweis ist so eindeutig, daß keine charakterologische Forschung an ihm vorbeigehen kann. Diese zeigte, daß Werte, Ideen, Einstellung und Ziele, Sachgehalte und Erlebnisse die Persönlichkeit formen. Das ist nicht im Sinn einer einfachen Milieutheorie zu verstehen. Nichts liegt der verstehenden Psychologie ferner als die Annahme, daß der Charakter durch äußere Einflüsse geformt wird. Wir wählten den Ausdruck „inhaltliche Richtung" und wollen damit sagen, daß die Persönlichkeit durch ihre Einstellung, durch das, was sie in sich verarbeitet, und durch Art und Weise ihrer Zielsetzung geprägt wird. Das kann man nicht als „Umweltbedingtheit" verstehen. Aber es hebt sich deutlich ab von der Forschungslinie der Tiefen- und Konstitutionspsychologie, die nach unbewußten und biologischen Kräften sucht. Einstellung, Zielsetzung und Ausrichtung sind bewußte und gegenständliche Kräfte, deren Anteil an der Gestaltung der Persönlichkeit die verstehende Psychologie behauptet.

Auf die Frage nach dem Zentrum und den Grundlagen der Persönlichkeit antwortete die eine Richtung mit dem Hinweis auf tiefere, innere Kräfte, die andere zeigte die seelischen Kräfte des Wollens, Denkens und Fühlens. Auch innerhalb dieser Hauptrichtungen gingen die Wege wieder auseinander. Die Tiefenpsychologie fand im Unbewußten und im Triebleben geradezu den Ursprung der Persönlichkeit. Die Konstitutionspsychologie zeigte, daß der Persönlichkeitstyp mit körperlichen Typen verbunden ist. Beide sind einig in der Annahme und dem Beweis, daß die Persönlichkeit von innen heraus bestimmt ist. Wenn wir von hier aus nach den Grundlagen der Persönlichkeit fragen, dann finden wir: Triebleben, innersekretorische Vorgänge, Blutchemismus, Sinnesapparate, Stärke und Art der Energiespannung, seelische Mechanismen usw. Die Tiefenpsychologie läßt daneben auch die Einwirkung von Erlebnissen und Umweltfaktoren gelten, aber das Entscheidende sind unbewußte Vorgänge und Mechanismen. Die Konstitutionspsychologie neigt mehr dazu, in den erbmäßig mitgegebenen Bedingungen den Ursprung der Persönlichkeit zu sehen. Beide Linien weisen uns aber nach, daß von diesen körperlichen und unbewußten Faktoren zunächst das Temperament bestimmt wird, dann weiter die Affektivität und Reaktionsform geprägt wird. Von hier aus eröffnet sich dann der Ausblick auf die höchsten Funktionen der Persönlichkeit. Fließend geht, wie Ewald sagt, die Affektivität in den Willen über [12]. In dieser Weise

[12] Ewald: Temperament und Charakter. Berlin 1924. S. 23.

denkt sich die Konstitutionspsychologie den Aufbau der Persönlichkeit. Die Tiefenpsychologie aber nimmt an, daß das Unbewußte direkt die Persönlichkeit bestimmt und in den Fällen, wo es verdrängt wird, indirekt auf die Persönlichkeit einwirkt.

Demgegenüber analysiert die verstehende Psychologie Kräfte ganz anderer Art. Sie zeigt uns weltanschauliche Typen und Weltbilder. Fragt man von hier aus nach den Bedingungen der Persönlichkeit, so werden wir auf Einstellungen, Gedanken, Vorstellungen, Willensakte, Werte usw. hingewiesen. Auch von hier kann man die Reihe, diesmal zurück ins Innere der Persönlichkeit, verfolgen; denn die Gesamteinstellung der Persönlichkeit bestimmt ihre Vorstellungs- und Gedankenkreise, diese wiederum wählen aus den Erlebnissen und Empfindungen, regeln biologische Vorgänge und können bis in die tiefsten Zusammenhänge des körperlichen Lebens eindringen. So läßt sich auch hier der Aufbau der ganzen Persönlichkeit entwickeln.

Es sind zwei verschiedene Aufbauprinzipien, aus denen die Gestalt der Persönlichkeit erfaßt wird. Der eine Ansatz verfolgt die Linie der Persönlichkeit, die mit i n n e r e r Notwendigkeit die Person Zug um Zug, Eigenschaft um Eigenschaft entwickelt. Es wird gezeigt, wie aus den Tiefen der körperlichen Vorgänge und aus den Untiefen des seelischen Prozesses sich die Gestalt entwickelt. Wenn die Konstitutionspsychologie und die Tiefenpsychologie in vielem uneinig sind, so sind sie doch in dem Glauben einig, daß das seelische Leben von tieferen, bis ins Biologische hinabreichenden Kräften gestaltet und getragen wird. Der andere Ansatz verfolgt den Aufbau der Persönlichkeit an der Linie des seelischen Prozesses, der aufnehmend und auswirkend die Gestalt der Persönlichkeit formt. Auch hier wird eine i n n e r e Notwendigkeit der Entwicklung angenommen. Aber es ist nicht die zwanghafte, konstitutionell bedingte, sondern eine von der Person gesteuerte, aus dem schicksalhaften Gegenspiel von Welt und Ich sich ergebende Notwendigkeit. Daher fällt hier das Hauptgewicht auf einen anderen Prozeß der Persönlichkeit: den der Verarbeitung, in dem sie sich aus ihrer Einstellung zur Wirklichkeit und durch die Wirklichkeit selbst formt. Daß aber die theoretische Trennung dieser beiden Linien nicht nur theoretische Willkür ist, zeigt die Wirklichkeit der Person. Es gibt Fälle und in jedem menschlichen Leben Zeiten, in denen diese beiden Richtungen miteinander zusammenstoßen. Der Zwang, der von der Triebwelt der Persönlichkeit ausgeht, und ihre ziel- und sinnhafte Ausrichtung auf die Welt können miteinander streiten. Die tiefenbedingte, innere Form des seelischen Lebens zwingt uns in die eine, die seelisch-einsichtige Form unseres Lebens weist uns in eine andere Richtung.

Verfolgt man die Persönlichkeit nach der einen Richtung, so erhält man den biologisch-psychologischen, den konstitutionellen Typ der Persönlichkeit. Biotypen hat Kretschmer gelegentlich seine Konstitutionstypen genannt. Eine naturhafte Zwangsläufigkeit kennzeichnet diese Typen. Konstitutionell bedingt sind die Typen Kretschmers und Jaenschs, Zwangsläufigkeit kennzeichnet die persönlichkeitsbildenden Mechanismen, die Freud und Adler gefunden haben. Verfolgt man die Persönlichkeit nach der anderen Richtung, dann erhält man Weltanschauungstypen und Formtypen der Persönlichkeit. Lebensformen hat beispielsweise Spranger seine Typen genannt. Willentliches Verhalten, Werteinstellung, seelische und geistige Sinnbezogenheit kennzeichnet diese Typen. Eine gewisse Freiheit und Fähigkeit zur sinnhaften Gestaltung, wie sie sich vor allem im geistigen Leben zeigt, haftet ihnen an. Wenn Spranger von Lebensformen spricht, meint der Name genau dasselbe wie das Fremdwort Biotyp. Aber dem Inhalt und Aufbau nach ist der Biotyp Kretschmers etwas grundlegend anderes als die Lebensform Sprangers.

Es liegt nahe, den gezeigten Unterschied auf den Unterschied der Innenbedingtheit und der Außenbedingtheit der Persönlichkeit zurückzuführen. Aber diese Unterscheidung trifft nicht ganz Ansatz und Ergebnisse der Forschung. Die Tiefen- und Konstitutionspsychologie wird nicht ableugnen, daß die Typen, die sie aufstellt, je nach Situation und Schicksal eine andere Erfüllung finden. Umgekehrt wird die verstehende Psychologie nicht leugnen, daß weltanschauliche Typen je nach ihrer konstitutionellen Bedingtheit ein anderes Bild der Persönlichkeit ergeben. Die Tiefenpsychologie und Konstitutionspsychologie wollen nicht nur die innere Gestalt der Persönlichkeit aufweisen, sondern behaupten, daß ihre Typen auch Gesetzlichkeiten des Verhaltens, der Ausrichtung und Einstellung zur Welt bedingen. Gerade Kretschmer hat diesen Gedankengang an Beispielen durchgeführt, denn er weist nach, daß seine Temperamentstypen eine bestimmte Einstellung zur Welt bedingen. Aber wiederum ist die verstehende Psychologie nicht der Meinung, daß ihre Typen außenbedingt sind, sondern einer inneren Form der Einstellung entspringen. Daher entwickelt Dilthey seine Typen der Weltanschauung aus der Gesetzlichkeit einer inneren Einstellung. Es ist also nicht der Unterschied von Innenbedingtheit und Außenbedingtheit, der diese Forschungsansätze trennt, sondern in erster Linie die verschiedene Auffassung des Innen. Die Tiefen- und Konstitutionspsychologie geht von einem Innen aus, das biologisch und konstitutionell bedingt ist und geradezu in der Form naturgesetzlicher und mechanischer Zusammenhänge gefaßt werden kann. Die verstehende Psychologie aber geht von einem Innen aus, das sich an den Inhalten bestimmt und in der Form eines inhaltlich gerichteten, freien Verhaltens gefaßt wird.

## ANLAGE UND UMWELT, ERBCHARAKTER UND ENTWICKLUNGSCHARAKTER

Andere Forschungsansätze in der Charakterologie haben aus dem Gegensatz von innen und außen das Prinzip ihrer Fragestellung gewonnen. Auch hier stehen sich zwei Meinungen gegenüber. Die erbmäßige Bedingtheit der Persönlichkeit wird von der einen Seite, der starke Umwelteinfluß, der die Persönlichkeit prägt, wird von der anderen Seite behauptet. In beiden Fällen handelt es sich nicht um bloße theoretische Annahmen, sondern jede Arbeitsrichtung hat Beweise und Erfolge aufzuweisen. Es gibt eine charakterologische Arbeitsrichtung, der es gelungen ist, zu zeigen, daß die Persönlichkeit weitgehend durch Erbanlagen bestimmt ist. Schon die Konstitutionspsychologie neigte einer solchen Auffassung zu. Sie wurde unterstützt durch die psychologische und charakterologische Forschung, die sich an die Zwillingsforschung anschließt. Wenn irgendwo, so ist durch die Zwillingsforschung eine Methode gegeben, die Erb- und Umwelteinflüsse voneinander trennen kann. Die Zwillinge, die aus einem Ei entstehen und daher eineiige Zwillinge genannt werden, haben die gleiche Erbanlage. Ihre auffallende körperliche Ähnlichkeit, die oft so stark ist, daß sie kaum voneinander zu unterscheiden sind, beweist schon, daß die gleiche Erbmasse sich auch in der Entwicklung durchsetzt. Denn selbst eineiige Zwillinge, die getrennt aufgewachsen sind, besitzen diese Ähnlichkeit. Die Erbanlage hat über die Verschiedenheit der Umwelteinflüsse gesiegt.

Die Frage ist, ob nun auch die seelischen und geistigen Anlagen ähnlich durch die Vererbung bestimmt sind. Charakterologische Untersuchungen haben tatsächlich zeigen können, daß bei eineiigen Zwillingen eine große charakterliche Ähnlichkeit besteht. Doch gleichzeitig erwies sich, daß die Behauptung von der strengen erbmäßigen Bedingtheit des Charakters mit Vorsicht aufzustellen ist; denn es zeigten sich auch charakterliche Unterschiede.

Ein anderer Forschungseinsatz, der aus einer tiefenpsychologischen Richtung, der praktischen Arbeit der Individualpsychologie, herauswuchs, hat in vielen Fällen gezeigt, daß Fremdeinwirkung und Umwelteinfluß für entscheidende Linien der Persönlichkeit verantwortlich zu machen sind. Jedenfalls gelang es in vielen Fällen durch Abstellung und Aufhebung solcher Einflüsse diese Charakterzüge zu beseitigen. Vor allem bei Kindern hat die Individualpsychologie nachweisen können, daß charakterliche Züge wegfielen, wenn die Kinder aus ihrer Umgebung herausgenommen wurden oder der Einfluß abgestellt wurde. Wer hat es nicht schon erlebt, daß Menschen, die durch eine Schicksalsgemeinschaft verbunden sind, auch charakterlich ähnliche Züge entwickeln? Die graphologische Untersuchung der Entwicklung der Schriften von Ehegatten kann oft beweisen, daß ähnliche und gemeinsame Charakterzüge schärfer hervortreten und allmählich das Schriftbild graphologisch ähnlich wird. Freilich, die Behauptung, daß die Persönlichkeit ganz umweltmäßig bedingt ist, wird heute wohl niemand mehr aufstellen. Es ist durch die Forschung zu offenbar geworden, daß die Abänderung grundlegender Züge der Persönlichkeit nur innerhalb von Grenzen möglich ist.

Man kann weder die Annahme, daß die Persönlichkeit unbedingt durch ihre Erbanlage, und noch weniger die Annahme, daß sie unbedingt durch ihre Umwelt bestimmt ist, mit den Ergebnissen der Forschung vereinbaren. Dann bleibt gleichwohl eine Frage offen. Es ist die Frage, auf welcher

Seite das Hauptgewicht liegt, ob die Gestalt der Persönlichkeit überwiegend durch ihre Erbanlagen oder durch Umwelteinflüsse bedingt ist. In der Entscheidung dieser Fragen stehen sich die Ansichten gegenüber. Von der einen Seite wird behauptet, daß das Hauptgewicht der die Persönlichkeiten bedingenden Momente den Erbanlagen zukomme, von der anderen Seite wird darauf hingewiesen, daß Einflüsse und Eingriffe von der entscheidendsten Bedeutung für Charakter und Persönlichkeit sein können.

Diese Behauptungen lassen sich in ihrer Schärfe nicht aufrecht erhalten, wenn man die Ergebnisse gegeneinander abwägt und prüft. Die Zwillingsforschungen, die den Charakter der erbgleichen Zwillinge untersuchten, scheinen ein starker Beweis für das Überwiegen der erbmäßigen Bedingungen auch für die charakterliche Persönlichkeit. Nun sind aber diese Untersuchungen nicht sehr zahlreich, und sie sind alle recht allgemein durchgeführt. Aus Beobachtung und durch Testmethoden wurde das Charakterbild ermittelt. Eine solche Untersuchung wird zwar das Grundbild der Persönlichkeit ermitteln können, aber sie ist nur sehr begrenzt imstande, die Entwicklungsstruktur zu erkennen. Ihrem Wesen nach gehen diese Methoden auf das Grundsätzliche und Typische, auf das, was sich in der Persönlichkeit wiederholt. Wenn dennoch schon gründlichere Untersuchungen, wie z. B. die von Lottig, selbst bei erbgleichen Zwillingen nicht unbedeutende Charakterunterschiede finden, dann wiegt dieses Ergebnis doppelt schwer. Es ist zu vermuten, daß Untersuchungen, die auf jahrelanger Beobachtung aufgebaut sind und mit differenzierten Methoden arbeiten, größere und bedeutendere Unterschiede herausstellen würden. Die vorliegenden Untersuchungen genügen keineswegs zur Aufstellung der Behauptung, daß der Charakter 80% oder 95%, wie man gesagt hat, erbbedingt ist.

Die Tatsache, daß Umwelteinflüsse den Menschen stark prägen, ist zwar nicht mit ähnlich exakten Methoden bewiesen. Denn die Zwillingsforschung hat, wie gesagt, noch keine tiefgreifenden Unterschiede erbgleicher Zwillinge feststellen können. Aber es ist gelungen, bei verwahrlosten oder sogenannten schwer erziehbaren Kindern Charakterzüge zu verändern, die scheinbar tief im Kind verwurzelt waren und das Kind entscheidend prägten. Den oft starken Einfluß von Erziehung und Umgebung kann man nicht leugnen. Andere Erfahrungen weisen in die gleiche Richtung. Es gibt Krisen, die die Persönlichkeit so erschüttern, daß sie umgewandelt aus ihnen hervorgeht. Selbst wenn man die Fälle ausscheidet, für die man annehmen darf, daß die Entwicklung der Persönlichkeit der Krise zusteuerte, sind genügend Fälle vorhanden, in denen zweifelsohne ein bestimmtes Erlebnis oder ein bestimmter Einfluß den Menschen verwandelte, wenn nicht gar die Persönlichkeit zerstörte. Diese Fälle geben das Recht zur Behauptung, daß Umwelteinflüsse den Charakter prägen.

Man könnte sich denken, daß durch eine Untersuchungsreihe, die eine sehr große Zahl von Fällen erforschen würde, die alternative Frage, ob der Charakter überwiegend erbmäßig oder umweltmäßig bedingt ist, beantwortet würde. Wahrscheinlich würde sich dabei statistisch ein relatives Übergewicht der erbbedingten Charaktere zeigen. Ein solches statistisches Ergebnis würde noch nichts für den einzelnen Charakter besagen und Fälle, in denen der Charakter schicksals- und umweltmäßig bedingt ist, nicht ausschließen. Nach dem heutigen Stand der Forschung läßt sich jedoch ein solches Ergebnis nur vermuten.

Aber schon das, was heute an Erkenntnissen und Forschungen vorliegt, macht die Scheidung von Erbcharakter und Entwicklungscharakter notwendig. Führt man sie durch, so erhalten die scheinbar gegensätzlichen Behauptungen, daß der Charakter überwiegend erbmäßig bzw. überwiegend umweltmäßig bedingt ist, ihren guten Sinn. Denn der Erbcharakter ist sicherlich erbbedingt, während der Entwicklungscharakter umweltmäßig bedingt sein k a n n. Durch diese Scheidung werden auch die widersprechenden Untersuchungen und Tatsachen verständlich. Der Erbcharakter ist der mitgegebene, also der Grundcharakter der Person. Wenn eine Entwicklung das Wesen des Menschen verändert, so bedeutet das nicht, daß der Erbcharakter verschwindet. Er wird zurückgedrängt und kann in extremen Fällen von dem Entwicklungscharakter überdeckt werden. Über dem Grundcharakter baut sich der Entwicklungscharakter auf. Der Grundcharakter kann sich in gerader Linie zum Entwicklungscharakter verfestigen. Dann wird sich der Entwicklungscharakter nicht wesentlich vom Grundcharakter unterscheiden, aus den Anlagen sind Eigenschaften geworden, aus den Grundlinien der Persönlichkeit sind feste Prägungen der Person entstanden.

Eine solche Auffassung stimmt mit unserer charakterologischen Erfahrung durchaus überein. Es gibt Menschen, die keine eigentliche Entwicklung in dem Sinn, daß ihre Persönlichkeit grundlegende Veränderungen, Wandlungen und Umbrüche erleidet, durchmachen. Ihre Entwicklung verläuft geradlinig. Das in den Anlagen vorgezeichnete Bild der Persönlichkeit verhält sich zur späteren gereiften Persönlichkeit wie der Plan zum Bauwerk. Gerade diese Menschen zeigen einen einheitlichen und klaren, oft einen durchsichtigen Bau des Charakters. Andere Menschen erleben in ihrer Entwicklung starke Brüche und Wandlungen. Die Entwicklung macht Umwege. Der Aufbau des Charakters ist nicht geradlinig, sondern spiegelt die Brüche und Wandlungen wider. Diese Charaktere sind nicht einfach, sondern oft so kompliziert, daß sie nicht recht zu durchschauen sind. Unvereinbares und Gegensätzliches ist verbunden, und der Entwicklungscharakter hebt sich deutlich vom Grundcharakter ab. Aber auch in diesen Fällen ist der Grundcharakter noch zu erkennen. Er kann in Momenten zutage treten, wo alle Entwicklung abfällt.

Man kann im allgemeinen sagen: je stärker Erziehung und Schicksal einen Menschen prägen, desto mehr hebt sich der Entwicklungscharakter und die Entwicklungspersönlichkeit von der Grundpersönlichkeit und dem Grundcharakter ab. Schon von dem ersten Moment an, in dem Erziehungs- und Umwelteinflüsse einsetzen, also die Anlagen ihre Entwicklung beginnen, erfahren sie Hemmung oder Förderung durch Erziehung, Umwelteinflüsse und Selbsterziehung. Die Anlagen prägen sich zu Eigenschaften aus. Je stärker die Ausprägung aber ist, desto mehr wird die Anlage geformt, desto weiter ist der Weg von der Anlage zur entwickelten Eigenschaft. Es ist natürlich, daß dabei die Anlagen sich formen können und der zum Eigenschaftsgefüge entwickelte Charakter vom Grundcharakter abweicht.

Die Scheidung von Erbcharakter und Entwicklungscharakter, die hier terminologisch durchgeführt wird, ist theoretisch von Pfahler und praktisch viele Male in der charakterologischen Forschung und vor allem in der biographischen Darstellung gehandhabt worden. Auch die Arbeiten der Erbcharakterologie selbst deuten auf eine solche Scheidung hin. In seinem Buch „Vererbung als Schicksal" scheidet Pfahler zwischen Erbschicksal und Umweltschicksal. Er selbst will die erbmäßig bedingten Linien des Charakters, also „den Teil des Gesamtschicksals herausarbeiten, der im Menschen durch sein ganzes Leben verhältnismäßig unveränderlich wirksam beharrt"[13]. Er findet erbmäßig bedingte „Grundfunktionen". Diese sind „nach Art und Stärke angeborene Voraussetzungen seelischen Geschehens und Wachstums"[14]. Sie sind der „Erbcharakter im strengsten Sinn"[15]. Sein charakterologisches Hauptschema gibt drei Grundfunktionen. 1. Aufmerksamkeit, die Pfahler in enge, fixierende und weite, fluktuierende unterteilt. Die erstere besteht in starker Perseveration, die zweite zeigt schwache Perseveration. 2. Ansprechbarkeit des Gefühls, die sich in starke Ansprechbarkeit des Gefühls nach der Lustseite, in starke Ansprechbarkeit nach der Unlustseite und in schwache Ansprechbarkeit des Gefühls unterteilt. 3. Vitale Energie, die wiederum als starke oder schwache vitale Energie auftreten kann. Aus diesem Hauptschema entwickelt Pfahler 12 Haupttypen von Anlagecharakteren. Pfahler verwahrt sich ausdrücklich dagegen, daß dieses Schema starr gehandhabt wird. Er betrachtet es als eine „beweglich spielende Feinwaage"[16], auf der ein Charakter von ganz bestimmtem, einzigartigem Gewicht gewogen werden soll.

Geht man diesen Weg, wie Pfahler es tut, dann kann man den unveränderlichen Teil des Charakters herausarbeiten. Man wird zeigen, wie die entwickelte Person in ihrem Eigenschaftsgefüge auf diese wenigen Grundfunktionen zurückzuführen ist. Man erhält die richtunggebende Grundform des Charakters. Aber man wird freilich nicht streng logisch oder naturwissenschaftlich-mechanisch das entwickelte Eigenschaftsgefüge der Person aus der Grundform des Charakters ableiten können. Das lehnt auch Pfahler ab. Zwar will seine Arbeit das Erbschicksal und den Erbcharakter erkennen, und er ist der Meinung, daß das Wirken des Gefüges der seelischen Grundfunktionen bis in die „letzten und feinsten Verästelungen"[17] des Umweltschicksals sich nachweisen läßt. In diesem Sinne muß auch, wie Pfahler sagt, jede Charakterologie „zwangsläufig irgendwo zum Vererbungsproblem"[18] gelangen. Aber Pfahler sagt auch, daß die Frage: „ob

[13] G. Pfahler: Vererbung als Schicksal. Leipzig 1932. S. 6. [14] Das. S. 33.
[15] Das. S. 37. [16] Das. S. 45 f. [17] Das. S. 7. [18] Das. S. 12.

Erb- oder Umweltschicksal bedeutsamer sei" falsch gestellt ist: „sie beide bilden in ihrer Einheit das Schicksal"[19]. Wohl behauptet er in gewissem Sinn ein Überwiegen des Erbschicksals. Denn das Umweltschicksal ist „einigermaßen beherrschbar; deshalb, weil der reifende Mensch immerhin ein wenig aus sich selbst heraus bestimmen kann, was von aller Umwelt in ihm wirksam ist und damit ihm zum Schicksal werden darf"[19]. In der Tat wird der Erbcharakter nie ganz von Umwelteinflüssen überwältigt werden. Aber es läßt sich nicht bezweifeln, daß es Umwelteinflüsse und Schicksalserlebnisse von solcher Macht gibt, daß sich der Erbcharakter im äußeren Erscheinungsbild verwandelt. Man denke nur an tiefeingreifende körperliche Vorgänge, wie z. B. Krankheiten, Vergiftungen und im Zusammenhang damit sich vollziehende Veränderungen der Drüsenfunktion, die das seelische Gesamtgefüge umbilden. Sie können gerade die Grundfunktionen, die Pfahler angibt, die Vitalität, die Ansprechbarkeit und die Aufmerksamkeit brechen oder umgestalten.

Die erste Arbeit, die die „erbbiologische Persönlichkeitsanalyse" forderte und methodisch unterbaute, war die Arbeit von Hermann Hoffmann über „Das Problem des Charakteraufbaus". Von einer methodischen Analyse dieser Art hofft er die Entdeckung von psychischen Elementen, die im Erbgang biologische Selbständigkeit haben. In einer früheren Arbeit über „Temperamentsvererbung" behauptet Hoffmann, daß sich drei Eigenschaftskomplexe vererben: 1. Die Gemütsanlage. 2. Die Lebensgrundstimmung, das Vitalgefühl. 3. Die Willensveranlagung. In der späteren Arbeit stützt und erweitert Hoffmann diese Untersuchungen. Er geht methodisch so vor, daß er an einer vergleichenden Analyse von Familien, die sich über verschiedene Generationen erstreckt, erbbiologisch selbständige Persönlichkeitselemente nachweist.

Aber auch Hoffmann liegt der Gedanke fern, daß der Charakter eindeutig erbbiologisch bestimmt ist. Da, wie er sagt, der Erscheinungsform eines jeden Menschen ein d y n a m i s c h e s G e s c h e h e n zugrundeliegt, muß man Entwicklungsgang und Entwicklungsform des Menschen erfassen. Mit dem Gedanken einer erbbiologischen Analyse verbindet Hoffmann die Untersuchung von Entwicklungsformen. Ein heuristischer Grundsatz leitet ihn dabei: nichts kann im Individuum „zur Entfaltung kommen, was nicht irgendwie anlagemäßig begründet ist[20]". Durch diesen Gedanken wird auch die Untersuchung der Entwicklungsformen erbbiologisch begründet. Entwicklung kann nach ihm endogen, also aus Gründen, die im Organismus selbst liegen, entstehen, sie kann aber auch auf exogene, äußere Einflüsse hinweisen. Aber eine Persönlichkeitsumwandlung, mag sie nun mehr endogen oder mehr exogen begründet sein, zeigt doch bestimmte Anlagequalitäten an, die in der Persönlichkeit vorgebildet sind.

In diesem Zusammenhang führt Hoffmann den wichtigen Gedanken der „Charakterantinomie"[21] ein. Einem Menschen kann anlagemäßig durch die Kreuzung von Erbmassen Gegensätzliches mitgegeben sein. Solche Gegensätz-

---

[19] Das. S. 6. [20] Hermann Hoffmann: Das Problem des Charakteraufbaus. Berlin 1926. S. 85. [21] Das. S. 124 ff.

lichkeit führt zum kompensatorischen Akt, in dem ein schüchterner, selbstunsicherer Mensch nach außen z. B. ein robustes und überlegenes Wesen zeigt. Beide Formen sind anlagemäßig mitgegeben. Die eine ist die wirkliche, innere Form, die andere ist die kompensatorisch nach außen überhöhte Form. So kommt also auch jede dieser Anlagen zur Geltung. Oft nicht zur gleichen Zeit. In der einen Periode unseres Lebens entfaltet sich die eine Anlage, in der anderen die gegensätzliche. Aber es ist die innere Zwiespältigkeit eines gegensätzlichen Anlagepaares, die sich in Kompensation und Wandlungen der Entwicklung der Persönlichkeit ausdrückt.

So schließt sich das Bild der Persönlichkeit. Wenngleich alle Entwicklung auf Anlagequalitäten zurückweist, so können doch Milieueinflüsse erst der Anlage zur Wirkung verhelfen und gleichsam die Anlage auslösen. Daher behauptet Hoffmann nicht nur eine anlagebedingte, sondern auch eine milieuabhängige Kompensation. Freilich, schon der heuristische Grundsatz, demzufolge alle Entwicklung letztlich auf Anlagen zurückweist, zeigt, daß Hoffmann dem Erbcharakter eine richtunggebende Funktion zuweist.

In der erbbiologischen Forschung wird heute von keiner Seite mehr die strenge Erbbedingtheit des Gesamtcharakters angenommen. Man kann die herrschende Meinung so formulieren: Es gibt erbmäßig mitgegebene Bedingungen, die den Charakter tragen. Sie sind, wie Pfahler sagt, bis in alle Verästelungen des Entwicklungscharakters verfolgbar und nachweisbar. In der Entwicklung aber vollzieht sich eine gewisse Gestaltung dieser Grundlinien. Umwelteinflüsse, wie Erziehung, Erlebnisse, Situation usw., prägen und erfüllen die Anlagen. Der Gesamtcharakter ist demnach ein Zusammen von Anlage und Umwelt. Wieweit der Erbcharakter den Gesamtcharakter beeinflußt und prägt, läßt sich nach dem heutigen Stande der Forschung noch nicht sagen. Aber die erbcharakterologische Forschung nimmt an, daß der Erbcharakter den Grundcharakter ganz und ein großes Stück des Entwicklungscharakters beherrscht.

Somit besteht in den Kreisen dieser Forschung durchaus eine gewisse Einigkeit über die Vererbung des Charakters. In erster Linie ist man sich seit den Forschungen Kretschmers darüber einig, daß das Temperament erbbedingt ist. Ewald — der den Temperamentsbegriff von Kretschmer einschränkt — behauptet, daß Temperament „ein für allemal erbbiologisch festgelegt ist". Er versteht unter Temperament: Vitalgefühl + Intensitäts- und Tempokomponente. Kretschmer hatte zum Temperament noch die Affektivität genommen. Diese rechnet Ewald zum „angeborenen Charakter". Denn auch der Charakter hat erbbedingte Grundlagen, wenn er als Ganzes auch keine „solche Konstante"[22] wie das Temperament ist. Der angeborene Charakter umfaßt, nach Ewald, die reaktive Affektivität + Triebe + Willensapparate. Auch Hoffmann betrachtet, wie oben gesagt wurde, die Willensveranlagung als erblich bedingt. Und ähnlich sind nach dem charakterologischen Hauptschema von Pfahler Vitalität und Ansprechbarkeit erblich bedingt. Am weitesten geht vielleicht

---

[22] G. Ewald: Temperament und Charakter a. a. O. S. 14.

Pfahler, wenn er die Aufmerksamkeit, also einen Faktor der Intelligenz, unter die erbbedingten Faktoren zählt.

## ZUR KRITIK DES BEGRIFFS „ANLAGE“

Viel stärker noch als Tiefenpsychologie, Konstitutionspsychologie und verstehende Psychologie legt also die erbcharakterologische Forschung den Gegensatz von Innen — Außen der Persönlichkeit zugrunde. In der Form des Begriffspaares Anlage — Umwelt sind aufs strengste innere und äußere Bedingungen der Persönlichkeit voneinander geschieden. Man erklärt die Gesamtheit der Persönlichkeit aus den Anlage- und Umweltwirkungen, wenn man von den einseitigen Theorien absieht, die nur Anlagewirkungen oder nur Umweltwirkungen gelten lassen wollen. Was sich also an und in der Persönlichkeit im Laufe ihres Lebens zeigt, muß entweder auf Anlagen oder auf Umweltfaktoren zurückgeführt werden können. Anlage + Umwelt wird zur Grundformel der Persönlichkeit und des Charakters.

Dieser Ansatz trägt eine Gefahr in sich. Da die Persönlichkeit zwangsläufig aus dem einen und dem anderen entsteht, so muß die ganze Persönlichkeit die Summe der Anlage- und Umweltwirkungen darstellen. Persönlichkeit und Charakter könnte man geradezu als mechanisches Ergebnis dieser beiden Faktoren verstehen. Auf diese Weise käme man zu einer streng naturwissenschaftlichen und kausalen Erklärung der Persönlichkeit. Man könnte nicht mehr davon sprechen, daß der Persönlichkeit selbst eine bestimmende Kraft zukommt, denn sie selbst ist ja nichts anderes als Anlage- oder Umweltbestimmung. Die Gefahr, die darin liegt, hat die Erbcharakterologie immer gesehen. Aber von manchen Seiten wurde diese streng-naturwissenschaftliche Erklärung der Persönlichkeit als Vorzug aufgefaßt.

Wo eine solche Erklärung wirklich durchgeführt wird, ist die meist stillschweigend angenommene Voraussetzung, daß man den Begriff der Anlage im naturwissenschaftlichen Sinn übernimmt. Anlage bedeutet dann aber eine angeborene Teilbedingung des Organismus, die eine bestimmte Entwicklungsform in sich schließt. So wenigstens ist der Biologe bemüht, den Begriff Anlage zu fassen. Freilich ist auch im Biologischen schon diese Auffassung nicht streng durchführbar. Gerade darüber liegen verschiedene Untersuchungen vor. Experimente zeigen, daß die Anlagen nicht von vornherein immer eine entschiedene Entwicklungsbestimmtheit zeigen. Wird zu einem frühen Zeitpunkt ein Stück Epidermis des Streifenmolchs in die Gegend des künftigen Gehirns übertragen, dann fügt sich dieses Stück Haut in den Entwicklungsgang ein und wird zu einem Stück Gehirn. In einem späteren Entwicklungsstadium gelingt solche Übertragung nicht mehr in diesem Sinn. Man kann, wenn man dann die Übertragung vornimmt, z. B. ein in die Leibeshöhle gerichtetes, sinnloses Auge erzeugen. Denn das Stück des Gehirns, das übertragen wird, hat nun schon eine Entwicklungsbestimmtheit, die sich auch durchsetzt, wenn es in eine ganz andere Gegend des Körpers verpflanzt wird.

Die Frage ist, ob man psychische Anlage in diesem Sinn fassen darf. Kann man annehmen, daß auch psychische Anlagen eine ähnlich strenge Entwicklungsbestimmtheit mitbekommen? Das ist aus zwei Gründen nicht möglich. 1. Die körperliche Anlage ist, wenn sie nicht gar als angeborene Anlage gefaßt wird und dann strengste Entwicklungsbestimmtheit zeigt, doch immer in ihrer Entwicklung strenger vorbestimmt als die psychische. Man nehme irgendeine Eigenschaft, z. B. Musikalität, der eine musikalische Anlage entspricht. Es ist klar, daß wir annehmen können, die Anlage entwickle sich unter allen Umständen zu einer bestimmten Form, so wie sich eine Ohranlage in einem bestimmten Entwicklungsstadium zum Ohr entwickelt. Die Anlage kann zunächst einmal überhaupt latent bleiben. Aber selbst wenn die Anlage so stark ist, daß sie zur Entwicklung drängt, sind vielerlei Möglichkeiten gegeben. Ob sie zur Musikausübung, zur Beherrschung eines Instruments, zur Virtuosität oder zur musikalischen Produktivität führt, entscheidet sich immer erst in der Entwicklung. Es ist um so sinnloser, eine vorher entwicklungsbestimmte Anlage annehmen zu wollen, je spezialisierter die spätere Tätigkeit ist. Spricht man davon, daß jemand Anlagen zum Geistesarbeiter oder zum Soldaten habe, so kann man Anlagen nur mehr noch als Bedingungen verstehen, die durch diese Berufe in besonderer Weise erfüllt werden, aber man kann sie nicht als Bedingungen ansehen, die eine Entwicklung zu diesem Beruf vorherbestimmen. 2. Psychische Anlagen sind nicht eindeutig. Dieselben Eigenschaften können, wie oft gesagt wurde, und wie auch Peters betont, auf verschiedene psychische Anlagen zurückgeführt werden, verschiedene Eigenschaften können aus der gleichen Anlage entstehen. Nun ist aber weiter der durchschnittlich Mutige nicht immer mutig, der durchschnittlich Ehrliche nicht immer ehrlich. Irgendwo hat er Züge der Angst oder Züge der Unehrlichkeit, die vielleicht nicht zum Ausdruck kommen, weil er sie bekämpft. Der Mut eines Menschen kann durch erschütternde Ereignisse so gebrochen werden, daß fortan Ängstlichkeit ein Zug des Charakters wird. Wenn man diese Eigenschaften auf Anlagen, in diesem Fall auf die Anlage zum Mut oder die Anlage zur Ehrlichkeit zurückführt, so müßte man ihnen geradezu eine Ambivalenz zugestehen. Jedenfalls müßten wir bei den Menschen, die Ehrlichkeit und Mut in durchschnittlicher Ausprägung zeigen und also auch Züge von Ängstlichkeit und Unehrlichkeit aufweisen, annehmen, daß sie *in einem* die Anlage zum Mut und zur Angst oder die Anlage zur Ehrlichkeit und zur Unehrlichkeit besitzen. Nichts anderes hat auch Hoffmann getan, wenn er die Charakterantinomien auf widersprechende Anlagen zurückführt. Denn das sind in Wirklichkeit ambivalente Anlagen. Aber damit wird der Begriff der Anlage so erweitert, daß er etwas anderes bedeutet, als Anlage im naturwissenschaftlichen Sinn. In der Anlage ist nicht mehr vorherbestimmt, was aus ihr wird. Man kann von einer psychischen Anlage nicht in dem Sinn sprechen, wie man von einer Ohranlage spricht.

Zieht man die Konsequenz aus diesen Erkenntnissen, so wird man der psychischen Anlage zunächst nicht eine strenge Entwicklungsbestimmtheit, sondern nur eine Richtungsbestimmtheit, die Spielraum läßt und mehrere Möglichkeiten der Entwicklung hat, zusprechen dürfen. Die großen Erfolge der allgemeinen biologischen Forschung beruhen aber gerade auf der Erkenntnis von Anlagen in einem strengeren Sinn. Die Mendelschen Gesetze rechnen mit Anlagen, die durch Vererbung eine strenge Entwicklungsbestimmtheit mitbekommen. Anlagen dieser Art kann man aus dem das Individuum verändernden Umweltprozeß herausheben, sie sind gegen Umwelteinflüsse konstant und können gerade daher in ihrer eigenen, eben der Vererbungsgesetzlichkeit, erforscht werden. Je mehr Anlagen dieser Art man erfaßt, desto sicherer können andererseits die Wirkungen der Umwelt festgestellt werden. Wenn man aber den Begriff der Anlage erweitert und von Anlagen spricht, denen keine strenge Entwicklungsbestimmtheit zukommt, dann muß man sich darüber klar sein, daß man auch den Begriff der Vererbung nicht im strengeren Sinne fassen darf. Denn diese Anlagen sind vollkommen von den Umweltwirkungen abzulösen. Das heißt, daß „psychische Anlagen" Funktionen sind, deren Charakter in vielen Fällen durch ihren Funktionskreis bestimmt und entfaltet wird.

Man hat diese Konsequenz auch gezogen. So faßt Peters in seinem zusammenfassenden Werk über „Die Vererbung geistiger Eigenschaften und die psychische Konstitution" Anlage in diesem Sinn. Die Anlagen sind nach ihm „Teilbedingungen der psychischen Eigenschaften"[23]. Der Ansatz der erbcharakterologischen Forschung, wie etwa Hoffmann ihn durchführt, hält zwar an dem Gedanken fest, psychische Elemente zu finden, die biologische Selbständigkeit haben und sich selbständig und unabhängig voneinander vererben. Aber auch er sieht darin nur die Grundlage und hebt die Bedeutung der Entwicklung hervor, die das Individuum verändert. Eine andere Untersuchung, die Pfahler durchgeführt hat, spricht von vornherein von den erblichen psychischen Anlagen als „Grundfunktionen", die er in ihrem Sosein ohne Rücksicht auf ihre Bedeutung für die Entwicklung des Gesamtcharakters darstellen will. Auch hier wird eine Einschränkung vollzogen. Ausdrücklich stellt Pfahler fest, daß die Qualität und Quantität der Grundfunktionen sichtbar, wirksam und feststellbar nur in den konkreten Augenblicken des Zusammentreffens von Person und Welt sind[24]. Was sich schon in dem Begriff „Funktion" ausweist, wird ausdrücklich in diesem Satz anerkannt. Es handelt sich eben nicht um Anlagen im strengen Sinne des Wortes, die außerhalb des Zusammentreffens von Person und Welt erkannt werden können.

Nun ist aber das Ziel der Erbcharakterologie, die Persönlichkeit aus ihren Anlagen zu verstehen. Die Hoffmannsche Methode will dieses Ziel erreichen, indem sie durch vergleichende Familienforschung im Erbgang selbständige Persönlichkeitselemente findet. Wenn eine Eigenschaft sich in einer Familie durch mehrere Generationen hindurch verfolgen läßt, liegt die Annahme nahe, daß ihr vererbliche Anlagen zugrunde liegen. Die Pfahlersche Methode geht einen

[23] W. Peters: Die Vererbung geistiger Eigenschaften und die psychische Konstitution. Jena 1925. S. 24. [24] Pfahler a. a. O. S. 32.

anderen Weg. Sie geht von Grundfunktionen aus, die am Anfang der Persönlichkeit stehen, sich bei jedem Menschen finden und in ihrer Stärke oder Schwäche eine beharrliche Konstanz im Lebensverlauf zeigen. Aus dieser Unveränderlichkeit und Unbeeinflußbarkeit durch die Umwelt schließt Pfahler auf eine erblich mitgegebene Anlagestärke oder Anlageschwäche.

Wenn man aber den Begriff der Anlage nicht im streng naturwissenschaftlichen Sinne, wie gezeigt, fassen darf, dann kann man auch nicht annehmen, daß die Persönlichkeit sich in strenger Entwicklungsbestimmtheit aus den Anlagen ergibt. Nochmals sei gesagt, daß weder Hoffmann noch Pfahler das annehmen. Denn wenn Hoffmann widersprechende Anlagen annimmt, so ist damit schon gesagt, und Hoffmann zeigt es auch in der Durchführung seiner Gedanken, daß die Entwicklung zwischen den widersprechenden Anlagen hin und her schwanken kann. Pfahlers Annahme von Grundfunktionen behauptet zwar die Konstanz dieser Grundfunktionen im Lebensverlauf, aber auch er betont, daß das Grundfunktionsgefüge im Lauf der Entwicklung gestaltet, wenn auch nicht verändert werden kann. Durch krankhafte Prozesse kann es allerdings ausnahmsweise gewandelt werden. So nimmt Hoffmann an, daß in der Persönlichkeit nichts entsteht, was nicht auf Anlagen zurückweist, Pfahler weist nach, daß die Grundfunktionen die Voraussetzung für das Wirksamwerden der Umwelt sind, aber beide nehmen nicht eine strenge Entwicklungsbestimmtheit des Charakters durch die Anlagen an.

Damit hat die Erbcharakterologie sich selbst eine Grenze gezogen, die wir so deuten: Obgleich nichts in der Persönlichkeit entsteht, was nicht auf Anlagen zurückführbar ist, obgleich die Konstanz der Grundfunktionen sich im Verlauf des Lebensprozesses nachweisen läßt, ist durch die Anlagen die Entwicklung und der Aufbau der Persönlichkeit nicht eindeutig vorherbestimmt. Um so stärker wird damit das Gewicht, das auf die Analyse der inneren Dynamik der Persönlichkeit fällt. Denn die Erbcharakterologie kann die Entwicklung der Persönlichkeit nur soweit darstellen, als sie zeigen kann, wie die mitgegebenen Anlagen im Lauf der Entwicklung trotz der inhaltlichen Erfüllung konstant bleiben. Indem sie die unveränderlichen Elemente der Persönlichkeit heraushebt, erhält sie den Grundcharakter. Jenes eigentümliche Spiel aber, in dem die Persönlichkeit sich entfaltet und differenziert, in dem die Anlagen sich zu seinem Netz von Eigenschaften aufschließen und die Persönlichkeit ihr einzigartiges, unvergleichliches Gesicht erhält, dieses Gestaltwerden der Persönlichkeit mit all seinen neuen Möglichkeiten und Wirklichkeiten, das Sichhinein-Finden und Verfestigen in einer Umwelt, muß aus der Analyse des Entwicklungscharakters verstanden werden. Das Interesse des Erbcharakterologen muß immer letzten Endes darauf gehen, die Anlagen als entwickelbare, aber noch nicht entwickelte Größen zu fassen oder die entwickelten Eigenschaften auf diese Anlagen zurückzuführen. Sein Beitrag, den er zum Problem der Entwicklung der Persönlichkeit gibt, ist dieser: Am Anfang der Persönlichkeit stehen Anlagen. Sie weisen die Richtung und sind die Voraussetzungen für das Wirksamwerden der Umwelt. Indem sie sich inhaltlich erfüllen, verfestigen und ausprägen, erwächst die Persönlichkeit. Alle Eigenschaften, die die

Persönlichkeit besitzt, müssen irgendwann einmal aus dem Zusammenschluß von Anlagen und Umwelt oder in der direkten, gegen die Umwelt sich durchsetzenden Entwicklung einer Anlage entstanden sein.

## ZUSAMMENFASSUNG: ZUM AUFBAU DER PERSÖNLICHKEIT

Wir haben uns bemüht, die verschiedenen Ansätze der modernen Psychologie und Charakterologie, soweit sie der Erforschung der Persönlichkeit gelten, scharf voneinander abzuheben. Absichtlich wurde vermieden, die Übergänge und Zusammenhänge zu zeigen, die von einem Forschungsansatz zum andern führen und dem, der die psychologische und charakterologische Forschung kennt, bewußt sind. Ob eine innere Einheit in dem Gesamtbereich der Persönlichkeitsforschung noch besteht, ist den Forschern selbst manchmal zweifelhaft geworden. Zu vielfältig sind die Ansätze und zu wenig die Ergebnisse, die über die Tatsache der Gesamtpersönlichkeit feststehen, so viele Tatsachen auch im einzelnen gefunden und dargestellt worden sind. Es ist kein Wunder, wenn man schließlich auf die systematische Darstellung der Persönlichkeit und ein System der Persönlichkeit überhaupt verzichten wollte. Das Wort von der Krisis der Psychologie ist bekannt, und es hat in diesen Erscheinungen seinen Grund. Auch in der Charakterologie hat erst kürzlich ein Forscher den Wunsch ausgesprochen, daß uns die Zukunft vor weiteren Charaktersystemen bewahren möge.

Dennoch treffen solche Einsichten nur die Oberfläche der Forschung. Es läßt sich nachweisen, daß die Verschiedenartigkeit der Ansätze auf eine tiefe, innere Einheit zeigt. Die alte Psychologie kannte jene berühmte Dreiteilung von Fühlen, Denken und Wollen. Was sie damit meinte, ist klar, sie wollte die Gesamtheit des seelischen Lebens in drei Arten von Vorgängen gliedern. In dem Maße, wie die Entwicklung der Psychologie den Seelenbegriff einengt und die Seele als Bewußtseinsseele faßt, tritt diese Dreigliederung in den Hintergrund.

Die neuere Persönlichkeitspsychologie untersucht dann, wie gezeigt wurde, die Persönlichkeit von der Konstitution, vom Unbewußten und von ihrer geistigen Gestalt her. Dabei erforscht die Konstitutionspsychologie vor allem den Kreis des Temperaments und den Zusammenhang der psychischen Funktionen mit elementaren biologischen Vorgängen. Die Tiefenpsychologie untersucht die Vorgänge des Wünschens und Zielsetzens, der bewußten Verdrängung, das unbewußte Wünschen und endlich das Wesen der Selbstbehauptung und Umweltbindung. Die verstehende Psychologie erfaßt die Gestalt der Persönlichkeit von ihrem geistigen Ausdruck und den Formen des geistigen Lebens. Jede dieser Forschungseinrichtungen ist bemüht, aus ihrem Funktionskreis das Ganze der Persönlichkeit zu erfassen. So wurden Temperamentstypen, Weltanschauungstypen und Typen der Selbstbehauptung dargestellt. Aber schon heute läßt sich sagen, und die Erkenntnis ist durchgedrungen, daß jede dieser Typologien einen einseitigen Aspekt der Persönlichkeit gibt.

Eine neue Dreiteilung setzt sich durch. Man kann voneinander scheiden: den Funktionskreis des Temperaments — den des Geistes, der Intelligenz, der weltanschaulichen Einstellung, Wertung — und als dritten den der Selbstbehauptung, des Zielsetzens und der Umweltbindung. Es ist die charakterologische Forschung der letzten Jahrzehnte, die diese Kreise herausgearbeitet hat. In der Durchführung der einzelnen Forschungseinrichtungen hat sich gezeigt, daß zwar in jedem Funktionskreis sich die Gesamtpersönlichkeit widerspiegelt, aber andererseits die volle Persönlichkeit sich in allen drei Funktionskreisen ausprägt. So kann man mit Recht behaupten, daß eine Analyse der ganzen Persönlichkeit jeden dieser Funktionskreise untersuchen muß. Man darf nicht vergessen, daß diese Forschungen zum größten Teil nicht aus der traditionellen Psychologie herausgewachsen sind, sondern zum Teil in therapeutischen Bemühungen, wie die medizinische Charakterologie, zum Teil aber in dem Erfassen der geschichtlichen Persönlichkeit, wie die verstehende Psychologie, ihren Ursprung haben. Um so schwerer wiegt das Ergebnis. Denn diese neue Dreiteilung: Temperament, Geist und Selbstbehauptung, wie wir sie abgekürzt nennen wollen, ist eine überraschende Bestätigung der alten.

Nicht als ob sie mit der alten Unterscheidung vom Fühlen, Denken und Wollen identisch wäre; dieser ging es darum, psychologische Funktionen und Vorgänge voneinander abzuheben. Die neue Dreiteilung untersucht persönlichkeitsbildende Funktionen. Sie beschränkt sich daher nicht auf die Analyse psychischer Vorgänge, sondern verfolgt diese Funktionen der Persönlichkeit einerseits bis in die unbewußten Tiefen und andererseits bis in die geistigen Ausprägungen und Ausstrahlungen der Persönlichkeit in die Umwelt. Um so bedeutsamer ist es, daß in der erweiterten Betrachtung die alte Dreiteilung sich wiederfinden läßt. In jedem Fall kann man die Erweiterung nachweisen. Die Konstitutionspsychologie zeigt die Grundstimmung und den Grundrhythmus der Person. Vor allem Kretschmer hat eindringlich dargestellt, wie ein offenbar biologisch bedingter Rhythmus als psychisches Tempo sich auswirkt, wie damit jeweils eine Grundstimmung und ein eigentümlicher seelischer Ablauf zusammenhängen. Das, was die Psychologie im engeren Sinn als psychisches Fühlen und als Gefühl beschrieb, wird bei Kretschmer eine Funktion, die die ganze Persönlichkeit prägt und sich bis in alle Lebensäußerungen verfolgen läßt. Es wäre natürlich falsch, in der Konstitutionspsychologie eine Lehre vom Fühlen oder den Gefühlen zu suchen. Denn die konstitutionelle Bedingtheit prägt die ganze Persönlichkeit und alle ihre psychischen Akte. Aber sie drückt sich in erster Linie und am deutlichsten im Fühlen aus. Offenbar ist das Gefühlsleben und alles, was ausstrahlend von ihm beherrscht wird, am stärksten konstitutionell gebunden. So ist der Kretschmersche Typ des Zyklothymen dadurch gekennzeichnet, daß er Gemüt hat, Jaenschs Typ des Integrierten lebt in inniger Verbundenheit und im Erfühlen der Umwelt. Kretschmers Typ des Schizothymen dagegen wird durch die Zwiespältigkeit und Zweischichtigkeit des Fühlens geprägt, Jaenschs Typ des Desintegrierten lebt in einer Aufgliederung, einem Auseinanderfühlen der psychischen Funktionen. In beiden Fällen steht ein durch Einheitlichkeit, Geschlossenheit und Stärke des Fühlens charakterisierter Typ einem andern gegenüber, dessen Fühlen aufgespalten, auseinanderstrebend, sich sperrend und verengend ist.

In ähnlicher Weise steht im Mittelpunkt der verstehenden Psychologie das geistige Leben. Auch hier wird das Denken nicht im engen psychologischen Sinne genommen. Das Charakteristische des Denkens, jenes Erfassen geistiger Gehalte, wird in allen Funktionen und Gebieten der Persönlichkeit untersucht. Daher betont Dilthey immer wieder, daß es der verstehenden Psychologie auf die Analyse des erworbenen Seelenzusammenhanges ankommt. Und ob es nun Typen der „Weltanschauung" oder „Weltanschauungspsychologie" oder „Lebensformen" sind — das beherrschende Thema ist immer die Untersuchung der Einstellung, der Wertbezogenheit und des geistigen Vollzugs. Die Persönlichkeit wird dargestellt an dem, was sie in Kunst, Religion und Wissenschaft gestaltet, und in ihrer Selbstgestaltung durch die Wirklichkeit des Geistes. Auch hier wird das geistige Leben zum gestaltenden Prinzip der Gesamtpersönlichkeit erweitert. Die dritte Richtung der modernen Psychologie, die Tiefenpsychologie, begann mit einer neuen Untersuchung des Wollens. Nicht nur das bewußte Wollen, sondern das unbewußte Wünschen, Drängen und Streben und die Abhängigkeit dieser Vorgänge von der vitalen Energie der Triebe sind das Thema dieser Forschung. Damit wird das Wollen als bewußte, psychische Funktion zu einem alle Schichten der Persönlichkeit durchdringenden Formkreis erweitert. Die Leistung Freuds liegt im Aufspüren dieser Zusammenhänge. Sein neues Vokabular von psychologischen Begriffen, wie Verdrängen, Hemmen, Sublimieren, Fehlleistungen und Fehlhandlungen dehnt die psychische Funktion des Wollens zu einem Funktionskreis aus, der die gesamte Persönlichkeit gestaltet. In einer inneren Folgerichtigkeit dieses Ansatzes hat Adler dann die Selbstbehauptung der Persönlichkeit in ihrem Geltungsstreben und ihrer Abhängigkeit von der Umwelt untersucht. Nur auf der Voraussetzung des von der Psychoanalyse erarbeiteten unbewußten Wollens konnte die neue Analyse der Person in ihrem unbewußten und bewußten Wollen, das wieder von der Umwelt bedingt ist, durchgeführt werden.

So sind die psychischen Funktionen des Fühlens, Denkens und Wollens zu Gestaltprinzipien der Persönlichkeit erweitert worden. Auch die Ergebnisse der Erbcharakterologie weisen in diese Richtung. In Einzeluntersuchungen hat man die erblichen Anlagen des Temperaments, der Begabung und des Wollens erforscht. Unter ausdrücklichem Hinweis auf die Dreiteilung von Fühlen, Denken und Wollen hat Pfahler anlagemäßig mitgegebene Grundfunktionen der Ansprechbarkeit, der Aufmerksamkeit und der vitalen Stärke unterschieden.

Wir nehmen dieses Ergebnis, das hier nur festgestellt werden soll, und dessen genauere Entwicklung und Darstellung in die Geschichte der Psychologie gehört, als Grundlage unserer weiteren Untersuchungen. Wir scheiden drei Funktionskreise der Persönlichkeit: den des Temperaments — den der Begabung, der Intelligenz und des Geistes — und den der Selbstbehauptung und

Bindung an die Umwelt. Aber es kommt uns in der folgenden Darstellung nicht darauf an, wie es die Persönlichkeitspsychologie getan hat, von e i n e m Funktionskreis aus die ganze Persönlichkeit zu erfassen. Ebensowenig wollen wir, wie Pfahler es getan hat, diese Funktionskreise auf einfache, anlagemäßig mitgegebene Grundfunktionen zurückführen. Zwar nehmen wir an, daß diese Funktionskreise am Anfang der Persönlichkeit stehen und erbbedingte Träger der Entwicklung sind. Aus ihnen erwächst die spätere Persönlichkeit in all ihren Eigenschaften. Wir stellen diese Grundlagen dar, um von dort aus die Dynamik zu behandeln, in der sie sich entwickeln. Entfaltung, Erweiterung, Verfestigung, gegenseitiges Durchdringen und Spannen, — das sind die Prinzipien, gemäß denen die Persönlichkeit aus Anlagen und Umwelt ihre Eigenschaften entwickelt.

---

*ZWEITES KAPITEL*

---

# DIE ERBLICH BEDINGTEN GRUNDLAGEN DER PERSÖNLICHKEIT

## DIE ALTE TEMPERAMENTSLEHRE

Von alters her hat man vermutet, daß das, was uns aus der Antike als Temperament überliefert worden ist, körperliche Grundlagen habe. Die vier Temperamentstypen des Cholerikers, Sanguinikers, Phlegmatikers und Melancholikers wurden schon von ihrem Begründer Hippokrates körperlich erklärt. Von Galen stammt dann die Theorie, derzufolge es vier Grundsäfte geben sollte: Blut (sanguis), Schleim (phlegma), gelbe Galle (chole) und schwarze Galle (melanchole). Je nach der Beteiligung des einen Grundsaftes am körperlichen Geschehen entsteht dann der Sanguiniker oder Phlegmatiker, der Melancholiker oder Choleriker. Demzufolge wäre also der Sanguiniker der Blutsmensch, der Phlegmatiker der Schleimmensch, der Melancholiker der Mensch der schwarzen Galle und der Choleriker der Mensch der gelben Galle. Freilich gibt es noch andere Mischungen; die vier Temperamentstypen, die wir gebräuchlich unterscheiden, sind die einseitigen Temperamente. Aus diesen Anfängen der Temperamentslehre leitet sich eine ebenso hartnäckige wie ununterbrochene Forschung nach der Beschaffenheit und den Grundlagen des Temperaments ab. Mehrmals wurden andere Temperamente aufgestellt, oder die Temperamente wurden auf andere Grundlagen zurückgeführt. Eine Geschichte des Temperaments wäre eine Arbeit für sich. Aber durch und über die Zeiten hinweg blieb die alte Unterscheidung von vier Temperamenten erhalten.

Es ist gewiß nicht die primitive Lehre von den körperlichen Grundlagen der Temperamente, wie sie uns aus der Antike übermittelt worden ist, die diese Unterscheidung so lange wach und lebendig gehalten hat. Es ist auch nicht, wie Klages meint, das Festhalten an der Vierteilung. Nach ihm gibt diese alte Temperamentslehre „einen merkwürdigen Beleg für die Abhängigkeit unserer Verstandesbemühungen von den einmal geprägten Formen des Denkens, insonderheit von der Herrschaft der Zahl“[25]. Aber diese Lehre wäre wohl wie so vieles andere untergegangen, wenn in ihr nicht eine so einfache und einleuchtende, dabei so wirklichkeitsnahe psychologische Charakteristik enthalten wäre, daß man immer wieder auf sie zurückgriff. So lebt diese alte Temperamentslehre weiter trotz aller Versuche, sie durch andere zu ersetzen, als ein unersetzliches Stück psychologischer Charakteristik. Zugleich aber ist durch diese vier Typen der Begriff des Temperaments festgelegt und von anderen psychologischen Begriffen unterschieden. Denn welche Zusammenhänge mit diesem Begriff gemeint sind, und was das Temperament eigentlich ist, läßt sich immer noch am schnellsten aus dieser alten Typik entnehmen. Zudem enthalten auch alle neueren Forschungen über das Temperament mehr oder minder große Stücke der alten Erkenntnisse, und schon das zeigt, daß in der alten Lehre das Wesen dieser seelischen Erscheinung nicht verkannt war.

Wir beschreiben im einzelnen die Typen. Den Sanguiniker kennen wir als leichten und heiteren Menschen, der seine Heiterkeit auf andere überträgt. Schwierigkeiten und Schmerzen des Lebens nimmt er leicht oder vergißt sie schnell. Im Moment mag er verletzt oder betrübt sein, aber seine bewegliche Seele lebt im Schwung der heiteren und fröhlichen Ereignisse. Er ist leicht gerührt, verspricht schnell und vergißt leicht. Wenn er sich nicht anders zu helfen weiß, entzieht er sich gedrückten oder traurigen Stimmungen durch die Flucht. Er braucht nicht viel, um fröhlich zu sein; eine kleine Freude, ein bißchen Anerkennung, und schon ist er obenauf. Nicht selten liegt auf dem Grund dieses Temperaments eine Unbekümmertheit: Leben, Vergnügtsein und Vergessen sind die Devisen des Sanguinikers. Seine leichte Art, seine Umgänglichkeit und Ansprechbarkeit machen ihn zu einem beliebten Kameraden, auf den man sich freilich nicht immer verlassen kann. Tiefe des Gemüts fehlt ihm, trotz aller Ansprechbarkeit gehen seine Erlebnisse und Anstrengungen nicht tief. Er bleibt im Oberflächlichen.

Der Melancholiker fällt oft schon äußerlich durch sein gedrücktes und stilles Wesen auf. Er nimmt die Dinge schwer, empfindet stark die drückenden Seiten des Daseins und freut sich selten. Die Heiterkeit des Sanguinikers begreift er nicht, sie stößt ihn sogar ab. Er haßt das Laute und Fröhliche, es zieht ihn zum Ernsten und Schwierigen. Die starke Spannung, die er mit sich herum trägt, wirkt sich leicht auf seine Umgebung aus. Zwar ist seine Stimmungslage gleichbleibend tief, aber Eindrücke und Erlebnisse berühren ihn tief und nachhaltig. In seiner tiefen Stimmungslage bleibt er noch erschütterungsfähig. Menschen, Aufgaben und Erlebnisse werden ihm leicht zuviel,

[25] L. Klages: Prinzipien der Charakterologie. 3. Aufl. Leipzig 1921. S. 51.

Schwierigkeiten scheinen ihm unüberwindlich, und er fühlt sich erdrückt von dem, was er zu leisten hat. Weil das Gleichgewichtsvermögen des Melancholikers schwach ist, seine Fähigkeit, auszuweichen und die Stimmung zu wechseln, gering ist, drohen ihn schon geringe Schwierigkeiten zu erdrücken. Er hat nur einen Ausweg: die großen Spannungen seines Innern nicht nur durchzuleben, sondern auch auszudrücken. Wo ihm das gelingt, wird er produktiv. Und nicht selten findet man unter den großen Künstlern, Wissenschaftlern und Politikern Melancholiker.

Beim cholerischen Menschen tritt am stärksten die Reizbarkeit und Erschütterungsfähigkeit in Erscheinung. Es ist der Mensch, der aufbraust und seinem Zorn sofort Luft macht. An sich ist er ein guter Kamerad, der alles mitmacht. Aber er hat eine Reihe von Punkten, die man nicht berühren darf. Geschieht das aber doch, dann wechselt der ganze Mensch jäh Stimmung, Ton und Haltung. In schlimmen Fällen steht dann plötzlich ein wild erregter, seiner selbst nicht mehr mächtiger Mensch vor uns. Meist vergeht der Sturm ebenso schnell, wie er gekommen ist. Die große Beweglichkeit des Cholerikers ist es, die ihn davor schützt, daß er in der starken Gespanntheit und Geladenheit seines inneres Lebens untergeht, wie der Melancholiker. Aber der Choleriker kann diese Spannungen sofort entladen, der Melancholiker muß sie verarbeiten. Wenn daher der Choleriker auch nicht schwerlebig wie der Melancholiker ist, so ist er gleichwohl nicht leichtlebig. Er besitzt oft Tiefe des Gemüts, Warmherzigkeit und Nachdenklichkeit. Aber das alles verschwindet, und in jähem Übergang zeigen sich Härte, Ungerechtigkeit und Besinnungslosigkeit, wenn er gereizt wird. Das Tempo seines Lebens hat harte Übergänge und tiefe Spannungen, aber die große Entladungsfähigkeit und der schnelle Wechsel mildern dieses Tempo.

Der Phlegmatiker scheint das einfachste Temperament. In der Tat sind Menschen dieser Art durch die Bewegungseigenschaften ihres Lebens nicht eben stark gekennzeichnet. Es sind ruhige, behäbige, in ihrer stärkeren Ausprägung faule und stumpfe Menschen. Sie werden weder durch den Wechsel der Situationen noch durch innere Spannungen stark bewegt. Über alles lieben sie die Ruhe, sie hassen Eile, Hast und Aufregung. Unter ihrer Hand nimmt das Dasein gemütliche Formen an. Sie sind nicht selten gute Esser oder genußvolle Trinker. Der Phlegmatiker liebt die kleinen Freuden des Daseins, doch will er sie regelmäßig und ohne Aufregung genießen. Er entschließt sich schwer, einmal, weil er überhaupt keine Lust hat, sich oft zu entschließen, und dann, weil es eines starken Anstoßes bedarf, bis er sich entschließt. Wenn andere schon vor Aufregung fiebern, fängt er allmählich an, sich für die Sache zu interessieren. Wenn er sich aber entschlossen hat, bleibt er dabei und verläßt eine Sache oder einen Menschen als Letzter. Sein natürliches inneres Schwergewicht bindet ihn stärker als andere Menschen an Sachen, Zustände und Personen. So ist es dieselbe Schwerfälligkeit, die sich einmal als Tiefe, Treue und Beständigkeit, ein andermal als Langsamkeit und Entschlußunfähigkeit zeigt. Ein tiefes Beharren in Ruhe und Gewohnheit ist der Angelpunkt im seelischen Leben des Phlegmatikers. Als innerliche Trägheit hindert sie an raschen seelischen

Bewegungen, als innerliches Schwergewicht aber hält es ihn im einmal Ergriffenen fest. Es gibt Phlegmatiker im guten Sinne des Wortes; ihre Ruhe und Beständigkeit, ihre innerliche Stärke gibt ihnen selbst und denen, die um sie sind, ein Gefühl der Sicherheit. Die Phlegmatiker im schlechteren Sinne des Wortes sind bequeme, lässige und genießerische Menschen. Sie sind langsam, wegen ihrer Lässigkeit oft unbrauchbar und neigen zum Egoismus, man empfindet sie als Hindernis.

In jeder dieser vier Typen wird eine Gesamtlinie der Persönlichkeit prägnant zur Erscheinung gebracht. Sie kann zur beherrschenden Lebenslinie überhaupt werden und wirkt sich in jedem Fall auch auf alle übrigen seelischen Tatsachen aus. Oft ist eingewandt worden, daß es Menschen gäbe, die von jedem Temperament ein Stück hätten. Aber dieser Einwand sagt nichts gegen die Temperamentslehre, höchstens etwas gegen die typisierende Methode, die sich an besonders einseitig ausgeprägte Fälle hält. Gerade weil aber in der Temperamentslinie etwas liegt, was für das ganze Wesen der Person charakteristisch sein kann, ist aus der Temperamentslehre die erste Typologie hervorgegangen.

Worin aber besteht diese Linie, was ist eigentlich das Temperament? Sieht man auf die Definitionen des Temperamentsbegriffes, so gehen die Meinungen weit auseinander, sieht man aber auf die inhaltliche Seite dessen, was als Temperament bestimmt wird, so erscheint eine geradezu erstaunliche Einheit. Man hat zwar immer wieder verschiedene Temperamentstypen aufgestellt, aber es sind die gleichen seelischen Faktoren, auf die man zurückgreift, wenn man Temperamente unterscheidet. Schon in den vier alten Temperamentstypen treten sie heraus. Diese Einigkeit gewinnt noch an Bedeutung, wenn man erkennt, daß andere Funktionen des Seelenlebens, vor allem Intelligenz und Wille, auch bei den verschiedensten Temperamentsdefinitionen keine Rolle spielen. Auch das zeigt sich schon bei den alten Temperamentstypen. Mit einer Aussage über das Temperament ist noch nichts über Grad und Art von Intelligenz und Wille ausgesagt. Zwar beeinflußt die Temperamentsform ihrerseits wieder die Intelligenz und den Willen, und man kann diese Beeinflussung feststellen. In diesem Sinn hat man neuerdings den Begriff „Intelligenztemperament" (Wenzl) geprägt. Aber die Temperamentsformung, das ist das Entscheidende, geht nicht von der Intelligenz und nicht vom Willen aus. Sie ist offenbar auch viel früher entwickelt.

Es sind drei Gruppen von seelischen Funktionen, die das Temperament entscheiden. An erster Stelle sind, weil sie am wichtigsten sind, die seelischen Bewegungsmerkmale und Bewegungsformen zu nennen. Kretschmer hat in seiner Temperamentslehre zwischen psychischem Tempo und Psychomotilität unterschieden. Unter dem ersten versteht er „die Beschleunigung oder Hemmung der seelischen Abläufe im allgemeinen, wie auf ihrem speziellen Rhythmus (zäh festhaltend, plötzlich abspringend, Sperrung, Komplexbildung)". Das zweite begreift „das allgemeine Bewegungstempo (beweglich oder behäbig), als auch den speziellen Bewegungscharakter (lahm, steif, hastig, stramm, weich, rund usw.)"[26] Diese innerseelischen Bewegungsmomente charakterisieren in erster Linie das Temperament. Meist haben wir von ihnen einen unmittelbaren Eindruck, wir empfinden einen Menschen als ruhig und gehalten, einen anderen als beweglich und schweifend, einen dritten als erstarrt und unbeweglich, einen vierten als sprunghaft und wechselnd usw. Bei anderen erscheint ein merkwürdiges Gemisch von Zähigkeit und Lässigkeit, von Beweglichkeit und Starrheit, von Ruhe und Aufregung usw. Sowohl in den einheitlichen wie in den gemischten Bewegungsformen gibt es unendlich viele Schattierungen. Ein zweiter Bereich, der dem Temperament zugehörig ist, ist die Stimmung. Wir finden Menschen mit gleichmäßiger und solche mit ungleichmäßiger Stimmung, die Stimmung kann gehoben oder gedrückt sein, es gibt Menschen, die ausgesprochen zu Freude und Lustgefühlen neigen, andere, die der Traurigkeit zustreben und von Unlustgefühlen stark bewegt werden. Stimmung ist das innere Sich-Fühlen eines Menschen. Sie hat ihre Farbe und ihre Stärke. Die Farbe schattiert zwischen dunkel und hell, die Stärke bewegt sich zwischen unerschütterlich und schwankend. Eine dritte Gruppe umfaßt das, was Kretschmer mit einem Gesamtbegriff die „Psychästhesie" genannt hat. Es sind die Faktoren seelischer Ansprechbarkeit. Dazu gehören Empfindungsfähigkeit und Erlebnisfähigkeit. Es gibt Menschen, die empfindlich sind, andere, die unempfindlich sind, Menschen, die zu wenigen, aber starken, andere, die zu vielen und schwachen Empfindungen neigen. Neben der gewöhnlichen Empfindungsstärke gibt es jene Übersensibilität, die bei der leisesten Bewegung erzittert, und die apathische, empfindungsstarre Haltung. Weiter gehört dazu die Beeindruckbarkeit, die wiederum ihrem Umfang nach groß oder klein, beschränkt oder weit, und ihrem Maß nach stark oder schwach sein kann. Daran schließt sich die Reagibilität und die Reaktionsform an. Es sind im engeren Sinn die Fähigkeiten des seelischen Antwortens. Sie gehen nicht immer mit Empfindungsfähigkeit und Beeindruckbarkeit zusammen. Der Melancholiker hat starke Empfindungen, aber er antwortet schwach, der Sanguiniker hat schwache Empfindungen, aber er antwortet stark. Wir unterscheiden hier Menschen, die stark auf Reize und solche, die schwach auf Reize antworten. Es gibt ewig gereizte und ewig lahme Menschen. Vor allem aber unterscheidet sich die Reagibilität nach den verschiedenen Reizen, auf die Menschen antworten. Da ist der eine besonders auf sinnliche Qualitäten ansprechbar, die wiederum sich auf das Triebhafte, Erotische und Sexuelle erstrecken können, aber auch ins eigentlich Seelische übergreifen. Dort kann man wieder unterscheiden zwischen einer Ansprechbarkeit durch optische, akustische und andere sinnliche Qualitäten. Das was wir Musikalität oder künstlerisches Empfinden nennen, hat zunächst seinen Grund in der besonderen Reagibilität auf die entsprechenden Qualitäten.

In den alten Temperamentstypen überkreuzen sich diese drei Kreise des Temperaments so, daß vier Typen herausspringen. Gemeinsam ist allen vier

[26] Kretschmer, Körperbau und Charakter a. a. O. S. 185.

Typen, daß sie eine Linie der seelischen Gesamtbewegung charakterisieren. Sanguiniker und Choleriker gehören als Typen eines raschen seelischen Ablaufs, Phlegmatiker und Melancholiker als Typen eines langsamen Ablaufs zusammen. Aber bei zwei dieser Typen, nämlich beim Sanguiniker und Melancholiker steht im Vordergrund die Stimmung, der eine ist durch die gehobene, der andere durch die gedrückte Stimmung hauptsächlich gekennzeichnet. Die anderen beiden Typen gehören, wie Ewald hervorgehoben hat, durch ihre „Reaktionsart" zusammen.

Wir erhalten aus diesen Gesichtspunkten folgendes Schema, aus dem wir die alten Temperamentstypen systematisch ableiten und die neuen Typen Kretschmers einfügen:

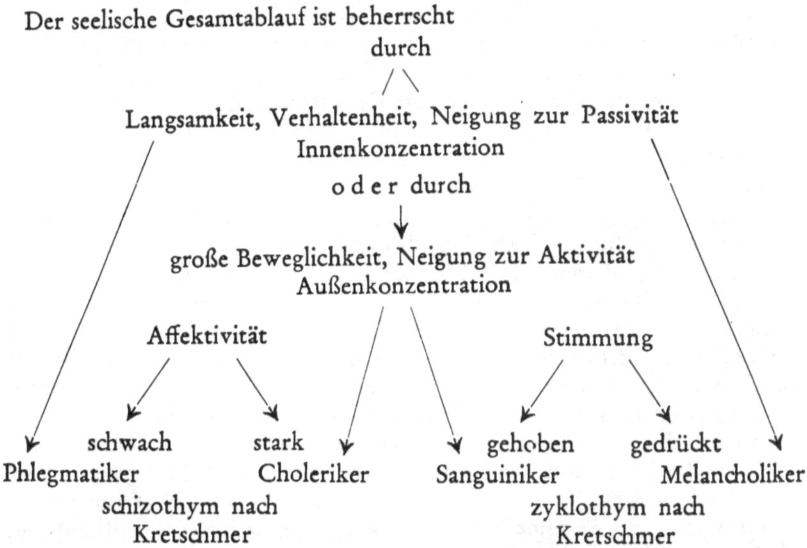


## DIE TEMPERAMENTSTYPEN KRETSCHMERS

Die alte Frage, wie weit das Temperament durch körperliche Grundlagen bedingt ist, hat auf einem neuen Weg Kretschmers Buch „Körperbau und Charakter" untersucht. Die Vertiefung der schon in der Antike geahnten Zusammenhänge von Körperbau und Charakter führt diese Forschung. Aber der Ansatz Kretschmers geht zunächst überhaupt nicht von den alten Temperamentstypen aus, sondern stellt zwei neue Typen und ihre Abwandlungen auf. Diese leitet er aus den beiden großen Formen der Geisteskrankheit, dem zirkulären und dem schizophrenen Irresein ab. Kretschmer findet, daß die beiden seelischen Grundstrukturen, die sich dort eigentümlich einseitig und scharf zeigen, abgewandelt bei den Normalen und bei den zwischen normal und krank sich bewegenden Persönlichkeiten wiederkehren. Die normalen Typen sind schizothym und zyklothym, die Typen zwischen krank und gesund schizoid und zykloid.

Wir charakterisieren die psychischen Typen Kretschmers. Die schizoiden Typen bewegen sich zwischen zäh und sprunghaft, die schizoide Temperamentskurve ist häufig eine springende, die zykloiden bewegen sich zwischen rasch und langsam, ihre Temperamentskurve ist eine schwingende. Diesem Unterschied im psychischen Tempo ähnelt der Unterschied der psychästhetischen Proportion des Schizoiden und der diathetischen Proportion des Zykloiden. Die Grundlage der schizoiden Temperamente liegt zwischen reizbar und stumpf, die der zykloiden zwischen gehoben, heiter und depressiv, traurig. Beim Zykloiden steht also die Stimmungslage im Vordergrund, er ist traurig oder heiter oder beides im Wechsel, er hat ein gut ansprechbares Gemütsleben, er hat ein weiches, warmes, gutherziges, menschenfreundliches, in Leid und Freude natürlich schwingungsfähiges Temperament. Dagegen hat der Schizoide eine Oberfläche und eine Tiefe, dem entspricht ein jähes gereiztes, plötzlich aufflackerndes Anspringen, das abgelöst wird von Öde, Stumpfheit und Lahmheit. Der Schizoide ist überempfindlich oder kühl, ja Kretschmer sagt geradezu, den Schlüssel zum schizoiden Temperament hat der erfaßt, der sieht, daß die Schizoiden kühl und überempfindlich zugleich sind. Wie die Zykloiden schlicht, unkompliziert, natürlich, offenherzig, oft geradezu kindlich lenksam und gutmütig sind, so sind die Schizoiden verdeckt, zweischichtig, kompliziert, sie leben in einer seltsamen Diskrepanz zwischen innen und außen. Der Zykloide ist kraft seiner Natürlichkeit und Warmherzigkeit gemeinschaftsfähig und auf die Gemeinschaft angewiesen, der Schizoide ist abseitig, seltsam und eigenbrödlerisch oder fanatisch und despotisch. Fließend, natürlich und beweglich ist der Zykloide, gehemmt, jäh und sprunghaft der Schizoide. Auf der Seite des Zykloiden sind die flott Hypomanischen, die Stillvergnügten und die Schwerblütigen, beim Schizoiden sind die Typen der Empfindsam-Affektlahmen (die Feinsinnig-Kühlen oder die pathetischen Idealisten) und die Kalten und Stumpfen (kalter Despot, jähzornig Stumpfe und zerfahrener Bummler). So finden wir bei den Schizoiden drei Gruppen von Charaktereigenschaften:

1. Ungesellig, still, zurückhaltend, ernsthaft, humorlos, Sonderling.
2. Schüchtern, scheu, feinfühlig, empfindlich, nervös, aufgeregt, Natur- und Bücherfreund.
3. lenksam, gutmütig, brav, gleichmütig, stumpf, dumm.

Und entgegengesetzt bei den Zykloiden:

1. Gesellig, gutherzig, freundlich, gemütlich.
2. Heiter, humoristisch, lebhaft, witzig.
3. Still, ruhig, schwernehmend, weich.

Wir haben hier die schizoiden und zykloiden, also die zwischen gesund und krank stehenden Typen gekennzeichnet. An ihnen vor allem entwickelt

Kretschmer die beiden Temperamentsgruppen; denn bei ihnen tritt einerseits scharf und ausgeprägt das Typische einer Temperamentsstruktur in Erscheinung, andererseits aber sind sie im ganzen und großen normale Menschen, deren Leben, von leichteren oder schwereren Störungen abgesehen, gleichgewichtig verläuft. Diese Menschen sind die verbindenden Erscheinungen, die Mittelstücke, die zum Gesunden und Normalen und zum Kranken und Zerstörten hinüberführen. Bei den verschiedenen Formen seelischer Erkrankung treten noch charakteristischer, gesteigerter und typischer die Eigenschaften der geschilderten Temperamentsgruppen in Erscheinung. Immer aber sind sie mit dem Merkmal der gestörten oder zerstörten Persönlichkeit behaftet. Beherrschend werden hier zwei Rhythmen: der schubartige, mit längeren oder kürzeren Zwischenpausen sich steigernde Prozeß der schizophrenen Erkrankungen und der phasenhafte, im Wechsel zwischen Auf und Ab sich bewegende Verlauf der zirkulären Erkrankung. Die Endformen des zirkulären Formkreises wie Hypomanie und Hypomelancholie und die des schizophrenen Formkreises, wie Hebephrenie, Katatonie, Paranoia zeigen in der stärksten Ausprägung die gehobene Stimmung (Hypomanie) und die tiefe Depression (Hypomelancholie), die affektive und gedankliche Zerfahrenheit des Jugendlichen (Hebephrenie), die Stumpfheit verbunden mit blinder Explosivität (Katatonie) und den wahnhaft-verrückten Zustand (Paranoia).

Aber Kretschmers Theorie zielt auf die Erfassung von allgemeinen Lebenstypen ab. Verfolgen wir die beiden Temperamentsformen bis in den Kreis der Durchschnittsmenschen, so wiederholen sich die zahlreichen Varianten der Grundformen. Die Zyklothymen scheidet Kretschmer in die Geschwätzig-Heiteren, die ruhigen Humoristen, die stillen Gemütsmenschen, die bequemen Genießer und die tatkräftigen Praktiker, die schizothymen Typen sind die Vornehm-Feinsinnigen, die weltfremden Idealisten, die kühlen Herrennaturen und Egoisten und die Trockenen und Lahmen. Endlich hat Kretschmer noch an Hand von Beispielen die genialen Erscheinungen dem zyklothymen und schizothymen Formkreis zugerechnet.

Soweit die psychischen Typen Kretschmers, die wir hier natürlich nur angedeutet haben, und deren schöne und überzeugende Darstellung man bei Kretschmer selbst nachlesen muß. Kretschmer fand aber nun weiter, daß die beiden Temperamentsgruppen vorwiegend bestimmten Körperbautypen zugeordnet sind. Er unterscheidet durch Beschreibung und Messung den leptosomen, den athletischen und den pyknischen Körperbau. Zur kurzen Charakteristik sei angegeben, daß der pyknische Typ zu Dickenwachstum bei verkürztem Längenwachstum neigt. Die Gestalten dieses Typs sind mittelgroß und gedrungen, die Gesichter weich und breit, die Gliedmaßen kurz, Knochen und Gelenke zart. Der Hals ist kurz, die Schultern oft schmal, während Brust und vor allem Bauchhöhle breit und umfangreich sind. Die Haut ist gut durchblutet, das Haar ist weich, Profil und Schädel oft unscharf. Pykniker sind ausgesprochen runde oder fettleibige Erscheinungen. Der Athletiker hat kräftig entwickelte Muskulatur, besonders ausgeprägten Brustkorb und starke Knochen. Das Gesicht ist regelmäßig, Nase und insbesondere Kinn sind stark entwickelt, während die Stirn niedrig ist. Der Athletiker ist groß, kräftig, von den mächtigen Schultern abwärts verjüngt sich der Körper, im Gesamtbild machen diese Menschen einen massiven und derben Eindruck. Der leptosome oder asthenische Typ, wie Kretschmer ihn früher genannt hat, zeigt ein geringes Dickenwachstum bei durchschnittlich unvermindertem Längenwachstum. Die Gestalten dieses Typs sind magere, schlanke Menschen mit langem, schmalem und flachem Brustkorb. Die Gliedmaßen sind dünn, die Muskeln wenig ausgeprägt, die Knochen schlank. Besonders charakteristisch sind für den Leptosomen Gesicht und Schädel. Sehr oft findet man das Winkelprofil: schwach ausgebildetes Kinn, das gegen die Linie Stirn-Nase auffällig zurückweicht. Das Gesicht hat eine verkürzte Eiform. Im ganzen machen diese Menschen einen zarten und schmalen, manchmal mehr eckigen, manchmal mehr schlaffen Eindruck.

Nach dem Ergebnis der von Kretschmer erstmalig angestellten und dann von anderen an einem breiten Material nachgeprüften Untersuchungen ist der schizothyme Formkreis vorwiegend mit dem athletischen und dem leptosomen, der zyklothyme Formkreis vor allem mit dem pyknischen Körperbau verbunden. Damit ist zunächst rein beschreibend eine körperliche Grundlage der Temperamente festgestellt, und Kretschmer führt diesen Gedanken weiter aus. Die Temperamente sind durch den gesamten Blutchemismus, durch die Arbeit der Drüsen und das Körpergewebe überhaupt bedingt. Nach ihm ist das Temperament durch die Konstitution und diese wieder erbbiologisch festgelegt. Abgesehen von den medizinischen Tatsachen, die diese Behauptung stützen, wird sie auch durch die psychologische Betrachtung wahrscheinlich gemacht; denn das Temperament ist meist schon sehr früh ausgeprägt und bleibt für gewöhnlich im Lauf der Lebensentwicklung konstant. Wo es sich aber verändert, können wir meist auch körperliche Umbildungen tiefgreifender Art feststellen, und wir finden umgekehrt bei Umstellungen der Drüsenarbeit, wie sie im Gefolge von Krankheit und Operationen auftreten, auch entscheidende Temperamentsveränderungen.

## ZUSAMMENFASSENDER BEGRIFF DES TEMPERAMENTS

Oben wurden bereits vorweggreifend im Temperamentsschema die Typen Kretschmers mit den alten Typen verglichen. In der Tat ist in der Kretschmerschen Temperamentslehre, die eine von Grund auf eigene Forschung mit einem neuen Ausgangspunkt ist, eine Bestätigung der alten Temperamentslehre enthalten. Im Schizothymen finden wir Züge des Cholerikers und Phlegmatikers, im Zyklothymen Züge des Melancholikers und Sanguinikers. Das zeigt am besten die Temperamentstabelle Kretschmers.

Temperamentstabelle nach Kretschmer:

| | Zyklothymiker | Schizothymiker |
|---|---|---|
| Psychästhesie und Stimmung | diathetische Proportion zwischen gehoben (heiter) und depressiv (traurig). | psychästhetische Proportion zwischen hyperästhetisch (empfindlich) und anästhetisch (kühl) |
| Psychisches Tempo | schwingende Temperamentskurve, zwischen beweglich und behäbig. | springende Temperamentskurve, zwischen sprunghaft und zäh, alternative Denk- und Fühlweise |
| Psychomotilität | reizadäquat, rund, natürlich, weich | öfters reizinadäpuat, verhalten, lahm, gesperrt, steif usw. |
| Affiner Körperbautyp | pyknisch | asthenisch, athletisch, dysplastisch und ihre Mischformen |

Man sieht unschwer, daß die Merkmale der alten Temperamentstypen, zu je zweien zusammengefaßt, in der Lehre Kretschmers wiederkehren. Statt vier Typen erscheinen daher zwei, und jede der neuen Typen hat den Herrschaftsbereich von zweien der alten Einteilung. Die Verbindung von sanguinisch und melancholisch ergibt die diathetische, die Verbindung von cholerisch und phlegmatisch die psychästhetische Proportion. Die Typen von Kretschmer haben eine größere Reichweite, überhaupt hält die Kärglichkeit der alten Darstellung keinen Vergleich mit der Fülle und Weite seiner Typen aus. Aber die neuen Typen enthalten auch Gegensätzlichkeiten in sich. Sowohl das Zusammen von melancholisch und sanguinisch wie auch von cholerisch und phlegmatisch ergibt eigentümliche Spannungen, die in den wirklichen Personen einmal mehr nach der melancholischen oder nach der sanguinischen, nach der cholerischen oder phlegmatischen Seite ausschlagen kann.

Es liegt eine gewisse Gefahr in der Typologie Kretschmers. Seine Lehre bedeutet eine außerordentliche Erweiterung des alten Temperamentsbegriffes; Temperament wird ein Begriff, der sich beinahe mit der Gesamtpersönlichkeit deckt. Kretschmer selbst ist dieser Gefahr nicht entgangen, er unterscheidet Charakter — wie Ewald hervorgehoben hat — nicht mehr von Temperament. Zwar stehen auch bei ihm noch die charakteristischen Temperamentseigenschaften im Vordergrund. Aber da es ihm gelungen ist zu zeigen, daß das Temperament von den Anormalen über die Durchschnittsmenschen bis zu den Genialen entscheidend die Persönlichkeitsstruktur formt, so ist die Versuchung groß, Temperament überhaupt zum Generalnenner der Persönlichkeit zu machen. Dazu kommt noch, daß die typologische Methode, deren sich Kretschmer bedient, überhaupt dazu drängt, Persönlichkeiten auf einen Generalnenner zu bringen, und daß die Reichweite seiner Typen eine Ausdeutung nach allen Seiten zuläßt. Kretschmer hat dieser Versuchung nicht ganz widerstanden, und die konkreten Beispiele, die er bringt, greifen mehrfach über das Temperament hinaus.

Ein Beispiel zeigt das am besten. Nach Kretschmer sind die Typen des „Tatkräftigen Praktikers“ und des „Geschwätzig Heiteren“ Abarten ein und derselben Grundform. Das zyklothyme Temperament ist die Grundlage dieser Lebensformen. Nun wird man beim Typ des „Geschwätzig Heiteren“ nicht zweifeln, daß das Temperament der entscheidende und wesentliche Faktor ist. Das geht auch aus der Schilderung von Kretschmer hervor, die wir zitieren. „Man hört sie schon von weitem, sie sind stets gerne vorne an, wo es flott und saftig zugeht, bei jedem Gespräch sind sie mit einer lauten Bemerkung und bei jeder Festlichkeit mit einer langen Rede oder einem lärmenden Spaß zur Stelle. Spiel und Trunk lieben sie mehr als bohrende Denkarbeit oder scharfe, gefährliche Strapazen. Sie sind ein belebendes, frisches Element, das ohne Ehrgeiz lustig an der Oberfläche schwimmt, gern gesehen, liebenswürdig, bequem, beweglich, gutherzig, gelegentlich auch lästig durch Mangel an Takt und Feinheit, durch renommierende Derbheit, naiven Egoismus und überflüssiges Schwatzen“ [27]. Vergleicht man aber damit den Typ des „tatkräftigen Praktikers“, gerade wie Kretschmer ihn schildert, dann erkennt man, daß das Temperament zwar eine wesentliche, aber in diesem Fall n i c h t die entscheidende Form des Charakters gibt.“ Dies ist ein Mitteltypus, der die frische, bewegliche Lebendigkeit des Typus 1 (des Geschwätzig Heiteren, Anm. d. Verf.) mit der Arbeitstreue und dem gesunden Menschenverstand des Typus 2 und 3 („ruhiger Humorist“ und „stiller Gemütsmensch“, Anm. d. Verf.) vereinigt, Leute, die das Herz auf dem rechten Fleck haben, und die man überall brauchen kann. Sie sitzen in allen Komitees, sind beständig mit Arbeit überlastet und lassen sich gerne überlasten. Sie arbeiten ohne Ermüdung. Sie haben gern viel und vor allem vielerlei und gelegentlich etwas Neues zu tun und neigen ausgesprochen zu konkreter praktischer Tätigkeit: Medizin, Politik und sozialer Fürsorge. Was sie treiben, hat Hand und Fuß, sie bewegen sich geschickt, vermittelnd und doch resolut, sagen einmal deutlich ihre Meinung und sind doch immer gute Laune. Einige von ihnen sind ehrgeizig, noch mehr aber wiegen sich in einem sicheren, behaglichen Selbstgefühl, ihren Wert in sich findend, weniger auf Rang und Auszeichnung als auf erfrischendes Tätigkeitsgefühl bedacht. Überspanntheit und lauten idealistischen Schwung schätzen sie nicht.“

„Dieser Typus geht nach der hypomanischen Seite hin fließend in das Quecksilbertemperament des beständig dilettierenden Polypragmatikers über. — Das, was man im gemeinen Sprachgebrauch einen „P a s c h a“ nennt, Leute, die mit einer gewissen naiven Großartigkeit ihre Umgebung dirigieren und praktisch ausnützen, schließt sich ebenfalls hier an und geht ohne Grenze allmählich in die entsprechenden schizothymen Gruppen der kühlen Herren und Egoisten über“ [28].

---

[27] Das. S. 153. [28] Das. S. 156.

Der Typ des tatkräftigen Praktikers ist natürlich stark durch sein Temperament bedingt, aber mindestens ebenso stark sind andere Faktoren, wie Begabung, Intelligenz und Fähigkeiten, ausschlaggebend. Hinzu kommt, daß der „Tatkräftige Praktiker" ein Mensch ist, den wir uns ohne Erfahrung und Wissen nicht recht vorstellen können.

In seinen theoretischen Ausführungen trennt Kretschmer scharf zwischen Temperament und Charakter. Das zeigt das letzte Kapitel seiner Arbeit, das zeigt vor allem seine allgemeine Charakteristik der Temperamente. Man vergleiche die Eigenschaftstabelle, die Kretschmer von den beiden Temperamentsgruppen aufgestellt hat. Keine dieser Eigenschaften gehört dem Intelligenz- oder Willenskreis an, der unserer Meinung nach nicht mit dem Temperament zusammenfällt. Fragt man nun aber, was eigentlich Temperament ist, dann kann man die Antwort sowohl an den klassischen wie an den Kretschmerschen Typen finden. Temperament ist eine von innen heraus bedingte seelische Konstante, die sich in bestimmten Bewegungs-, Stimmungs- und Reaktionsformen zeigt.

Erst wenn man bedenkt, daß das seelische Leben eine unaufhörliche Bewegung, ein stetes Kommen und Gehen von Stimmungen, Gefühlen, Vorstellungen usw. ist, daß an der Seele der gleitende Wechsel der Erscheinungen vorbeiströmt, wird man die Eigentümlichkeit des Temperaments erkennen. Man kann immer wieder sehen, daß dieser Bewegungsfluß nicht durch den äußeren Ablauf, sondern durch eine innere Bewegungsform sein Gesicht erhält. Das Erlebnis, das den Sanguiniker sofort in Stimmung bringt, berührt den Phlegmatiker noch nicht einmal. Das Ereignis, das den Choleriker zum Wutausbruch veranlaßt, tut der Melancholiker mit einem Seufzer der Resignation zu allem übrigen Übel. Wenn den Phlegmatiker etwas zu interessieren beginnt, dann ist der Sanguiniker dieser Sache schon zehnmal müde. Was den Melancholiker monatelang bedrückt, reagiert der Choleriker in einem Ausbruch von wenigen Minuten ab. So liegt in jeder Seele ein Bewegungszentrum, das unablässig vom Fluß der Ereignisse das innere Leben reguliert. Und es ist immer wieder erstaunlich, wie zwei verschiedene Temperamente in der gleichen Situation aber auch jede Einzelheit anders erleben und sehen.

So zwingt uns das Temperament in einen Kreis bestimmter Erlebnisse hinein und hält uns von anderen fern, es prädestiniert uns für eine Stimmungslage, die immer wieder hervortritt und durchbricht. Seine Herrschaft liegt darin, daß es durch Stimmungslage und Bewegungsform dem seelischen Leben von innen heraus eine Grundprägung gibt.

Alles spricht dafür, daß das Temperament angeboren ist. Es beginnt von früh auf spontan zu arbeiten, zeigt früh seinen eigenartigen Rhythmus und bleibt, wenn nicht schwere organische Veränderungen eintreten, konstant. Das bedeutet, daß wir anlagemäßig die Neigung zu einer gehobenen, gedrückten oder mittleren Stimmungslage und ebenso die Anlage zu einem stärkeren oder schwächeren Bewegungsablauf mitbekommen. Diese innerseelische Stimmungslage und Bewegungsform tritt schon bei Kindern stark hervor. Ihr eigentlicher Herrschaftsbereich ist Tempo und Art des inneren Sichfühlens. In diesem Sinne sind der ausgesprochene Sanguiniker und Melancholiker vor allem Temperamentstypen, bei ihnen tritt die Konzentration um ein innerliches Sichfühlen am stärksten in Erscheinung. Von dort ausgehend greift das Temperament in die Empfindungsfähigkeit und Empfangsbereitschaft, die Reaktionsfähigkeit, Ausdrucksmöglichkeit und Entladungsbereitschaft ein. Es wirkt sich im Bereich der ganzen Affektivität als angeborene innerliche Bewegungsform aus. Der Typ des Cholerikers und Phlegmatikers sind weniger durch das innere Sichfühlen als vor allem durch ihre Empfindungsfähigkeit und Affektivität geprägt.

Ist so der Funktionskreis des Temperaments deutlich und von früh an als innere Stimmungslage und Bewegungsform abzuheben, so kann er doch je nach seiner Stärke oder Schwäche auch auf andere Funktionskreise Einfluß gewinnen.

## DER FORMKREIS DER INTELLIGENZ UND DES GEISTES

Die unentwickelte, aber entwickelbare Funktion des geistigen Lebens steht am Anfang jeder normalen Persönlichkeit. Wieweit dieser Formenkreis entwickelt wird, wo die Entwicklung abbricht, ist in einem nicht immer entscheidbaren Sinn durch Anlagen und Umwelt bestimmt. Nichts ist so differenzierbar und eigenartig ausformbar wie die Formen des geistigen Lebens. Der von innen heraus bestimmte Rhythmus des Temperaments kann sich im Lauf des Lebens durch Krankheiten und organische Umformungen verändern. Im allgemeinen aber bleibt er unveränderlich. Die meisten Menschen sind in eine Temperamentsform hineingeboren, deren Rhythmus und Grundstimmung sie bis an ihr Lebensende behalten. Entwicklung des Temperaments bedeutet, wenn man von den Fällen der Veränderung absieht, Verstärkung oder Abschwächung einer bestehenden Grundform. Aber die geistige Form, zu der der Erwachsene gelangt, ist immer etwas Entwickeltes und Erworbenes. Denn jede Form des intelligenten und geistigen Lebens stellt eine Verarbeitung der Umwelt dar, sie ist nicht nur aus der inneren Form der Intelligenz und des Geistes entstanden, sondern hat sich in einer dauernden Auseinandersetzung mit der Wirklichkeit, den Gegebenheiten, Dingen und Ideen entfaltet. Ein Blick auf die Geschichte der Menschheit zeigt eine unendliche Fülle geistiger Formen. Wohl sehen wir gewisse Grundformen immer wieder auftauchen, aber jede wirkliche geistige Existenz ist an ihre Zeit gebunden, hat sich an ihrer konkreten Welt ausgerichtet und ist daher als geistiges Ganzes in Wissen, Haltung und Glauben etwas Einzigartiges.

Die verstehende Psychologie ist von den entwickelten Formen des geistigen Lebens ausgegangen, sie untersucht, wie Dilthey sagt, den „erworbenen Seelenzusammenhang". Ihre Absicht ist, die entwickelten Formen auf gewisse Grundformen der Einstellung, der Wertbezogenheit und des geistigen Gehaltes zurückzuführen. Will man aber nicht typisierend verfahren, dann ist ein anderer Weg möglich. Man kann vom Ursprung des geistigen Lebens in der Persönlichkeit ausgehen. Dabei muß man freilich immer bedenken, daß dieser Ursprung ein erster Ansatz ist, der entwickelt wird und in der Entwicklung andere Formen und Erscheinungen zeigt.

In diesem Sinn steht am Anfang der geistigen Persönlichkeit die Intelligenz. Nach den neueren tierpsychologischen Untersuchungen, insbesondere den Köhlerschen Anthropoidenuntersuchungen, hat man behauptet, daß auch das Tier Intelligenz besitzt und intelligente Handlungen durchführen kann. Diese Behauptung, die vor allem von Köhler aufgestellt wurde, ist nicht immer anerkannt worden, Psychologen wie Bühler und Lindworsky haben sie bestritten. Die Tatsachen als solche, die Köhler systematisch beobachtet und untersucht hat, werden nicht bestritten. Die Frage aber ist, ob die Fähigkeiten, die Köhlers Schimpansen zeigten, als Intelligenz anzusprechen sind.

Natürlich kommt es hier zunächst darauf an, wie man Intelligenz definiert. Kein Zweifel ist darüber, daß Tiere Aufmerksamkeit und Gedächtnis besitzen. Köhler selbst sieht die Intelligenz, das „Einsehen" und „einsichtige Verhalten" in einem dritten Moment, der Beziehungserfassung. Daß die Tiere nun eine solche Beziehungserfassung besitzen, wird von Lindworsky z. B. bestritten. Nach Bühler aber gehört zur Intelligenz die Urteilsfähigkeit, und aus diesem Grunde bestreitet er, daß die Tiere Intelligenz besitzen. Ziehen hat eine Auffassung vertreten, die in der Intelligenz einen Komplex sieht, der Gedächtnis, Begriffsbildung—Ideation und Kombination umfaßt. Faßt man den Begriff der Intelligenz in diesem Sinn, dann besitzen Tiere wohl erst recht nicht Intelligenz.

Vor der Entscheidung der Frage, ob Tiere Intelligenz besitzen, liegt also die Schwierigkeit einer Bestimmung der Intelligenz. Ist sie eine eigene Fähigkeit, die zu Gedächtnis und Aufmerksamkeit hinzukommt? Ist sie ein gegliederter Komplex, der Gedächtnis, Aufmerksamkeit und ein Drittes umfaßt? Wir besitzen heute keinen allgemein anerkannten Begriff der Intelligenz, und solange man sich nicht auf einen solchen einigt, wird auch die Entscheidung der Frage, ob Tiere Intelligenz besitzen, verschieden ausfallen. Freilich hat man sich darauf geeinigt, daß Gedächtnis und Aufmerksamkeit noch nicht Intelligenz sind. Auch Köhler sieht, wie gesagt, das Wesen der Intelligenz in einem Beziehungserfassen, das er den Schimpansen zuspricht und andere ihnen absprechen.

Nun haben aber die Köhlerschen Untersuchungen jedenfalls gezeigt, daß die Tiere Beziehungen herstellen können. Sie können Stöcke benutzen, um Früchte außerhalb des Gitters heranzuziehen. Sie können sogar Stöcke zusammenstecken. Um eine am Dachgitter hängende Banane zu erreichen, türmen sie Kisten aufeinander. Sie rücken Kisten zurecht, entleeren eine mit Steinen gefüllte Kiste und setzen andere darauf. Diesen Leistungen stehen freilich Mängel gegenüber. Sie wollen Lappen als Stöcke benutzen, sie türmen Kisten so aufeinander, daß zwar die oberste eben noch steht, aber der Bau beim Erklettern zusammenbricht, und anderes mehr. Das Herstellen von Beziehungen gelingt also nur in einem beschränkten Maße, und fraglich wird, ob diese Beziehungen „einsichtig", also intelligent, erfaßt werden. Aber die Tatsache als solche, daß sie Beziehungen herstellen, die wenigstens an das einsichtige Erfassen von Beziehungen erinnern, läßt sich nicht leugnen.

Daraus darf man den Schluß ziehen, daß die Tiere nicht nur Aufmerksamkeit besitzen und also ihr Augenmerk auf einen bestimmten Punkt richten können, daß sie nicht nur Gedächtnis besitzen und etwas festhalten können, sondern auch gewisse Umwege benützen und Beziehungen herstellen können. Nicht gewiß ist, ob die Tiere diese Beziehungen erfassen; denn das Wort Erfassen ist zweideutig. Es besagt einmal: erfassen in dem Sinne des Erfassens zum Zwecke einer Handlung, und besagt zweitens: erfassen im Sinne des bewußten Vergegenwärtigens. Und an der gleichen Zweideutigkeit leidet der Begriff des Einsehens. Auch einsehen kann heißen: etwas im Sinne der bewußten Vergegenwärtigung einsehen. Daß Erfassen und Einsehen von Beziehungen im ersten Sinne bei Tieren vorhanden ist, kann man nicht leugnen. Ob aber Einsehen und Erfassen im zweiten Sinn beim Tier vorhanden ist, ist nicht klar zu entscheiden.

Man wird also den Tieren Intelligenz zusprechen, wenn man unter Intelligenz neben Aufmerksamkeit und Gedächtnis das Beziehungsherstellen versteht. Man wird den Tieren aber keine Intelligenz zusprechen, wenn man Intelligenz nicht nur als das Vermögen und die Fähigkeit der Aufmerksamkeit, des Gedächtnisses und des Beziehungsherstellens sieht, sondern darüber hinaus annimmt, daß diese Fähigkeiten nicht nur erfassen, sondern bewußt vergegenwärtigen. Um diesen Begriff der Intelligenz auch terminologisch von dem ersten zu unterscheiden, gebrauchen wir das Wort „bewußtseinsfähige Intelligenz". In ihr finden wir die drei Grundlagen der Aufmerksamkeit, des Gedächtnisses und die Fähigkeit, Beziehungen herzustellen, wieder. Aber in der bewußtseinsfähigen Intelligenz kann aus dem Fassen der Aufmerksamkeit ein vorstellungsmäßig-begriffliches Ergreifen, aus dem gedächtnismäßigen Festhalten ein urteilsmäßiges Vergegenwärtigen und aus dem Herstellen von Beziehungen ein bewußtes Ableiten und logisches Schließen werden. Nur diese Intelligenz hat die Möglichkeit, Verstand zu werden. Daß die Dreiheit des Urteilens und Schließens den Verstand ausmacht, hat man zu allen Zeiten erkannt.

Diese bewußtseinsfähige Intelligenz oder, um einen früheren Begriff zu nehmen, „Verstand" besitzt nur der Mensch. Das Hauptmerkmal dieser Intelligenz ist die Entwicklungsfähigkeit. Zwar kann auch die Intelligenz des Tieres durch Erfahrung und Dressur entwickelt werden. Aber diese Entwicklung hat enge Grenzen, sie ist offenbar durch die Tatsache, daß das Tier kein Bewußtsein hat, begrenzt. Was das Tier aufmerksam erfaßt, was es behält und die Beziehungen, die es herstellt, kann es immer nur von Fall zu Fall verwenden. Was die menschliche Intelligenz erfaßt, kann sie bewußt machen. Bewußtsein haben, heißt nicht nur etwas einsehen, sondern es bedeutet den Besitz von Gedanken. Diese Einsicht ist nicht mehr an den Moment und die Situation gebunden, sie orientiert sich nicht an gegenwärtigen Gegenständen, sondern kann die Einsichten ablösen. Abgelöste Einsichten sind Vorstellungen, Gedanken, Urteile und Schlüsse. Alles, was in dieser Form dem Menschen gegeben ist, kann selbst wieder Gegenstand der Intelligenz werden. Es kann unabhängig von der raumzeitlichen Existenz festgehalten und einsichtig verfolgt werden. Damit aber dehnt sich das Feld der gegenständlichen und einsichtigen Bezogenheit aus. Einsicht besteht nicht mehr in dem einsichtigen Verhalten einem faktisch vorhandenen Gegenstand gegenüber, sondern in dem einsichtigen Durchdringen sowohl wirklicher wie bewußter Tatsachen.

Die menschliche Intelligenz durchläuft eine lange Entwicklung. Wir sehen auf einer ersten Stufe Aufmerksamkeit und Gedächtnis, sowie die Fähigkeit, Beziehungen herzustellen, wie sie auch das Tier besitzt. Allmählich entwickelt sich das Bewußtsein. Damit setzt eine zweite Entwicklung ein. Die Aufmerksamkeit, das Gedächtnis und die Herstellung von Beziehungen werden bewußt. Aber auch in diesem Stadium ist die Entwicklung der Intelligenz noch keine selbständige. Das Kind bringt seine Einsichten auf die Stufe eines bewußten Einsehens. In einem dritten Stadium, das gewöhnlich mit der Schule anfängt, beginnt die systematische Entwicklung der Intelligenz. Das Kind lernt a u s der Intelligenz h e r a u s begreifen. In der Erlernung der Sprache, des Rechnens usw. werden ihm die intelligiblen Formen des Bewußtseins in ihren Zusammenhängen gezeigt. Mehr und mehr erfaßt es die Zusammenhänge in der Intelligenz. Es vollzieht nicht nur die Scheidung von Bewußtsein und Wirklichem, sondern erfährt die Zusammenhänge zwischen bewußten Formen und Wirklichkeit. In dieser Zeit erweitert und formt sich die Intelligenz zum Intellekt. Das Kind und der junge Mensch lernen die Formen der Intelligenz beherrschen. In einem vierten Stadium, das bei manchen schon im 12. und 13. Lebensjahr beginnt, dessen Beginn aber gerade in zivilisierten Ländern weiter und oft bis ins dritte Jahrzehnt des menschlichen Lebens hinausgeschoben wird, setzt die Entwicklung der Berufsintelligenz und des Geistes ein. Besondere Formen und Richtungen des intelligenten und bewußten Fassens werden ausgebildet und im Beruf zur Anwendung gebracht.

## DIE PERSÖNLICHKEITSBILDENDE FUNKTION DER INTELLIGENZ

Eine der bekanntesten Definitionen der Intelligenz ist die von Stern. Er bestimmt Intelligenz als die Fähigkeit, das Denken auf neue Forderungen einzustellen, geistige Anpassung an neue Aufgaben. Ganz offensichtlich ist Intelligenz hier als eine Art von Orientierungsmittel verstanden, ähnlich den Sinnesfunktionen. Aber dieses Mittel ist nicht, wie die Sinnesfunktionen auf das gegenwärtige Erfassen, wie wir es im Sehen, Hören, Riechen, Tasten,

Schmecken usw. vollziehen, beschränkt. Durch die Intelligenz können wir Vergangenes und Zukünftiges begreifen, mit den im Bewußtsein einmal entwickelten Formen der Intelligenz können wir uns gegenwärtig machen, was im Augenblick raumzeitlich gegenwärtig ist.

Solange man Intelligenz so definiert, sieht man in ihr etwas, was in der Praxis des Lebens zur Anwendung kommt. Ohne Zweifel ist diese Seite der Intelligenz von großer Bedeutung für die Persönlichkeit. In der ersten Entwicklung der Intelligenz arbeitet sich das Kind auch in die ersten praktischen Funktionen des Lebens hinein, im Fortschritt der Entwicklung dehnt sich die Welt aus dem begrenzten Hier und Jetzt, das durch den Sinnesapparat beherrscht wird, zur Welt des bewußten und intelligenten Wissens aus. Die entwickelte Intelligenz in diesem Sinn ist jene Lebensklugheit, die der erfahrene und intelligente Mensch besitzt. Sie vermittelt dem Menschen mit der Einsicht in die jeweilige Situation das Wissen um Möglichkeiten. Der nicht intelligente Mensch sieht nichts, begreift nichts und erfaßt keine Möglichkeiten. Der intelligente Mensch erfaßt die Wirklichkeit ein Stück genauer, er weiß mit den Dingen mehr anzufangen und spürt Möglichkeiten auf. Zugleich gibt ihm die Intelligenz eine größere innere Beweglichkeit. In der ausgeprägtesten Form erscheint diese Intelligenz als ein leichtes und bedingungsloses Begreifen, als ein schnelles Erfassen und rasches Beherrschen der Zusammenhänge. Das ist der Sinn, den das Wort intelligent im täglichen Sprachgebrauch hat. Intelligent ist demnach, wer eine rasche Auffassungsgabe, eine gewisse geistige Wendigkeit und Orientierungsfähigkeit besitzt.

Vielfältig kann diese Intelligenz verwandt werden. Der Schüler kann mit demselben Aufwand an Intelligenz dem Unterricht folgen oder den Blick des Lehrers täuschen. Der eine Mensch kann mit demselben Maß von Intelligenz ein verbrecherisches Unternehmen ins Werk setzen, mit dem der andere eine kaufmännische, wissenschaftliche oder soziale Leistung durchführt. In allen Formen menschlicher Tätigkeit kann die Intelligenz zum Ausdruck kommen.

Aber dennoch ist dieser Begriff der Intelligenz zu eng. Man kann die Intelligenz nicht allein, wie Stern es tut, aus einer Leistungsdefinition begreifen, selbst dann nicht, wenn man annimmt, daß Intelligenz die praktische, die Anwendungs- und Anpassungsseite des Denkens, während Verstand, Vernunft oder Geist etwa die theoretische Seite darstellen würden. Daß dieser Begriff der Intelligenz zu eng ist, zeigt eine einfache Überlegung. Alle menschliche Intelligenz setzt ein gewisses Vermögen, F o r m e n zu erfassen, voraus. Um rechnen zu können, müssen wir das formale Gefüge der Zahlen begreifen, um eine Aufgabe intelligent zu lösen, müssen wir eine gewisse Einsicht in die Form der Aufgabe haben. Jene niedere Stufe der Intelligenz, wie sie die Tiere besitzen, versagt gerade dort, wo solche Formerkenntnis gefordert wird. Tiere können zwar eine im Zug des Gegebenen liegende Beziehung herstellen. Aber wenn sie einen Lappen als Stock benützen wollen, wenn sie Kisten so aufeinander türmen, daß beim Besteigen der Turm zusammenstürzen muß, und wenn sie eine Leiter benützen wollen, ohne sie anzulehnen, so zeigt das, daß sie zwar erfassen, w o z u der Gegenstand gebraucht werden kann, aber keine

Einsicht in die Formzusammenhänge besitzen. Die augenblicklich sinnlich gegebenen Formen der Dinge können sie erfassen, aber jene Form des Dinges, die hinter der augenblicklich wahrnehmbaren Gestalt liegt und nur durch einen Akt bewußter Formabstraktion erfaßt werden kann, vermögen sie nicht einzusehen. Daher jenes Nebeneinander von durchaus zweckvollen intelligenten und unintelligenten, den formalen Gesetzen widersprechenden Handlungen.

Man muß in der Intelligenz also Formvermögen und Anwendungsvermögen, Formintelligenz und Leistungsintelligenz voneinander scheiden. Jemand kann eine große praktische Intelligenz besitzen, trotz minimaler Fähigkeit, Formen zu begreifen, und jemand kann eine große Fähigkeit, Formen zu erkennen, aber geringe praktische Intelligenz besitzen. Das, was man gemeinhin „Praktiker" nennt, gehört in die eine Gruppe, und was man „Theoretiker" nennt, in die andere Gruppe. Will man hier nun nicht zwischen Intelligenz und Intelligenz scheiden und dem theoretischen Menschen Intelligenz absprechen — was offenbar sinnwidrig ist — dann muß man einen übergreifenden Begriff der Intelligenz finden, der beide in sich begreift. In diesem Sinn ist der Maßstab aller Intelligenz die Fähigkeit, mit dem Denken begreifende Arbeit zu leisten, die Wurzel der Intelligenz immer das zum Begreifen und zum Bewußtsein drängende Denken. Sofern dieses Begreifen ein konkretes Einsehen und Erfassen ist, neigt es sich mehr der praktischen Intelligenz zu, sofern es aber im Wissen die Formen heraushebt, wird es zur theoretischen Intelligenz und zum Geist. Wo ein Mindestvermögen, Formen einzusehen, fehlt, kann sich aber auch keine praktische Intelligenz entwickeln.

Kretschmer hat einmal die Triebe als das Rohmaterial des Temperaments bezeichnet. Er meint damit nicht nur alle Tatsachen, die beweisen, daß die Triebe Einfluß auf das Temperament haben. Sondern der autonome Rhythmus der Triebe, der nur schwer und umständlich zu beeinflussen ist, ähnelt in seiner Innengebundenheit dem Temperament. Wie der einmal festgelegte Rhythmus der Triebe, wenn man von der Veränderung in den Entwicklungsphasen, von seinem allmählichen Erstarken im Wachstum und seiner Abschwächung im Alter absieht, konstant bleibt, so bleibt auch das Temperament konstant. Eine ähnliche Analogie läßt sich zwischen Fähigkeiten und Intelligenz ziehen. Die Fähigkeiten sind Mittel der Person, sie kennzeichnen in erster Linie nicht das Innere der Persönlichkeit, sondern ihr Vermögen, die Wirklichkeit zu beeinflussen und sich in ihr auszudrücken. In diesem Sinn ist die Intelligenz eine zentrale Form der Fähigkeit. Auch sie kennzeichnet nicht eigentlich die innere Gestalt der Persönlichkeit. Auch die Intelligenz ist ein Mittel des Erfassens, Begreifens und Einsehens, das sowohl dem praktischen Fassen und Anwenden als auch dem theoretischen Begreifen und Einsehen dienen kann. Die Intelligenz eines Menschen sagt allein noch wenig über seine Persönlichkeit. Erst wenn wir wissen, wozu sie benützt wird, und wohin sie gesteuert wird, können wir aus ihr über die Persönlichkeit urteilen. Es gibt freilich immer wieder Menschen, bei denen sich dieses Verhältnis verschiebt, wo die Intelligenz nicht in die Gesamtpersönlichkeit eingegliedert ist, sondern ein entscheidendes Übergewicht bekommt. Dann steuert nicht die Person die Intelligenz, sondern die Intelligenz bedrängt und überfordert die Persönlichkeit, was man mit einem negativen Beigeschmack gern als „intellektuell" bezeichnet.

Die Funktion der Intelligenz im Ganzen der Persönlichkeit ist also doppelsinnig. Die Intelligenz kann als Mittel gebraucht werden, als Fähigkeit, sich Situationen anpassen, als geistige Wendigkeit, die darin besteht, Möglichkeiten zu sehen und sie auszunutzen. Diese Seite der Intelligenz tritt vor allem im täglichen Leben heraus, und an ihr orientiert sich der Sternsche Begriff der Intelligenz. Es ist die Leistungsseite der Intelligenz, und von ihr aus hat man den Leistungsbegriff der Intelligenz geprägt. Die andere Seite der Intelligenz ist die Funktion, Einsichten zu haben, sie in Vorstellungen und Gedanken zu fassen, ihnen eine Ausdrucksgestalt zu geben und sie zu geistigen Formen auszuprägen. Diese Seite der Intelligenz nennen wir im täglichen Leben „Geist". Ihre Funktion zeigt die Formkraft der Intelligenz, und von hier aus kann man einen Formbegriff der Intelligenz definieren. Die menschliche Intelligenz erschöpft sich niemals in der bloßen Leistungs- oder Formfunktion. Wohl kann die eine oder die andere Seite sich stärker ausbilden. Aber selbst der reine „Praktiker", der seine Intelligenz scheinbar ausschließlich auf Zwecke und Ziele ausgerichtet hat, trägt eine, wenn auch noch so primitive, geistige Formwelt in sich. Er besitzt einen gewissen geistigen Formenschatz, hat weltanschauliche Vorstellungen, bildet Überzeugungen aus, und in seiner Persönlichkeit sind irgendwo auch die Spuren der Formkraft aller Intelligenz zu entdecken. Umgekehrt gibt es keinen „Theoretiker", der, wenn auch noch so umwegig und umständlich, nicht doch seine Intelligenz anwendet und ein Minimum jener Leistungsintelligenz besitzt.

Schon die Tatsache, daß beide Seiten der Intelligenz sich so relativ unabhängig voneinander entwickeln können, zeigt die doppelsinnige Persönlichkeitsfunktion der Intelligenz. Die Leistungsintelligenz drängt die Persönlichkeit in die Praxis, befähigt sie zum Handeln und macht sie beweglich. Die Formintelligenz zwingt den Menschen zur bewußten Scheidung und Erfassung, sie treibt ihn zur geistigen Verarbeitung der Wirklichkeit und fixiert ihn an Formen.

## ZUR CHARAKTEROLOGISCHEN ANALYSE DER INTELLIGENZ

Durch die Untersuchungen Kretschmers und an Hand seiner Ergebnisse können wir das Temperament eines Menschen in seiner Grundform bestimmen. Erleichtert wird diese Bestimmung durch den Nachweis, daß die seelischen Temperamentstypen mit Körperformen zusammenhängen, und so gibt uns schon der Körperbau eines Menschen gewisse Anhaltspunkte. Dazu kommt, daß das Temperament im Lauf eines Lebens nahezu unveränderlich ist, daß es weiterhin sich relativ früh in Einzelheiten ausgliedert. So haben wir für die Temperamentsbestimmung einen recht gesicherten Boden der Untersuchung.

Wissen wir einmal die Grundform, so wissen wir damit auch eine Reihe von Einzelheiten, wir gewinnen daraus auch ein geschlossenes Bild von den Eigenschaften und dem Wesen eines Menschen, das wir bis in Kleinigkeiten und Einzelheiten verfolgen und ausführen können.

In der charakterologischen Analyse der Intelligenz liegt die Sache anders. Da ist vor allem die Tatsache, daß die Intelligenz eine lange Entwicklung durchläuft und erst allmählich sich aufbaut. Aus den Ansätzen und Anfängen der kindlichen Intelligenz heben sich allmählich gewisse Grundlinien heraus, dann erst im Lauf der Entwicklung entstehen Sonderformen, Einzelheiten und besondere Seiten. Je nach den Anforderungen, die an die Intelligenz gestellt werden, entwickeln sich Spezialformen. Aber auch je nach den Möglichkeiten, die einem Menschen gegeben werden, formt sich die Intelligenz aus. Von Stufe zu Stufe schreitet diese Entwicklung fort. Oft bricht sie plötzlich ab, und manchmal wiederum ist die Intelligenz noch entwicklungsfähig, obgleich der Mensch im übrigen schon fertig und abgeschlossen ist.

Dazu kommt, daß wir bis heute zur Beurteilung der Intelligenz keine körperlichen Anhaltspunkte haben. Der Nachweis, bestimmte Fähigkeiten und Grade der Intelligenz auf Grund von Schädelbefunden zu erkennen, hat seit Gall immer wieder neue Anhänger gefunden. Aber weder die Gallsche Methode noch andere haben es zu wirklich sicheren Ergebnissen gebracht. Wir haben keine Methode, die, Kretschmers Erkenntnissen vergleichbar, die Möglichkeit gibt, die Intelligenz eines Menschen zu bestimmen. Zwar gibt es eine Reihe von Methoden der Intelligenzprüfung. In der Psychotechnik sind solche Methoden ausgearbeitet worden, und sie werden mit Erfolg in der Praxis verwandt. Aber alle diese Methoden geben immer nur die Möglichkeit, die Entwicklung der Intelligenz auf einer bestimmten Stufe zu prüfen oder aber die Eignung für bestimmte Aufgaben und Zwecke festzustellen. Keine dieser Methoden kann die Stellung der Intelligenz in der Gesamtpersönlichkeit ergründen. Insbesondere entzieht sich die produktive Intelligenz eines Menschen der methodischen Beurteilung.

Man darf also annehmen, daß die Stellung der Intelligenz in der Gesamtpersönlichkeit weder so scharf umrissen noch so deutlich erkennbar ist wie die des Temperaments. Das beweist schon ein Blick auf die allgemeine Entwicklung des Menschen. Längst, ehe die Intelligenz sich entwickelt, ist das Kind in seinem Temperament geprägt. Wenn sie aber zu arbeiten beginnt, dann wiederum ist diese Arbeit nicht in dem Maße von innen heraus bestimmt, wie etwa die Funktion des Temperaments. Ihrem Wesen nach ist die Intelligenz immer stärker auf den Gegenstand, den sie erfaßt, und auf die Ziele, denen sie nachstrebt, angewiesen als das Temperament. Die Intelligenz eines Menschen, der unter den primitivsten Verhältnissen aufwächst, muß sich anders entwickeln als die Intelligenz eines andern, der unter den besten kulturellen Bedingungen erzogen wird. Zwar wird ein idiotisches Kind auch unter den besten Entwicklungsbedingungen nicht intelligent werden. Eine starke Intelligenzbegabung kann sich hingegen auch unter schlechten Bedingungen durchsetzen. Aber wenn man eine annähernd gleiche Intelligenzbegabung voraussetzt, so sind doch die Bedingungen, unter denen sie sich entwickelt, für die Ausbildung und spätere Leistungsfähigkeit der Intelligenz entscheidend.

Diese Momente sind es, die die charakterologische Analyse der Intelligenz in der Gesamtpersönlichkeit schwierig machen. Eine solche Analyse kann sich ja nicht damit begnügen, den augenblicklichen Stand der Intelligenz zu bestimmen oder einzelne Intelligenzleistungen zu prüfen, sondern sie muß versuchen, zu zeigen, wie sich die Intelligenz eines Menschen in die Gesamtpersönlichkeit einfügt, und welchen Einfluß sie auf das innere und äußere Leben des Menschen gewinnt. Das bedeutet aber, daß sie nicht von der Intelligenz einer begrenzten Lebensphase ausgehen darf und nicht damit zufrieden sein kann, spezielle Ausformungen der Intelligenz, wie sie etwa das Berufsleben notwendig macht, festzustellen. Sondern sie muß die allgemeine Funktion der Intelligenz im Gesamtleben der Persönlichkeit fassen. Sie muß an der Intelligenz das erkennen, wodurch sie sich bei allem Wechsel der Umwelt von anderen Intelligenzformen unterscheidet.

Neuere Untersuchungen haben nun einen Weg gezeigt, auf dem man eine solche charakterologische Analyse der Intelligenz durchführen kann. Es sind die Untersuchungen von Kroh und Pfahler und ihren Schülern über typische Aufnahme- und Verarbeitungsfunktionen. Insbesondere Pfahler hat dann zwei verschiedene Grundtypen dargestellt. Ehe sie referiert werden, sei noch ein Wort zur Geschichte dieser Ergebnisse gesagt. Der erste Ursprung dieser Untersuchungen ließ nicht vermuten, daß aus ihnen später eine grundlegende Theorie der Verarbeitungs- und Aufnahmefunktionen erwachsen würde. Külpe hatte beobachtet, daß es typische und feste Unterschiede in der Auffassung gibt, je nachdem auf die Farbe oder die Form des Aufgefaßten geachtet wird. Dann zeigten Untersuchungen von G. E. Müller über den Vorstellungsverlauf und Experimente der Göttinger Schule, die von Ach und seinen Schülern durchgeführt wurden, daß es einen ausgesprochen perseverativen und einen assoziativen Typ des seelischen Lebens gibt.

Nun hat Pfahler, teils auf diesen Ergebnissen fußend, teils neue hinzufügend und erweiternd, zwei Grundtypen der Aufmerksamkeit herausgearbeitet und sie zuletzt unter dem Namen „Typus der festen Gehalte" und „Typus der fließenden Gehalte" dargestellt. Die Grundlage dieser Typen sind die Aufmerksamkeits-, d. h. also die Aufnahme- und Verarbeitungsfunktionen. Der eine Typ besitzt eine enge, fixierende Aufmerksamkeit, die mit starker Perseveration verbunden ist, der andere eine weite und fluktuierende Aufmerksamkeit, die sich mit schwacher Perseveration verbindet. Diese beiden Typen sind Grundformen der Hinwendung zur Welt und des Umgangs mit den Sachgehalten, die wir aus der Welt entnehmen. Was Pfahler damit in einer präzisen Terminologie festgelegt und durch experimentelle Untersuchungen gesichert hat, sind Unterschiede des seelischen Lebens, die mehr oder minder deutlich schon in anderen charakterologischen und psychologischen Arbeiten anklingen. Etwas davon trifft beispielsweise Jung in seiner Unterscheidung eines extravertierten (nach außen sich wendenden, am Objekt interessierten) und des introvertierten (vom Objekt zum Subjekt und zu den eigenen psychologischen Vorgängen bezogenen) Typs. Auch in der Typologie von Jaensch ist etwas ähnliches zu finden. Der Typenunterschied zwischen dem Integrierten, bei dem sich alle seelischen Vorgänge durchdringen, und dem Desintegrierten, wo die seelischen Funktionen gleichsam voneinander abgespalten sind, zeigt Beziehungen zu den Kroh-Pfahlerschen Typen. Darauf aber soll hier nicht näher eingegangen werden, wir verweisen auf die von Pfahler in seinem „System der Typenlehren" über diesen Punkt gegebene Darstellung.

Die Pfahlersche Typologie ist in einer engen Zusammenarbeit und Auseinandersetzung mit den Kretschmerschen Ergebnissen entstanden. Pfahler glaubt einerseits, daß sich sein Typus der festen Gehalte mit dem Schizothymen und sein Typ der fließenden Gehalte mit dem Zyklothymen Kretschmers deckt. Andererseits aber kritisiert Pfahler Grundgedanken Kretschmers. Er ist sich bewußt, daß dieser Typenunterschied nicht nur ein Unterschied der Temperamente ist. Seine Arbeit zeigt ja auch, daß es sich um Typenunterschiede des Vorstellungsverlaufs handelt. Was Kretschmer gefunden hat, zweifelt Pfahler nicht an. Aber jene erweiterte Auffassung des Temperaments, die dieser Lehre zugrunde liegt, und die soweit geht, daß man statt Temperament Persönlichkeit setzen kann, kritisiert Pfahler. Es sind positive Ergebnisse, auf Grund deren er seine Kritik durchführt. Man kann nach den Pfahlerschen Arbeiten sagen, daß nicht nur das Temperament, sondern auch der Grundtyp des Vorstellungslebens und -verlaufs (seelische Aufnahme und Verarbeitung) anlagemäßig und körperbaulich bestimmt sind.

Damit ist zugleich eine Analyse der Intelligenzanlage möglich gemacht. Kretschmer schildert des öfteren Typen, die er als Temperamentstypen darstellt, z. B. „tatkräftiger Praktiker", „weltfremder Idealist". Wenngleich diese Menschen auch wirklich in die eine oder andere Temperamentsgruppe gehören, so ist doch auf den ersten Blick zu sehen, daß zum Wesen dieser Typen eine ganz bestimmte Stellung zur Welt, eine bestimmte Aufnahme und Verarbeitung der Welt und eine Haltung gehört, die eben durch die Form des Vorstellungslebens und durch die Intelligenz geprägt ist. Die Pfahlersche Methode, ob ein Mensch enge fixierende oder weite fluktuierende Aufmerksamkeit, ob er starke oder schwache Perseveration hat, ermöglicht die Bestimmung der zugrundeliegenden Aufmerksamkeit, Verarbeitung und Intelligenz.

Freilich muß man sich darüber klar sein, daß auf diese Weise immer nur die G r u n d f o r m (Grundfunktion sagt Pfahler) der Intelligenz bestimmt werden kann. Der perseverative Typ der engen fixierenden Aufmerksamkeit ist ein Typ, bei dem ein Reiz nachhaltig und tief wirkt, bei dem aber ein engerer Ausschnitt des Reizfeldes aufgenommen, verarbeitet und fixiert wird. Enge des Ausschnittes bedeutet zugleich größere Genauigkeit im Ergreifen. Diese Menschen sind zäh im Festhalten eines Eindrucks, sie unterliegen also einem geringeren Wandel. So neigen sie zu stark innerlicher Verfestigung. Zugleich drängt die enge fixierende Aufmerksamkeit zur genauen Umreißung des Aufgenommenen, sie verhindert das rasche Übergehen und Überspringen auf andere Gedankengänge und Vorstellungen. Der erfaßte Reiz wird also einmal zäh erfaßt, und er wird zum andern isoliert und scharf erfaßt.

Es ist eine Reihe von Eigenschaften, die wir vornehmlich bei solchen Typen finden. Menschen dieser Art neigen zur Stärke, Unbeugsamkeit und festen Bestimmtheit. Ein Trieb zur Systematik, Konsequenz und inneren Straffheit kennzeichnet sie. Nicht selten findet man eine einheitliche und geschlossene Entwicklungslinie, aber ebenso finden sich auch ganz starke Verschiebungen und Umschmelzungen der Persönlichkeit.

Eine zweite Gruppe von Charakterzügen ist nicht so unmittelbar aus der engen fixierenden Aufmerksamkeit und der starken Perseveration zu entnehmen. Es sind die Züge der Unberechenbarkeit, des Entweder — Oder und des starken Nebeneinanders von Gegensätzen. Starke Perseveration und enge fixierende Aufmerksamkeit lassen kein Anschmiegen zu. Leichte Beweglichkeit, rasche Fähigkeit zur Umstellung fehlen diesen Menschen. Das Eindringen und Aufnehmen neuer Reize wird, soweit es geht, auf gleichbleibende und einmal fixierte Nenner gebracht. Wo das aber unmöglich ist, wo sich neue seelische Inhalte fixieren und bilden, die unvereinbar sind mit dem schon Festgelegten, kann es zum Nebeneinander von Gegensätzen kommen. Ein Zug, den Kretschmer schon als Eigentümlichkeit der Schizothymen festgestellt hat, findet hier seine Aufhellung. Das Nebeneinander von Lahmheit und Gereiztheit, die innerliche seelische Komplikation, die Vielschichtigkeit im Seelenleben des Schizothymen sind solche Züge.

Der Typus der fließenden Gehalte mit seiner schwachen Perseveration und seiner weiten fluktuierenden Aufmerksamkeit ist der Gegenpol dieses Typs. Diese Menschen sind beweglich, ihre „Binnenwelt ist stets irgendwie im Fluß“[29]. Infolge dieser Auflockerung sind sie beeinflußbarer und einfühlungsfähiger. Die fluktuierende Aufmerksamkeit wird nicht durch einen bestimmten Reizausschnitt gefesselt, sondern umgreift ein weites Feld. Sie ist fähig, auch verschiedene und gegensätzliche Reize aufzufassen. Aber Reiz und Antwortbereitschaft fließen auch ineinander, Grenzen werden nicht scharf gezogen, sondern das Aufgefaßte verschwimmt oft ineinander, daher haften Eindrücke nicht so fest, sie lösen sich gegenseitig ab und verwischen sich. Das zähe Festhalten, das Beharren fehlt diesem Typ.

Die Beweglichkeit dieser Menschen läßt sie das Leben in seinem Flusse nehmen. Zu festen Formeln, endgültigen Bindungen und Prinzipien neigen sie nicht. Wie sie im Gespräch von einem zum andern gehen, so können sie sich auch im Leben auf wechselnde Tatbestände leicht einlassen. Sie können die Wirklichkeit unmittelbarer erfassen, sind auf das Konkrete eingestellt. Härte und Unbeugsamkeit in ihren verschiedenen Abwandlungen fehlen ihnen, oft finden wir Eigenschaften wie Anpassungsfähigkeit, Fähigkeit zur Vermittlung und Verbindung. Das befähigt sie in einem besonderen Sinne zur Einfügung und zur Gestaltung der Gemeinschaft. In allem ist für diese Menschen das weite Erlebnisfeld charakteristisch.

Wir brechen hier die kurze Charakteristik ab. Die genaue Darstellung und ausführliche Begründung möge man bei Pfahler selbst nachlesen. Hier genügt

[29] Pfahler: Vererbung als Schicksal. S. 100.

die Feststellung des wertvollen Ergebnisses dieser Untersuchungen. In der Unterscheidung dieser beiden Typen sehen wir den Nachweis der unveränderlichen Grundformen der seelischen Kräfte, durch die aufgenommen und verarbeitet wird. In jeder späteren Entwicklung der Intelligenz und damit der Gesamtpersönlichkeit wird man feststellen können, welchem Typ eine Persönlichkeit zugehört. Pfahler selbst hat in einer Reihe von Analysen die Vormachtstellung dieser Grundformen nachgewiesen. Wenn selbstverständlich auch die spätere Intelligenz in Sonderrichtungen und Sonderbegabungen sich entwickelt und ausbaut, wenn sie durch die Anforderungen des Lebens und Berufes geprägt wird, so ist jede solche Entwicklung doch durch die Grundform bestimmt. Es wäre ein falsches Verlangen, wenn man glauben wollte, durch die Bestimmung des Typs die gesamte Intelligenz eines Menschen ausschöpfen zu können. Das ist nicht die Aufgabe dieses Verfahrens. Wohl aber kann man auf diese Weise, weil man eben die unveränderliche und beharrende Grundlage der Intelligenz erfaßt, die Stellung der Intelligenz in der Gesamtpersönlichkeit erkennen. So muß eine charakterologische Analyse, die das Grundlagenbild einer menschlichen Persönlichkeit anstrebt, die Zugehörigkeit zu dem einen oder anderen Typ bestimmen.

Wie weit man zur Ergänzung der Pfahlerschen Typenanalyse zu anderen Methoden der Intelligenzbeurteilung greifen will, entscheidet die gestellte Aufgabe. Wenn man die Eignung einer menschlichen Intelligenz für ganz bestimmte Tätigkeiten prüfen will, muß man die entsprechenden psychotechnischen Methoden anwenden. Freilich ist hier einschränkend nochmals zu sagen, daß diese Methoden meistens nur für ganz spezielle Zwecke sinnhaft sind. Will man die allgemeine Stärke einer Intelligenz feststellen, so zeigt Alois Wenzl in seiner „Theorie der Begabung" Wege. Er unterscheidet in der engeren Intelligenz drei Kapazitätsdimensionen: 1. die Tiefendimension nach Anschauungskraft, Erfülltheit und Intuition, 2. die Höhendimension nach Abstraktionskraft und Fähigkeit zum Denken in Leerformen und 3. die Breitendimension nach Kapazität im engeren Sinn und Simultandetermination. Diese Unterscheidungen scheinen uns geeignet, um die besonderen Stärken und Schwächen einer Intelligenz zu klären. Auf ein ausführliches Referat dieser Arbeit, die im Dienst einer spezielleren Analyse der Begabung steht, wird verzichtet.

Angeboren und erblich bedingt ist die Intelligenz, soweit sie auf die Grundfunktion der Aufmerksamkeit zurückgeführt werden kann. Daß die Zugehörigkeit zu dem einen oder andern Typ, also zur engen, fixierenden Aufmerksamkeit und starken Perseveration oder zur weiten fluktuierenden Aufmerksamkeit und schwachen Perseveration anlagemäßig bedingt ist, hat Pfahler nicht nur durch den Nachweis ihrer Unveränderlichkeit, sondern auch durch ihre Zugehörigkeit zu den Körperbautypen gezeigt. Blickt man auf die Gesamtintelligenz eines Menschen, so ist auch von vornherein wahrscheinlich, daß sie nach Stärke und Art anlagemäßig bedingt ist. Dem steht nicht im Wege, daß die Intelligenz einen großen Entwicklungsspielraum hat. Sie ist in einem stärkeren Sinn inhaltlich erfüllbar und bestimmbar als das Temperament. Die

Grundfunktion der Aufmerksamkeit bleibt unveränderlich, aber sie ist nur die Grundlage. Die eigentliche Entwicklung zur Intelligenz und zum Geist gestaltet sich an den Gegebenheiten und Inhalten sowie den vorhandenen Formen geistigen Lebens. Während das Temperament eine von innen heraus bestimmte Stimmungslage und seelische Bewegungsform ist, sind Aufmerksamkeit und Intelligenz wesensmäßig auf das Erfassen und Verarbeiten von Inhalten gerichtet. Daher zeigt der Funktionskreis der Intelligenz und des Geistes eine unendliche Vielfältigkeit der inhaltlichen Gestaltung.

## DER FORMKREIS VON VITALITÄT, SELBSTBEHAUPTUNG UND WILLE

Der Funktionskreis des Temperaments hat seine Grundlage in der innerseelischen Stimmung und Bewegungsform. Der Funktionskreis der Intelligenz und des Geistes weist auf die Grundform der Aufmerksamkeit zurück. Beide Kreise zeigen eine Verbindung mit bestimmten Körperbautypen, so daß wir hier — wenigstens in der Mehrzahl der Fälle — eine ursprüngliche konstitutionelle Einheit von Körperlichem und Seelischem annehmen können. Es ist dieselbe konstitutionelle Grundlage, die nach der einen Seite als körperlicher Typ und nach der anderen Seite als Temperaments- und als Aufmerksamkeitstyp erscheint. Im Funktionskreis der Vitalität, Selbstbehauptung und des Willens ist diese Einheit nicht gegeben. Zwar können wir auch hier annehmen, daß eine konstitutionelle und erblich bedingte Anlage am Anfang des Lebens steht. Sie wirkt sich aber nicht immer einheitlich aus. Sie kann als starke seelisch-geistige Vitalität bei schwacher körperlicher Vitalität und umgekehrt erscheinen. Wir müssen also von vornherein zwischen körperlicher und seelisch-geistiger Vitalität unterscheiden, deren Stärke nicht immer Hand in Hand geht.

Solange der Mensch lebt, ist er unter den Zwang gesetzt, sein Leben zu bewahren und weiterzuführen. Er muß seine Bedürfnisse befriedigen und ist in der Befriedigung dieser Bedürfnisse wiederum von Bedingungen abhängig. Ist das Minimum der lebensnotwendigen Bedingungen nicht gegeben, dann endet der lebendige Prozeß. Das Leben stirbt. In diesem Sinn ist Leben in erster Linie Selbsterhaltung. Sie ist nur möglich, soweit die körperliche Vitalität des lebendigen Wesens reicht. Versagen die Eigenkräfte, um die Befriedigung eines lebensnotwendigen Bedürfnisses durchzuführen, stellt die vitale körperliche Kraft ihre Arbeit ein, dann erlischt das Leben.

Den Zwang zur Selbsterhaltung teilt der Mensch mit dem Tier, und es ist dieser Zwang, der dem Leben seine eigentümliche Spannung und Richtung gibt. Man hat den Begriff Vitalität geprägt, um ganz allgemein das Charakteristische der lebendigen Spannung und des lebendigen Prozesses im Gegensatz zur mechanischen Spannung und Kraft zu begreifen. Ob wir die Eigenart dieser Spannung mit biologisch-naturwissenschaftlichen Mitteln jemals ergründen können, ist fraglich, und nicht umsonst ist der Begriff der Vitalität als Lebenskraft in der Biologie umstritten. Aber es läßt sich nicht leugnen, daß ein bestimmtes Maß und eine bestimmte Eigenart dieser Spannung jedem lebendigen Wesen zukommt. Immer wieder erfahren wir bei Tier und Pflanze die besondere Lebensstärke und Lebenszähigkeit, wir erfahren insbesondere beim Tier die Eigenart seiner vitalen Formen.

Im menschlichen Leben sondert sich von der körperlichen Vitalität die seelische. Der Mensch besitzt eine körperliche Vitalkraft, die sich in der organischen Stärke seiner Triebe und Bedürfnisse, in der Leistungsfähigkeit seiner Organe und in der Kraft des körperlichen Durchhaltens und Durchsetzens äußert. Der eine besitzt ein hohes Maß dieser Kraft, der andere ein geringes. Von dieser körperlichen Energie müssen wir die seelische abheben. Sie äußert sich primär nicht in körperlicher Kraft und Leistungsfähigkeit, sondern in seelischer Energie und seelischen Fähigkeiten. Auch hier ist das anlagemäßig mitgegebene Maß offenbar verschieden. Dem einen ist die Anlage zur starken seelischen Zähigkeit und zu einem durchdringenden Willen mitgegeben, dem andern fehlt sie, der eine besitzt eine große seelische Energiespannung, der andere besitzt sie nicht.

Man könnte dagegen einwenden, daß seelische und körperliche Vitalität nicht unbedingt voneinander getrennt werden dürfen. Auch die seelische Vitalität kann körperlich und konstitutionell bedingt sein, sie könnte beispielsweise anlagemäßig durch das Nervensystem, die innersekretorische Tätigkeit der Drüsen und durch die Beschaffenheit des Gehirns bestimmt sein. Das ist nach dem heutigen Stand der Forschung nicht von der Hand zu weisen, aber es verändert die Sachlage nicht wesentlich. Jedenfalls müssen wir in der Erscheinung seelische und körperliche Vitalität trennen. Die Trennungslinie würde dann schon in der Anlage der körperlichen Vitalität verlaufen, so daß dann in ein und derselben Grundanlage neben der körperlichen Schwäche im engeren Sinn, die als körperliche Leistungsunfähigkeit und Anfälligkeit sich ausdrückt, die Stärke anderer Organe mitgegeben sein kann, die als seelische Zähigkeit und Widerstandskraft erscheint.

Die seelische Vitalität ist nicht auf den engeren Bereich der Selbsterhaltung und Arterhaltung beschränkt. Jene Unbedingtheit der Lebenserhaltung, die das tierische Dasein kennzeichnet, fehlt dem menschlichen Leben. Das Tier ist geradezu einem Lebenszwang unterworfen. Sieht man von Ausnahmefällen ab, so sind im tierischen Leben Bedürfnis, Befriedigungsantrieb und Einsatz der Lebenskraft eins. Geradlinig und zwangsläufig wirkt sich die Vitalität des Tieres als Selbst- und Arterhaltung aus. Der Mensch kann sich von diesem Lebenszwang frei machen. Die seelische Vitalität kann sich als Wille gegen Bedürfnisse, ja kann sich gegen den Trieb zur Selbsterhaltung wenden, sie kann in letzter Instanz das eigene Leben vernichten.

Man kann es negativ so ausdrücken: der Zwang zur Lebenserhaltung arbeitet im menschlichen Leben nicht mit absoluter Kraft. Das bedeutet aber nicht, daß der Mensch etwa in geringerem Maße „vital" ist als das Tier und ein geringeres Maß von Eigengesetzlichkeit und Eigenkraft besitzt. Dem Tier sind die Lebensbedürfnisse unverrückbar durch seine Triebe gegeben. Zwar kann sich ein gewisser Wandel der Bedürfnisse vollziehen. Zwischen Übersättigung und eben noch ausreichender Befriedigung besteht ein Spielraum. Im großen und ganzen aber ist die Vitalität des Tieres durch die Stärke der Triebe und durch die Bedürfnisse, die im Rahmen der Selbsterhaltung und Arterhaltung gegeben sind, bestimmt. Das menschliche Leben hingegen hat Bedürfnisse, die nicht mehr unmittelbar der Selbsterhaltung entspringen, und es entwickelt Fähigkeiten, die nicht unmittelbar der Selbsterhaltung dienen. Es gibt für den offenen Blick genügend Tatsachen, die beweisen, daß im menschlichen Leben neben der unmittelbaren Selbsterhaltung andere Linien der Selbstbezogenheit arbeiten. Wenn jemand um einer Idee willen in den Tod geht, so folgt er einer Bestimmung, die nicht mehr der Selbsterhaltung dient. Dennoch äußert sich in diesem Verhalten eine ganz bestimmte seelische Energie. Es kann so sein, daß er auf gewisse Mittel der Selbsterhaltung verzichtet und den Zweck der Selbsterhaltung zugunsten eines andern hintanstellt. Selbst wenn wir beim Selbstmörder geradezu einen Todestrieb annehmen, müssen wir anerkennen, daß in diesem Menschen eine Eigenkraft und eine Eigenbestimmung wirkt, die nicht mehr der Selbsterhaltung dient.

Faßbarer wird diese Erscheinung erst, wenn man die Vitalität des Menschen nicht mehr vom rein biologischen, lebenserhaltenden Standpunkt aus betrachtet. Das besondere Problem der menschlichen Vitalität beginnt erst dort, wo man ins Seelische hinübergreift und die Erscheinung der Selbstbehauptung untersucht. Die Selbsterhaltung dient der bloßen Erhaltung des Lebensstromes. Im Kommen und Gehen der Triebe, im Auf und Ab der Bedürfnisse, im Überwinden der Gefahren und in der Fristung des Lebens erschöpft sie sich. Die Selbstbehauptung ist eine andere Form der Äußerung der vitalen Kraft. Hier geht es nicht mehr allein um die unmittelbare Erhaltung des Lebens, wennschon auch in vielen Fällen die Erhaltung des körperlichen Lebens der ausschließliche Inhalt der Selbstbehauptung werden kann. Aber immer wieder gibt es im menschlichen Leben eine Form der Selbstbehauptung, die über dieses Ziel hinausgreift und unter Aufgabe des eigenen Lebens eine bestimmte Position behauptet.

Die einfacheren Formen der Selbstbehauptung erscheinen als Konzentration der vitalen Kraft auf bestimmte Inhalte des Lebens, in denen das Lebewesen in seinem besonderen Sinne sich erlebt. So zeigt das eigensinnige Kind Selbstbehauptung, wenn es in der Verfolgung eines bestimmten Zieles sich und seinen Willen durchsetzen will. Alle Formen der Selbstbehauptung schließen ein mehr oder minder bewußtes Wollen in sich. Die Erscheinung des Willens ist in der charakterologischen Analyse von der Erscheinung der Selbstbehauptung nicht zu trennen. Selbstbehauptung in einer anderen Form zeigt der erwachsene, selbstbewußte Mensch, der seine Persönlichkeit zur Geltung bringen will. Zum reinen uneigennützigen Wollen kann die Selbstbehauptung werden, wenn in einer Idee der Wert des eigenen Ichs erlebt wird und bis zur Aufgabe des eigenen Lebens angestrebt wird.

So schließt die menschliche Form der Selbstbehauptung nicht nur die Erhaltung des eigenen, nackten Lebens, nicht nur die Durchsetzung der eigenen Persönlichkeit, sondern letzten Endes auch die Beziehung des eigenen Ichs auf Werte in sich, denen im äußersten Fall sogar die eigene Existenz untergeordnet wird. Daraus entsteht eine Fülle neuer Gesetzlichkeiten und Bindungen, denen eine unendliche Reihe von Formen der Selbstbehauptung entspricht. Aber Selbstbehauptung in diesem Sinn ist nur möglich, wenn ein Wertbereich fixiert und anerkannt wird, mit dem das Individuum sich gleichsetzt, und in dem es sich selbst behauptet. In der Selbsterhaltung wirkt die Vitalität instinktiv und triebhaft in der Richtung der Erhaltung des Lebens. In der Selbstbehauptung, sofern sie nicht reine Selbsterhaltung ist, werden willentlich Werte, mit denen die Person sich identifiziert, durchgesetzt.

Von hier aus wird verständlich, daß die Erscheinungen der Selbstbehauptung, so ähnlich sie im Ablauf und der Form nach sind, verschieden in den Zielen sind. Jede Selbstbehauptung erhält ihre besondere Linie durch die Bindung, der sich das Ich unterwirft. Um nur einige grobe Unterschiede zu zeigen: Die Selbstbehauptung des religiösen, an ein Jenseits Glaubenden muß anders sein als die eines vollkommen auf das Diesseitige eingestellten Menschen. Das Ziel der kindlichen Selbstbehauptung ist ein anderes als das des Erwachsenen. Wir scheiden eine weibliche Selbstbehauptung von der männlichen. Die Analyse einer Selbstbehauptung gelingt erst dann, wenn wir erfaßt haben, wie eine Persönlichkeit ihr eigenes Ich sieht, welchem Ziel dieses Ich zustrebt, und in welchen Bindungen und Abhängigkeiten es steht.

Selbstverständlich ist hier die Analyse immer entscheidend auf die Umgebung und Erlebnisse eines Menschen angewiesen. Aus diesen beiden Quellen nimmt das Ich seine konkreten Inhalte, hieraus formt es seine Ziele und Wünsche, hier findet es seine Grenzen und Bindungen. Zwar sind Formen und Arten der Selbstbehauptung einander ähnlich. Es gibt ganz charakteristische Mechanismen der Selbstbehauptung. Die bestimmte Wertsetzung und das bestimmte Ziel, das als Selbstbehauptungsziel voranschwebt, ist durch die jeweilige Gemeinschaft, die Kultur einer Zeit, durch Erlebnisse bestimmt. Er ist so variabel, daß die Fülle der Möglichkeiten, die Inhalt einer Selbstbehauptung werden können, unübersehbar ist. Aus allen Gebieten menschlichen Lebens und menschlicher Tätigkeit erwachsen Ziele, die in ihrer Steigerung schließlich den ganzen Willen einer Person erfüllen können.

Sehen wir von dem wechselnden Inhalt der Selbstbehauptung ab, dann erkennen wir bei jedem Menschen eine oft schon äußerlich charakteristische Linie und einen bestimmten Grad der Selbstbehauptung. Meist nehmen wir schon unmittelbar diese Linie der Person wahr, die sich in Gehaben, Haltung und Äußerung ausdrückt. Neben der Temperamentsform, Art und Stärke der Intelligenz ist die Linie der Selbstbehauptung und die ihr entsprechende Bindungsfähigkeit die bedeutsamste Grundlage der Persönlichkeit.

## ZUR CHARAKTEROLOGISCHEN ANALYSE DER SELBSTBEHAUPTUNG UND IHRER FORMEN

Die Vitalität ist Grundlage der Persönlichkeit, Art und Maß der vitalen Kraft und ihrer Ausdrucksformen sind sowohl für die Erscheinung wie für das innere Gleichgewicht einer Persönlichkeit entscheidend. Freilich muß man sich bei der Beurteilung der Vitalität von vornherein darüber klar sein, daß Vitalität zwei Erscheinungsformen, eine körperliche und eine seelische, hat. Beide können gleichartig sein, beide können aber auch voneinander abweichen. Es kann also sein, daß einer großen körperlichen oder einer geringen körperlichen Vitalität eine große oder geringe seelische Spannkraft entspricht. Aber die Fälle, in denen große körperliche Vitalität mit geringer seelischer und große seelische Vitalität mit geringer körperlicher gepaart sind, sind ebenso häufig.

Eine Reihe von Eigenschaften gehört unmittelbar dem Kreis der Selbstbehauptung und Vitalität an. Vitale Zähigkeit, Stärke des Einsatzes, geringe oder große körperliche Leistungsfähigkeit, Erschöpfbarkeit usw. kommen aus der Quelle der körperlichen Vitalität. Selbstbewußtsein, Überlegenheitsgefühl, Hochmut, Egoismus, Überheblichkeit, Ichbezogenheit und die gegensätzlichen Eigenschaften der Bescheidenheit, Liebesfähigkeit, Bindungsfähigkeit, Altruismus, Minderwertigkeitsgefühl usw., gehören in den Umkreis der Selbstbehauptung. Diese Eigenschaften werden in erster Linie von der Vitalität her bestimmt; denn in ihnen drückt sich die Energiespannung und -richtung der Persönlichkeit aus. Insbesondere sind es natürlich auch Wille und Einsatzkraft, mit einem Wort die Energie der Persönlichkeit, die ihre Grundlage in der Vitalität haben.

Mittelbar werden durch Vitalität und Selbstbehauptung alle anderen Inhalte der Persönlichkeit geprägt. Die Triebe sind je nach der vitalen Stärke verschieden, die Fähigkeiten fügen sich in die Linie der Selbstbehauptung ein, Temperament und Intelligenz werden durch sie gefärbt. Daher kann man das ganze personale Gefüge von dem Gegensatz der psychischen Kraft und ihrer Lösung aus durchleuchten. Das ist der Ansatz des charakterologischen Systems von Klages, der in der Lösung der psychischen Kraft den Selbsthingebungstrieb und in der Bindung der psychischen Kraft den Selbsterhaltungstrieb sieht. Freilich greift in dieses System eine metaphysische Formel des Gegensatzes von Seele und Geist ein. In dem verflutenden Schauen der Seele sieht er den Träger des Selbsthingebungstriebes, im Geist den Willensträger. Auch Klages sieht also die Aufspaltung der vitalen Energie des Menschen in zwei Richtungen. Aber anders als hier sieht er nicht eine bloß der Erhaltung des Lebens zugewandte körperlich-triebhafte und eine seelisch-geistige Vitalität, sondern für ihn ist Geist der Träger der Selbsterhaltung und Seele die Trägerin der Selbsthingebung.

Eine Methode, um die Formen der Selbstbehauptung zu analysieren, haben Adler und seine Schule gefunden. Vorweg ist gleich zu sagen, daß die Erfolge dieser Methode vor allem in der Erfassung nervöser und krankhafter Gestaltungen des Selbstbewußtseins liegen. Einer der Grundgedanken Adlers aber ist allgemeingültig, der Gedanke nämlich, daß jede Form des Selbstbewußtseins korrelativ ist zu den Bindungsgefühlen, die die Persönlichkeit hat. Adler gewann diesen Gedanken aus der Erkenntnis, daß Organminderwertigkeiten einen seelischen Ausgleich erfahren. Beispiele für diesen Tatbestand sind folgende: Stottern wird durch intensive Übung beseitigt, körperliche Ungeschicklichkeit wird durch erhöhte Anstrengung wett gemacht, oder die Schwäche einzelner Muskeln wird durch intensives Training gebessert. Es wird also ein Ausgleich geschaffen, die Behinderung und Schwächung der Vitalität durch die Schwäche und Leistungsminderwertigkeit eines Organs wird durch Einsatz der seelisch-geistigen Vitalität behoben oder wenigstens zu beheben gesucht.

Wo der Mensch einen Mangel an körperlicher Vitalität entdeckt, greift die seelische Vitalität ein. Aber dieses Gesetz des Ausgleichs und der Ergänzung („Kompensation") gilt nicht nur für das Verhältnis körperlicher und seelischer Vitalität. Sondern nach Adler ist die Seele überhaupt ein Verteidigungsorgan. Sie ist es, die in erster Linie Schwächen der Vitalität feststellt und in zweiter Linie nun bemüht ist, diese Schwächen auszugleichen. Die Funktion des Seelischen besteht in Kontrolle und Ausgleich. Und mit dieser Erweiterung schafft Adler jene Verallgemeinerung, aus der er seine Theorie ableitet. Die grundlegenden Begriffe sind „Minderwertigkeitsgefühl" und „Leitidee". Überall dort, wo wir Minderwertigkeiten unseres Ichs erleben und erfahren, können sich Minderwertigkeitsgefühle entwickeln. Zum Ausgleich dieser Minderwertigkeitsgefühle wird nun ein Wunschbild, eine Zielidee aufgestellt, die das Minderwertigkeitsgefühl kompensiert.

Die Richtigkeit dieses Gedankens bestätigte sich nun immer wieder bei der Untersuchung nervöser Personen. Es stellte sich eine Reihe von Grundformen heraus, in denen sich ein mechanisch-gesetzmäßiger Zusammenhang von Minderwertigkeitsgefühl und Leitidee erkennen läßt. Alle diese Erscheinungen sind Spielarten eines Prinzips, das sich so formulieren läßt: Je stärker und drückender ein Minderwertigkeitsgefühl, desto anspruchsvoller und fiktiver die Leitidee. Auf diesem Wege wird innerliche Unsicherheit durch Anmaßung, Erfolglosigkeit durch Wunschträume, Ichbedrohung durch Machtanspruch, Lebensangst durch neurotische Behauptung und jede Form der Ichunterlegenheit durch ein entsprechendes Geltungsbedürfnis korrigiert. Jede dieser Kompensationen ist ein Ausweichen vor der wirklichen Aufgabe und eine Flucht in die Unwirklichkeit.

In den Kompensationen zeigt sich also in erster Linie das Versagen der Persönlichkeit in irgend einem Punkt und in zweiter Linie der Ausgleich dieses Versagens, der aber vielfach nicht zu einer wirklichen Leistung, sondern nur zu einer Scheinleistung, oft nur zu einer Fiktion des Menschen vor sich selbst und vor anderen führt. Es sind gerade diese Erscheinungen der Persönlichkeit, die Adler besonders studiert und besonders ausgewertet hat. Ausgangspunkt der individualpsychologischen Analyse einer Person sind die in Kompensationen sich zeigenden Schwächen eines Menschen. Die Individualpsychologie löst diese Kompensationen auf und forscht nach dem zugrundeliegenden Minderwertigkeitsgefühl. Von dort aus versteht sie die Leitidee, die das Verhalten bestimmt.

Der Grundfehler der Adlerschen Theorie besteht nämlich wie bei Freud darin, daß Erscheinungen dieser Art zu sehr in den Mittelpunkt rücken. Schließlich und endlich erscheint jede Persönlichkeit als ein ewiges Spiel zwischen Minderwertigkeitsgefühl und Geltungsbedürfnis. Schon die Konstruktion Adlers, daß jedes Kind notwendigerweise dem Erwachsenen gegenüber sich minderwertig fühlen muß, daß also am Anfang der Persönlichkeitsentwicklung das Minderwertigkeitsgefühl steht, ist eine unzulässige Verallgemeinerung.

Die Bedeutung der Adlerschen Methode liegt nicht in der allgemeinen Persönlichkeitstheorie, die sie aufstellt. Hier ist sie dem Fehler verfallen, der offenbar in aller charakterologischen Betrachtung nur zu leicht begangen wird. Wie sich bei Freud das Ganze der Persönlichkeit aus dem Widerspiel von Trieb und Bewußtsein erklärt, wie für Kretschmer schließlich sich das Ganze der Persönlichkeit im Temperament offenbart, so setzt Adler die Beziehung von Minderwertigkeitsgefühl und Leitidee absolut. Da das Temperament, das Verhältnis von Trieb und Bewußtsein und das von Minderwertigkeitsgefühl und Leitidee jede Persönlichkeit grundlegend beeinflussen, sind allenthalben in der Persönlichkeit auch Spuren dieser Elemente festzustellen. So wiederum liegt es nahe, jede Eigenschaft auf eins dieser Elemente zurückzuführen.

Nach einer anderen Seite ist die Adlersche Theorie bedeutsam. Sie ist eine Theorie, die die Bildungsfähigkeit der Anlagen stark betont und geradezu einen Erziehungsoptimismus vertritt. Neurosen, Schwererziehbarkeit und Charakterfehler führt sie weniger auf angeborene Dispositionen als auf Umwelteinflüsse zurück, und sie nimmt an, daß durch entsprechende Beeinflussung diese Erscheinungen wieder umgebildet werden können. Der Mensch ist nach ihr das, was die Erziehung aus ihm macht. Schon die Anlage und der Aufbau des individualpsychologischen Systems läßt keinen anderen Weg. Nirgends finden wir in dieser Theorie vorausgesetzt, daß etwa eine mitgegebene Stärke der Vitalität oder eine angeborene Tendenz zur Selbstbehauptung persönlichkeitsbestimmend wirkt. Die Entstehung der Minderwertigkeitsgefühle, die ja am Anfang der Persönlichkeit stehen, ist umweltbedingt. Die seelische Kraft, mit der der Individualpsychologe rechnet, ist eine passive. Ihre Aktivität liegt nur darin, daß die Seele als Verteidigungsorgan nach dem Ausgleich der Minderwertigkeitsgefühle strebt.

So fruchtbar die Adlersche Methode in der Herausarbeitung der Mechanismen der Selbstbehauptung war, so viel wir ihr in der Analyse dieses Gebietes überhaupt verdanken, so wenig ist sie geeignet, etwa die eigengeartete Stärke einer Persönlichkeit zu erkennen. Unterschiedslos kann von ihrem Blickpunkt aus eine große Dichtung ebenso wie irgend eine durchschnittliche Charaktereigenschaft der Akt einer Kompensation sein. Der einer Persönlichkeit eigentümliche Energieeinsatz kann auf diesem Weg nicht erkannt werden. Alles, was die Persönlichkeit an willentlicher Arbeit leistet, ob es nun der Selbsterhaltung dient oder als produktive Leistung sich niederschlägt, wird unter dem Schema Minderwertigkeitsgefühl — Leitidee untersucht.

## DER WILLE

Es bedarf einer positiven Analyse des Willens, um ihn als Anlage und Fundament der Persönlichkeit zu begreifen. Die Individualpsychologie hat uns nur eine negative Darstellung des Willens gegeben. Nach ihr korrespondiert das Wollen, die Leitidee und die Zielsetzung immer nur den Minderwertigkeitsgefühlen. Schließlich erscheint das Wollen überhaupt nur als ein kompensatorischer Akt der Unzulänglichkeiten einer Person. Das Ganze ist eine seltsame Verdrehung des unmittelbar einleuchtenden Tatbestandes, daß der Mensch eine Willensanlage mitbringt, die ihn zur Setzung von Zielen und zur Formulierung von Leitideen befähigt.

Über den Willen und den Willensakt ist viel gearbeitet worden. Abgesehen von den Untersuchungen der Individualpsychologie und Psychoanalyse, die den bewußten Willen destruieren, hat die Experimentalpsychologie den Akt des Willens durchaus positiv erfaßt. Aber wenn Adler und Freud das bewußte Wollen im Mechanismus der Kompensation oder in der Stoßkraft der Triebe auflösen, so hat die Schulpsychologie das Wollen einseitig als Bewußtseinsakt gefaßt. Nach Adler ist das Wollen die ergänzende und kompensierende Kraft einer empfundenen Unzulänglichkeit, nach Freud ist das Wollen eine Hemmung des Triebes, in der Schulpsychologie sieht man von diesem hintergründigen Antrieb des Willens ab und untersucht ihn an seiner Bewußtseinserscheinung.

Hier wird also in der Frage nach der Eigenart des Wollens zunächst die Mitarbeit des Bewußtseins untersucht. Wollen ist das spezifische Erlebnis einer Zielsetzung und einer Subjektsbetätigung, die durch Erwägung, Billigung und Entscheidung charakterisiert ist. Zweifelsohne trifft diese Analyse eine Seite des Wollens. Jenes Streben, das wir vornehmlich als Wollen begreifen, hat den Gegenstand bewußt vor Augen, es erlebt sein Ziel und entscheidet sich bewußt dafür. Es wird von einer Zielanpassung beherrscht, die den Akt der Überlegung und des Handelns führt.

Das Schema einer Willenshandlung hätte man sich, wenn man dieser Blickrichtung folgt, etwa so vorzustellen: Ein Antrieb, den wir erfahren und erleiden, tritt in das Bewußtsein ein. Er wird als Ziel vorgestellt. Das Bewußtsein wird sich über diese Zielvorstellung klar, noch hat es die Wahl, sich für oder gegen das Ziel zu entscheiden. Solange diese Entscheidung nicht gefallen ist, wollen wir nicht im strengsten Sinn des Wortes. Wir schwanken und überlegen. Gerade dieses Überlegen ist als Vorstufe für jeden Willensakt bezeichnend. Wenn es sich ereignet, daß wir etwas tun, noch ehe wir uns eigentlich entschieden haben, ob wir es tun wollen, dann sagen wir, es sei im Affekt und ohne Willen getan. Wenn wir gezwungen werden, etwas zu tun, was wir allein nicht getan hätten, haben wir ebenfalls das Gefühl, daß es ohne unseren „Willen", wenn auch nicht ohne unser Zutun getan wurde. Der Vorbehalt, den wir in solchen Fällen machen, gründet offenbar darin, daß das Handlungsziel uns nicht von unserem eigenen Bewußtsein gegeben und die Handlung nicht von uns gebilligt wurde.

Alle diese Beobachtungen scheinen der Auffassung, wonach jede willentliche Handlung in erster Linie eine bewußte Handlung ist, recht zu geben. Es ist auch kein Zweifel, daß es Willenshandlungen gibt, die, nachdem die willentliche Entscheidung gefallen ist, Schritt für Schritt vom Bewußtsein kontrolliert werden. Wenn ich etwa den Plan gefaßt habe, ein Haus zu bauen und mich willentlich dafür entschieden habe, so werde ich in der Verwirklichung dieses Planes eine bewußte Handlung nach der anderen durchführen, bis das Ziel erreicht ist. In solchen Fällen ist die Mitarbeit des Bewußtseins so bedeutend, daß es nachträglich so aussieht, als ob das Ganze ein Akt des Bewußtseins sei. Das Bewußtsein hat jedenfalls einen überragenden Anteil, insofern es das Ziel erfaßt, umgrenzt und die Durchführung schrittweise kontrolliert. Es führt die Verwirklichung dieser Handlung. Es kann sogar die Handlung abbrechen und auf die Erlangung des Ziels verzichten.

Eine andere Reihe von Beobachtungen zeigt jedoch, daß in jeder willentlichen Handlung neben dem bewußten Willen noch eine andere Kraft wirkt. Es kann vorkommen, daß wir in der Durchführung einer Handlung, die wir willentlich beschlossen haben, erlahmen. Der willentliche Entschluß steht nach wie vor fest. Aber wir verlieren, wie man im alltäglichen Sprachgebrauch sagt, die Lust. In manchen Fällen gelingt es trotzdem, die Handlung durchzuführen. Die Führerrolle des Willens ist stark genug, das Ziel zu erreichen. Aber es kann auch anders kommen. Der willentliche Entschluß bleibt bestehen, aber die durchführende Kraft versagt. Diese und ähnliche Erfahrungen, die jeder macht, zeigen, daß die Funktion des Willens nicht allein eine Funktion des Bewußtseins ist.

Dem trägt der Sprachgebrauch Rechnung. Der Gebrauch des Wortes Willen ist durchaus nicht eindeutig. Wenn ich etwa sage: ich will essen, oder: ich will schlafen, so hat das in den meisten Fällen den Sinn: ich muß essen, oder ich muß schlafen. Das Wort „Wollen" drückt hier lediglich einen Antrieb aus, dem ich Folge leiste. Wollen ist nur die Verlängerung des treibenden Anlasses. Hier tritt das Wollen noch nicht als Eigenes hervor, sondern es folgt nur dem Druck des Antriebes. Ganz anders ist es, wenn ich sage: ich will mir diese Gewohnheit abgewöhnen, oder: ich will ein großer Mann werden. In diesem Fall besteht die Durchführung der Handlung nicht einfach darin, daß wir dem Antrieb folgen, sondern sie hängt von der Stärke des Zielwollens ab.

Man hat also in der charakterologischen Analyse zwischen dem Triebwollen als unmittelbarer Antriebsenergie und dem Zielwollen als einer mittelbaren Energie zu unterscheiden. Das Triebwollen geht im äußersten Fall ohne Einsatz des Bewußtseins vor sich. Vielfach verläuft es als sogenanntes unbewußtes Wollen. Schlagartig setzt auf einen Reiz eine Energiewelle ein, die der oft instinktiven Beantwortung des Reizes dient. Einem solchen Bewegungsgesetz folgt ganz offensichtlich der Säugling. Er hält nichts zurück, auf jeden inneren Anreiz und auf alles, was er von außen als Anreiz aufnimmt, erfolgt unmittelbar die Antwort. Instinktiv und triebhaft nennen wir dieses Handeln. Wie er seinem Unbehagen durch Schreien, so gibt er seinem Wohlbefinden durch Krähen Ausdruck, er folgt jedem Bewegungsimpuls, jeder Reiz, der seine Aufmerksamkeit erregt, wird beobachtet, betastet oder in den Mund gesteckt. Solange dieses Bewegungsgesetz der unmittelbaren Reaktion ihn beherrscht, lebt er jede Spannung augenblicklich aus. Seine Äußerungen sind im vollsten Sinne des Wortes immer der Ausdruck unmittelbarer Antriebe. Er kann sich noch keinem Reiz, der ihn trifft, entziehen und keinen Antrieb unterdrücken.

Aber auch der Erwachsene folgt in manchen Handlungen noch dem Gesetz der unmittelbaren Reaktion. Auch er kennt noch Affekt- und Triebhandlungen. Zorn, Freude, Schmerz und andere starke Spannungen können sich unmittelbar entladen. In Momenten großer Gefahr geschieht es, daß instinktiv und zielsicher eine Handlung durchgeführt wird, noch ehe bewußtseinsmäßig das Ziel fixiert ist. Alle diese Handlungen sind dadurch gekennzeichnet, daß Energiespannung und Auswirkung ohne das Zwischenglied des Bewußtseins zusammenarbeiten. Sie laufen wie die Instinkthandlungen der Tiere mit einer mechanischen, oft unbeirrbaren Zielsicherheit ab.

Die Tiefenpsychologie hat Zusammenhänge aufgedeckt, die beweisen, daß die Antriebsenergie oft auch verdeckt und der Kontrolle des Bewußtseins entzogen sich in Handlungen auswirkt. „Fehlleistungen" hat Freud jene Handlungen genannt, die nicht willentlich ausgeführt werden, sondern, wie Vergreifen, Versprechen, Vergessen zunächst als irrtümliche Handlungen angesehen werden. Bei manchen dieser Handlungen läßt sich nachweisen, daß sie von einer unbewußten Zweckhaftigkeit sind. In ihnen entlädt sich eine Antriebsenergie, die vom Bewußtsein verdrängt ist. Auch diese Handlungen sind im weiteren Sinne des Wortes triebhaft, wenngleich ihre Struktur komplizierter und umwegiger ist als die der gewöhnlichen Triebhandlungen.

Von diesen Formen unterscheidet sich die willentliche Handlung im engeren Sinn des Wortes. Auch in ihr ist eine Antriebsenergie enthalten. Aber in jeder willentlichen Handlung ist die Antriebsenergie einer Kontrolle des Bewußtseins unterworfen, die sie leitet und gestaltet. Sie springt nicht mehr automatisch in Handlung über. Bei einem Schlag machen wir unwillkürlich, ohne des Ziels und Zwecks bewußt zu werden, eine Abwehrbewegung. Bei einer bewußten Handlung entlädt sich die Antriebsenergie zuerst in eine Überlegung. Diese erfaßt die Möglichkeiten, greift aus ihnen eine als Ziel heraus und entscheidet sich dafür. Erst jetzt nach der Überlegung und Entscheidung setzt das Wollen ein. Damit wird aber auch über den Antrieb entschieden; denn wir können in der Überlegung uns auch dafür entscheiden, nicht zu handeln. Hat das Wollen sein Ziel fixiert, dann beginnt es, die Linie des Handelns in Gang zu bringen.

Es ist also ein indirektes, durch die Vermittlung des Bewußtseins sich vollziehendes Zusammenarbeiten von Antriebsenergie und Fähigkeiten, das dem willentlichen Handeln seinen Stempel aufdrückt. Die unmittelbare Antriebsenergie wird umgeleitet, durch das Bewußtsein verstärkt oder geschwächt. Immer wird der erste Antrieb im Bewußtsein aufgefangen und an seiner unmittelbaren Auswirkung verhindert. Erst nachdem über ihn entschieden ist, wird das Ziel fixiert. Darin liegt zugleich eine erste Umformung der Antriebsenergie. Schon hier setzt jene charakteristische Steuerung ein, die wir bei allem willentlichen Handeln finden. In den ausgesprochenen Fällen begleitet sie Schritt für Schritt die Handlung. Sie überlegt, entscheidet und wählt die Mittel aus. Sie kann, je nachdem es ihr notwendig erscheint, treiben oder hemmen, umwegig oder direkt sich dem Ziel nähern.

Dieser Vorgang als solcher ist unbezweifelbar, wir erleben ihn viele Male in seiner Eigenart von Anlaß, innerlicher Verarbeitung, Zielsetzung und Handlung. Wenn aber die Schulpsychologie in ihm den eigentlichen Kern des Wollens sah, so wirkte sich hier ihre allgemeine Tendenz, seelische Vorgänge als Bewußtseinsvorgänge zu begreifen, verhängnisvoll aus. Sie vernachlässigte zugunsten des Bewußten, des Zielwollens, das Triebwollen. Wenn der Verdurstende mit seiner ganzen seelischen und körperlichen Intensität nur mehr noch eins will, nämlich Wasser, dann wäre das nach dieser Auffassung kein Willensvorgang; denn es fehlt Überlegung und willentlicher Entschluß. Wie die Tiefenpsychologie in ihrer Meinung, daß das tiefere Antriebswollen der Kern alles Wollens sei, das bewußte Wollen falsch deutete, so haben bestimmte Richtungen der Schulpsychologie — nicht alle — die Eigenart des Wollens nicht verstanden, weil sie es abgelöst von allem Triebwollen untersuchten.

## DIE PERSÖNLICHKEITSBILDENDE FUNKTION DES WOLLENS

Man kann die Linie des Wollens im Gesamtbild einer Persönlichkeit nur verstehen, wenn man sie nicht einseitig von der Form des Triebwollens oder vom bewußten Wollen aus sieht. Wohl läßt sich eine einzelne Handlung und eine einzelne Willenserscheinung auf die Triebstruktur zurückdeuten oder aus einem bewußten Willensakt verstehen. Aber die gesamte Willenshaltung eines Menschen hat stets die beiden Wurzeln der unmittelbaren Antriebsenergie und des bewußten zielsetzenden Wollens, deren eine auf die körperliche Struktur und deren andere auf die seelische zurückgeht. Beide sind ihrer Stärke nach anlagemäßig bedingt.

Die untere Stufe der Willenserscheinungen ist das Triebwollen, auf dem sich die anderen Willensformen aufbauen. Der Säugling und das Kleinkind, die dem Gesetz der unmittelbaren Reaktion unterstehen, zeigen in reiner Form das Triebwollen. Es gibt wenigstens beim Säugling noch kein anderes Wollen als jenes, das sich unmittelbar als Ausdruck eines Triebes oder als Antwort auf einen Reiz entlädt. Wollen hat hier noch ganz den affektiven und triebhaften Charakter, es steht einzig und allein im Dienst der Lebenserhaltung, sei es der Bedürfnisbefriedigung oder der Abwehr. Wir sehen verschiedene Stärkegrade, es gibt Kinder mit einer schwachen vitalen Energiespannung und solche mit einer starken. Aber freilich tritt in dieser Zeit auch die seelische Vitalität und ihr Wollen noch nicht heraus. Die seelische Energiespannung ist hintergründig und erscheint nur begleitend, etwa als Ausdruck der Unzufriedenheit oder Befriedigung. Daher haben wir in diesem ersten Stadium zwar einen Eindruck von der anlagemäßigen Stärke der Vitalität, aber noch sondert sie sich nicht in seelische und körperliche Vitalität, und noch können wir die Energiespannung des seelischen Wollens nicht erkennen.

Erst wenn dann die zweite Form des Wollens, der mittelbare Willensantrieb erscheint, zeigt das Wollen im engeren Sinn seelische Kraft. Auch dieses Geschehen ist noch nicht bewußtes Wollen, es ähnelt in der Art seines Geschehens und der Zielstrebigkeit seines Ablaufs weit mehr den Trieben. Von ihnen aber ist es wiederum durch den seelischen Charakter unterschieden. So lassen sich diese Vorgänge auch nicht einfach mehr aus dem Zwang zur Lebenserhaltung begreifen.

Wollungen dieser Art sind Trotz, Eigensinn und Angst, die wir schon bei kleinen Kindern finden. Mittelbares Wollen kann in einer zeitlich begrenzten seelischen Erscheinung enthalten sein, z. B. im Heimweh, und es kann zur dauernden Linie der Persönlichkeit werden. Viele Eigenschaften haben diesen Wollenscharakter, wie Ehrgeiz, Neugier, Eigenbrödelei und oft drückt sich schon im Namen das Willensmäßige aus. Wir sprechen von Ruhmsucht, Gefallsucht und Zanksucht, von Ruhebedürfnis, Sensationsbedürfnis und Geltungsbedürfnis. Die Eigenart dieser und ähnlicher seelischer Erscheinungen liegt durchaus darin, daß sie Strebungen sind, die sich nicht als bewußtes Wollen äußern müssen. Hier tut sich das große Feld der Wünsche und Befürchtungen auf, die sich zum Teil als Träume und Schreckvorstellungen niederschlagen, zum andern Teil in Handlungen auswirken. Alle diese seelischen Linien haben ihre geheimen Wünsche und ihre verborgenen Zielsetzungen, auf deren Verwirklichung sie mehr oder minder triebhaft zusteuern.

Sie stehen unter dem Gesetz der mittelbaren Reaktion. Die Strebung entsteht nicht aus einem momentanen Reiz oder einem momentanen Trieb, den der Lebensvollzug mit sich bringt. Wenn das trotzige Kind beim kleinsten Anlaß bis zum Blauwerden schreit, wenn das nervöse Kind bei der Bewegung des Vorhangs sich so erregt, daß es in Angstvorstellungen verfällt, dann ist der Reiz nur die Auslösung einer seelischen Richtung. Trotz und Angst sind in diesen Fällen seelische Linien, sie sind auf einen tieferen seelischen, stets vorhandenen und sprungbereiten Reiz eingestellt. Der unmitelbare Anlaß gibt nur das auslösende Moment. So sehr auch die Reaktion scheinbar schlagartig einsetzt, so wenig ist sie unmittelbar. Sie ist umgeleitet über festgewordene seelische Inhalte und Richtungen. Daher das scheinbar triebhafte und reaktive Ablaufen des Vorgangs, hinter dem aber eine seelische Strebung steht. Jedes interessante Ereignis, jede Aufregung wird für den Neugierigen und den Sensationsbedürftigen Mittel zur Befriedigung seiner seelischen Grundeinstellung. Der Anlaß löst eine seelischverfestigte Reaktionslinie aus.

Die Individualpsychologie hat vor allem in der Deutung dieser Vorgänge ihr Feld gefunden. Sie hat erkannt, daß solche Erscheinungen nicht unmitelbare Triebwollungen sind, sondern seelische Trieblinien. Sie erklärt sie als Kompensationen von Minderwertigkeitsgefühlen. Soweit die Psychoanalyse sie untersuchte, nahm sie an, daß sie aus Triebverdrängungen und ihren Entladungen entstanden sind. In beiden Fällen wird zwar der seelische Triebcharakter erkannt, aber in beiden Fällen wird auch das Wesen der hier erscheinenden seelischen Vitalität verkannt. Der seelische Anteil an diesem Wollen wird aus der Energie der Minderwertigkeitsgefühle oder gar aus der Triebenergie erklärt.

Die Formen des mittelbaren, aber nicht in bewußter Zielsetzung verlaufenden Wollens sind nach zwei Seiten für die Beurteilung der Persönlichkeit bedeutsam. Einmal erscheint in ihnen Stärke oder Schwäche der seelischen Energiespannung. Wo sich überhaupt seelische Trieblinien in aktiver Form, wie z. B. Ehrgeiz, Geltungsbedürfnis entwickeln, sind sie immer Anzeichen einer starken, vielleicht fehl geleiteten seelischen Energie. Zeigen sie ein passives Gesicht, wie Angst, Reizbarkeit, dann weisen sie auf einen Mangel von seelischer Energie. Das Nebeneinander von Minderwertigkeitsgefühl und Geltungsbedürfnis widerspricht dem nicht. Wenn die seelische Energie auf dem einen Punkt zurückgedrängt wird, stößt sie in eine andere Richtung vor. Man kann das auf die Formel bringen, daß das Geltungsbedürfnis korrelativ zum Minderwertigkeitsbedürfnis ist. Doch man versteht diesen Zusammenhang falsch, wenn man das Ganze nur als seelische Schwäche der Person faßt.

Nach der andern Richtung hin sind die mittelbaren Wollungen durch ihre Stellung im Ganzen der Persönlichkeit bedeutsam. Ehrgeiz kann der Ausdruck einer starken seelischen Vitalität sein. Dieser gesunde Ehrgeiz fügt sich in die Persönlichkeit ein. Ehrgeiz kann aber auch der Ausdruck einer künstlich gesteigerten und überreizten Haltung sein, und dann fügt er sich nicht in die Person ein. In ihm drückt sich keine wirkliche seelische Stärke aus. Das zeigt sich darin, daß er nicht über die Mittel verfügt, um sich durchzusetzen, daß jede Zielsetzung an der inneren Unzulänglichkeit scheitert. Ist das der Fall, dann trifft die Deutung, die die Individualpsychologie gibt, zu. In ihm erscheint ein Versagen der Persönlichkeit. Nichts aber ist gefährlicher, als alle unmittelbaren Wollungen unter das

Schema der individualpsychologischen oder psychoanalytischen Methode zu bringen. Das bedeutet in vielen Fällen, daß ihr positiver Sinn, eine eigengeartete seelische Vitalität, verkannt wird.

Die dritte Stufe des Wollens erst ist das bewußte Wollen. Es hat die Form der bewußt gesteuerten Antriebsenergie. Es ist wiederum anlagemäßig durch die Stärke oder Schwäche der seelischen Vitalität bestimmt, tritt aber später als das unmittelbare Triebwollen und die mittelbaren Wollungen in Erscheinung. In seiner Richtung geht es auf die Verwirklichung bewußt gesetzter Ziele. Während das unmittelbare Triebwollen ganz eng an körperliche Vorgänge gebunden, das mittelbare Wollen in seiner Entwicklung schon von der Ausbildung seelischer Inhalte abhängig ist, setzt also das bewußte Wollen die Erkenntnis von Zielen voraus. Es kann erst mit seiner Arbeit beginnen, wenn ein gewisses Maß der bewußten Intelligenz entwickelt ist.

Dann tritt aber zugleich auch der Konflikt des Wollens auf. Das Triebwollen weist in die eine, der bewußte Zweckwille in die andere Richtung. Daher kann die positive Bedeutung des bewußten Wollens in einer Persönlichkeit nicht durch die Stärke der Intelligenz gemessen werden, sondern nur in seiner Verbindung mit der Antriebsenergie. Wo Triebwollen und Zielwollen sich nicht nur gelegentlich, sondern entscheidend entzweien, wird das Gleichgewicht der Persönlichkeit gestört oder sogar zerstört. Im Auseinander von Triebwollen und Zielwollen liegt ein unübersehbares Feld von innerseelischen Störungen der Persönlichkeit. Der reine Triebmensch, der seinem bewußten Wollen nach haltlos ist, und der Typ des nur bewußt wollenden Menschen, der an einer Schwäche seiner vitalen Antriebsenergie leidet, sind Grenzfälle. Die Mehrzahl der Menschen bewegt sich auf der Linie eines Wollens, in der Ziel- und Triebwollen gelegentlich glücklich zusammenarbeiten, gelegentlich aber auch auseinander streben. Nicht vielen gelingt es, ihre gesamte vitale Energie in den Kreis einer großen willentlichen Zielsetzung einströmen zu lassen. Diese Menschen erreichen eine höchste charakterliche Geschlossenheit.

Eine ausgearbeitete Methode, die willentliche Linie eines Menschen in ihrer anlagemäßigen Stärke zu bestimmen, besitzen wir nach dem heutigen Stand der Forschung nicht. Die tiefenpsychologischen Methoden, so geeignet sie sind, die Störungen der willentlichen Haltung und ihre eigentümlichen Konflikte zu erkennen, versagen in der Darstellung des positiven Gehaltes der Willenserscheinungen. Der unmittelbare Eindruck, den wir von der körperlichen oder seelischen Vitalität und von Stärke und Art des Wollens haben, kann leicht täuschen. So sind wir in der Bestimmung des Gesamtwollens eines Menschen immer auf eine sorgfältige individuelle Analyse angewiesen.

# II. DYNAMISCHE UND VERÄNDERLICHE GRUNDLAGEN DES CHARAKTERS

*DRITTES KAPITEL*

## DER LEBENSZWIESPALT UND DIE VON IHM AUSGEHENDE SPANNUNG

Alle Zeiten haben gewußt, daß menschliches Dasein ein Zusammenspiel verschiedener Kräfte ist, die sich zu einer glücklichen Einheit finden, die aber auch bis zur völligen Entzweiung auseinander streben können. Niemand entzieht sich der innerseelischen Erfahrung, die als unumstößliches Grunderlebnis die Gestalt des Menschen in allen Formen und allen Erscheinungen begleitet hat. Wir machen, genau so wie die Menschen vor Jahrtausenden, die Erfahrung unserer inneren Einheit und unserer inneren Zwiespältigkeit. Wir erleben Höhepunkte, die unser Ich zur geschlossenen und harmonischen Einheit bringen, wir erleben Wendepunkte und Momente der inneren Gefahr, die uns auseinanderreißen und aufspalten. Wir stoßen, ob wir wollen oder nicht, auf das Erlebnis des Konfliktes, der bis zur äußersten und schmerzhaften Zerrissenheit gehen kann. Aus diesen Krisen nehmen wir das Wissen um eine spezifische Gefährdung des Menschen mit und finden darin den dunklen Hintergrund der eigentümlichen Vorzüge, die das menschliche Dasein auszeichnen.

So alt dieses Wissen ist, so vielfältig hat es sich ausgeformt. Es hat in den religiösen Lehren seinen Ausdruck gefunden und ist in ihre Geschichte eingegangen. Uralt ist die Scheidung von Geist oder Seele und Körper. Aus Stofflichem schien der Mensch geformt, soweit er körperlich ist, aus Geistigem und Seelischem, soweit er mehr als Körper ist. Bis zu den ältesten Völkern zurück und bis zu den Primitiven herab findet sich die Scheidung von Körperreich und Geisterreich. Zu diesem gehört die sinnliche greifbare und körperliche Gestalt des Menschen, die in seinem Wirken und Leben erscheint, zu jenem die unfaßliche und unkörperliche Gestalt, die mit dem Leben entweicht und in das Reich der Schatten und Geister eingeht.

Zwischen Körperreich und Geisterreich findet sich der Mensch irgendwie in der Mitte; denn er ist als Lebender zusammengesetzt aus Körper und Geist und geht als Toter zu den Geistern. Als Lebender ist er von den Geistern abhängig und muß sich gegen sie wehren, er wird von ihnen geschützt oder bedrückt. Auch wenn er als Lebender über Macht und körperliche Kraft verfügt, so kann er nicht gegen die größere Macht der Geister kämpfen; denn diese wirken ungreifbar und unsichtbar in der sinnlichräumlichen Welt.

Langsam wandelt sich dieses Wissen, das in den Geistern eine magische Kraft, aber auch eine Bedrohung und Gefährdung des Lebens sieht, zu jenem Wissen, das in der christlichen Lehre vom Menschen seinen deutlichsten Ausdruck gefunden hat. Jetzt werden Geist und Seele der bessere Teil des Menschen, sie gehören der Ewigkeit an. Der lebendige Mensch und sein Körper muß sich bewähren, um in das Reich der seligen Geister einzugehen. Nun wird der Körper zum Gefängnis und zur Last des Geistes, ja zu einer Macht, die das ewige Leben des Geistes vernichten kann. Daher muß der Körper bekämpft werden, sofern er Versuchung und Verführung des Geistes ist.

In diesem Glauben wird das Wissen um die innere Einheit und Zwiespältigkeit des Menschen nicht verloren, aber es wird neu gefaßt. Das Leben und der Körper ist nicht mehr die Wirklichkeit, der Geist nicht mehr sein Schatten, sondern Seele und Geist sind die eigentliche Wirklichkeit. Sie müssen sich, wenigstens solange der Mensch lebt, des Körpers erwehren und ihn ertragen. Der Zwiespalt zwischen Geist und Körper bleibt bestehen. Aber das diesseitige Leben ist nicht mehr seine Auflösung und innere Einheit, sondern seine endgültige Lösung wird im jenseitigen Leben erwartet und gesucht.

Es ist eins der merkwürdigsten Ereignisse in der Geschichte des menschlichen Geistes, daß es eine Zeit gegeben hat, die das Bewußtsein von der inneren Zwiespältigkeit des Menschen und damit das Leib-Seele-Problem verloren hat. Noch zu Beginn des wissenschaftlichen Denkens und in der antiken Philosophie hat es seinen zentralen Platz. Descartes beginnt seine Philosophie mit einer Lösung dieser Frage, und über ihn hinaus geht das Fragen und Suchen weiter. Bis dann in einem Höhepunkt des philosophischen Denkens diese innerste Frage der menschlichen Existenz zweitrangig wird. Für Kant und die nachkantische Zeit tritt Frage und Problematik des Leib-Seele-Verhältnisses zurück. Diese nüchterne und rationale Form des Denkens und mit ihr alle Philosophie, die sich ihrer bedient, braucht kein Jenseits. Sie glaubt nicht an Geister. Sie sieht aber auch im Diesseits nicht jene Grundspannung von Leiblichem und Seelischem, sie empfindet die innere Einheit und Zwiespältigkeit des Lebens nicht mehr. Nur fern klingt gelegentlich die Frage an. Fast schien es, als ob im Zug jenes Denkens, das die Frage nach Gott und Jenseits aus dem Bereich der Wissenschaft ausscheiden will, auch die Frage nach dem Verhältnis von Leib und Seele-Geist verschwinden würde. Über hundert Jahre war das Problem als philosophisches verschüttet und lebte nur am Rande der Wissenschaft weiter. Selbst in der Psychologie trat es zurück.

Als es plötzlich mit ungeschwächter Kraft wieder lebendig wird, erscheint es gleichzeitig in mehrfacher Gestalt und tritt in verschiedenen Zweigen wissenschaftlichen Denkens auf. Seit etwa fünfzig Jahren ist die Frage nach dem Verhältnis von Leib und Seele wieder, und zwar in einem engeren fachlichen Sinn, wissenschaftlicher Gegenstand geworden. Von den verschiedenen Seiten des psychologischen, des medizinischen und naturwissenschaftlichen sowie des metaphysischen Denkens formt sie sich. In der Medizin und hier hauptsächlich in der Psychiatrie, in den Naturwissenschaften und da vor allem in der Biologie, in der Philosophie selbst wieder, und zwar im psychologischen und metaphysischen Denken, gibt es ein Leib-Seele-Problem.

Wieder erscheint damit die alte Frage der Zweiheit menschlicher Existenz. Sie wird nicht mehr zwischen einem körperlichen Diesseits und einem geistigen Jenseits ausgehandelt. Wie die Wissenschaft und mit ihr das Bewußtsein des Menschen diesseitig geworden ist, so wird auch diese Frage als diesseitige behandelt. Dabei verliert sie aber nichts an Schärfe. Der Gegensatz wird nicht mehr als einer zwischen natürlichen und übernatürlichen Kräften erfahren, sondern die Zweiheit und Zwiespältigkeit des Menschen wird allein im menschlichen Leben selbst gesucht. So soll er als eine Erscheinung menschlichen Fühlens und menschlicher Haltung begriffen werden.

In dieser Form nimmt das wissenschaftliche Denken die alten Erscheinungen und Erfahrungen vom Ineinander und Auseinander der menschlichen Kräfte wieder auf. Mit den Mitteln, sie zu bestimmen, ist die Frage eine andere geworden. Sie wird nicht mehr aus der Furcht oder dem Vertrauen zu Geistern, nicht mehr aus dem Glauben an ein besseres Jenseits, sondern im Vertrauen auf die Macht wissenschaftlichen Denkens gestellt. Gleichwohl erscheint in ihr das alte Grundgefühl von der inneren Bedrohung und Unsicherheit des Lebens.

## DER ZWIESPALT ZWISCHEN BEWUSSTEM UND UNBEWUSSTEM BEI FREUD

Zwei Forscher vor allem waren es, die im engeren Gebiet des lebendigen Geschehens den Gedanken eines Lebenszwiespaltes bis zur äußersten Konsequenz durchgeführt und durchgedacht haben. Der eine von ihnen, Freud, bleibt im Rahmen des rationalen und metaphysikfeindlichen Denkens. Nach ihm ist der Zwiespalt durch die Kraft des Erkennens zu überwinden. Der andere, Klages, überläßt sich dem Gefühl der innersten Zwiespältigkeit des menschlichen Lebens und baut darauf seine Metaphysik. Grundverschieden sind die Ansätze. Freud als Psychiater und Naturwissenschaftler hat die Zwiespältigkeit des Menschen in der akuten Form der geistigen und seelischen Erkrankung vor sich. Klages als Charakterologe und Philosoph findet eine letzte Zwiespältigkeit der metaphysischen Kräfte von Leben und Geist. In beiden stehen sich die äußersten Pole bewußten Denkens gegenüber, und zwischen ihnen liegen die anderen Formen wissenschaftlicher Ausdeutung des Lebenszwiespaltes.

Nach Freud ist das seelische Dasein in Bewußtes und Unbewußtes aufgespalten. Es ist bekannt, wie diese Annahme zur Grundlage einer neuen Auffassung psychopathischer Vorgänge wurde. Wenn der Gegensatz von Bewußtem und Unbewußtem zu einem sich selbst nicht mehr lösenden Zwiespalt wird, dann ist die Folge Störung und Erkrankung des seelischen Lebens. Das ist der Tatsachengrund, von dem Freud immer wieder ausgeht, und den er zunächst an den Erscheinungen der Hysterie und Neurose darstellte. Als Leitidee führt ihn der Gedanke, daß die Behebung der Krankheit gelingen muß, wenn die besondere Form des Zwiespaltes, aus dem sie erwächst, erkannt und gelöst wird. Für ihn ist der Lebenszwiespalt ein Grenzphänomen. Art und Ort seines Auftretens im gesunden seelischen Leben interessieren ihn nur als Vorstufe zur Erkenntnis des Krankhaften.

Wenn die Krankheit Ausdruck dafür ist, daß Bewußtes und Unbewußtes nicht mehr zusammenarbeiten, und wenn sie die Auswirkung einer grundsätzlichen Störung des Lebens ist, dann muß ihre Untersuchung bei dieser Störung einsetzen. Der Kranke selbst erkennt die Störung nicht mehr, er fühlt und erlebt sie nur. Sein Bewußtsein ist getrübt und täuscht sich selbst. Es verdrängt die psychischen Ereignisse, mit denen es nicht fertig wird, ins Unbewußte und verdeckt dadurch den eigentlichen Krankheitsherd. Damit sind sie nicht erledigt, sondern nur scheinbar verschwunden. Im Unbewußten wirken sie weiter. Der Vorgang an sich ist natürlich, krankhaft aber ist, daß die Verdrängung mißglückt und das Bewußtsein ohnmächtig die Wirkungen des Unbewußten ertragen muß, ihnen ausgeliefert ist und nun erst recht eine Störung des seelischen Lebens entsteht. So ist die Grundlage also ein normaler Vorgang, die innere Gegensätzlichkeit von Bewußtem und Unbewußtem. Sie steigert sich in der Krankheit zu einer Zwiespältigkeit, in der das innere Gleichgewicht und die Einheit der Menschen verloren gehen.

Der Kranke fühlt diesen Zwiespalt, trotzdem bleibt er ihm seiner wirklichen Beschaffenheit nach ein Geheimnis. Auch der Außenstehende kann nicht ohne weiteres den Grund der Störung erkennen. Er liegt im Unbewußten und Verdeckten. So muß eine Methode ausgebildet werden, um die Krankheit zu deuten und zu enträtseln. Die verdrängende Arbeit des Bewußtseins muß wenigstens soweit rückgängig gemacht werden, als sich das Bewußtsein über seine eigene Lage täuscht. Erst wenn das getan ist und damit der Ursprung der innerseelischen Störung sichtbar wird, kann der Heilungsprozeß beginnen.

Zum Unbewußten haben wir, wie schon der Name sagt, keinen direkten Zugang durch das Bewußtsein. Daher gilt der größte Teil der Arbeit von Freud der Aufgabe, eine Methode zur Enthüllung des Unbewußten zu finden. Das Ergebnis ist die psychoanalytische Methode. Sie dient diesem Zweck, ihre Hauptmittel sind die eigentliche Analyse und die Deutung von Träumen und Fehlleistungen. Zunächst ist ihre Aufgabe eine praktische. Sie weist dem Arzt und mit seiner Hilfe dem Kranken den Weg zu dem verdeckten Grund der seelischen Störung.

Soweit ist die Methode eine Praxis zur Heilung seelischer Erkrankungen. Sie geht von einer theoretischen Einsicht aus, nach der die vom Bewußten abgespaltenen und verdrängten Inhalte im Unbewußten ihren Ort finden. Wenn man schon an dieser Stelle die Frage stellt, was eigentlich das Ich ist, könnte die Antwort nur lauten: es gibt ein unbewußtes und ein bewußtes Ich. Im gesunden seelischen Leben ist das Ich die Zusammenarbeit von Bewußtem und Unbewußtem; wenn sich diese Zusammenarbeit entzweit, wird das Ich gefährdet. Aus dieser Frage muß von selbst eine weitere entstehen, die Freud auch stellt: worin liegt der ichhafte Charakter des Bewußten und des Unbewußten? Und weiter: welches ist das eigentliche Ich?

Unschwer ist zu erkennen, daß mit dem Ansatz schon über die Antwort entschieden ist. Denn der Ichcharakter des Bewußtseins besteht im gesunden wie im kranken seelischen Leben darin, daß es verdrängt. Nur eben glückt dem Gesunden die Verdrängung; und die Krankheit entsteht, wenn sie mißglückt. Zwar kann in der verdrängenden Funktion des Bewußtseins nicht allein seine Bedeutung liegen. Das zeigt die Praxis der Psychoanalyse. Im analytischen Prozeß soll der Kranke das Verdrängte wieder aufdecken, mit ihm fertig werden und es erkennen. Aber auch in diesem weiteren Sinn hat das Bewußtsein nur den funktionalen Charakter des Verarbeitens.

So verschiebt sich das Schwergewicht der Frage nach der Bedeutung des Ich in die Frage nach dem Wesen des Unbewußten. Dieses wiederum ist zunächst nur negativ bestimmt. Es ist Verdrängtes und Verdecktes, also Nicht-bewußtes. Damit ist nicht gesagt, welche Kräfte sich in ihm verbergen. Im erkrankten seelischen Leben ist es der Träger der Krankheitsherde. In ihm liegen die Ereignisse, mit denen der Mensch nicht fertig wurde. Von dort nehmen die Kräfte ihren Ursprung, die das seelische Gleichgewicht stören. Aber woher kommt dem Unbewußten diese Kraft, und welche Rolle spielt es endlich im gesunden seelischen Leben?

Auch hier schien die praktisch-medizinische Arbeit einen Weg zu weisen. Immer wieder war Freud in der Behandlung seiner Kranken auf Störungen des Trieblebens gestoßen. Er machte die Erfahrung, daß vor allem Triebwünsche verdrängt werden, die maskiert erst harmlos in Träumen und Fehlleistungen, dann bedrohlich in Neurose und seelischer Störung auftauchen. Die Annahme, daß das Geheimnis des Unbewußten das Triebleben sei, lag auf der Hand. Mit ihr schien sich aber gleichzeitig der innerste Kern des seelischen Lebens zu enthüllen.

Wenn der Inhalt des Unbewußten die Triebe sind, dann liegt in der Triebhaftigkeit seine Kraft und im Triebleben sein Ichcharakter. Das heißt aber, daß das Bewußtsein, das ja nur verdrängende und verarbeitende Kraft hat, sein eigentliches Ziel in den Trieben hat. Sein Ichcharakter ist von den Trieben abhängig, seine Bedeutung ergibt sich daraus, wie es mit den Trieben fertig wird und sie verarbeitet. Ihm obliegt die Aufgabe, die Triebe zu verarbeiten, wenn nötig zu verdrängen und allenfalls sie zu leiten. Das Ganze dieser Tätigkeit hat bei Freud einen eigentümlich negativen Sinn, der selbst dort nicht verschwindet, wo es dem Bewußtsein gelingt zu „sublimieren" und also die Triebkraft in geistige Produktion umgeformt wird. Immer geht der eigentliche Anstoß von den Trieben aus, ihre Arbeit erscheint ebenso positiv wie die des Bewußtseins negativ. Sie tragen den Lebensprozeß, ja ihr reibungsloser Ablauf ist der eigentliche Sinn des seelischen Lebens. Der Ichcharakter des Unbewußten liegt also in der positiven Kraft der Triebe.

Diesen Befund verallgemeinert Freud und konstruiert daraus das Modell des Leib-Seele-Verhältnisses. Auf der einen Seite steht als treibende Kraft das Triebleben, das Freud in einer Erweiterung der Sexualität zur libido faßt. Die triebhafte libidinöse Struktur des Menschen arbeitet, noch ehe das Bewußtsein ausgebildet ist. Schon das frühkindliche Dasein wird von Trieben und Wünschen geführt. Über verschiedene Stufen entwickelt sie sich zur Sexualität, der Mensch macht eine Triebentwicklung durch. Im Anfang des Lebens entladen sich die Triebe unbewußt, später schicken sie ihre Wünsche und Weisungen ins Bewußtsein. Dieses hat keine eigene Triebkraft. Als Fähigkeit des wissenden Handelns, des Denkens und Wollens übernimmt es Wünsche und Antriebe der Libido. Es empfängt von dort seine Befehle. Wohl setzt es ihnen gelegentlich Widerstand entgegen und verdrängt Triebwünsche. Aber dieser Verdrängung ist durch die seelische Krankheit eine Grenze gesetzt. Aus dem Hintergrund des Unbewußten brechen die Triebwünsche immer wieder hervor und entladen sich. Wenn sie nicht zu ihrer Befriedigung kommen, zerstören sie die Persönlichkeit.

An sich ist dieses Bild der Seele und ihres Geschehens einseitig genug und verleugnet nicht sein Urbild, das kranke Seelenleben. Es ist auf den ersten Blick zu sehen, daß die Vielfalt der seelischen Kräfte vereinfacht wird. Sie wird auf zwei Grundbewegungen zurückgeführt, auf die Triebbewegung der libido und die Gegenbewegung des Bewußtseins. Trieb und Bewußtsein sind die Grundkräfte, ja es sind die einzigen Kräfte des seelischen Lebens, die Freud ernst nimmt. Aus der Gesamtheit der seelischen Bewegungen, die der Mensch im Fühlen, Empfinden, Wünschen, Denken, Wollen und allen anderen Vorgängen erlebt, rückt für Freud eine, die bis dahin kaum beachtet wurde, in den Vordergrund. Es ist das Vermögen des Bewußtseins, zu verdrängen, Inhalte abzustoßen und über Wünsche und Antriebe, die ihm zufließen, Zensur auszuüben.

Zwei Kräfte sind es also, die nach Freud im Grunde die Persönlichkeit bewirken, deren eine den Charakter der Formkraft hat, und deren andere die eigentlich inhaltliche Bewegung der Persönlichkeit ausmacht. Gerade hier liegt der schwächste Punkt von Freuds Theorie. So positiv die Triebkraft scheinbar genommen wird, so wenig ist sie es in Wirklichkeit. Freud sucht nicht nach einer angeborenen Stärke der Triebkräfte, er stößt nirgends auf einen unveränderlichen Charakter der Triebe. Das Triebleben ist, wie gesagt, einer Entwicklung unterworfen. Sie wird der entscheidende Maßstab für die Formung des Trieblebens, das in zweiter Linie dann durch die Arbeit des Bewußtseins geprägt wird. Auch die Triebkraft selbst ist wiederum nur formal und bekommt ihre Inhalte von Erlebnissen, bewußten und unbewußten Zielsetzungen, von der Entwicklung und ihren Gegebenheiten.

Mit dieser Einsicht enthüllt sich der letzte Sinn der psychoanalytischen Theorie. Sie löst das Ich, die Persönlichkeit und den Charakter auf. Das Ich, ob bewußtes oder unbewußtes, kann nur Inhalte formen, die ihm gegeben werden. Nirgends wird die Kraft der Persönlichkeit anders bestimmt. Die Kraft des Bewußtseins verarbeitet Triebinhalte, die Kraft des Trieblebens verarbeitet Erlebnisse und Umweltinhalte. Daraus formt sich die Persönlichkeit, und so verschwinden in der Lehre Freuds Ich und Eigenstellung des Menschen letztlich im „Es".

Oft hat man die Einseitigkeit dieser Lehre kritisiert. Immer wieder hat man betont, daß es nicht angängig sei, das Unbewußte mit dem Triebleben gleichzusetzen, und daß diese Gleichsetzung selbst dann unmöglich ist, wenn das Triebleben zu dem allgemeineren Begriff der libido verwandelt wird. Mit Recht wurde gesagt, daß dort, wo im seelischen Leben die Gegenbewegung von Trieb und Bewußtsein zentral geworden ist, die Persönlichkeit ohnehin schon in der Auflösung begriffen ist. Von vornherein hat man Freud vorgeworfen, daß er nur den negativen Sinn des Ineinander von Trieb und Bewußtsein erkennt; denn er selbst hat niemals unvoreingenommen den positiven Sinn des Zusammenwirkens von libido und Bewußtsein im gesunden Seelenleben geprüft, und wo seine Schüler es getan haben, sind sie von ihren Vorurteilen nicht abgegangen. Aber entscheidend ist, daß diese Theorie im ganzen überhaupt den Begriff der Persönlichkeit auflöst und eine verfeinerte „Milieutheorie" des menschlichen Seins darstellt.

So verschwindet in diesem ersten, ganz vom naturwissenschaftlichen Denken getragenen Einsatz, der das Wesen der menschlichen Zwiespältigkeit im Zwiespalt von Bewußtsein und Trieb fassen will, die menschliche Persönlichkeit. Man kann nicht leugnen, daß Freud nach langer Zeit aufs neue wieder das Urphänomen des Lebenszwiespaltes aufnimmt und das Leib-Seele-Problem an einer zentralen Stelle ergreift. Das Verhängnis dieses Einsatzes ist der Ausgang vom kranken Seelenleben. Aus einer Erkenntnis der Auflösungsvorgänge wird nicht nur eine Theorie der seelischen Erkrankung, sondern eine Negation des Wesens menschlicher Persönlichkeit. Freud selbst hat es in einer seiner letzten Arbeiten ausgesprochen: Die pathologische Forschung, meint er, hätte unser Interesse allzusehr auf das Verdrängte gerichtet, wir möchten mehr vom Ich erfahren. Was erfahren wir? „Ein Individuum ist nun für uns ein psychisches Es, unerkannt und unbewußt, diesem sitzt das Ich oberflächlich auf..."[30]. Ihm selbst ist Angst vor dieser letzten Konsequenz seiner Theorie, wenn er die Arbeit mit den Worten beschließt: „Wir könnten es so darstellen, als ob das Es unter der Herrschaft der stummen, aber mächtigen Todestriebe stünde, die Ruhe haben und den Störenfried Eros nach den Winken des Lustprinzips zur Ruhe bringen wollen, aber wir besorgen, doch dabei die Rolle des Eros zu unterschätzen"[31].

Eine negative Theorie der Persönlichkeit, den Mangel einer Einsicht in das Wesen des Ichs und der menschlichen Seele zum Prinzip ihrer Erklärung gemacht zu haben, das ist der Kern der psychoanalytischen Theorie und gleichzeitig der Grund für ihren Untergang. Damit ist nichts gegen ihre Erfolge in

[30] S. Freud: Das Ich und das Es. Leipzig. Wien. Zürich. 1925. S. 25.
[31] Das. S. 77.

der Heilung seelischer Krankheiten gesagt, aber alles gegen ihren Anspruch, eine Lösung des Leib-Seele-Problems zu geben. Die Versuche, diesen Ansatz um- und weiterzubilden, sind den gleichen Weg gegangen. Nicht anders können wir die Adlersche Theorie begreifen, die sich auf die „geisteswissenschaftliche" Methode beruft und ebenso grundsätzlich wie Freud das Wesen seelischen Lebens und den Sinn des Ichs verkennt.

## DER ZWIESPALT ZWISCHEN GEIST UND SEELE BEI KLAGES

Der andere Pol der neueren Auffassung des Leib - Seele - Problems ist die Theorie von Klages. Erscheint in der Freudschen Perspektive dieses Problem umgeformt zum Trieb-Bewußtseins-Problem, so zeigt es sich bei Klages in der Gestalt des Seele - Geist - Problems. Die Zwiespältigkeit, die Freud auf den Gegensatz von Trieb und Bewußtsein zurückführt, ist nach Klages durch den Gegensatz von Seele und Geist bedingt. Wenn wir sagen, es ist dasselbe Urphänomen des Lebenszwiespaltes, auf das beide stoßen, so sind wir uns bewußt, daß der Begriff Lebenszwiespalt ein umfassenderes Phänomen meint, das Freud von einer und Klages von einer anderen Seite gesehen hat.

In diesem Sinn ist der Problemgehalt der Lehren von Klages und Freud nicht so unvergleichbar, wie man nach der gelegentlichen Polemik von Klages gegen Freud annehmen sollte. Aber die Lehre von Klages hat einen Vorzug. Er kann den positiven Sinn des Lebenszwiespaltes, den Freud in der Gegensätzlichkeit von Trieb und Bewußtsein sieht, zeigen. Die Psychoanalyse ist niemals über das negative Verständnis dieser Zusammenhänge hinausgekommen, übermächtig war die Theorie von der Verdrängung, die keine wirklich positive Erfassung des Leib-Seele-Zusammenhangs zuließ. Die Lehre von Klages beginnt mit der Entdeckung der Zusammenarbeit von leiblichem und seelischem Geschehen.

Sie ist die Frucht der charakterologischen und graphologischen Arbeit von Klages. Als Graphologe hat er bahnbrechend gewirkt, in seiner Charakterkunde verallgemeinern und erweitern sich die Bemühungen um die Deutung der Persönlichkeit. Leitend war für alle Untersuchungen der Gedanke, daß Leben sich ausdrückt, nach Ausdruck drängt und Ausdruckserscheinungen schafft. Schon die erste Fassung der Graphologie enthält diesen grundlegenden Einsatz. Die Schrift ist Ausdruck der Persönlichkeit, die Eigenartung einer Schrift weist auf ihre besondere Artung hin. So geht diese Deutung von vornherein nicht von den Randerscheinungen des seelischen Lebens, Träumen und Fehlleistungen, aus. Unbefangen und uneingeschränkt wendet sie sich der Fülle aller Ausdruckserscheinungen zu. Derselbe Einsatz begründet dann die charakterkundlichen Arbeiten von Klages.

Formuliert ist diese Entdeckung des positiven Zusammenhangs von Leib und Seele in einem Grundgesetz. Es lautet: jede ausdrückende Körperbewegung verwirklicht das Antriebserlebnis des in ihr ausgedrückten Gefühls[32]. Dieses Ausdrucksprinzip, wie Klages es nennt, legt zwei Grundkräfte und Grundvorgänge des seelischen Lebens frei. Jeder Ausdruck und jede Ausdruckserscheinung weist zurück auf eine Gefühlsanlage (Fähigkeit des Erlebens) und eine Triebfeder (Interessenrichtung). Um es an einem Beispiel klar zu machen: Wenn jemand neidisch ist und in seiner Persönlichkeit Züge von Neid zeigt, muß zweierlei vorhanden sein; einmal eine besondere Empfindung für den Besitz anderer, und zweitens eine Richtung seiner Interessen, die von dem Gedanken an den Besitz anderer geführt wird.

Ein weitverzweigtes System der Ausdrucksdeutung entstand. Meisterlich hat Klages in der Graphologie Methode und Bedeutung der Erschließung von Ausdruckserscheinungen dargetan. Der unmittelbare Tatbestand, daß die Schriftzüge und das Schriftbild zurückweisen auf Körperbewegungen und Schreibbewegungen, die sie formen, wird in dieser Analyse zu einem Mittel, um den Charakter zu erkennen. Man muß sich klar machen, was das heißt, um die Entdeckung des Ausdrucksgesetzes würdigen zu können. Schriftbild und Schriftbewegung sind Ausdrucksmittel und Ausdruckserscheinung, die dem Zweck dienen, in konventionellen Formen etwas zu fixieren, sei es zum Zweck der Mitteilung oder auch nur zum Zweck einer Aufbewahrung. Aber selbst dieses willkürlich geformte und zweckhafte Ausdrucksergebnis steht unter dem Ausdrucksgesetz. Von ihm aus kann man auf die Triebfedern und Gefühlsanlagen und überhaupt auf die Eigenschaften eines Menschen schließen.

Man muß sich weiter klar machen, daß damit das ganze seelische Geschehen unter einem neuen Gesichtswinkel erscheint. Ist Freud geneigt, den seelischen Vorgang unter dem Gegensatz von Trieb und Bewußtsein zu sehen, so erkennt Klages sein Wesen im Zusammenhang von Gefühlsanlage, Antrieb und Ausdruck. Zugleich erweitert Klages den Begriff der Seele, er hebt die Eingrenzung des seelischen Geschehens auf Bewußtseinsvorgänge auf. Wieder wird für ihn, wie für Aristoteles, Seele das Kennzeichen des Lebendigen. Doch diese alte Auffassung erhält ihr neues Gesicht von dem Gedanken des Ausdrucksgeschehens. Alles Lebendige, von der Pflanze bis zum Menschen, entfaltet sich in Ausdrucksformen.

Wenn Klages auch nur im engeren Sinn die Ausdrucksformen der menschlichen Persönlichkeit untersucht, so überträgt er doch den gefundenen Zusammenhang auf alle Erscheinungen des Lebens. Die Wirklichkeit des Lebens ist immer die Einheit von ausgedrücktem Gefühl und Antriebserlebnis. Das ist der eigentliche Charakter der Lebensvorgänge und der Lebensbewegung, dessen Träger das seelische Geschehen ist. So wird der alte Dualismus von Körper und Seele aufgehoben und an seine Stelle eine Leib-Seele-Einheit gesetzt. Das Leben hat zwei Seiten: Seele und Leib. Die Seele ist der Sinn des Leibes, der Leib Ausdruck der Seele.

Die ursprüngliche Leitidee zur Erfassung der Ausdruckserscheinungen wird also zu einer Theorie des Lebens. Die Zweiheit von Ausdruck, Ausdrucks-

[32] L. Klages: Grundlegung der Wissenschaft vom Ausdruck, 5. Aufl. 36. S. 147.

bewegung und Gefühlsanlage, Antriebserlebnis läßt sich mit der Zweiheit von Trieb und Bewußtsein nach Freud vergleichen. In diesem Vergleich wird der andere Sinn offenbar, den diese Scheidung hat. Zunächst kann man nur in einem weiteren Sinn von Scheidung sprechen. Denn in dieser Zweiheit stehen sich nicht bewußtes Geschehen und Triebgeschehen gegenüber, sondern das Körperliche ist unmittelbar Ausdruck des Seelischen, und das Seelische greift unmittelbar in das körperliche Geschehen ein. Wie die Antithese Bewußtsein — Trieb ihre Grundlage in der Theorie der Verdrängung findet, so wird die Einheit der beiden Seiten des Leibes und der Seele durch die Ausdrucksgestaltung, in der sie sich zusammenschließen, bestätigt. Nicht der Trieb wirkt ins Bewußtsein und wird von ihm verarbeitet oder verdrängt, sondern die Körperbewegung ist die Verwirklichung von Antrieb und Gefühl. Das bestätigt jeder unwillkürliche Ausdrucksvorgang. Schlagartig erscheint das Erröten als leiblicher Vorgang mit der seelischen Scham, gleichzeitig mit dem Erlebnis des Schrecks zucken wir zusammen. In vielen Fällen ist die Einheitlichkeit des Ablaufs so eng, daß wir keine genaue Grenze zwischen leiblichem und seelischem Geschehen ziehen können. Freude, Schmerz, Trauer, Überraschung spiegeln sich in unserem Gesicht wieder, ohne daß wir es wissen. Aber selbst in willkürliche Ausdruckserscheinungen fließt das Seelische ein, auch hier ist dieselbe Einheit von Leiblichem und Seelischem. Dafür ist die Graphologie ein schlagender Beweis.

So kennt Klages in dieser Ebene nicht die Trennung vom vorwärtsweisenden Trieb und hemmenden Bewußtsein. Wie die Vorgänge, die er deutet, anders beschaffen sind als die der Psychoanalyse, so ist auch seine Deutung eine andere. Soweit das Leben vom Seelischen geführt wird, kennt es keine Spaltung. Ja selbst die Erscheinungen wie Fehlleistungen und Träume, die Freud als Beweis seiner Verdrängungstheorie nimmt, müssen für Klages dieselbe Verbundenheit von Leiblichem und Seelischem zeigen. Für Freud entspringen die Fehlleistungen unterdrückten Triebregungen und letztlich dem Zwiespalt des Unbewußten und Bewußten, nach dem Deutungsansatz von Klages drückt auch hier seelisches Geschehen in leiblichem sich aus.

Man könnte einwenden, daß das Leben sich nicht nur in Ausdruckserscheinungen vollzieht, und daß es nicht einmal beim Tier nur der Ablauf von unwillkürlichen Vorgängen ist. Das Tier lebt ebenso wie der Mensch in der Bewegung von Bedürfnis und Trieb. Es muß Bedürfnisse befriedigen, muß sich wehren, muß seine Kräfte willkürlich im Dienst der Lebensnotdurft anspannen, es muß sich durchsetzen und behaupten. Das vor allem hatte Freud im Auge, wenn er seine Lehre von der Allgemeinheit des Trieblebens aufstellte.

Das dürstende Pferd, sagt Klages einmal, „verbindet ein lebensmagnetischer Zug mit dem Anblick des Wassers"[33]. Nicht zufällig ist hier die Vorstellung vom „Gezogenwerden" statt der gebräuchlicheren Vorstellung vom „Getriebenwerden" und „Gestoßenwerden" benutzt. Die treibend-stoßende Kraft

[33] L. Klages: Grundlagen der Charakterkunde. 5. u. 6. Aufl. Leipzig 1928. S. 131.

des Bedürfnisses findet ihre Ergänzung im „Lebenszug", ziehend gleichsam wird das Bedürfnis vom B i l d des Wassers geführt. Dem Vorgang des Triebstoßes korrespondiert also das ziehende Vermögen, der „Lebenszug" der Bilder. Bilder und Vorstellungen können uns magisch anziehen und zu Handlungen führen. Wie das Leben aktiv Bilder als Ausdruck vollzieht, so erleidet es passiv Bilder, wird von ihnen ergriffen und geführt. Die Seele ist gleichzeitig das Vermögen, Bilder im Leiblichen auszudrücken und Bilder als Ausdruck zu erfassen. Sie ist Bildseele. Das Leben unterliegt der Allgewalt der Bilder.

Mit dieser Bestimmung geht Klages' Theorie des Lebens über die unwillkürlichen Ausdruckserscheinungen hinaus. Von hier aus erfaßt er die Vorgänge des willkürlichen Tuns und Handelns, soweit sie unmittelbar dem Leben dienen. In der Lehre vom Lebenszug steckt eine Kritik der Auffassung des Trieblebens, wie sie von Freud und anderen entwickelt wurde. Auch hier sieht er in erster Linie die Einheit von Leiblichem und Seelischem. Das seelische Erfassen und Ergreifen der Bilder entspricht den leiblichen Vorgängen der Bedürfnisse und Befriedigungen. Und es ist seltsam zu sehen, wie die antipodischen Lehren von Freud und Klages sich wiederum treffen, nicht in der Theorie, wohl aber in der Tatsächlichkeit. Freud hatte eine ähnliche Einsicht: das Traumgeschehen und die Traumbilder sind Lösungen der Triebwünsche. Dieselbe Erscheinung meint im umfassenderen Sinn Klages. In Bildern sättigt sich die Seele, von Bildern wird das Bedürfnis gezogen. Entsprechend dem Ausdrucksgesetz könnte man im Sinne von Klages ein Gesetz des Tuns aufstellen: In jedem körperlichen Tun verwirklicht sich das Bilderlebnis des richtunggebenden Triebes.

So sieht Klages in dieser Ebene keinen Zwiespalt. Seine Theorie vom Ausdruck und von der Bildwirklichkeit zeigt, daß leibliches und seelisches Geschehen zwei Seiten derselben Sache sind. Damit muß der alte Gegensatz von Leib und Seele verschwinden. Aber diese Ebene ist die des unmittelbaren Lebens. In ihr spielt das Bewußtsein noch keine Rolle. Noch stehen eigentlich jene Vorgänge, die Freud im Auge hatte, nicht zur Untersuchung. Charakteristische Erscheinungen wie diese, daß das Bewußtsein in eine andere Richtung will als Triebe und Wünsche, daß es Momente gibt, in denen wir in Triebwollen und Zielwollen aufgespalten sind, haben in dieser Schicht des Lebens keinen Platz.

Klages leugnet sie nicht, auch er sieht den Lebenszwiespalt. An die Stelle des alten Gegensatzes von Leib und Seele tritt ein neuer: Seele und Geist. Das wird ein zweiter Zugang, der nicht zum Leben, wohl aber zum Wesen der menschlichen Persönlichkeit führt. Damit ist schon gesagt, daß der Lebenszwiespalt eine besondere Eigentümlichkeit des Menschen ist. Hier allein kann eine leib-seelische Einheit, wie sie jedes Triebgeschehen darstellt, durch eine andere Kraft gebrochen, geleitet und umgeleitet werden. Das seelische Leben ist Daseinshingebung, es leidet, schaut und verflutet. Ihm setzt Klages den Geist entgegen, der schon im menschlichen Daseinstrieb arbeitet. Der Geist zielt auf Erhaltung und Verfestigung des Ich, seine Kraft ist selbsterhaltend, gegenständlich, ichhaft und willentlich. Er hebt aus dem Fluß der Bildwirklichkeit die festen Gestalten der Gegenstände heraus. Das ist der wollende Charakter des Daseinstriebes. Im Willen erlebt Klages geradezu die Hemmung des seelischen Lebens, in ihm erstarrt der Fluß der Seele zu Gegenständen. Die Seele gibt sich in Antrieb und Erfüllung an die Wirklichkeit hin, sie trägt den entselbstenden Drang, „schauend" zu verfluten. Ihr Wesen ist, wie Klages sagt, bald triebmäßige, bald enthusiastische Preisgegebenheit. Der Charakter des Geistes aber ist Widersetzlichkeit, die sich an jeder seelischen Regung als intentionale Hemmung verwirklicht.

Der Lebenszwiespalt, den Klages hier entdeckt, ist nach ihm die unversöhnliche Gegensätzlichkeit zweier Substanzen. Er hat nicht, wie bei Freud, den Charakter der Entartung, er ist nicht seelische Krankheit des Einzelnen, sondern Schicksal des Menschen, insbesondere des abendländischen Menschen. Er ist aber auch nicht, wie bei Freud, in der konkreten Arbeit an der seelischen Krankheit erkannt, sondern ein metaphysischer Ausblick auf den Menschen. Denn der absolute Anspruch, mit dem Klages die Behauptung hinstellt, daß der Geist Widersacher und Zerstörer des seelischen Lebens ist, läßt sich nicht mehr beweisen. Man muß es glauben oder kann es nicht glauben.

Der Streit geht im letzten Grunde um den heutigen Menschen und sein Leben. Freud, verankert in der Periode des naturwissenschaftlichen Denkens, ist zivilisationsgläubig. Wohl erkennt er, daß die zivilisatorische Entwicklung der Menschheit ihre bestimmten seelischen Erkrankungen mit sich bringt. Aber er glaubt an ihre Heilung. Klages ist zivilisationsfeindlich. Die Zivilisation hat nach ihm den Willensmenschen bevorrechtet und entwickelt, sie ist verantwortlich für eine schrankenlose Ausdehnung des Wollens. So stehen sich in Freud und Klages zwei Grundeinstellungen gegenüber, die Ausdruck einer wirklichen Gegensätzlichkeit unseres Lebens sind. Freuds positive Einstellung zur Zivilisation wird, so sonderbar es klingen mag, von dem Glauben an die Allgewalt des Trieblebens getragen. Es kann sich wohl durch die hemmende und verdrängende Kraft des Bewußtseins verirren, aber ist wiederum durch das Bewußtsein heilbar. Es ist seltsam, wie Freud schließlich doch wieder im Bewußtsein das Mittel sucht, um die Spaltung zwischen Bewußtem und Unbewußtem aufzuheben. Die psychoanalytische Methode heilt durch das Bewußtsein, indem sie die Störungen Schritt für Schritt aufdeckt und durchsichtig macht. So bleibt Freud sich konsequent, indem er das Bewußtsein schließlich in den Dienst des Trieblebens stellt. Klages fürchtet die Allgewalt des Geistes. Und es ist nicht weniger seltsam, wie Klages, der von der natürlichen Einheit des Lebens ausgeht, schließlich doch im Geist den unversöhnlichen Zerstörer und Widersacher des Lebens sieht und zu der radikalsten Auffassung des Lebenszwiespaltes kommt. Aber auch er bleibt seinen Grundgedanken treu. Nach ihm ist ja der Geist außerhalb des Lebens, ist zur natürlichen Einheit des Lebens nicht notwendig; je mehr Macht wir ihm geben, desto zerstörender wirkt er. Also muß der Geist entrechtet werden.

Bedenkt man nun diese Verschiedenheit im Ansatz und in der Ausdeutung, ja selbst im Arbeitsmaterial, dann fällt um so schwerer das ins Gewicht, was beiden gemeinsam ist. Es ist die Erkenntnis, daß im Leben des Menschen eine

Zweiheit von Richtungen arbeitet, wie sie sich am sinnfälligsten im Gegensatz von Antrieb und Hemmung ausdrückt. Auch das Tier kennt diese Gegensätzlichkeit, aber erst im menschlichen Leben bekommt sie ihre weite und tiefe Bedeutung. Sie gibt dem Menschen einerseits jene innere Gefährdung, die kein Tier kennt, aber sie ist andererseits ganz offenbar die Vorbedingung zur Entwicklung der Persönlichkeit und der Geschichte der Menschheit.

## DIE AUS DER INNEREN GEGENSÄTZLICHKEIT DES LEBENS ENTSPRINGENDE DYNAMIK

Auch wenn man die metaphysische Konsequenz der Lehre von Klages und die einseitige und enge Auffassung des Lebens bei Freud ablehnt, kann man an der Tatsache des Lebenszwiespaltes nicht vorbeigehen. Dem menschlichen Dasein ist grundlegend ein Zwiespalt mitgegeben, aus dem jene eigentümliche Dynamik des Menschen entsteht. Freud hat zweifelsohne das Wesen dieser Gegensätzlichkeit in einem Hauptwirkungsfeld gefaßt. Aber man kann den Lebenszwiespalt weder in die Formel Unbewußtes-Bewußtes, noch in der Formel Leben-Geist einfangen. Er läßt sich nicht lokalisieren; das zeigt sich schon daran, daß er in vielen Formen auftritt. Bei Freud und Klages sind es gleichsam personifizierte Mächte, das Ich und das Es, Geist und Seele, die gegeneinander kämpfen. Das menschliche Leben wird zum Schauplatz dieses Kampfes, als ob es zusammengesetzt wäre und nur eine widerwillige Einheit von Trieb und Bewußtsein, von Seele und Geist darstellte.

Gegen die Auffassung von Klages ist zu sagen, daß auch im geistigen Leben der Zwiespalt immer mit der Einheit verbunden ist, nur in Grenz- und Entartungsfällen verschüttet er das seelische Leben. Das hat Freud gesehen. Aber durch seine einseitige Ausdeutung hat er die Vielfalt vereinfacht. Die Geschichte des menschlichen Lebens zeigt, daß der innerseelische Zwiespalt unendlich viele Formen kennt, und die weitere Entwicklung des Menschen wird zeigen, daß ihre Zahl noch nicht erschöpft ist. Man sehe sich die Wirklichkeit des menschlichen Lebens an. Im Triebleben, im Empfindungsleben, im Denken, im Fühlen, im Wollen, überall können wir zwiespältig werden und Zwiespältiges erfahren. Der Fluß unseres Lebens verläuft zweipolig. Schon unser Lebensraum zerfällt in Vergangenheit und Zukunft. Unser Triebleben bewegt sich zwischen Lust und Unlust, unser seelisches Leben schwingt von der Freude zur Trübung, von der Spannung zur Einheit, von der Ruhe zur Erregung, vom Genügen zum Ungenügen. Wir wechseln aus der Empfindung der inneren Zwiespältigkeit hinüber in das Gefühl einer inneren Einheit, wie wir vom Bedürfnis zur Befriedigung gehen. Solange der Fluß unseres Lebens dauert, wiederholt sich dieser Kreislauf. Zahllos sind seine Erscheinungsformen. Vollends im geistigen Leben wird ihre Vielfalt unübersehbar. Gerade hier scheint, und darauf stützt sich die Lehre von Klages, der eigentliche Ort der Zwiespältigkeit zu sein. Aber auch hier erleben wir den Wechsel von Spannung und Ausgleich. Auch im Geistigen gibt es die Einheit. Nicht immer widerspricht sich seelisches und geistiges Geschehen, es gibt Momente eines starken Zusammenspiels von Seele und Geist.

Freilich ist nur dem menschlichen Leben die Zwiespältigkeit und Einheit wissentlich erfahrbar, nur dort ist sie bewußt gegeben. Der Mensch hat die Fähigkeit, diesen Rhythmus nicht allein im unmittelbaren Vollzug zu leben und zu lösen, sondern er kann ihn bewußt machen, er kann ihn seelisch und geistig erleben und deuten. Während ihn die Spannung des Bedürfnisses treibt, kann sie sich ihm zeigen. Er kann die Unruhe eines Gefühls fassen, kann die Gegensätzlichkeit des scheinbar einen Wollens erkennen. In sich können die einzelnen Vorgänge widerstreiten. Erlebnis kann gegen Trieb oder Wille, Wille kann gegen Trieb oder Erlebnis stehen. Dieses Gegeneinander erleidet er nicht nur und sucht es im Handeln zu lösen, sondern er kann es sehen und sich gegenständlich machen. Das Wissen davon bleibt keinem erspart, es begegnet uns und wiederholt sich; scheinbar überwunden, taucht es in neuen Formen auf. In seiner Vielfalt läßt sich der Lebenszwiespalt weder auf die eine Formel von Trieb — Bewußtsein, noch die andere von Seele — Geist bringen.

Es ist unmöglich, den Lebenszwiespalt in bestimmten Gegensätzen zu fassen, sondern seine eigentliche Bedeutung liegt in seiner Funktion, in einer Beweglichkeit, die er dem menschlichen Leben mitteilt. Geht man den Theorien von Klages und Freud auf den Grund, dann zeigt sich auch bei ihnen diese Einsicht. Das Gegenspiel von Triebentfaltung und Triebhemmung in der seelischen Krankheit ist der Ausgangspunkt von Freud, und es wurde gezeigt, wie sich dieser Ansatz allmählich zu dem von Trieb und Bewußtsein verdichtet. Nicht anders ist es bei Klages. Nur liegt hier die Sache nicht so einfach. Denn er sieht verschiedene Richtungsmomente des Lebens. Da ist einmal das Gegenspiel, das, ähnlich dem Freudschen Ausgangspunkt, den Vorgang von Ausdrucksentfaltung und Ausdruckshemmung im Auge hat. Zur Grundlage des Systems der Triebfedern in der Charakterologie macht Klages das Gegenspiel von Lösung und Bindung der psychischen Kraft. Aber die zwiespältige Unterscheidung von Lebensrichtungen findet Klages dann doch im Unterschied der seelischen Daseinshingebung und des geistigen Daseinstriebes. In ihm liegt der Gegensatz von Seele und Geist.

Wie ist eigentlich die Grunderscheinung beschaffen, von der die Verschiedenheit der Lebensrichtungen ihren Ausgang nimmt? Welche Entwicklung macht sie durch, bis sie sich zu den Formen der Lebenszwiespältigkeit entwickelt, die Freud und Klages gesehen haben? Wir behaupten, und ein Blick auf den Menschen zeigt die Richtigkeit dieser Behauptung, daß diese Gegensätze nicht die einzigen sind. Wie kommt es zur Fülle der Spannungen im Körperlichen, im Seelischen und zur Vielfalt der geistigen Gegensätze, wie sie sich etwa in den Begriffspaaren Erleben-Erkennen, Wollen-Sollen, Ich-Welt, Freiheit-Gebundenheit und andern ausdrückt? Das sind die Fragen, die voranzustellen sind.

Man hat die Grunderscheinung zu suchen, jene Verschiedenheit von Lebensrichtungen, die am Anfang der Persönlichkeit steht. Freud und

Klages gehen von der entwickelten Person aus. Freud, weil er die seelisch gestörte Person im Auge hat, stößt auf die Verschiedenheit von Triebrichtung und Bewußtseinshemmung. Klages, der den metaphysischen Hintergrund des Lebenszwiespaltes sucht, kommt auf den Gegensatz Seele-Geist. Wir leugnen nicht, daß es diese Gegensätzlichkeiten gibt, aber es sind Enderscheinungen und nicht Anfangserscheinungen. Das Kind weiß noch nichts vom Seele-Geist-Zwiespalt. Die Versuche Freuds, schon im Leben des Säuglings das Widerspiel von libidinöser Triebhaftigkeit und bewußter Verdrängung zu finden, sind nicht überzeugend.

Die Verschiedenheit von Lebensbezügen, die uns am Anfang des Lebens entgegentritt, ist der Unterschied von Trieb und Fähigkeit. Das hat die ausgedehnte Forschung der Säuglings- und Kinderpsychologie gezeigt. Ihr, die untersucht, wie der Mensch mit einer ersten Triebhaftigkeit und unentwickelten Fähigkeiten ins Leben tritt, ist diese Unterscheidung, wenn sie auch nicht ausdrücklich gemacht wird, selbstverständlich. Erziehung in den ersten Lebensaltern heißt zunächst, die Fähigkeiten des Kindes zu entwickeln, bis es sich selbst helfen kann. In den ersten Lebensjahren organisiert sich jenes Zusammenspiel von Trieb und Fähigkeiten, das die Grundlage der Persönlichkeit ist. Trieb und Fähigkeiten müssen ineinander greifen; gäbe es nicht in den wichtigsten Lebensfunktionen ein automatisches Zusamenarbeiten beider, so würde unser Leben sofort aufhören. Das Kind ist unfähig, sein eigenes Leben zu führen, und es hat erst im Ansatz Persönlichkeit, weil es noch nicht den Ausgleich schaffen kann.

Hier beginnt die Besonderheit des menschlichen Lebens. Es ist nicht immer ein selbstverständliches Ineinandergreifen von Getriebenheit und Fähigkeit. Im Gegenteil, in einem langen Entwicklungsprozeß wird die Zusammenarbeit allmählich aufgebaut. Man bedenke nur, wie spät der Mensch die letzte Triebstufe, die Geschlechtsfähigkeit erreicht, und wie spät in der heutigen Kultur und Zivilisation der junge Mensch seine Fähigkeiten bis zur selbständigen Lebensführung ausentwickelt hat. Im Lauf dieser Entwicklung aber kommt es unweigerlich zur Auseinandersetzung von Trieb und Fähigkeit, zur Gegensätzlichkeit und zur Zwiespältigkeit. In ihrem Gang bildet sich neu die Einheit der Person und wechselt mit Phasen der Auseinandersetzung und Zwiespältigkeit ab. Die Struktur der Persönlichkeit verändert und weitet sich, um dann gegen Ende des Lebens wieder enger zu werden. Wir erleben Zwiespältigkeiten aller Art. Bald fühlen wir uns uneins mit dem Stachel des körperlichen Bedürfnisses, bald haben wir das Gefühl, als ob unser seelisches Leben in ein Chaos von Empfindungen zerfällt, bald stehen wir zwischen den Gegensätzen des Geistes. Keinem bleibt Krise und Entscheidung erspart. Der Werdegang der Person bestimmt sich an den Marksteinen dieser Auseinandersetzung. Auf der anderen Seite erleben wir die Einheit der Persönlichkeit. In der körperlichen Befriedigung entspannt sich das Bedürfnis, wir finden im seelischen Enthusiasmus und Gefühl die Ganzheit und Geschlossenheit unseres Wesens, wir erfahren in der Leistung das Ineinandergreifen von Welt und Ich. Es gibt Momente äußerster Gefährdung, in denen die Person sich zu verlieren droht. Der Zerfall der Persönlichkeit und der Untergang in der Zwiespältigkeit bleibt dem Menschen als äußerster Grenzfall gesetzt. Solange aber Persönlichkeit besteht, wird der Ausgleich geleistet. So muß man der Erscheinung des Lebenszwiespaltes unmittelbar die Gleichgewichtstendenz zur Persönlichkeit an die Seite stellen. Man darf in der Person nicht nur den Träger eines Zwiespaltes von Seele und Geist oder Trieb und Bewußtsein sehen, ohne auf die Einheit und den Kräfteausgleich zu blicken. Daher definieren wir Person geradezu als Träger und Ausgleich des Lebenszwiespaltes oder, anders ausgedrückt, als das schwebende Gleichgewicht persönlicher Kräfte.

*VIERTES KAPITEL*

# DIE RICHTUNGSVERSCHIEDENHEIT VON TRIEB UND FÄHIGKEIT

Die Grundlage der folgenden Untersuchungen bildet die Scheidung von Drangwelt und Fähigkeitswelt im Menschen. Wir gehen davon aus, daß der Mensch zwei ursprüngliche und grundsätzliche Daseinsbezüge hat: Getriebenheit und Fähigkeit. Die Grundgestalt einer Person ist im wesentlichen dadurch bestimmt, welche Getriebenheiten und Fähigkeiten in der Anlage vorhanden sind. Ihre Ausgestaltung und ihr Schicksal werden wiederum davon bestimmt, wie Drangwelt und Fähigkeiten sich entwickeln, wie sie sich voneinander abheben und aufeinander einstellen, wie sie sich verflechten und gegensätzlich werden. Am Anfang des Lebens hat die Drangwelt die Führung, allmählich entwickelt und scheidet sich davon die Welt der Fähigkeiten, und es trennen sich beide Daseinsrichtungen voneinander. Wir verspüren erst dann das Werden der Persönlichkeit im Kind, wenn beide Welten ihre Gestalt gewinnen. Das geschieht freilich schon sehr früh, beim Säugling merken wir die ersten Ansätze. Damit setzt der Prozeß des Ausgleichs von Drang und Wirken ein. Wenn die Persönlichkeit sich in ihre Lebensrichtungen verzweigt hat, wenn sie entwickelt ist und die Fülle ihrer Fähigkeiten und Abhängigkeiten erfahren hat, kompliziert sich ihre Gestalt. Im einzelnen Fall mag dann zweifelhaft bleiben, was Fähigkeit, was Getriebenheit ist. Würde man aber die ganze Geschichte und Vergangenheit der Person kennen, so würde man in jeder ihrer Entfaltungen diese Grundlagen, ihre eigentümliche Gestalt und ihr Verhältnis zueinander wiederfinden.

## TRIEB UND DRANG

Alles Lebendige hat offenbar Trieb und Drang, es wird, wie die Worte sagen, getrieben und gedrängt. Der Sprachgebrauch schränkt das Wort triebhaft auf das Lebendige ein, nichts anderes nennt er triebhaft. Auf die Frage, was eigentlich Trieb sei, können wir daher immer nur durch den Hinweis auf den Lebensvorgang antworten. Triebhaftigkeit ist eine letzte, nicht weiter zurückführbare Beschaffenheit des Lebendigen. Von hier aus, nämlich in ihrer Beziehung zum Lebendigen, lassen sie sich genauer beschreiben, vom Leben her gesehen haben Trieb und Drang eine eigentümliche unverkennbare Funktion. Wo sie sich zeigen, da tritt etwas fordernd an das Leben heran. Im andern Organismus erkennen wir meist nur das Ergebnis dieses Forderns, bei uns selbst erfahren wir es als ein Nagen und Bohren, ein Heischen und Zwingen, ja als Beherrschtwerden. Daß aber dieser Zustand auch anderen Lebewesen bekannt ist, lehrt uns die Beobachtung von Tieren. Das Auftreten eines Triebes oder Dranges versetzt den Organismus in Unruhe und Suchen, immer wird eine Bewegung eingeleitet, die erst endet, wenn die Forderung befriedigt ist. Ob der Trieb körperlich ist, wie der Hunger, ob er sich mit Seelischem verbindet, wie Begierde und Sehnsucht nach einem anderen Menschen, oder ob es das drangvolle Auftauchen eines Wunsches ist; jeder dieser Zustände treibt und drängt den Menschen.

Wenn nun das stärkste Kennzeichen des Triebes sein forderndes Auftreten ist, so kann man ihn dennoch nicht mit äußerem Zwang gleichsetzen. Was an Zwang von der Triebhaftigkeit ausgeht, ist dem Leben selbst verhaftet. Das Leben erfährt auch Zwang von außen, die Getriebenheit aber ist ein innerer, aus dem Leben selbst kommender Zwang. Dem äußeren Zwang kann das Leben unter Umständen einfach durch Flucht entrinnen, den inneren Zwang trägt es mit sich herum, es gibt kein Entrinnen, sondern nur Befriedigung oder Überwindung. So ist dieser Zwang innerlich.

Die Kraft, die von den Trieben ausgeht, können wir keinesfalls als eine das Leben bedrohende und ihm gegensätzliche verstehen, so oft auch der Organismus sie als quälend, ja unerträglich empfindet. Sie leitet das Leben und weist es aus einem gegenwärtigen Zustand auf einen neuen. Aber der neue Zustand trägt wiederum ein neues Bedürfnis in sich, und so ist es ein ewiges Weitergehen. Es ist kein Zweifel, daß der Trieb das Leben immer wieder neu gestaltet; solange er in Bewegung ist, bleibt auch der Organismus in Bewegung. Die Triebe formen von innen heraus das Leben. Doch ist diese Formung schärfstens durch die Tatsache bestimmt, daß alles Lebendige abhängig ist. Wir erfahren im einzelnen Trieb oder Drang, wovon wir abhängig sind, und es gibt Stufen dieser Abhängigkeit. Zunächst sind wir von der Befriedigung der körperlichen Bedürfnisse, dann von der Erfüllung seelischer Wünsche und endlich vom Ausgleich geistigen Drangs abhängig. Alle Grenzen sind hier fließend; was als Bedürfnis auftritt, kann sich auch als Wunsch und Drang äußern, geistiger Drang kann sich bis zur schmerzhaften Empfindung, ähnlich dem körperlichen Bedürfnis, auswirken.

Um den einzelnen Trieb zu kennzeichnen, haben wir zwei Merkmale: Kraftmaß und Gestaltungsstärke. Jeder Trieb hat eine bestimmte Form, die er dem Leben mitteilt, und verfügt über ein bestimmtes Kraftmaß, durch das er die entsprechende Gestaltung des Lebens herbeiführt. Je größer die Kraft eines Triebes ist, desto tyrannischer ist er, desto bestimmter ist die Richtung, in die das Leben gedrängt wird, desto stärker ist aber auch die Prägung, die das Leben durch ihn empfängt. Je schwächer ein Trieb, desto geringer seine fordernde Kraft, desto unbestimmter die Richtung, in die er drängt, und desto vager die Prägung. Manchen Menschen kann man ihre besonderen Triebe im Gesicht ablesen, andere drücken nur überhaupt eine starke Triebhaftigkeit aus, und wieder andere zeigen Triebschwäche, und wir erkennen an ihnen keine besondere Triebgestalt. Durch Triebstärke und Gestaltungskraft wird die Persönlichkeit gegliedert, und das wird in der Rangordnung der Bedürfnisse sichtbar. Es gibt Menschen mit einer Unzahl von Bedürfnissen, andere mit wenigen, aber starken Bedürfnissen, wieder andere, die bedürfnislos sind.

Die Bedürfnisse sind weder bei verschiedenen Menschen noch in einem Menschen gleichartig und gleichstark. Eine natürliche Rangordnung der Bedürfnisse erkennen wir wohl in der Stufenfolge: leibliches, seelisches und geistiges Bedürfnis. Aber auch diese Rangordnung liegt nicht eindeutig fest. Nicht immer steht das Nahrungsbedürfnis etwa an erster Stelle, an zweiter Stelle vielleicht das sexuelle Bedürfnis und an dritter Stelle die anderen. Die Reihenfolge kann sich umkehren, wir können aus einer geistigen Not, aus dem Zwang einer Idee heraus das Leben beenden. Wir wissen aber, daß die Bedürfnisse sich kreuzen können. Bei der Pflanze sehen wir nichts derartiges, wohl aber finden wir beim Tier schon und erst recht beim Menschen Kreuzung und Gegensätzlichkeit der Bedürfnisse und also auch der Triebe. Das schwächere Bedürfnis wird verdrängt, die Triebkraft dieses Bedürfnisses tritt solange zurück und setzt aus, bis das stärkere befriedigt ist. Nur von Fall zu Fall, von Mensch zu Mensch läßt sich entscheiden, welche Getriebenheit die stärkere ist.

So ist das Triebleben von vornherein nur in seinem allgemeinsten Gefüge geordnet, aber diese Ordnung ist nicht starr. Bei den einzelnen Lebewesen und Vertretern einer Gattung zeigen sich immer wieder Abwandlungen und Pervertierungen. Diese beweisen, daß das Triebleben, obgleich es in seiner Richtung und Kraft dem Organismus mitgegeben ist, dennoch nicht eine einheitliche und selbständige Größe ist, die nur von innen heraus bestimmt wird. Sondern in den Trieben zeigt sich die Abhängigkeit des Lebens. Sie sind bis zu einem gewissen Grade unveränderlich. Je nach den Einflüssen und Entwicklungen, die ein Organismus erfährt, kann sich das Triebleben umgestalten. Doch hat diese Verwandlung eine Grenze;

erfüllt das Leben ein Minimum von Forderungen nicht mehr, die von den Trieben gestellt werden, geht es zugrunde.

Die Bewegung des Lebens, die von den Trieben ausgeht, ist rhythmisch. Solange das Leben dauert, erzeugen die Triebe Bedürfnis und Befriedigung in einem endlosen Kreislauf. Eins zieht das andere nach sich. Dieses Auf und Ab, diese stete Wiederkehr von Bedürftigkeit und Befriedigung gibt dem Leben ein inneres Gleichmaß, dessen Störung um so empfindlicher wird, je geregelter dieses Gleichmaß ist. Sieht man auf diese Seite des Trieblebens, so erkennt man in ihm eine Tendenz, das Leben in einen Kreislauf, in eine ständige Wiederholung zu binden. Zweifelsohne sind vor allem die sogenannten niederen Lebensformen durch dieses rhythmische Gleichmaß gekennzeichnet. Auch im menschlichen Leben prägen sich die Typen aus, deren Triebleben in einer geordneten Gleichmäßigkeit dahinfließt, die anderen, bei denen dieser Rhythmus durch innere oder äußere Umstände gestört ist. Je gegliederter aber ein Triebleben ist, je größer der Kreis der Bedürfnisse wird, desto schwieriger wird die Festlegung und Bindung an einen Rhythmus. So finden wir nicht selten bei hochentwickelten Menschen eine eigentümliche Komplikation des Trieblebens und von dort her eine innerliche Labilität des Lebens.

Hier zeigt sich ein Verhältnis, das man in der Form eines Gesetzes aussprechen kann. Je einheitlicher und einfacher das Triebleben ist, desto gebundener und festgelegter ist das Leben. Das bedeutet, daß dieses Leben zwar aufs stärkste an diesen Kreislauf der Bedürfnisse gefesselt und von ihrer Befriedigung abhängig ist, aber andererseits auch gerade eine innere Festigkeit und Unerschütterlichkeit erhält. Je mehr sich aber das Triebleben kompliziert und aufgliedert, desto mehr weitet sich das Leben aus. Es gewinnt Spielraum nach innen und außen, aber seine Schwankungsbreite wird auch stärker, es verliert an innerer Sicherheit und entwickelt Gefährdung und Bedrohung von innen heraus.

Das Geschöpf, dessen Triebwelt am stärksten aufgegliedert und beweglich erscheint, ist der Mensch. In ihm ist nun zwischen Trieb und Drang, die bisher in eins behandelt wurden, zu unterscheiden. Bei den Tieren geht, soweit wir das von außen beurteilen können, in den meisten Fällen Trieb und Drang zusammen, doch wir können auch hier schon in manchen Fällen zwischen triebhaften und dranghaften Erscheinungen scheiden. So heben sich deutlich triebhafte Äußerungen, wie das Verlangen nach Nahrung, von dranghaften, beispielsweise der Sehnsucht nach dem Herrn, ab. Wir verstehen unter Trieb demgemäß eine elementare körperliche und unter Drang eine höhere seelische Stufe der Getriebenheit. Triebhaft ist das Verlangen nach Stofflichem, nach Nahrung, nach Trank, das Verlangen nach körperlicher Lust oder nach Abstellung eines Schmerzes, dranghaft das Sehnen und alles, was uns gefühlsmäßig in eine Richtung weist, dranghaft können Bilder, Vorstellungen, Wünsche und Gedanken sein. Ähnlich ist der Sprachgebrauch, der von einem Nahrungstrieb, aber von einem Gefühlsdrang spricht. Doch ist der Sprachgebrauch nicht eindeutig, wir sprechen sowohl von Wissenstrieb als von Wissensdrang. Sehr oft wird mit Trieb alles bezeichnet, was zwingend auftritt, mit Drang aber nur das, was unbestimmter in Gestalt und Richtung uns treibt.

Es ist richtiger, die Tatsache, daß es auch eine seelische Getriebenheit gibt, durch die eigene Bezeichnung „Drang" von der körperlichen Getriebenheit der „Triebe" abzuheben. Ob Drang und Trieb, wie die Psychoanalyse meint, auf eine gemeinsame Wurzel zurückgehen, läßt sich nicht entscheiden; offenbar ist, daß beiden jene Eigenschaft des Treibens und die Tendenz der Beherrschung des Menschen zukommt. Sicherlich falsch ist die Behauptung, die aus einer vulgären Auffassung der Psychoanalyse kommt, und der freilich manchmal ihre ernsten Vertreter bedenklich nahe kommen, daß nämlich alle Getriebenheit letzlich sexuell ist. Freud selbst ist ja bekanntlich in seinen späteren Arbeiten von dieser Lehre abgekommen. Er unterscheidet zwischen Sexualtrieb oder Eros, der auch den Selbsterhaltungstrieb umfaßt, und dem Todestrieb, der das Lebendige in den leblosen Zustand zurücktreibt. Freilich hat auch in dieser Auffassung Drang im seelischen Sinn keinen rechten Platz, beide Triebe sind körperlich (physiologisch), das Seelische wäre doch nur eine Ableitung.

Wendet man sich mit offenem Blick dem zu, was den menschlichen Organismus in die Lage der Getriebenheit versetzt, was fordernd und dringend ihn beeinflußt, so ist zu erkennen, daß Getriebenheit körperlicher Art eine andere Bewegung und eine andere Gestaltungslinie entwickelt als die seelische. Zwischen einem körperlichen Begehren und einer seelischen Leidenschaft ist ein nicht wegzudiskutierender Unterschied. Die Grundform der Triebe ist die des lebensnotwendigen Bedürfnisses, wie es in der Nahrungsaufnahme und den anderen Stoffwechselprozessen und ihren Bedürfnissen zum Ausdruck kommt. Sie begegnen dem Menschen nicht, sondern sind in ihm. Sie sind in ganz bestimmte Grenzen eingeschlossen, sowohl nach der Seite der Nichtbefriedigung als auch nach der Seite der Sättigung. Über ein bestimmtes Maß der Entbehrung, vor allem aber über ein bestimmtes Maß der Befriedigung kann der Mensch nicht hinausgehen. Die Grundform eines Dranges aber ist die eines erlebnismäßigen Begehrens, wie es in Leidenschaften, Wünschen und Hoffnungen erscheint. Dieses Begehren hat offenbar keine Grenze, es ist nicht nur endlos wie der Trieb, der sich ja auch immer wieder erneuert, sondern ist auch in seiner Ausweitung unbegrenzt. Das Begehren ist weiterhin stärker an Begegnungen, Erlebnisse und Ereignisse geknüpft. Ist so der Trieb weit mehr von innen als von außen bestimmt, so ist das Begehren stark von außen abhängig und in seiner inneren Bestimmung unsicherer und schwankender. Mit dieser Bestimmung soll nicht geleugnet werden, daß es Übergänge gibt; beispielsweise Drangerscheinungen, die beinahe die Form einer körperlichen Getriebenheit annehmen, oder Triebe, die sich in Drangerscheinungen auflösen.

Ein Überblick über das Feld der Getriebenheit zeigt die vielfache Abhängigkeit und Bedingtheit des Menschen. Getrieben ist der Mensch zunächst von den lebensnotwendigen Bedürfnissen, aber darüber hinaus kann ihm auch noch anderes zum Bedürfnis werden. Dinge und Zustände, die nicht unbedingt lebensnotwendig sind, können in übertragenem Sinne des Wortes lebensnotwendig werden. Er kann körperliche Süchte entwickeln und von ihnen so abhängig werden wie von der Aufnahme nach Nahrung. Man kann am Heimweh erkranken, sich im Wunsch nach einem Menschen oder einer Idee verzehren und in einer Leidenschaft untergehen. Über den körperlichen Bedürfnissen erhebt sich eine Pyramide von Begehrungen. Alles und jedes kann zum Wunsch werden. Dinge, Situationen und Ereignisse können neue Wünsche entflammen. Es läßt sich nur ganz allgemein sagen, daß jede Erweiterung des Lebens auch immer eine Erweiterung der Bedürfnisse und Wünsche und darin eine vermehrte Abhängigkeit mit sich bringt.

Je größer der Kreis der Bedürfnisse und Wünsche, desto umfangreicher ist die Zahl der Bindungen. Je stärker ein Trieb oder Drang, desto intensiver die Bindung an das Erstrebte. Denn jeder Trieb und Drang bringt seine Triebstärke und seine Gestaltungskraft mit sich. So ist der Mensch zwar einerseits durch Bedürfnisse und Wünsche abhängig, aber andererseits sind gerade in der Bedürftigkeit und Begehrlichkeit die besonderen Antriebe seines Lebens zu suchen. Die Drangwelt, die der Mensch in sich hat, gibt ihm zugleich die stärksten und eigentlichen Antriebe.

## FÄHIGKEIT

Das Wesen der Trieb- und Drangwelt und damit der Getriebenheit kann man aber erst voll verstehen, wenn man jene andere Richtung des Lebens betrachtet, die der Triebhaftigkeit zur Seite gestellt ist, die Fähigkeiten. Sie sind einerseits offenbar der Trieb- und Drangwelt beigesellt, können andererseits aber zum Gegenspiel der Getriebenheit werden. Jedes Lebewesen verfügt ebenso über Fähigkeiten, wie es eine Trieb- und Drangwelt hat. Aber während beim Tier die Fähigkeiten wesensmäßig in die Trieb- und Drangwelt eingebunden erscheinen, hat die Welt der Fähigkeiten beim Menschen ihre Eigengesetzlichkeit. Sie sind beide eins in der Tatsache, daß Getriebenheit und Fähigkeit Funktionen des lebendigen Organismus sind. In der Art und Weise, wie sich Getriebenheit und Fähigkeit im menschlichen Leben als Funktion auswirken, zeigt sich aber eine polare Gegenüberstellung. Wir haben durch die Fähigkeit einen anderen Weltbezug als durch die Getriebenheit.

Der Grundunterschied ist, daß das Lebewesen in der Getriebenheit abhängig ist, daß der Trieb oder Drang Gewalt über den Organismus hat, ihn treibt und zwingt, während andererseits die Fähigkeit etwas ist, worüber das Leben verfügt, was von ihm beherrscht wird, in der Gewalt und Macht des Organismus steht, von ihm geführt wird und weitgehend seiner Willkür unterworfen ist. Man könnte sagen, daß durch die Triebe das Leben gebunden und abhängig ist, während es durch seine Fähigkeiten beweglich und veränderlich ist. Die Triebe zwingen das Leben in einen Rhythmus, die Fähigkeiten geben ihm Spielraum.

Die scharfe Unterscheidung von Trieb und Fähigkeit, die hier durchgeführt wird, stößt auf einen Einwand. Die Fähigkeiten stellen sich weitgehend in den Dienst der Triebe; so scheint die Triebhaftigkeit den Vorrang zu haben. Aus dieser Einsicht hat man versucht, die Fähigkeiten aus den Trieben zu begreifen und sie als einen Ableger der Triebe zu verstehen. Wenn man freilich unter Trieb die Kraft des Lebens schlechthin versteht, dann müßte man auch die Fähigkeiten, insofern sie Lebenskräfte sind, zum Trieb rechnen. Von hier aus ist nur ein Schritt zu der Auffassung, daß die Fähigkeiten eigentlich Triebe sind. Zweierlei scheint dafür zu sprechen. Einmal, daß jedem Trieb eine Fähigkeit zugeordnet ist, wie beispielsweise dem Hunger die Fähigkeit der Nahrungsaufnahme. Zweitens kann man auf die Tatsache hinweisen, daß die Entwicklung der Fähigkeiten in vielen Fällen vom Triebleben geleitet wird und ihm folgt. Wenn die höher organisierten Lebewesen auf die Welt kommen, so besitzen sie zwar schon deutlich umschriebene Triebe. Aber ihre Fähigkeiten sind unentwickelt, sie wären ohne die Hilfe der Eltern unfähig zu leben, und dies offenbar deswegen, weil erst allmählich die zur selbständigen Lebensführung notwendigen Fähigkeiten entwickelt werden.

Eine gewisse Abhängigkeit der Fähigkeiten von den Trieben läßt sich nicht leugnen. Es muß vor allem zugestanden werden, daß die Triebe entwicklungsmäßig vor den Fähigkeiten sind. In vielen Fällen gibt außerdem das Triebleben den Anstoß zur Entwicklung von Fähigkeiten. Aber diese Abhängigkeit reicht für die Annahme, daß die Fähigkeiten von den Trieben erzeugt sind, nicht aus. Dagegen spricht die Tatsache der Freizügigkeit der Fähigkeiten und die andere Tatsache, daß nun auch die Triebe von den Fähigkeiten abhängig sind. Erst die Fähigkeiten geben die Mittel, um Triebe zu befriedigen. Jede Triebbefriedigung ist an die Ausübung von Fähigkeiten geknüpft. Gewiß haben die Triebe im allgemeinen die größere Stoßkraft, aber die Fähigkeiten haben die größere Zielkraft.

Auch wenn eines Tages durch entwicklungsgeschichtliche Untersuchungen bewiesen würde, daß in der Geschichte der Lebewesen die Triebe die Fähigkeiten entwickelt haben, wäre damit noch nicht die Unterscheidung von Trieb und Fähigkeit hinfällig. Immer bleibt neben der Tatsache, daß Trieb und Fähigkeit gepaart sind und gegenseitig sich ergänzend aufeinander angewiesen sind, die andere bestehen, daß bei höher organisierten Lebewesen Triebe und Fähigkeiten auseinander treten. Das ist schon allein damit gegeben, daß alle höheren Fähigkeiten verschiedenen Trieben dienen können. Dieselbe Fähigkeit des Hörens, Greifens, Riechens und Sehens, ganz abgesehen von der Intelligenz, kann z. B. Mittel des Nahrungstriebes oder des sexuellen Triebes werden.

In dieser Eigenständigkeit der Fähigkeiten liegt ihre Unabhängigkeit. Hier aber zeigt sich das charakteristische Auseinander von Trieb und Fähigkeit. Ich kann mit demselben Aufwand und derselben Intelligenz mir die Mittel zur Befriedigung eines Triebes verschaffen oder sie einsichtig dazu verwenden um einen Triebwunsch zu unterdrücken. Ich kann also gegen die stoßende Kraft eines Triebes die zielende der Fähigkeit einsetzen. Ja ohne diese Möglichkeit der Fähigkeiten, Triebwünsche zu begrenzen und zu unterdrücken, wäre die Entwicklung der Triebwelt zur Drangwelt unmöglich. Das lehren einfache Beispiele. Um schwimmen zu lernen, müssen wir die unmittelbare triebhafte Angst vor dem Wasser überwinden. Wir müssen beim Arzt gegen das triebhafte Verlangen angehen, uns gegen den Schmerz, der zur Heilung notwendig ist, zu wehren.

Immer haben die Fähigkeiten die Macht, bis zu einem gewissen Grad Bedürfnisse zu unterdrücken und Triebe hintanzuhalten, wenn es uns notwendig erscheint. Gegen den Trieb zu schlafen, können wir ankämpfen und ihn verdrängen, wenn wir wissen, daß wir sonst erfrieren. Der Kranke kann seinen Wunsch auf eine bestimmte Speise unterdrücken, wenn er weiß oder erfahren hat, daß sie ihm schadet. Diese Beispiele lassen sich häufen. Die Grundstruktur dieser und ähnlicher Vorgänge ist dieselbe. Wir setzen die Fähigkeit der Einsicht, der Selbstbeherrschung, des Willens usw. ein und leisten dem Trieb Widerstand.

Nun scheint es aber, als ob solcher Widerstand nur möglich sei unter der Voraussetzung, daß wir einem Triebziel oder Wunsch ein anderes Triebziel oder einen andern Wunsch entgegensetzen. Wir würden also auf dem Stuhl des Zahnarztes nicht sitzen bleiben, wenn wir nicht den Wunsch hätten, die Zahnschmerzen endgültig zu beseitigen. Wir würden unsere Scheu vor dem Wasser nicht überwinden, wenn wir nicht den Wunsch hätten, schwimmen zu lernen. Der Motor, der uns die Kraft gibt, einen Trieb oder Wunsch zu verdrängen, ist ein anderes Triebziel oder ein anderer Wunsch.

In der Tat ist es so. Aber man darf dabei nicht vergessen, daß in solchen Fällen immer die natürliche Rangordnung der Triebe durchbrochen ist und das unmittelbare Gesetz des Triebstoßes aufgehoben wird. Für gewöhnlich gilt, daß, wenn zwei Triebe sich kreuzen, das Leben dem stärkeren folgt. Unmittelbar entscheidet sich in diesen Fällen, welcher Trieb der stärkere ist. So kann im tierischen Leben der Kampftrieb, wenn er in einer Situation vom Nahrungstrieb gekreuzt wird, unterliegen, es kann aber auch umgekehrt sein.

Es ist nicht diese Situation, die von den obigen Beispielen dargestellt wird. Zwar steht auch hier Trieb gegen Trieb oder Wunsch gegen Wunsch. Aber nicht die Stärke des augenblicklichen Triebstoßes entscheidet. Sondern gegen den unmittelbaren Triebstoß steht ein durch Überlegung, Einsicht oder Wille stärker gemachter anderer Wunsch oder Trieb. Wenn wir den augenblicklichen Schmerz unterdrücken, so setzen wir gegen ihn die vermittelte und ziehende Kraft eines vorgestellten, über den Augenblick hinausgehenden Ziels.

Das ist nun das Modell der Situation, in die der Mensch oftmals gerät. In seinem komplizierten Trieb- und Drangsystem überkreuzen sich die Ziele. Manchmal siegt das Ziel, dem die augenblicklich stärkere Triebkraft gilt, der unmittelbare Triebstoß setzt sich durch, in anderen Fällen drängen wir den unmittelbaren Triebstoß zurück. Wir zwingen uns in einer gefährlichen Situation zur Ruhe und Überlegung und tun nicht, wozu uns die Angst treibt. Wir machen eine Arbeit, obgleich die Ungeduld uns treibt, sie schnell zu machen, langsam und sorgfältig, um sie nicht zweimal machen zu müssen. In all diesen Fällen ist die Gegensätzlichkeit anders: Trieb und Drang weisen in die eine, Fähigkeit in die andere Richtung. Genauer gesagt: die Triebhaftigkeit weist in eine Richtung und auf ein nächstliegendes Ziel, die Fähigkeit zeigt auf ein fernes Ziel und bestimmt von hier aus eine Richtung des Handelns.

Die Zwiespältigkeit, die hier zum Ausdruck kommt, ist in der grundsätzlichen Verschiedenheit von Ziel- und Triebwollen, von Trieb und Fähigkeit bedingt. Wenn man den Funktionsablauf der Fähigkeit betrachtet, erkennt man den Unterschied. Die Fähigkeiten bedürfen der Steuerung. Im Gegensatz zu dem Auf und Ab der Triebe, das die Lebewesen mehr oder minder passiv erleiden, ist ihre Funktion an Einsatz und Anstrengung des Lebewesens geknüpft. Durch die Fähigkeit wendet sich der Mensch aktiv etwas zu. Er wird nicht von den Trieben gesteuert, sondern steuert sich zielhaft. Ob man bei dem pflanzlichen Organismus von einer solchen Steuerung reden darf, ist fraglich. Bei den Tieren aber finden wir unverkennbar schon die Steuerung der Fähigkeiten. Man braucht nur einmal gesehen zu haben, wie ein Tier seinen Lauf reguliert, wie es ihn verlangsamt oder verschnellert, um das zu wissen.

Durch die Fähigkeiten macht das Lebewesen die umgebende Welt zum Mittel. Durch die Triebe ist es in einen Lebenskreis eingeschlossen. Durch jene bestimmt und erweitert es diesen Kreis. Erst durch sie gewinnt es eine gewisse Freizügigkeit, die sich, je mehr Fähigkeiten vorhanden sind, bis zur Überlegenheit, Beherrschung und Freiheit steigert. So finden wir erst dort, wo Fähigkeiten vorhanden sind, jenes eigentümliche Zielwollen, das sich vom Triebwollen unterscheidet. Je mehr Fähigkeiten ein Lebewesen besitzt, desto überlegener ist es, und desto stärker tritt das willkürliche Wollen hervor.

Zwei Eigenschaften sind für die Funktion der Fähigkeiten also grundlegend. Fähigkeiten sind vom Lebewesen her gesteuert und verschaffen uns Mittel. Durch die verschiedenen Stärkegrade von Steuerung und Vermittlung unterscheiden sie sich. Einfache Fähigkeiten sind automatisch und mechanisch. Um sie in Gang zu bringen, bedarf das Lebewesen keiner besonderen Anstrengung. Ausgeprägte und komplizierte Fähigkeiten bedürfen der Anstrengung und Steuerung. Mit ihnen gewinnt das Lebewesen einerseits die Möglichkeit einer stärkeren Steuerung, andererseits aber bedarf es mehr und mehr der Mittel. Es verliert jene unmittelbare Triebhaftigkeit und erwirbt eine mittelbare, gesteuerte Haltung. Es gewinnt einerseits an Eigenbereich, wird andererseits aber mittelbarer.

Ein Hauptmerkmal der Fähigkeiten ist, daß sie der Entwicklung bedürfen. Sie sind zunächst in der Form einer Anlage vorhanden. Die einfachsten Fähigkeiten entwickeln sich zwar mit dem Beginn des Lebens. Während aber die Entwicklung der Triebe dann im selbsttätigen Prozeß der körperlichen Entwicklung voranschreitet, haben die Fähigkeiten ein anderes Entwicklungsgesetz. Je mehr sie gebraucht und benutzt werden, desto stärker bilden sie sich aus. Sie sind nur solange in Funktion, als sie eben gebraucht werden. Werden sie nicht geübt, oder werden sie ausgeschaltet, dann haben sie die Tendenz zu verkümmern. Sie stehen gleichsam wartend bereit; werden sie nicht benutzt, dann bleiben sie verborgen, werden sie in Bewegung gesetzt, dann steigern sie sich. Sie haben nicht das rhythmische Auf und Ab des Triebes, ihr Prozeß ist immer von der Führung abhängig. Wenn das Lebewesen keine Führung mehr hat, wenn es z. B. bewußtlos wird, setzen die höheren Fähigkeiten aus. Nur die niederen, die mit den Trieben unmittelbar verhaftet sind, arbeiten weiter.

Werden die Triebe vom Lebensprozeß, so werden die Fähigkeiten vom Ziel gesteuert. Damit hängt ein weiteres zusammen. In der Trieb- und Drangwelt herrscht eine strenge Unterordnung, der Aufbau dieser Welt ist ein hierarchischer, es gibt starke und mächtige, schwache und verdrängbare Triebe und Drangerscheinungen. Bleibt das Triebleben sich selbst überlassen — wie etwa beim Tier — dann hat es die Tendenz, sich nach dem Kraftmaß, nach Stärke und Schwäche zu ordnen. Diese natürliche Ordnung des Trieblebens ist durch die natürliche, innerlich mitgegebene Stärke der einzelnen Triebe bedingt und weicht nur selten davon ab. Die Stärke der Fähigkeiten aber hängt vom Gang der Entwicklung ab und der Ausbildung, die sie erreicht haben. Wenn die Fähigkeiten eines Menschen voll entwickelt sind, so gibt es auch hier eine Ordnung. Die stärkste und mächtigste setzt sich an die Spitze. Auf sie stützt sich der Mensch.

Während die Triebe sich gegenseitig verdrängen, schließen sich die Fähigkeiten nicht gegenseitig aus. Das System der Fähigkeiten kann sich wohl zersplittern, aber von vornherein drängen sie zur Zusammenarbeit. Jeweils die stärkeren Fähigkeiten ordnen sich die anderen zu, und diese werden Hilfsfähigkeiten. Die Stärke der Fähigkeiten ist außer durch die ursprüngliche Anlage durch die Entwicklung bestimmt. Das bedeutet, daß sie nach zwei Seiten bedingt ist. Die Triebe entwickeln die Fähigkeiten; Erziehung, Übung, Umgebung und Gelegenheit steigern sie. Wohl müssen wir annehmen, daß alle Fähigkeiten in ihrer Richtung von innen bestimmt sind, in ihrer Entfaltung aber gestaltet und erfüllt sich die angelegte Richtung. Dem Trieb ist ein innerliches Kraftmaß mitgegeben, die Fähigkeit ist durch Stärke oder Schwäche der Anlage, dann aber durch die Entwicklung bestimmt.

Die Fähigkeiten sind in erster Linie Mittel, die wir steuern können, und so ist das System der Fähigkeiten ungleich viel beweglicher als das Ganze der Triebe. Ihre Entfaltung und Ausbildung gestaltet sich entsprechend dem anlagemäßig mitgegebenen Richtungszug und erfüllt sich dann an den Inhalten der Welt, die dem Individuum gegeben ist. Jedes Gefüge von Fähigkeiten ist in seiner Ausübung auf einen Lebenszusammenhang ausgerichtet. Daher gestaltet sich im Aufbau der Fähigkeiten eine zweite Welt der Ziele, Werte und Inhalte. Soweit die Fähigkeiten dabei in Abhängigkeit vom Triebleben sind, dienen sie der Lebenserhaltung und Selbstbehauptung. Wir sehen aber immer wieder, daß die in einzelnen Situationen auftauchende Erscheinung, gegen den Trieb ein Ziel zu setzen, auch in der ganzen Daseinslinie des Menschen zum Ausdruck kommt. Die Welt der Ziele und Werte geht über die der lebensnotwendigen Zielsetzungen hinaus. Der Mensch lebt in Zielsetzungen, die sich nicht nur von der Triebwelt abheben, sondern immer wieder auch sich gegen sie setzen können. Im großen kehrt die Erscheinung wieder, daß wir durch die Fähigkeiten eine gewisse Unabhängigkeit von den Trieben gewinnen und damit eindringen in eine triebjenseitige Welt.

Das menschliche System der Fähigkeiten ist weitverzweigt. Unter den verschiedensten Umständen und in verschiedenen Lebensräumen hat sich der Mensch behauptet. Er kann seine Fähigkeiten und damit sein Leben in einem Grade anpassen, dessen die Tiere z. B. nicht fähig sind. Aber das hat nicht nur den Sinn der biologischen Anpassung und Zweckmäßigkeit. Wenn der antike, der mittelalterliche und der moderne Mensch, der westliche und der östliche andere Fähigkeiten als die wichtigsten erleben und eine andere Rangordnung der Fähigkeiten haben, dann erklärt sich das nicht allein aus der Verschiedenheit der Lebensbedingungen. Das würde doch wieder bedeuten, daß die Ziel- und Wertwelt von der Triebwelt allein abhängig ist. Zwar besteht eine Abhängigkeit; und Zielsetzungen und Werte eines Menschen können zum Teil aus seinen Lebensbedingungen und Trieben verstanden werden. Aber auf diesem Wege kann niemals mehr als seine Triebgestalt und ihre Auswirkungen begriffen werden. Weder der eigentümliche Charakter eines Individuums noch eines Volkes oder Kulturraums kann so zur Deutung gebracht werden. Zu diesem Zweck ist es notwendig, die Richtung der Fähigkeiten zu bestimmen, zu zeigen, in welchen Zielen und Wertsetzungen sie sich ausgestaltet, und jene Welt aufzufinden, die die andere, nicht vom Triebstoß und Triebleben beherrschte Hälfte seines Daseins ausmacht.

Das Wesen der Triebe ist, uns in eine hartnäckig sich wiederholende Bindung zu zwingen, sie sind Antrieb des Lebens. Die Fähigkeiten geben uns Bewegungsraum, sie geben uns Ziele und steuern das Dasein. Sie unterstehen nicht gänzlich dem Rhythmus des Trieblebens. Ihre Freiheit begründet den Anfang jeder Persönlichkeit und jeder Kultur. Das setzt freilich ihre Entwicklung und ihre Eigenständigkeit voraus; erst wenn sie Gestalt gewonnen haben, zeigen sie die Macht, in das Triebleben einzugreifen. Dann erst können sie sich gegen den Einspruch des Trieblebens durchsetzen, dann aber können sie in der Verfolgung eines Ziels sogar bewußt das Leben einsetzen und verlieren.

Aber gerade von hier aus wird die Frage nach dem Zusammenspiel und der Gegensätzlichkeit von Trieb und Fähigkeit entscheidend. Hier zeigt sich das eigentliche Problem vom Wesen der Persönlichkeit. Sucht man seine Lösung einseitig in den Vorgängen des Trieblebens oder der Entfaltung der Fähigkeiten, dann geht man am Kern des menschlichen Lebens vorbei. Dann übersieht man jenes eigentümlichste Faktum menschlicher Existenz, daß sie schwebendes Gleichgewicht von Trieb und Fähigkeit ist und sich in der Durchdringung, aber auch Auseinandersetzung beider entfaltet. Wir müssen annehmen, daß im tierischen Leben sich Zusammenarbeit von Trieb und Fähigkeit in halb- und ganzautomatischen Formen abspielt. Auch das menschliche Leben wird weitgehend von solchen Vorgängen beherrscht. Aber andere Vorgänge zeigen eine vollkommen andere Struktur. Diese sind es, die dem menschlichen Leben die Sonderstellung geben, die am deutlichsten in Vernunft und Idee, bewußtem und werthaftem Handeln, in Entwicklung von Kultur und Geschichte erscheint. Keinen dieser Vorgänge, sei es nun das Bewußtsein in der einzelnen Person oder die Willenserscheinungen eines Volkes, kann man als Mechanismus oder automatischen Ablauf begreifen.

## PERIODISCHE WIEDERHOLUNG UND ENTWICKLUNG, PHASE UND PROZESS

Das Ganze des Lebens verläuft in periodischer Wiederholung. Es erstreckt sich im wiederkehrenden Wechsel zwischen Schlafen und Wachen, periodisch wechselt die Befriedigung mit dem Bedürfnis ab. Ähnlich können wir bei genauerer Beobachtung Perioden der Leistungsfähigkeit und Perioden der Erschlaffung feststellen. Die Periodizität organischen Geschehens tritt überaus deutlich in der Funktion der Sexualorgane bei der Frau in Erscheinung. Es ist wahrscheinlich, wenn auch noch nicht erforscht, daß in anderen organischen Vorgängen periodische Wiederholungen in der Funktion sich unterscheiden lassen. Periodisch nennen wir ein Verlaufsbild, das in einem rhythmischen Ablauf jeweils eine körperliche oder seelische Erscheinung an die andere anschließt. So lösen sich etwa im einfachen periodischen Wechsel von Wachen und Schlafen Tätigkeit, Bewußtsein, waches Erleben und Handeln, aktives Denken und Fühlen mit dem körperlichen Ruhezustand, versinkendem Bewußtsein, aussetzender Fähigkeit des willkürlichen Bewegens, Handelns und Fühlens ab. Immer ist die eine Periode das negative Abbild der anderen, und immer müssen — über mehrere Perioden hinweg gesehen — dieselben oder ähnliche Erscheinungen wieder auftauchen. Darin liegt die eigentümliche Regelmäßigkeit des periodischen Geschehens.

Anders das Verlaufsbild der Entwicklung. Das Leben als Ganzes durchläuft in den Etappen: Geburt, Kindheit, Jugend, Reife, Altern und Tod die Kurve einer Entwicklung. Dasselbe Bild erscheint in einzelnen Vorgängen und Funktionen des Lebens. So erleben wir im engeren Sinn die Entwicklung eines Gefühls, eines Gedankens oder eines Wollens. Ansatzhaft und keimhaft beginnt die Entwicklung, wachsend verbreitern sich die Ansätze, erreichen einen Höhepunkt, auf dem sie beharren, um dann wieder abzusinken und zu verfallen. So beginnt etwas als unklare und vage Vorstellung, gewinnt Gestalt als klarer und umrissener Gedanke, verbreitert sich zu einem System und Netz gedanklicher Zusammenhänge, nimmt eine vielleicht das Ganze unseres Denkens beherrschende Stellung ein und verliert allmählich wieder an Kraft. Aus einer flüchtigen Zuneigung wächst ein Gefühl, es wird zur intensiven Liebe, die alles andere zu verdrängen droht, und kann sich wieder erschöpfen. Traumhaft erscheint zuerst ein Wunsch, verdichtet sich zum festen Ziel, zieht schließlich unser ganzes Denken und Handeln in seinen Bann und verblaßt allmählich wieder. Die Entwicklung hat nicht die Regelmäßigkeit des periodischen Verlaufs und kennt nicht diese Form der Wiederholung. Dafür aber zeigt sie einen Bewegungszusammenhang, der notwendig eine Erscheinung aus der anderen hervorgehen läßt und gesetzmäßig den Ablauf beherrscht. Die Periode hat das Merkmal des dauernden Kommens und Gehens der Erscheinungen, sie bringt insofern keine Veränderungen, als wiederkehrend dieselben Erscheinungen auftreten, periodisch kehren wir immer wieder zu dem zurück, was schon war. Die Entwicklung ist eigentlich Veränderung, denn in ihr wandeln sich die Erlebnisse, die Zustände und Handlungen. Ihr Verlauf ist nicht umkehrbar, und auch wenn die Entwicklung von ihrem Höhepunkt wieder absteigt, so kehrt sie nicht zum Ausgangspunkt zurück. Der Greis mag in vielem dem Kind wieder ähnlich werden, aber dennoch ist das Greisenalter keine Wiederholung der Kindheit.

Wir verdanken der Psychiatrie die Unterscheidung von Periodizität und Entwicklung. Dort hat sie ihren besonderen Sinn durch den Unterschied von Prozeß und Phase erhalten. Wir verweisen auf Jaspers [34], der diese Begriffe scharf gegeneinander stellt. Der Psychiater versteht nun weiter unter Phase und Prozeß einen Strukturunterschied seelischer Bewegung, der darauf abzielt, krankhafte Veränderungen zu erfassen. Phasenhaft ist ein Verlauf, der zwar nicht die Regelmäßigkeit und den Wiederholungszwang der echten Periode zeigt, aber der Periode ähnlich, Erscheinungen zeitigt, die wieder zurückgehen und abklingen. Man kann Phasen nicht als Entwicklungen begreifen, weil die Veränderungen, die die Phase mit sich bringt, nicht endgültig sind. So gibt es starke Gemütsschwankungen manischer oder depressiver Art, die wieder abklingen. Phasen können kürzer oder länger dauern und im Zustand der Phase erscheint das Bild der Persönlichkeit verändert. Klingt die Phase wieder ab, taucht die alte Persönlichkeit wieder auf. Der Prozeß ähnelt dagegen mehr der Entwicklung. Aber während die normale Entwicklung das Bild eines kontinuier-

[34] Jaspers: Allgemeine Psychopathologie. 3. Aufl. Berlin 1923. S. 309 ff.

lichen Ansteigens zu einer Höhe und von dort wieder zum Ende zurückkehrt, erscheint der Prozeß als eine Entwicklung, die unterbrochen werden kann und nach längerer Zeit der Stille wieder durchbricht. Er bringt dauernde Veränderungen der Persönlichkeit, die scheinbar in den Zeiten des Stillstandes verschwinden, aber dafür stärker und heftiger wiederkehren, wenn der Prozeß wieder in Gang kommt. Doch ist das wesentlichste Merkmal des Prozesses, daß er eine krankhafte Entwicklung darstellt. Wenn daher die Entwicklung eine echte Steigerung der Persönlichkeit ist, die sie verändert und die Persönlichkeit im ganzen erweitert, so ist der Prozeß eine unechte Steigerung. Auch sie verändert die Persönlichkeit, aber in dieser Veränderung verliert sich die Persönlichkeit und wird gesprengt.

Es liegt natürlich nahe, die Phase als eine periodische Schwankung von stärkerem Ausmaß und den Prozeß als gesteigerte Entwicklung zu verstehen; denn auch die gesunde Persönlichkeit macht in den periodischen Bewegungen ihres Lebens Schwankungen durch, die an Phasen erinnern, und erlebt stürmische Entwicklungen, die prozeßartig anmuten. Aber wenn man so Phase und Prozeß als Grenzbegriffe der Charakterologie verwendet, dann muß man beachten, daß diese Begriffe in der Psychiatrie ihren festumrissenen Sinn haben. Solange eine periodische Schwankung oder eine stürmische Entwicklung nicht auf die Dauer oder für immer die Persönlichkeit zerstört, hat dieses Geschehen nicht den eigentlichen Sinn der Phase oder des Prozesses. In jeder periodischen Bewegung und jeder Entwicklung, auch wenn sie noch so gesteigert sind, entfaltet sich die Persönlichkeit, im phasen- und prozeßhaften Geschehen verliert sie sich. So scharf sich aber die Begriffe theoretisch scheiden lassen, so schwer ist im Einzelfall die Grenze zu ziehen, wie denn überhaupt bei der Fülle der Gestaltungen des Individuums die Übergänge von der gesunden zur kranken Persönlichkeitsform fließend sind.

In der gesunden Persönlichkeit arbeiten periodisches Geschehen und Entwicklung zusammen. Das Ganze des Lebens verläuft in entwicklungshaftem Aufbau und periodischem Wechsel. In den wiederkehrenden Rhythmus von Wachen und Ruhe, von Bedürfnis und Befriedigung, sind die Entwicklungen eingebettet. Sie fügen sich diesem Rhythmus, im Schlaf treten z. B. die sich entwickelnden Gestaltungen der Gefühle, Gedanken und des Wollens zurück. Aber andererseits wird auch der periodische Ablauf des Lebens von der Entwicklung beeinflußt und geformt. Erleben, Erfahren, Lernen und Wollen prägen dem periodischen Wechsel ihren Stempel auf, sie gestalten z. B. bestimmte Formen der Bedürfnisbefriedigung aus und geben dem täglichen Leben der Person seinen Inhalt.

Es gibt Funktionen, die ganz augenscheinlich dem periodischen Verlauf unterworfen sind. So setzt bald nach der Geburt der periodische Rhythmus von Wachen und Schlafen, von Bedürfnis und Befriedigung ein. Andere Funktionen tragen ebenso augenscheinlich die Struktur der Entwicklung. So ist das gedankliche Leben, das Leben der Gefühle und des Willens einer dauernden Entwicklung unterworfen. Aber nicht alle Funktionen des

Lebens und der Persönlichkeit sind so eindeutig in ihrem Bewegungscharakter ausgeprägt. So unterliegt die Sexualfunktion selbst einer Entwicklung, sie erreicht einen Höhepunkt und tritt wieder zurück. Einmal entwickelt aber, neigt sie zu einem periodischen Verlauf. Ähnlich ist es mit jenen Funktionen, die wir unter dem Namen der Sensibilität und Affektivität begreifen. Es gibt Zeiten, in denen wir empfindlicher und empfänglicher sind und zur Bildung von Affekten neigen, andere, in denen wir stumpfer, empfindungsärmer sind und nur schwer Affekte entwickeln. Während hier also ein periodisches An- und Abschwellen sichtbar wird, kann doch jede dieser Funktionen auch eine Entwicklungskurve durchlaufen.

## DIE ENTWICKLUNG

Die Entwicklung bringt einmalige Erscheinungen hervor, die Periode wiederholt sie, die Entwicklung zeigt eine gesetzmäßige Veränderung, die Periode Regelmäßigkeit des Ablaufs. Man könnte einwenden, daß diese Unterscheidung nur einen Unterschied der Betrachtungsweise und nicht einen des Verlaufs selbst trifft. Man kann den Teilausschnitt einer Periode als Entwicklung ansehen und z. B. das Entstehen eines Bedürfnisses, sein allmähliches Anwachsen, seinen Höhepunkt und sein Erlöschen in der Befriedigung als Entwicklungsablauf begeifen. Nimmt man andererseits eine Reihe von Entwicklungen zusammen, dann ergibt sich das Verlaufsbild der Periode. Das Gesamtbild der gedanklichen Entwicklungen eines Menschen wird beispielsweise wiederkehrende Züge bringen und eine gewisse Regelmäßigkeit erkennen lassen.

Dieser Einwand verlangt eine tiefere Begründung der Sache. Warum wenden wir auf manche Funktionen das Bild der Periode, auf andere wiederum das der Entwicklung an, obgleich auch in periodischen Verläufen die Steigerung und in Entwicklungen Wiederholungen erscheinen? Wenn es nicht lediglich die Betrachtungsform ist, die diese Unterscheidung ergibt, dann müssen in den Funktionen selbst die Tendenzen zur Periode oder zur Entwicklung gefunden werden können. Das ist in der Tat der Fall. Es gibt Lebensfunktionen, die zur Wiederholung drängen. Sie wiederholen sich nicht zufällig, sondern notwendig. Ja, die wichtigsten periodischen Abläufe müssen sich wiederholen, damit das Leben überhaupt bestehen kann. Der Rhythmus von Wachen und Ruhen, von Bedürfnis und Befriedigung ist die Voraussetzung des Lebens. Wird er dauernd unterbrochen, dann endet das Leben. Setzen andere periodische Erscheinungen aus, dann endet das Leben eines Organs. Die Gestaltungskraft dieser Funktionen drängt zur Wiederholung und zur Regelmäßigkeit. Sie lassen nur eine gewisse Steigerung zu, und ebenso ist es nur innerhalb eines begrenzten Spielraums möglich, den Rhythmus zu unterbrechen. So können wir wohl eine Zeitlang hungern, aber der Spielraum ist gering, und zwangsläufig wendet sich die Periode wieder und strebt der Befriedigung zu. Wiederum ist es möglich, den Befriedigungspunkt zu verschieben und z. B. über die Sättigung hinaus zu essen. Aber ebenso zwangsläufig wendet sich auch hier die Periode. Wir ekeln uns vor dem Essen und treten wieder in den andern Teil der Periode ein, der im neuen Bedürfnis gipfelt. Das Leben hat das periodische Auf und Ab mancher Funktionen zur Vorbedingung, nur durch sie kann es sich erhalten und fortsetzen.

Wenn das Leben sich zwar in einem periodischen Ablauf bewegt, so besteht es doch nicht allein in periodischen Funktionen. Es zeigt eine Tendenz zu Inhalten, zur Steigerung und zum Einmaligen. Der Wechsel von Bedürfnis und Befriedigung ist entscheidend für das bloße Bestehen des Lebens. Aber niemals wird das Leben allein von diesem Rhythmus ausgefüllt. In einem andern Sinn sind für die Gestaltung des Lebens die Funktionen entscheidend, die sich nicht wiederholen. Ihre Bedeutung liegt freilich nicht im bloßen Ablauf. Der kann sich sogar wiederholen, ich kann dieselbe Rechnung zweimal rechnen, dasselbe Erlebnis in der Erinnerung wieder erfahren und ein Ziel mir zum zweiten Male setzen. In solcher Wiederholung verliert aber das Geschehen immer etwas von seiner erstmaligen Kraft. Das zeigt, daß das Wesentliche am Ablauf dieser Funktionen nicht die Wiederholung ist.

Suchen wir nach der Bedeutung, die ein Erlebnis, ein Gedanke oder ein Ziel für unser Leben hatte, so finden wir die ganz besondere Tönung des Erlebnisses, den eigenartigen Gehalt eines Gedankens oder aber die inhaltliche Erfüllung, die uns ein Ziel brachte. Die Wende- und Höhepunkte unseres Lebens sind durch den einmaligen Gehalt von Ereignissen bestimmt. Diese Bindung an einmalige Geschehnisse, die um so stärker ist, je intensiver das Geschehen erfahren oder erfaßt wurde, ist der Entwicklungsgehalt unseres Lebens. In ihm erfährt das Leben nicht die Gleichmäßigkeit und Wiederholbarkeit seines Verlaufs, sondern es erlebt sich als einmaliges, veränderndes und nicht wiederholbares Geschehen.

So sind die Entwicklungsfunktionen mit ihren Inhalten verbunden und auf sie angewiesen. Die periodischen Funktionen stellen in ihrer Wiederholung und ihrer Regelmäßigkeit die Grundlage des Lebens dar. Der Inhalt, den sie dem Leben geben, ist nur geringen Variationen unterworfen, aber unentbehrlich für den Fortgang des Lebens. Die Entwicklungsfunktionen des Lebens dagegen sind die Träger der Lebenssteigerung, und von ihnen geht die Erweiterung des Lebens aus. Was wir im Leben an Neuem erfassen, ob wir es nun denkend durchdringen, erlebnismäßig davon fasziniert werden oder es durch willentliche Anstrengung erreichen, ist ihr Ergebnis. Ausdrücklich sei aber gesagt, daß das nicht heißt, daß alle Entwicklung bewußtseinsmäßig ist. Im Gegenteil, ein großer Teil der Entwicklung geht erlebnismäßig vor sich, ohne jemals den adäquaten Bewußtseinsausdruck zu finden, oder es geschieht durch unbewußte Anstrengung, die nicht durch Denken klar erfaßt wird.

Aber das Ganze der Persönlichkeit ist ein Ineinander von periodischem Ablauf und entwicklungsmäßigem Verlauf. Die Entwicklungsfunktion, einmal in Gang gesetzt, strebt zur Steigerung und zum gesetzmäßigen Aufbau. Sie erweitert und verändert das Leben, schafft dadurch neue Bindungen, bis sie, auf dem Höhepunkt angelangt, wieder abfällt. So verläuft die organische Entwicklung des ganzen Lebens, und so verläuft auch die Entwicklung in einem einzelnen Erleben oder Handeln. Aber während diese Bewegung verläuft, arbeitet der periodische Ablauf des Lebens weiter, ja dieses Weiterlaufen ist die Vorbedingung auch für den Aufbau der Entwicklung.

Hier zeigt sich die innere Abhängigkeit jeder Entwicklung. Sie muß sich in den periodischen Ablauf des Lebens einordnen. Sie selbst strebt danach, den neuen Inhalt zu ergreifen, auf ihn hin die Persönlichkeit zu erweitern und zu verändern. Aber der Vollzug dieser Bewegung muß sich abfinden mit der periodischen Form und dem periodischen Ablauf des Lebens. Gelingt das nicht, dann geht die Entwicklung zwar nicht spurlos an uns vorbei, aber sie verändert uns nicht. Daher machen wir in unserem Leben eine große Zahl von Scheinentwicklungen durch, wir dringen in einen Gedankenkreis ein, wir setzen uns ein Ziel, wir werden leidenschaftlich von Erleben ergriffen, und nachdem die Entwicklung verlaufen ist, bleibt alles beim Alten. Eine solche Scheinentwicklung von der echten Entwicklung zu scheiden, ist nicht immer leicht; denn wir erleben innerlich und erfahren von außen ein solches Geschehen oft mit allen Anzeichen der echten Entwicklung.

Die echte Entwicklung aber verfestigt ihr Ergebnis und verändert gerade das Leben dadurch. Der ergriffene Inhalt ist zwar einmalig, aber er schlägt sich als fester Besitz nieder und wird so zum Wendepunkt. Von hier aus strahlt er auf die ganze Persönlichkeit über. Er kann zwar den periodischen Ablauf in seiner Unabänderlichkeit, eben der Wiederkehr und der Regelmäßigkeit, nicht verändern, aber er kann ihm neue Inhalte einfügen. In diesem Sinn bereichert sich der periodische Ablauf unseres Lebens inhaltlich durch den Fortschritt unserer Entwicklung und wird ärmer, wenn die Entwicklung abgleitet.

Von hier aus kann man einen Aufriß der Entwicklung der Persönlichkeit geben. Was die Erblichkeitslehre schon gezeigt hat, erscheint in einem neuen Sinn. Die Persönlichkeit entwickelt sich nicht allein an den Inhalten, die in der Umwelt gegeben sind, sondern für das Ergreifen der Inhalte ist das Wie des Ergreifens, das Wie der Anlagen bedingend. Ist so die Entwicklung durch die anlagemäßige Beschaffenheit der Lebensfunktionen vorbedingt, so ist sie auch begrenzt durch die periodische Form des Lebens. Was die Entwicklungsfunktionen der Persönlichkeit an Neuem bringen, muß in das ganze schwebende Gleichgewicht der Persönlichkeit eingefügt werden. Nur in diesem Sinn gibt es eine Veränderung des Charakters. Unveränderlich ist der Erbcharakter in seiner anlagemäßigen Beschaffenheit und der periodischen Form seines Ablaufs. Beweglich ist der Charakter in den Inhalten seiner Entwicklungsfunktionen, in der steigernden Bewegung zu Höhepunkten sowie im Abfallen zu Tiefpunkten, die einen einmaligen Sinn haben. Veränderlich ist er aber nur insoweit, als in diesen Abläufen sich Inhalte ergeben, die verfestigt werden.

Die Entwicklung ist nicht einfach Umänderung und Erweiterung der Persönlichkeit, sondern Verfestigung und schichtenmäßiger Aufbau. Die Gefahr jeder Entwicklung liegt darin, daß sie als bloße Bewegung zu einem Neuen die Persönlichkeit zerreißt, zersplittert und labil macht. Äußerlich erscheint die Entwicklung als ein Aufnehmen neuer Inhalte und ein Ausprägen neuer Formen. Innerlich aber ist Entwicklung nur möglich, wenn der Ausgleich des Ganzen und das schwebende Gleichgewicht der Persönlichkeit gewahrt bleibt. Jede Entwicklung hat die Tendenz, das vorhandene Gleichgewicht zu stören. Wie in der ersten Entwicklung des Säuglings zum Kind das automatische und natürliche Gleichgewicht des anfänglichen Lebens gestört wird und eine neue Form sich ausbildet, so muß in jeder weiteren Entwicklungsstufe aufs neue das schwebende Gleichgewicht befestigt werden. Darum ist Entwicklung fortschreitende Verfestigung der Persönlichkeit. Hier beginnt das Problem der Eigenschaften; denn in der Entfaltung, Ausprägung und Differenzierung der Anlagen zu Eigenschaften baut sich die Persönlichkeit schichtenmäßig zur Entwicklungsgestalt auf.

## PERSÖNLICHKEIT ALS SCHWEBENDES GLEICHGEWICHT

Die Persönlichkeit wird von einem doppelten Bewegungsgesetz beherrscht, sich wiederholend drängt sie im periodischen Ablauf zur Unveränderlichkeit, sich entfaltend strebt sie in der Entwicklung zur Einmaligkeit. Noch wurde eine Konsequenz nicht gezogen, die sich aus der Analyse aber ergibt. Fragen wir nach der biologischen Grundlage der Periode, dann sehen wir dieses Bewegungsgesetz am deutlichsten im Triebgeschehen verwirklicht. Hier erfahren wir zu jeder Minute unseres Daseins uns in einem Rhythmus, den wir schon kennen, wir erleben die Unveränderlichkeit unserer Existenz und finden uns in der Wiederkehr von Zuständen. Auf der anderen Seite sind die Fähigkeiten die vitale Grundlage der Entwicklung. Sie bringen uns die Steigerung zur Gegebenheit, sie zeigen uns den Fortschritt unseres Lebens, führen uns zu Höhepunkten, und in ihrem Nachlassen tritt zuletzt das Verfluten und Vergehen in Erscheinung.

Die Linie, die vom Triebleben zum periodischen Ablauf und von den Fähigkeiten zur Entwicklung führt, ist deutlich, aber das heißt nicht, daß wir im Bereich der Fähigkeiten keine Wiederholung und im Triebleben keine Entwicklung kennen. Sondern im Ganzen des Lebens durchdringen sich Entwicklung und Periode, wie sich Triebe und Fähigkeiten ergänzen. Gleichzeitig setzen bei der Geburt das Triebleben und die Fähigkeiten ein, von vornherein zeigen die Triebe freilich die Tendenz zur Wiederholung und die Fähigkeiten die zur Steigerung. Auf dieser vitalen Grundlage erscheinen dann die seelischen Formkreise des Temperaments, der Intelligenz und der Vitalität. Ihnen voran geht eine erste Entfaltung des Trieblebens und der Fähigkeiten.

Wie gliedern sich Temperament, Vitalität und Intelligenz in diesen ursprünglichsten Daseinsvollzug ein? Wie kommen sie in einer schon bestehenden ersten Trieb- und Drangwelt und einem sich entwickelnden System der Fähigkeiten zur Auswirkung? Erinnern wir uns an die Beschaffenheit dieser Formkreise. Der eigentliche Sinn des Temperaments ist die innerseelische Bewegungsform, die sie der Persönlichkeit mitgibt. Ausgesprochen zeigt sie die Tendenz zur Periode. Die medizinische Forschung hat gezeigt, daß das Temperament eng an das Triebleben anschließt. Kretschmer sagt einmal, die Triebe seien das „Rohmaterial" des Temperaments. So weist dieser Formkreis der Persönlichkeit zurück auf die vom Triebleben bedingte, unveränderliche und periodische Gestaltidee des Menschen. Hingegen gliedert sich der Formkreis der Intelligenz unmittelbar in die andere Gestaltlinie ein, die durch Fähigkeiten und Entwicklung gezeichnet ist. Die Intelligenz, das Bewußtsein, der Geist sind in erster Linie Fähigkeiten, wir können sie geradezu als zentrale Fähigkeiten ansprechen. Sie sind vor allem der Entwicklung unterworfen und durchlaufen bis zu ihrer vollen Ausprägung einen langen Weg. Der dritte Formkreis der Vitalität endlich verkörpert beide Linien. Die eine Seite der vitalen Kraft, die Vitalität im engeren leiblich-biologischen Sinn ist offenbar konstitutionell bedingt. Sie steht in engem Zusammenhang mit dem Triebleben und den periodischen Funktionen unseres körperlichen Daseins. Davon hebt sich die seelisch-geistige Energiespannung ab, die keinen triebhaften, sondern einen zielhaften Charakter hat. Auch sie ist anlagemäßig bedingt, ebenso wie natürlich die Fähigkeiten und das Temperament. Aber wie die Fähigkeiten, so ist auch sie der Entwicklung unterworfen. Ganz offenbar stützen sich seelische Energiespannung und Wille auf ihre Arbeit, und sie können wie diese entwickelt und gesteigert werden.

Ein Schema gibt diesen Zusammenhang wieder.

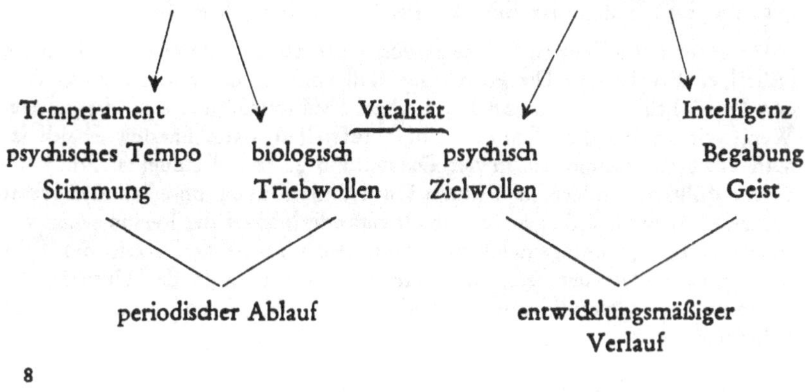

Man würde dieses Schema falsch verstehen, wenn man in ihm die starre Formel der Persönlichkeit suchen wollte. Zwar kann man es unter dem Gesichtspunkt einer unveränderlichen, anlagemäßig bedingten Einheit betrachten. Dann wird man — und das haben die meisten Typologen getan — eine oder mehrere beherrschende Linien herausarbeiten und nachweisen, wie das bewegliche Ganze durch sie geprägt wird. Notwendigerweise wird so nur erkannt, was sich dem beherrschenden Prinzip einfügt. Das vor allem ist für die Persönlichkeit „typisch", alles andere Abweichende ist zufällig. Es ist vorhanden, aber nicht von diesem Urbild bestimmt. Sucht man in diesem Schema eine unveränderliche Formel, dann biegt man in die typologische Betrachtung ein und erkennt die Persönlichkeit als ein hierarchisches Gefüge.

Diesem Zweck soll das Schema nicht dienen, es soll nicht nur von den sich wiederholenden Leitlinien her die Persönlichkeit begreiflich machen, wobei vorausgesetzt wird, daß ihre Unveränderlichkeit und Beharrungstendenz das Ganze trägt. Denn jede lebendige Wirklichkeit und insbesondere die der Persönlichkeit ist Zusammenspiel verschiedener Kräfte, das sich in jedem Augenblick aufs neue gestaltet. Wenn es auch von einer unveränderlichen Gesamtlinie getragen wird, so muß sich doch das Spiel der Kräfte immer wieder neu zusammenfinden und neuen Situationen anpassen.

In dieser Weise zeigt die gute Biographie eine Persönlichkeit. Auch hier wird eine Einheit und ein Ganzes sichtbar, aber es wird an der Veränderung erfaßt. Die Persönlichkeit wird durch ihre Wandlungen und Umbrüche verfolgt, es wird dargestellt, wie sich in langsamer Entfaltung und in einmaligen entscheidenden Wendepunkten ein Kern ausprägt, umbildet, bereichert und durchsetzt. Aller Nachdruck liegt auf dem Werden; kann der Biograph nicht aufweisen, wie zu manchen Zeiten der Mensch durch schicksalhafte Begebnisse in eine unbekannte Zukunft getrieben wird, und wie er zu anderen Zeiten von einer innerlichen Gesetzlichkeit geführt wird, so gelingt sein Werk nicht. In einem landläufigen Sinn soll der Biograph die Geschichte einer Persönlichkeit schreiben, in Wirklichkeit gibt die gute Biographie stets das Bild der Persönlichkeit in ihrer Geschichte.

Die Arbeit des Biographen zeigt von einer anderen Seite her auf unsere bisherigen Ergebnisse. Die Forderung, daß von der unwandelbaren Gestalt der Persönlichkeit die wandelbare abgehoben wird, ist auch die unsere. Wenn wir sie für die Charakterologie aufstellen, dann handelt es sich jedoch nicht nur darum, sie in der Darstellung eines individuellen Schicksals durchzuführen, sondern im Prinzip Unveränderlichkeit und Wandelbarkeit zu zeigen. Die Grundlagen für die Unveränderlichkeit der Person sehen wir einerseits in der anlagemäßigen Bedingtheit und Beharrlichkeit des Erbcharakters, andererseits erkennen wir eine zweite Linie der Unveränderlichkeit in der Gesetzlichkeit des periodischen Ablaufs und seinen Wiederholungen.

Gleichzeitig sehen wir, wie die Persönlichkeit sich in der Entwicklung entfaltet, biologisch erfahren wir diese Linie als die Entwicklung von der Jugend über die Reife zum Alter, im Seelischen erleben wir sie als Steigerung, Höhe- und Wendepunkte und Absinken. Über diese Tatsache hinaus ist die Persönlichkeit ein bewegliches Gefüge ihrer Grundelemente. Das führt uns der Vollzug des Lebens in jedem Moment vor Augen. Der Fluß des Geschehens mit seinem Kommen und Gehen der Eindrücke, mit seinem Wechsel der Stimmungen, seinem Setzen und Erreichen von Zielen, seinem Betroffenwerden durch Ereignisse, seinem unaufhörlichen Beenden und Beginnen in den alltäglichen Verrichtungen und den besonderen Gestaltungen unseres Lebens — das alles verläuft in einer Kette ständiger Bewegung. Sie erstreckt sich über den ganzen Verlauf unseres Lebens, und in ihr erscheint die Vielschichtigkeit und Dynamik der Person. Solange der Mensch lebt, muß er reagieren und handeln, muß sich anpassen und einstellen, Ziele setzen und Bedürfnisse befriedigen, innerseelische und geistige Veränderungen und Entwicklungen durchmachen. Diese Dynamik endet erst mit dem Tod. Sie beherrscht die Persönlichkeit und tritt immer wieder in der Gestalt von Spannungen und Lösungen auf.

So erleben wir die Spannung der Bedürfnisse und Wünsche, wir erleben die innerseelische Gegensätzlichkeit im Fühlen, Denken und Wollen, wir erfahren Spannungen zu den Meinungen anderer. Wir fühlen uns von innen und von außen bedroht, in aller Gefahr tritt uns gegensätzlich eine andere Macht gegenüber. In allen Schattierungen und allen Intensitätsgraden erscheint die Spannung, als kaum merkbare leise Unbehaglichkeit und als Wissen um eine Gefahr, die unsere ganze Existenz bedroht. Verfolgen wir die Bewegung, die von solchen Spannungen ausgelöst wird, dann begreifen wir manches, was uns merkwürdig inkonsequent erscheint, wir verstehen Veränderungen, Entwicklungen, Risse, Zwiespältigkeiten und Umbrüche, die durch das Wesen eines Menschen gehen.

Es ist diese existentielle Dynamik des Menschen, von der die Unruhe unseres Lebens ausgeht. Zum Teil kann sie durch äußere Anlässe bedingt sein, zum größeren Teil aber liegt sie in uns selbst. Sie ist im Grundgefüge unserer Anlagen mitgegeben und prägt sich mit der Entwicklung weiter aus. Gleichzeitig aber ist uns ein Gleichgewichtsvermögen mitgegeben und auch das ist entwicklungsfähig. Wir können die Spannungen zu einem Ausgleich bringen. Das gelingt nicht immer und nicht allen Menschen in gleichem Maße. Bei manchen ist Gleichgewichtsvermögen und Ausgleichskraft gering. Wir empfinden diese Menschen, deren inneres Gleichgewicht dauernd bedroht ist, als an der Grenze der Persönlichkeit stehend. Bei anderen, insbesondere bei alten Menschen, wird das Leben eigentümlich starr, der Ablauf der Persönlichkeit vollzieht sich mechanisch, in einem ewigen Kreise läuft das Dasein dahin. Auch das ist eine Grenze der Persönlichkeit.

Betrachten wir den Menschen auf seine innere Spannung und sein Ausgleichsvermögen, so stoßen wir auf eine letzte Tatsache. Die Persönlichkeit ist ein schwebendes Gleichgewicht. Diese Tatsache zeigt der Biograph, wenn er den Menschen in seiner Geschichte darstellt. Sie kann nicht von einer Typologie her, nicht von der Annahme eines starren Grundgefüges her begriffen werden. Sondern in ihr zeigt sich, daß der Mensch in Auseinandersetzungen und Entwicklungen sich bewähren muß, um seine Gestalt auszuprägen.

*FÜNFTES KAPITEL*

## DIE SCHICHTUNG DER PERSÖNLICHKEIT

Wohl das Eigenartigste und Merkwürdigste im Aufbau der menschlichen Persönlichkeit ist die Tatsache, daß die entwickelte Person zwar in einer aktuellen Gegenwart lebt, aber sich nicht in ihr erschöpft, daß sie in einem Moment ganz und ungeteilt da sein kann und dennoch hinter jedem Moment eine Vergangenheit steht, die auch mit zur Persönlichkeit gehört. Alles Erleben, Denken und Handeln vollzieht sich in der Zeit. Es gibt kein bewußtes Geschehen, das nicht seinen zeitlichen Ort hat, und dennoch ist in der Persönlichkeit etwas, was die Zeit überdauert. Diese Tatsache bedarf keines Beweises. Wir erfahren unmittelbar, wie wir uns in der Zeit verändern, und wissen dennoch gleichzeitig darum, daß es ein und dasselbe Ich ist, das sich verändert und entwickelt.

Das Wissen um unsere Vergangenheit und die in ihr abgesunkenen Teile und Inhalte der Persönlichkeit tragen wir als Selbstverständliches und Unmittelbares stets mit uns. Wir haben eine allgemeine Vorstellung von unserer Vergangenheit und unserer Entwicklung, zu Zeiten tritt diese oder jene Erinnerung hervor. Es gibt Perioden, in denen wir so tief in die Erinnerung fallen, daß uns darüber die Gegenwart verloren geht, und andere, in denen wir uns scheinbar völlig von Vergangenheit und Erinnerung lösen. Das eine wie das andere ist Täuschung. Auch wenn eine Erinnerung noch so lebendig wird, so bleibt doch das, worauf sie hindeutet, vergangen, und wenn Gegenwart noch so intensiv ist, so ragt in sie doch Vergangenheit hinein.

Als Bewußtsein ist die Persönlichkeit jeweils eine Einheit von Vergangenheit und Gegenwart, sie erlebt wissend die Gegenwart, und wissend klingt in der Erinnerung die Vergangenheit nach. Dazu kommt ein zweites. Die Grunderfahrung der modernen Psychologie besteht in der Einsicht, daß die Persönlichkeit nicht nur Bewußtsein ist. Im Bewußtsein haben und durchdringen wir vielmehr nur einen Teil der Person. Als lebendes, leidendes und handelndes Ganzes ist die Persönlichkeit jedoch mehr als Bewußtsein. Sie stellt jeweils eine Einheit von Vergangenem und Gegenwärtigem dar, die über das Wissen der Erinnerung und Gegenwart hinausgeht. In jedem Moment unseres Daseins steigt nur ein Teil der Vorgänge des Lebensprozesses in das Bewußtsein auf, und nur ein Teil der Vergangenheit ist durch die Erinnerung bewußt. Gleichwohl aber gehören diese in der Tiefe verlaufenden Vorgänge mit zur Persönlichkeit, die demnach nicht nur zeitlich abgesunkene Hintergründe, sondern Tiefenschichten besitzt, die dem direkten Zugriff des Bewußtseins entzogen sind. Welche Bedeutung kommt diesen Schichten in der Gesamtpersönlichkeit zu?

## DIE VITALE TIEFENPERSÖNLICHKEIT

Während die Erinnerung noch zum Teil wenigstens in der Reichweite des Bewußtseins liegt, gibt es in der menschlichen Persönlichkeit eine Schicht, die dem Zugriff des Bewußtseins fast ganz entzogen ist. Es ist die Schicht der vitalen Tiefenpersönlichkeit. Daß es im Leben Prozesse gibt, deren Ablauf dem Bewußtsein entzogen ist, lehrt schon eine einfache Betrachtung. Von den Vorgängen des Stoffwechsels, von dem Arbeiten der Organe, ja selbst vom Zusammenspiel der Muskeln wissen wir für gewöhnlich nichts. Automatisch und selbstverständlich geht der Prozeß des körperlichen Lebens seinen Gang. Wir kennen seinen Rhythmus und fügen uns ihm, auch wenn wir ihn nicht bewußt durchleuchten. Der Wechsel im Aufsteigen und Befriedigtwerden der Bedürfnisse, die stete Wiederkehr von Wachen und Schlafen, der Prozeß der Atmung und so vieles andere vollzieht sich, ohne daß wir eigentlich Notiz von ihm nehmen. Erst wenn der Ablauf gestört ist, wenn dieser selbstverständliche Rhythmus zu stocken beginnt, richten wir das Augenmerk unseres Bewußtseins darauf. Je gesünder ein Mensch ist, desto weniger weiß er — sofern er nicht gerade erkenntnismäßig oder als Forscher sich damit beschäftigt — vom Verlauf des organischen Lebens. Dieser Zustand kennzeichnet das normale Verhältnis der bewußten Persönlichkeit zur Schicht des vitalen Lebens. So sehr die Funktion der vitalen Prozesse Voraussetzung der Persönlichkeit ist, so wenig kümmert sich die bewußte Persönlichkeit um die tieferen Zusammenhänge. Sie sind ihr nicht gegenwärtig. Dieses ganze Innen des Körpers, die Arbeit des Herzens, der Kreislauf des Blutes, die Arbeit der Verdauungsorgane oder gar die Arbeit der Drüsen ist beim gesunden Menschen allenfalls ein Gegenstand des theoretischen Bewußtseins, aber nicht ein unmittelbarer seelischer Inhalt.

Wir erfahren zwar immer wieder, daß die vitale und die bewußte Persönlichkeit miteinander verflochten sind. Das lehren uns selbstverständliche Tatsachen. Tiefgreifende Störungen der vitalen Persönlichkeit hemmen die bewußte. Aber auch sonst spüren wir allenthalben ihren Einfluß, wir sind in den Rhythmus der vitalen Persönlichkeit eingebettet. Andererseits erleben wir, daß die bewußte Persönlichkeit einen gewissen Einfluß auf die vitale hat. Wir können körperlichen Schmerzen mehr oder minder widerstehen, Bedürfnisse unterdrücken und überhaupt steuernd, stützend oder hemmend in den Prozeß der vitalen Persönlichkeit eingreifen. Von dem Blickpunkt der täglichen Erfahrung aus sehen wir die relative Eigengesetzlichkeit beider Schichten trotz einer gegenseitigen letzten Abhängigkeit. Freilich bleibt gerade vom Blickpunkt dieser natürlichen Erfahrung aus der Zusammenhang der vitalen Persönlichkeit und der bewußten ein Rätsel. In der wissenschaftlichen Auffassung standen sich in der Lösung dieses Rätsels verschiedene Theorien gegenüber, von denen die bekanntesten die Wechselwirkungs- und die Parallelismustheorie sind. Beide sind sich über die relative Selbständigkeit von Leib und Seele klar, beide anerkennen aber auch, daß Leib und Seele im Ganzen der Persönlichkeit vereint sind. Während aber die Parallelismustheorie das leibliche wie das seelische Geschehen als einen in sich geschlossenen Zusammenhang annimmt, sieht die Wechselwirkungstheorie das gegenseitige kausale Ineinandergreifen.

Ein neuer Ansatzpunkt zur Lösung dieses Rätsels ergab sich aus den Fortschritten der Medizin und der Psychologie. Ein erstes wesentliches Ergebnis war die Einsicht, daß zwischen leiblichem und psychischem Geschehen Zusammenhänge bestehen, die sich der natürlichen Erfahrung entziehen. Einerseits wurde sichtbar, wie Krankheitserscheinungen vornehmlich seelischer Art, wie z. B. in manchen Neurosen, körperliche Grundlagen haben, andererseits aber erkannte man, wie körperliche Krankheiten aus seelischer Ursache (psychogene Krankheit) entstehen. Im Zusammenhang damit wurde die alte Auffassung, die streng zwischen körperlichem Geschehen als einem mechanischen und dem seelischen als einem geistigen trennt, korrigiert. Dieses Hinüberspielen körperlicher Vorgänge ins Seelische und seelischer Tatsachen ins Körperliche deutet auf eine „Leib-Seele-Einheit“ hin.

Doch ist dieser Begriff der Leib-Seele-Einheit nicht so zu verstehen, als ob die Persönlichkeit ein undifferenziertes Ganzes sei, sondern man erkannte, daß die Persönlichkeit ein geschichteter Aufbau ist. Freilich wurde diese Konsequenz nicht unmittelbar gezogen. Zunächst schien sich die ganze Problematik der neu entdeckten Beziehungen zwischen körperlichem und seelischem Geschehen im Begriff des Unbewußten zu sammeln. Jene leiblichen Vorgänge, die im Innern des Körpers sich vollziehen und unbewußt sind, wurden als Ursache seelischen Geschehens erkannt. Auf der anderen Seite zeigte sich, daß dieses Unbewußte, nur freilich in einem anderen Sinn, auch dem seelischen Leben selbst zugehörig ist. Das bewiesen die verblüffenden Einsichten der Hypnose und Suggestion. Sie lehrten, daß in Fällen, in denen das Wachbewußtsein ausgeschaltet ist, eine verborgene Persönlichkeit erscheinen, sprechen, ja sogar handeln kann.

In manchen Theorien der Tiefenpsychologie vertrat man die Auffassung, daß das „Unbewußte“ und die „unbewußte Persönlichkeit“ überhaupt der Träger der Persönlichkeit ist. Damit wäre freilich das Rätsel des Leib-Seele-Problems gelöst gewesen; denn das Unbewußte kann sowohl organisches Geschehen sein, wie es andererseits seelisches Geschehen ist. Man verallgemeinerte jene Erfahrungen der Suggestion und Hypnose und zog die Konsequenz, daß das Bewußtsein und die bewußte Persönlichkeit nur ein abgespaltener Teil der größeren unbewußten Persönlichkeit ist, der zwar scheinbar Selbständigkeit hat, in Wirklichkeit aber von der unbewußten Persönlichkeit bestimmt wird.

Diese radikale Konsequenz ist unhaltbar. Die daraus entstandene Theorie ist überhaupt nur möglich, weil der Begriff des Unbewußten durchaus doppelsinnig ist und nicht nur das Organische, sondern auch das Seelische meint. Der Begriff unbewußte Persönlichkeit ist streng genommen sogar widerspruchsvoll. Er spricht von einer nichtbewußten Persönlichkeit, während wir das Bewußtsein doch gerade als Kennzeichen der Persönlichkeit ansprechen und von Persönlichkeit nur dort sprechen, wo Bewußtsein vorhanden ist. So merkwürdig auch die Einsichten aus den Erfahrungen der Hypnose und seelischen Krankheit sind, so muß man doch immer bedenken, daß diesen Grenzfällen die natürliche Erfahrung gegenübersteht, die immer wieder beweist, daß auch das Bewußtsein Einfluß auf das Unbewußte hat. Wer nur einmal vorurteilsfrei diese Erfahrung bedenkt, muß einsehen, daß es nicht angeht, das Bewußtsein und die bewußte Persönlichkeit nur als einen Ausschnitt und eine Verkleidung der unbewußten anzusehen. Im übrigen haben gerade die tiefenpsychologischen Theorien in ihrer Praxis diese Tatsache anerkannt. Wenn die Tiefenpsychologie im analytischen Verfahren eine seelische Krankheit beheben will, dann appelliert sie gerade an die Kräfte der Persönlichkeit, die sie in ihrer Theorie leugnet. Die Psychoanalyse heilt eine Neurose, indem sie die Krankheit Stück für Stück ins Bewußtsein hebt, die Individualpsychologie beseitigt Störungen, indem sie dem Patienten das Fehlerhaften und Unzweckmäßige seiner seelischen Haltung klar macht. Hier wird also die Heilung gerade mit Hilfe jenes Bewußtseins durchgeführt und letztlich von jenem Bewußtsein erwartet, das in der Theorie nur die Attrappe des Unbewußten ist. Die medizinische Praxis der Tiefenpsychologie ist die stärkste Widerlegung ihrer eigenen Theorie — jedenfalls der Theorie, die dem Bewußtsein keine wirkliche, sondern nur eine scheinbare Macht gegenüber dem Unbewußten einräumt.

Dieser Begriff des Unbewußten ist ein negativer Begriff. Er meinte eine Form des Seelischen, nur insofern sie nicht als Bewußtsein auftritt. In dieser Auffassung hat der Begriff des Unbewußten gewiß seine Berechtigung. Die Schulpsychologie hatte zu sehr Seele mit Bewußtsein gleichgesetzt. Die Forschung des Unbewußten zeigte wiederum, daß es Seelisches auch dort gibt, wo das Bewußtsein ausgeschaltet ist. Doch in der negativen Unbestimmtheit des Begriffes „unbewußt" lag eine Gefahr, der die Tiefenpsychologie nicht entgangen ist. Im Versuch, diesem Begriff einen positiven Inhalt zu geben, kommt es letztlich zu einer vollkommen pragmatistischen Auffassung der Persönlichkeit. Um das zu sehen, braucht man nur die grundlegenden Bestimmungen der Tiefenpsychologie heranzuziehen. Wenn Freud etwa das Unbewußte weitgehend mit dem Triebleben und der Libido identifiziert, oder wenn Adler die Seele geradezu als Defensivorgan bestimmt, dann heißt das, daß die Persönlichkeit vom Triebleben, von den Bedürfnissen, von der Lebenserhaltung und -verteidigung her gesehen wird. Diese Folgerung lag überdies im Ansatzpunkt der Tiefenpsychologie. Maßgeblich für ihre Entstehung war immer das Interesse des Arztes, die seelischen Störungen, die mehr oder minder das tägliche Leben des Patienten behindern, zu beseitigen. In erster Linie war es ihm immer darum zu tun, jenen Kern der Persönlichkeit, der Träger der Lebenserhaltung ist, wiederherzustellen.

Die meisten dieser Auffassungen, die die „unbewußte Persönlichkeit" an Stelle der bewußten setzen und dabei das Unbewußte in diesem pragmatistischen Sinn verstehen, nehmen ihr Modell von der kranken Persönlichkeit. In ihr hat sich die Stellung des Bewußtseins verschoben. Der beginnende oder fortgeschrittene Zerstörungsprozeß der Persönlichkeit hat das Bewußtsein in eine Abhängigkeit vom Unbewußten gebracht, die das wesentliche Kennzeichen vieler seelischer Störungen ist. Wenngleich auch der Normale in manchen Perioden seines Lebens Ähnliches erfährt, so handelt es sich im einen wie im anderen Fall um Grenzfälle und Grenzsituationen der Persönlichkeit. In seiner Weise ist daher dieser Begriff der Persönlichkeit ebenso einseitig, wie der der Schulpsychologie, die ausschließlich im Bewußtsein das Wesen der Persönlichkeit suchte.

Das wirkliche Ergebnis der tiefenpsychologischen Forschungen ist eine Erweiterung des Persönlichkeitsbegriffs. Wir wissen heute, daß Persönlichkeit und Bewußtsein keine über dem organischen Geschehen schwebende und von ihm etwa vollkommen unabhängige Schicht sind. Zwar bleibt die Schicht des Bewußtseins das Charakteristikum der Persönlichkeit im eigentlichen Sinn; wo sie fehlt, können wir im strengen Sinn nicht mehr von Persönlichkeit sprechen. Je mehr sie ausgeschaltet ist, desto mehr ist auch die Persönlichkeit erkrankt oder gestört. Wir wissen heute, daß unter dieser Oberschicht, sie bedingend und tragend, andere Schichten liegen. Sie haben nicht nur Anteil an der Persönlichkeit, sondern können die bewußte Persönlichkeit hintergründig beeinflussen und sogar steuern. In diesem Sinn muß man von einer Tiefenpersönlichkeit sprechen, die, der bewußten verborgen und durch sie verdeckt, hinter ihr existiert. Nicht nur ein Teil der seelischen Krankheitserscheinungen, sondern auch Entwicklungen und Umbrüche im Leben der normalen Persönlichkeit werden von hier aus verständlich.

Wenn wir heute das Ganze der Persönlichkeit als einen Aufbau von Schichten ansehen, so heißt das nicht, wie schon gesagt, daß diese Schichten so scharf voneinander getrennt sind, wie frühere metaphysische Lösungen Leib und Seele voneinander trennten. Die Schichten gehen fließend ineinander über. Dafür sprechen zwei Tatsachen. Die erste ist der allmähliche Aufbau der Persönlichkeit. Der Säugling ist ein noch nicht in bewußtes und unbewußtes, in seelisches und leibliches Geschehen differenziertes Wesen. Erst allmählich entwickelt sich die Persönlichkeit, erst allmählich heben sich die Schichten voneinander ab. Eine zweite Tatsache ist die gegenseitige Durchdringung der Schichten. Leibliches Geschehen kann sich in seelisches, bewußtes Geschehen in unbewußtes und umgekehrt verwandeln. Dafür mögen zwei Beispiele genügen. Die Tiefenpsychologie hat bewiesen, daß ehemals bewußtes Geschehen so aus dem Bewußten verdrängt werden kann, daß es völlig unbewußt wird. Der Prozeß des Erkennens kann andererseits organische Vorgänge, die tief im Unbewußten liegen, so durchdringen, daß sie bewußt werden. Auch auf anderem Wege kann sich organisches Geschehen in bewußtes seelisches umsetzen. Einem allgemeinen Grundzug der heutigen Biologie folgend, können wir auch in der Psychologie annehmen, daß das Seelische in verschiedenen Stufen und Formen das Ganze der Persönlichkeit durchzieht.

## DER ZEITLICHE AUFBAU DER PERSÖNLICHKEIT

Kinder leben noch nicht in dem Sinne wie die Erwachsenen in der Zeit, sie leben in einer vollen und dichten Gegenwart. Das Gestern der Vergangenheit, das Morgen der Zukunft ist ungleich weniger wichtig als die Gegenwart, und es braucht überhaupt eine geraume Entwicklung, bis das Kind ein Gestern und Morgen besitzt. Zunächst kann sich das Kind der Gegenwart nicht entziehen und seine Persönlichkeit nicht aus ihr herausnehmen.

So folgt das Kind einem unmittelbaren Bewegungsgesetz, dem Gesetz des Augenblicks. Es kennt noch kein anderes Verhalten als jenes, das vom augenblicklichen Impuls ausgeht. Es unterdrückt keine Äußerung und kann in der ersten Zeit seines Lebens noch kein Verhalten täuschend vorschieben. Daher liegt über den frühkindlichen Äußerungen jene unbedingte Echtheit. Auf jeden Reiz, der das Kind berührt, erfolgt prompt die Reaktion. Noch kann das Kind keine Antriebe verbergen, noch keine Scheinhandlungen durchführen und nichts verschweigen. Je jünger das Kind ist, desto unmittelbar ist sein Verhalten vom Moment geprägt. In diesem Stadium ist die Gegenwart mächtiger als die Persönlichkeit.

Damit hängt die eigentümliche Ambivalenz des Kindes zusammen. Sie gehört mit zur Eigenart und zum Reiz des Kindes. Weinen und Lachen liegen im Kind eng beieinander, und es kann vorkommen, daß es unvermittelt aus dem einen ins andere übergeht. Der Erwachsene wundert sich, wenn das Kind Wahrheit und Unwahrheit mit derselben naiven Sicherheit auftischt. Es ist ihm unbegreiflich, wie es den Verlust von Menschen und Dingen, an denen es eben noch mit der zärtlichsten Zuneigung hing, gelassen und uninteressiert hinnimmt. Immer wieder erstaunen wir über die Kraft des kindlichen Vergessens. Eben noch war das Kind tief unglücklich, und im nächsten Moment ist es durch etwas anderes abgelenkt und lacht wieder.

Wir pflegen zu sagen, daß Kinder leicht zu beeinflussen sind, und meinen damit, Kinder wissen nicht recht, was sie wollen, und sind deshalb in ihrem Wollen leicht zu leiten. Wir stellen uns die kindliche Seele dann ähnlich der Seele des Erwachsenen vor, der in jenem Zustand ist, wo er nicht recht weiß, ob er das eine oder das andere will. Aber die kindliche Ambivalenz ist nicht die Unentschiedenheit, Unentschlossenheit und Zwiespältigkeit des Erwachsenen. Wenn Kinder überraschend von einer Beschäftigung zur anderen übergehen, wenn sie im nächsten Moment das Gegenteil von dem tun, was sie eben taten, so ist dieser Wechsel nur selten dem Schwanken des Erwachsenen vergleichbar, der unentschieden von einem zum andern geht. Die kindliche Ambivalenz hat vielmehr ihren Grund in einer ungleich größeren seelischen Beweglichkeit.

Das schließt nicht aus, daß Kinder in ihrem a u g e n b l i c k l i c h e n Handeln sehr entschieden sind. Auch wenn sie in ihrem Tun sprunghaft wechseln, so pflegen sie doch das eine wie das andere mit derselben Ernsthaftigkeit zu tun. Ihr jeweiliges Handeln ist vom Ablauf der Zeit und dem Wechsel der Situation bestimmt. Die kindliche Persönlichkeit hat der Zeit gegenüber noch keine Selbständigkeit. Deswegen haftet der Persönlichkeit im ganzen eine eigentümliche Unentschiedenheit und Ambivalenz an, die dem Erzieher oft schwer zu schaffen macht; denn manche Kinder behalten diese Unbestimmtheit lange. In einer merkwürdigen Weise sind dann Züge gegensätzlichen Verhaltens ineinander gemischt. Verlogenheit und Ehrlichkeit, Gutartigkeit und Bösartigkeit, Mut und Feigheit, Stolz und Demut, Fleiß und Faulheit erscheinen nebeneinander. So bunt kann der Wechsel sein, daß der Erzieher einfach nicht weiß, welche Seite er als die eigentliche nehmen soll. Dann geht es ihm nicht selten so, daß er, über Anlagen und Wert eines Zöglings befragt, ein Urteil abgibt, das er voll verantworten kann, dessen er aber dennoch in seinem Innern nicht recht sicher ist.

Im kindlichen Leben spielt die Gegenwart eine andere Rolle als im Leben des Erwachsenen. Das Kind ist mehr oder minder immer der Gegenwart untertan. Nur in seltenen Momenten löst es sich aus der Gegenwart. Es gibt solche Fälle, und einer dieser Fälle ist das Heimweh. Da zeigt sich auch im kindlichen Leben jene Macht der Vergangenheit, die für das Leben des Erwachsenen charakteristisch ist. Das Kind fällt zurück in eine Vergangenheit, mit der seine Persönlichkeit schon so fest verbunden ist, daß die Gegenwart keinen Reiz mehr hat. Aber im allgemeinen geht das Kind in der Gegenwart auf. Das Vergangene sinkt ab, sobald es eben zeitlich entschwunden ist. Es ist vorbei und erledigt, es besitzt keine Wirklichkeit mehr.

Immer ist für den Erwachsenen ein anderer Besitz von Vergangenheit charakteristisch. Und zwar besitzt der Erwachsene Vergangenheit nicht als zeitlose und unbewußte Gegebenheit, sondern als bewußte Erinnerung. Der Besitz von bewußter Erinnerung aber ist erst möglich, wenn die Persönlichkeit der Zeit gegenüber selbständig ist. Der Erwachsene kann sich aus der Zeit herausnehmen, er kann in einer Gegenwart anwesend sein und dennoch in ihr ungegenwärtig sein, er kann sich zugunsten einer Vergangenheit oder Zukunft der Gegenwart entziehen. Dann lebt er nicht mehr in der unmittelbaren Gegenwärtigkeit des Augenblicks, sondern in dieser Gegenwart ist immer Ungegenwärtiges mitgegeben.

Was ist eigentlich Gegenwart in diesem Sinn? Während wir in einer Arbeit, einer Unterhaltung, einem Gedankengang, einer Vorstellungsreihe, einem Erlebnis gegenwärtig sind, kommen und gehen Erinnerungsbilder, Vorstellungen, Gedanken und Stimmungen, die nicht zu dieser Gegenwart gehören. Sie schließt sich um einen Inhalt zusammen, sei es das Ziel der Arbeit, die Stimmung des Erlebnisses, der Gedankengang einer Unterhaltung, der Vollzug einer Tätigkeit usw. Auf diesen Inhalt konzentriert sich die Gegenwart, und in ihm begrenzt sie sich. Wenn dieser Inhalt ausgestaltet oder erschöpft ist, und wenn er als Ganzes absinkt, dann fühlen wir, daß eine Gegenwart sich abschließt und eine neue beginnt.

Es gibt eine durchschnittliche, alltägliche und eine intensive, gesteigerte Gegenwart. Es gibt intensive Gegenwart, in der sich die Persönlichkeit voll einsetzt und sich restlos hingibt. Aber nur in seltenen Momenten schließt sich Gegenwart so intensiv zusammen, daß alles nicht unmittelbar Dazugehörige versinkt und vergessen wird. Diese ausgezeichnete Gegenwart hat immer die Tendenz, die Persönlichkeit aus allem anderen herauszulösen und mit einem einzigen Inhalt zu verschmelzen. Wenn wir solche Gegenwart in ihrer intensivsten Form erleben, werden alle anderen Beziehungen unserer Existenz unwesentlich. Wir identifizieren uns mit e i n e m Inhalt, sei er eine Person, eine Sache oder eine Idee. Die vielfältige Verwurzelung unseres Daseins lockert sich, und wir haben das Gefühl, daß wir mit diesem Inhalt stehen und fallen. Die Persönlichkeit erlebt sich in diesem Moment als Substanz von unvergleichlicher Geschlossenheit. Zugleich aber hat sie das Gefühl, daß mit dem Verschwinden dieses Inhalts auch sie selbst gefährdet ist. Sie lebt so intensiv in der Gegenwart wie das Kind. Aber der prinzipielle Unterschied liegt darin, daß das Kind, abermals vom Fluß der Zeit getragen, den nächsten Augenblick mit derselben Intensität erleben kann. Der Erwachsene aber setzt seine ganze Persönlichkeit ein. Kann er diese Gegenwart nicht halten und zur Dauer machen, endet sie, dann endet vielleicht auch seine Persönlichkeit.

Für gewöhnlich aber füllt weder eine Gegenwart die Persönlichkeit noch die Persönlichkeit ihre Gegenwart ganz aus. Während wir einem Gedankengang nachhängen, in der Stimmung einer Stunde befangen sind oder eine Tätigkeit betreiben, taucht immer wieder anderes, das nicht zu dieser Gegenwart gehört, vor uns auf. Scheinbar völlig zusammenhanglos und abgerissen steht plötzlich ein Erinnerungsbild vor uns, es kommt ein Gedanke ganz anderer Art dazwischen, oder es überfällt ein in eine andere Richtung weisender Impuls. Wir wehren uns gegen diese störenden Einsätze, und sie vergehen meist so schnell, wie sie gekommen sind. Aber wir können nicht verhindern, daß immer wieder ungerufen dies und jenes aufsteigt. Wir können uns lediglich bemühen, dieses andere immer wieder abzuweisen und auszuschalten.

Die durchschnittliche und alltägliche Gegenwart ist stets durchkreuzt von Ungegenwärtigem. Ihre Gestalt ist nicht dicht. Zwar vergessen wir oft schon nach kurzer Frist all das, was kreuzend und störend in eine Gegenwart hineinragt. In der nachträglichen Betrachtung mag uns dann das Ganze geschlossen und einheitlich erscheinen. Aber die genauere Betrachtung zeigt, daß diese Gegenwart ein vielfältig verschlungenes, von den verschiedensten Linien durchkreuztes Gewebe ist. Wenngleich ein Mittelpunkt vorhanden ist, der dem Ganzen seinen Stempel aufdrückt und die einzelnen Momente wie um einen Kern zusammenschließt, so finden sich doch viele vom Mittelpunkt wegstrebende Linien.

Diese Analysen der Zeit erhalten ihren Sinn erst in einer Betrachtung der Bedeutung der Zeit. Das Kind lebt in der Zeit als einer Bewegung ständiger Gegenwart. In dieser Bewegung entwickelt es sich, und von ihr wird es getragen. Aber noch spürt es nicht, daß ständig etwas absinkt, noch lebt es ungeteilt in der Gegenwart. Mit jedem Schritt in die Zeit hinein aber läßt es etwas zurück, und da das Leben nichts vollständig aufgibt, was es besaß, so wird das Zurückgelassene untergründlich mitgenommen. Das Kind wird zum jungen Menschen, der junge Mensch wird zum Erwachsenen, und jedesmal läßt es eine Welt hinter sich zurück. Anfänglich wird das Alte leicht und meist ohne Bewußtsein aufgegeben, mit zunehmendem Alter empfinden wir schwerer und schwerer das Vorrücken der Zeit. Mehr und mehr hängt sich an das Neue der Ballast des Alten an, und mehr und mehr tauchen hinter der Gegenwart die Schatten des Vergangenen und Zukünftigen auf. Zu Beginn drängt unser Leben nach Entwicklung, gegen Ende fürchten wir sie. Die Entwicklungskraft verbraucht sich, denn jede Entwicklung streicht etwas Vorhergehendes aus. Wir besitzen das Vergangene nicht als Aktuelles und Wirkliches, aber wir nehmen es als Schatten und Aufgehobenes mit. Je mehr wir vorwärtsschreiten und an seelischem Raum gewinnen, desto mächtiger wird der Hintergrund. Im selben Sinn schrumpft die Zukunft zusammen und verliert an Gewicht. Dem jungen Menschen bedeutet die Zukunft die größere und bessere Welt, für den Alten ist sie der Raum, der hinter seiner Gegenwart kommt, der aber — verglichen mit dem mächtigen Hintergrund der Vergangenheit — klein und begrenzt ist.

## DIE ERINNERUNG

Tag für Tag sinkt vieles in die Erinnerung ab. Es ist getan, gedacht, gefühlt, erfaßt, erlebt und damit fertig. Aus der Gegenwart herausgetreten, verliert es seine Aktualität. Als ein Erledigtes geht von ihm keine Spannung mehr aus. Aber alles, was in die Erinnerung eingeht, kann wieder gerufen werden. In diesem Sinn ist die Erinnerung der unmittelbare Hintergrund der Persönlichkeit. Alle Erinnerungsinhalte besitzen jenen eigentümlichen Charakter des Erledigten und Vollendeten, aber dennoch nicht Vergessenen.

Nur von einem Teil der Erinnerungsinhalte wissen wir, warum sie in die Erinnerung eingegangen sind. Das sind vor allem jene Inhalte, die wir uns gemerkt, oder gar gelernt haben. Das sind weiter Eindrücke, Geschehnisse, Situationen, die uns im Augenblick ihrer Aktualität stark gefaßt haben. Ein anderer Teil der Erinnerung aber erscheint uns gänzlich zufällig. Strichweise erinnern wir uns an Begebenheiten nebensächlicher Art, herausgerissene Einzelheiten und Kleinigkeiten, denen wir vielleicht im Moment ihrer Aktualität keinerlei Bedeutung zumaßen. Aber sie waren stark genug, um in der Erinnerung zu bleiben. Manches von dem, was wir uns vorgenommen haben, und was uns vielleicht wochenlang, solange es nicht getan war, in Spannung hielt, verschwindet in kürzester Zeit, nachdem es getan ist. Kaum daß wir es an den darauffolgenden Tagen noch wissen, und alsbald ist es völlig vergessen. Momentane Eindrücke wiederum, die nur einen Augenblick aktuell waren, haften lange Zeit in der Erinnerung.

Die Erinnerung trifft eine Auswahl und folgt dabei einem Gesetz, das uns nur zum Teil durchsichtig ist. Wenn wir unsere Erinnerung bis zu ihren ersten

Inhalten zurückverfolgen, stoßen wir auf abgerissene Einzelbilder. Völlig zusammenhanglos stellen sich uns — vom Bewußtsein her gesehen — Bilder und Situationen in großer Deutlichkeit dar. Sie haben den Charakter von Momentaufnahmen, die gänzlich für sich stehen und keine Verbindung zu dem Vorhergehenden oder Nachfolgenden besitzen. Es gibt keinen durchgehenden, in sich geschlossenen Zusammenhang der Erinnerung. Nur für einige Tage können wir im erinnerungsmäßigen Zurückgehen den Ablauf annähernd vollständig wiederherstellen. Auch hier gibt es schon Lücken. Manche Gedanken, Eindrücke und Handlungen entfallen uns schon im nächsten Moment. Je weiter wir zurückgehen, desto lockerer wird das Gewebe der Erinnerung, schließlich tauchen nur noch jene abgerissenen Bruchstücke auf, und dann verliert sich die Vergangenheit völlig im Dunkel.

Über diese Tatsache täuscht uns der Erinnerungs r a h m e n , den wir uns zurechtlegen, hinweg. Allmählich fixieren wir in uns die Wendepunkte und fassen die Zeit, die zwischen ihnen liegt, zu einer Einheit zusammen. Wir wissen, daß wir zu dieser oder jener Zeit an diesem und jenem Ort waren, dieses oder jenes taten, daß dann dieses oder jenes kam. Am Leitfaden dieses Rahmens ordnen wir dann die einzelnen Erinnerungsbilder, die wir besitzen. Aber an wirklich substantieller Erinnerung haben wir immer nur einzelne Eindrücke, die — gerufen oder ungerufen — plötzlich mit merkwürdiger Deutlichkeit vor uns stehen. Wenn so etwas aus der Erinnerung wieder aktuell wird, dann kann die ganze Situation wieder leibhaftig vor uns stehen. Wir glauben dieselbe Luft zu atmen, wir sehen wieder den damaligen Raum vor uns, wir meinen uns an jedes Wort zu erinnern, das gesagt wurde, an Farben, Töne und Stimmungen. Alles, was zum Bild gehört, ist bis in die Einzelheiten hinein da, obgleich es die Tönung des Vergangenen, des zwar Wiederkommenden, aber Gewesenen behält.

Offenbar arbeiten im Aufbau der Erinnerung zwei Tendenzen. Die eine faßt den Moment in seiner qualitativen Eigenart und Einzigartigkeit. Sie nimmt mit photographischer Deutlichkeit eine Situation auf und in ihr Zorn, Scham, Wehmut, Freude, Stolz oder Genugtuung, die das Geschehen in seiner Aktualität begleiteten. Diese Erinnerung ist niemals neutral, sie quält oder erfreut uns, sie warnt uns oder treibt uns an. Jede in diesem Sinn substantielle Erinnerung bildet ein Stück unserer Persönlichkeit.

Daneben besitzen wir eine formale Erinnerung. Während die substantielle Erinnerung offenbar schon sehr früh mit ihrer Arbeit beginnt, setzt die formale erst mit der Tätigkeit des Bewußtseins ein. Sie faßt Zeiträume und Geschehensketten zusammen, hebt sie gegeneinander ab und ordnet sie in den zeitlichen Rahmen ein. Fixiert die substantielle Erinnerung Inhalte, so markiert diese und grenzt ab. Sie gibt uns ein zwar lückenhaftes und stellenweise undichtes, aber geordnetes Bild unserer Vergangenheit. Aus ihr können wir an zeitlichen Abschnitten und Daten den Verlauf unseres Lebens entwickeln. Was wir in dieser Erinnerung haben, können wir bewußt herbeirufen.

Dagegen hat die substantielle Erinnerung einen wesentlich passiven Charakter. Das ist jene Erinnerung, die uns begleitet, ob wir wollen oder nicht, deren Bilder ungerufen oder gerufen kommen. Sie ist die Grenzscheide zu jener tieferen, dem Zugriff des Bewußtseins entzogenen Schichten der Persönlichkeit. Ob es in diesen Schichten der Persönlichkeit ein Vergessen gibt, wissen wir nicht. Manches deutet darauf hin, daß es nicht so ist. In der Hypnose können Menschen Dinge wieder reproduzieren, an die sie sich im Wachzustand niemals erinnern können. Es kann sein, daß dieser Hintergrund der Seele alles und jedes behält, was er jemals aufgenommen hat.

Aber im Vordergrund, im Wachbewußtsein der Persönlichkeit befindet sich immer nur ein Ausschnitt. Alles, was dort keinen Platz hat, was nicht in die willensmäßig reproduzierbare Erinnerung eingeht und auch nicht in die Schicht einer schon halb unbewußten und unwillkürlichen Erinnerung absinkt, fällt in jene Tiefe des Vergessens. Man muß sich aber klar darüber sein, daß Vergessen nicht absolutes Entschwinden und Verlieren ist. Abgesehen davon, daß es ein Vergessen stärkeren oder schwächeren Grades gibt, ist auch jenes tiefste Vergessen nur ein Absinken in eine seelische Tiefe. Dort arbeitet das Bewußtseinsjenseitige weiter. Es ist in eine Schicht der vitalen Tiefenpersönlichkeit eingedrungen, in der es vom Bewußtsein nicht mehr durchleuchtet werden kann, aber gleichwohl indirekt auf das Bewußtsein und die bewußte Persönlichkeit seinen Einfluß ausübt.

## AKTUELLE UND LATENTE PERSÖNLICHKEIT

Wenn wir in der Konsequenz der vorhergehenden Überlegungen zwischen latenter und aktueller Persönlichkeit scheiden, so ist klar, daß aktuelle Persönlichkeit nur der bewußte Mensch besitzt. Nur er ist sich in seiner Gegenwärtigkeit des Gegenwärtigen bewußt, nur er besitzt Aktualität in diesem ausgesprochenen und prägnanten Sinn. Dieses Wissen um die Aktualität ist wie das Wissen um das Selbst ein Grundzug des Bewußtseins, wobei unter Bewußtsein nicht im engsten Sinn theoretisches, sondern im Erleben und Handeln sich zeigendes Bewußtsein verstanden ist.

Aber weil das Bewußtsein in dieser Aktualität immer nur einen Ausschnitt der ganzen und wirklichen Person hat, ist der Hintergrund der aktuellen Persönlichkeit immer die latente, die zum Teil bewußtseinsfähig, zum andern Teil dem Bewußtsein undurchsichtig ist. Zwischen latenter und bewußter Persönlichkeit läßt sich aber keine scharfe Grenze ziehen, zwischen beiden verläuft ein Prozeß. Latentes Persönlichkeitsgut kann wieder aktuell werden, aktuelles kann absinken und latent werden.

Das latente Persönlichkeitsgut ist jeweils durch die Hintergründigkeit gekennzeichnet. In diesem Sinn hintergründig ist verschiedenes. 1. Die organischen Prozesse, die das Leben im Gange halten und lange funktionieren, ehe das Bewußtsein erwacht ist. 2. Andere Prozesse, die im Lauf des Lebens sich ausgeprägt und mechanisiert haben, wie z. B. Gewohnheiten, die wir, ohne uns etwas dabei zu denken, mechanisch durchführen. 3. Seelische Inhalte, die einmal aktuell waren und dann in die Erinnerung absanken, aber wiederkehren können. 4. Seelische Inhalte, die aus dem Bewußtsein in einer Weise abgesunken sind und verdrängt wurden, so daß sie uns nicht mehr erinnerlich sind.

Sowohl als Inhalt wie als Prozeß ist die latente Persönlichkeit der Mächtigkeit des Bewußtseins entzogen. Ihr Anteil am Leben der Persönlichkeit beweist sich darin, daß aus ihr Motive zu Handlungen, ja oft sogar direkte und unmittelbare Handlungen kommen. Vieles tun und unterlassen wir, weil uns eine tiefere Schicht unserer Persönlichkeit dazu treibt oder uns davor warnt. Wir haben in der latenten Persönlichkeit eine letzte Reserve, die dort einspringt, wo das Bewußtsein entscheidungsunfähig wird. Teile der sogenannten intuitiven und instinktiven Eingebungen und Handlungen entspringen der latenten Persönlichkeit. Aber wir haben in ihr auch eine letzte Grenze der bewußten Persönlichkeit. Wenn bewußte Vorsätze und Handlungen von innen heraus scheitern, so liegt es an Gegebenheiten und Voraussetzungen der Tiefenpersönlichkeit, die eine oft nicht mehr kontrollierbare Hemmung der aktuellen Persönlichkeit sind.

Es erhebt sich die Frage, wer Träger des Handelns ist, die aktuelle oder die latente Persönlichkeit. Es gibt sicherlich Fälle, in denen das Bewußtsein sich durchsetzt gegen Antriebe oder Hemmungen, die aus einer seelischen Tiefe kommen, deren sie sich nicht bewußt ist. Ebenso gibt es Fälle — um ein anderes Beispiel zu nennen: den Schlafwandler — wo die latente Persönlichkeit alleiniger Träger des Handelns ist. Die Psychiatrie kennt die sogenannte Doppelpersönlichkeit, wo ein doppeltes Persönlichkeitsbewußtsein auftritt.

Im allgemeinen aber handeln wir aus der Aktualität. Aktuelle Gegebenheiten, aktuelle Gedanken, aktuelle Triebe und Gefühle, aktuelle Umstände bestimmen unser Handeln. Das hindert nicht, daß in die Aktualität tiefere Schichten der Persönlichkeit hineinragen. Der Verlauf der tieferen organischen Vorgänge ist zunächst einmal Voraussetzung des Handelns. Seelische Inhalte, die sich verdichtet haben, greifen in das bewußte Handeln ein. In jeder Erfahrung, die uns beim Handeln leitet, hat sich Vergangenes verdichtet. Wie vieles verrichten wir halb mechanisch. Gelerntes in diesem Sinn übersehen wir nur zum Teil. Es ist uns nur soweit bewußt, als wir es zweckmäßig verwenden können. Von der Fähigkeit des Gehens und der willkürlichen Bewegung angefangen bis zu den komplizierten Tätigkeiten des Sprechens, Schreibens und anderen Funktionen hinauf haben wir zwar ein Bewußtsein, und wir verfügen bewußt darüber. Aber das Bewußtsein leitet nicht jeden einzelnen Schritt, es steuert nicht jede einzelne Muskelbewegung, sondern diese Prozesse sind so eingespielt, daß sie mechanisch arbeiten, sobald ein Ziel vorgegeben ist.

Genau so wie die Gegenwart des Erwachsenen immer durchzogen ist von Ungegenwärtigem, so ist auch die aktuelle Persönlichkeit und ihr Handeln immer von tieferen Schichten der Persönlichkeit mitgetragen. Diese Hintergründigkeit unterscheidet die erwachsene Persönlichkeit und ihr Handeln vom Kind. Aktualität ist immer Ausschnitt, sie ist momentane, gegebene Wirklichkeit, hinter der eine andere, im Moment nicht sichtbare Wirklichkeit steht. Es gibt Momente, in denen die Person — wie z. B. in einem heftigen Affekt — nur aus dem Moment heraus zu handeln scheint. Aber selbst hier kann Vergangenes mitspielen. Gerade Affekthandlungen zeigen sehr oft eine Hintergründigkeit, und erst wenn man diese Hintergründigkeit kennt, versteht man sie. Was dann in einer momentanen Handlung plötzlich ausschnittartig sichtbar wird, ist vielleicht das Ergebnis einer langen Entwicklung.

Das zeigt, daß die aktuelle Persönlichkeit nicht scharf von der latenten getrennt werden kann, wenigstens nicht in den normalen Fällen des Handelns. Es zeigt aber zugleich eine Eigenart des Bewußtseins, die die psychologische Analyse für gewöhnlich nicht sieht. Das Bewußtsein ist durch die Aktualität hindurch auf Vergangenes und Zukünftiges bezogen, es erlebt in der Aktualität des momentan Wirklichen auch die Wirklichkeit, die momentan nicht sichtbar ist. Auch das Bewußtsein ist zeitlich, d. h. es ist dem zeitlichen Eindruck und der momentanen Wirklichkeit hingegeben. Aber weil es sich immer auch des Ausschnittcharakters der Gegenwart bewußt ist, kann es in der Aktualität Zeitloses festhalten. Wenn das Bewußtsein in eine Handlung steuernd eingreift oder ein Erleben begleitet, dann ist die Gegenwart immer schon gespalten in eine zeitliche Aktualität und eine im Moment nicht gegebene vergangene, zukünftige oder zeitlich überhaupt nicht sichtbare Wirklichkeit.

Wenn im Warten sich die Sekunden zu Ewigkeiten dehnen und die Zeit in endlos langer, halber Gegenwärtigkeit verfließt, so ist es das Bewußtsein, das diese Gegenwart zerstört im Hinblick auf das Kommende. Wenn in der intensiven Gegenwart uns die Stunden entschwinden, so ist es wiederum das Bewußtsein, das in dieser Gegenwart das Einmalige festhalten will. Mitten in der zeitlichen Gegenwart arbeitet hier der über den Augenblick hinausgreifende Zug des Bewußtseins. Das Bewußtsein trägt allererst in die Zeitlichkeit die Unruhe. Das Kind, der Gegenwart hingegeben, kennt diese Unruhe nicht. Es ist die Unruhe, die eben im Bewußtsein der Zeitlichkeit liegt.

Diese Unruhe, die das Bewußtsein in die Zeitlichkeit trägt, wird aufgewogen durch die Verhaftung der Persönlichkeit im Zeitlosen. Das Gesetz der aktuellen Persönlichkeit ist immer die augenblickliche Wirklichkeit, das Gesetz der bewußten Persönlichkeit ist der über den Moment hinausreichende oder überhaupt zeitlose seelische Gehalt. Wir erleben praktisch in der Erfahrung die Wiederholung, wir fühlen unter der veränderlichen Oberschicht des Lebens das Gleichbleibende. Mit dem Eintritt des Bewußtseins und seiner Verdichtung zum Selbstbewußtsein erkennen wir den gleichbleibenden Kern unserer Persönlichkeit. Diesem ersten Schritt folgen weitere, in denen die Persönlichkeit ihren gegenwartsunabhängigen Raum gewinnt.

Das ganze Leben hindurch ist die Persönlichkeit zwischen Zeitliches und Zeitloses gestellt. Aber sie durchläuft einen Prozeß der Entwicklung, dessen allgemeiner Sinn feststeht, so verschieden auch die Formen im einzelnen sind.

In der seelischen Jugend überwiegt die Zeitlichkeit und Aktualität. Wir leben im Augenblick und in der Gegenwart, weder Vergangenheit noch Zukunft kümmern den jungen Menschen viel. In der seelischen Reife sind wir uns der Tatsache bewußt, daß die Aktualität Ausschnitt ist und zurück in die Vergangenheit wie vorwärts in die Zukunft weist. Wir erfahren den dauernden Untergrund unserer Persönlichkeit, wir leben in der Anstrengung auf Ziele, die nicht nur Gegenwartscharakter haben, wir erfahren allgemeingültige Erkenntnisse und im Gewissen den Sinn moralischer Normen, die ins Zeitlose weisen. Aber noch zeigt uns die lebendige seelische Aktivität Möglichkeit, noch leben wir in der Gestaltung der Zukunft. Seelisch altert die Persönlichkeit, wenn die Macht der Aktualität schwindet. Wir leben in der Erinnerung, wir erwarten nichts Neues von der Zukunft. Die Gegenwart ist nicht mehr, wie für den jungen Menschen, der unendliche, stets sich erneuernde Augenblick, sondern ein kleiner Ausschnitt, hinter dem sich die größere Vergangenheit erstreckt. Zugleich deutet diese Gegenwart schon auf den Abbruch der Zeitlichkeit und das Ende des Lebens im Tod.

## DIE KRISE

Wir haben ein recht genaues Bild von jenen Krisen, die ihren Grund in der Tatsache der allgemeinen Lebensentwicklung haben. So existiert eine umfangreiche Literatur über die Pubertätskrise, der die Forschung im besondern ihre Aufmerksamkeit zugewandt hat. Eine andere, in der allgemeinen Erscheinung des Lebensprozesses liegende Krise, die des Klimakteriums, ist gleichfalls erforscht und dargestellt worden. Das Bild dieser Krisen stellt sich so dar: In den Zeiten der Umstellung des Körpers, die durch das Auftreten oder Schwinden des Geschlechtslebens vor sich geht, ist der Körper durch diese Vorgänge oft bis an die Grenze seiner Tragfähigkeit belastet. Schon von hier aus wird der Lebensprozeß schwieriger, der Körper wird empfindlicher, die Empfänglichkeit für Krankheiten größer und dementsprechend Leistung und Arbeitsfähigkeit geringer. Dieses Erzittern des körperlichen Lebens greift ins Seelische über. Aber auch von sich aus gerät das seelische Leben in die Krisensituation. In der Pubertät öffnet sich eine Erlebniswelt, im Klimakterium verschwindet ein Bereich des Erlebens. Diese innerseelische Veränderung des Lebensraumes ruft in der Persönlichkeit Erscheinungen hervor, die der körperlichen Krise verwandt sind, freilich keineswegs gänzlich aus dem Körperlichen zu erklären sind. Das Gefüge der Persönlichkeit gerät ins Schwanken, alte Werte versinken, neue tauchen auf. Oft stehen die seelischen Mittel zur Verarbeitung dieser neuen Inhalte nicht bereit. Noch ist keine Form des Verhaltens ausgeprägt, mit der man den neuen Wünschen oder Schwierigkeiten begegnet. Die Bemühung um die neue Erlebniswelt und die Auseinandersetzung mit der vergehenden Welt und die Trennung von ihr belasten das seelische Leben oft aufs stärkste. Die Persönlichkeit wird reizbar, in ihrem Verhalten schwankend, und die innere Unsicherheit prägt sich in ihrem ganzen Gebaren aus. Es kommt zu jenen Erscheinungen, wie sie etwa in der Literatur über die Pubertätszeit oft beschrieben sind.

Die Tatsache der Krise ist auf diese Erscheinungen nicht beschränkt, wenngleich sie hier im Zusammentreffen von körperlicher und seelischer Krise besonders deutlich wird. Es gibt daüber hinaus Krisen. Wir meinen nicht jene, die im Gefolge von Krankheiten auftreten. Sie ändern das oben gezeichnete Bild nicht wesentlich. Sondern gemeint sind innerseelischen Krisen, die nicht in der allgemeinen und fast gesetzmäßigen Form auftreten wie die im Prozeß der biologischen Umformung erscheinenden Krisen. Da sie nicht Hand in Hand mit körperlichen Veränderungen gehen, sind sie nicht so leicht zu bemerken, wenngleich sie im Leben der Persönlichkeit ihre tiefe Bedeutung haben. Man hat diesen Vorgängen auch keine große Aufmerksamkeit geschenkt. Wohl hat sich die Psychiatrie ihnen genähert. Aber ihr Interesse richtete sich vornehmlich auf die Fälle, wo die Krise einen negativen Abschluß gefunden, und die Persönlichkeit ganz oder teilweise zerstört hat.

Die Krisensituation erleben wir teilhaft sehr oft. Dann ist sie auf einen Teil unseres seelischen Lebens beschränkt. Wir erfahren sie im Denken. Eine Wahrheit, ein ganzer Denkkreis wird uns zweifelhaft. Neue Erkenntnisse brechen ein und erschüttern alte Denk- und Glaubensinhalte. Gewohnte Formeln und Gedankengänge werden fraglich. Natürlich bewirkt nicht jede neue Erkenntnis, nicht jede Einsicht in einen Irrtum die Krisensituation. Selbst die Entdeckung neuer und wichtiger Wahrheiten und das Verschwinden umfassender und bedeutsamer Einsichten muß nicht die Krisensituation auslösen. Wir nehmen Kenntnis davon, es interessiert uns, aber erschüttert uns nicht. Hingegen können Geschehnisse von kleinster Bedeutung, wie z. B. der kleine Betrug, die kleine Unwahrhaftigkeit eines Menschen, an den wir fest geglaubt haben, uns so treffen, daß wir in eine kritische Situation kommen. Nicht die Objektivität und Allgemeingültigkeit einer Wahrheit, sondern die Subjektivität und die Verbindung unseres Ichs mit ihr ist entscheidend. Werden Wahrheiten und Erkenntnisse, mit denen wir uns ganz identifiziert haben, zweifelhaft, entsteht die Krise. Immer ist das Zeichen der Krisensituation, daß ein geprägter, geformter und fixierter Teil unseres Ich sich auflöst.

Wir erfahren die Krisensituation im Bereich des Fühlens und der Lebensstimmung. Das Schwinden eines vorhandenen Gefühls und das Auftauchen eines neuen bringt unser seelisches Gleichgewicht ins Schwanken. Hier ist die Intensität entscheidend, mit der die Umordnung vor sich geht. Vieles begegnet uns, was uns für einen Moment gefällt und anzieht, aber es kommt zu keiner tieferen Bindung, anderes, was uns abstößt, berührt uns doch nicht so stark, daß ein dauerndes Gefühl der Abneigung oder gar Haß entstehen kann. Auch hier gilt wieder, daß die kleinen Verschiebungen des Fühlens und der Stimmung nicht in die Krisensituationen führen. Aber eine Beziehung, die sich zur Liebe, eine Abneigung, die sich zum Haß entwickelt hat, fixiert unsere Persönlichkeit. Verlieren wir sie, dann überfällt uns jenes eigentümliche Gefühl der Leere. Umgekehrt hat jedes Gefühl, das uns leidenschaftlich erfaßt, die Tendenz, übermächtig zu werden, unser Ich zu beschlagnahmen und Altes, Vorhandenes zu verdrängen. Jedes neue starke Gefühl beginnt daher mit einer inneren Unruhe. Die Krisensituation tritt ein, wenn geprägte feste Gefühle zusammenstoßen mit neuen Gefühlsbewegungen. So erfahren wir beängstigend, daß Liebe sich in Haß verwandeln kann. Wir erleben, wie ein neues Gefühl von uns unwiderstehlich Besitz ergreift und Altes gleichgültig wird. Nicht der Prozeß der Umwandlung als solcher ist es, der uns bedrückt. Aber in diesem Prozeß entschwindet auch ein Stück unseres bisherigen Ichs, wir verlieren seelischen Boden, den wir besaßen, während wir im neuen Gefühl noch keineswegs sicher sind, dieses neue Ich, das da entsteht, noch nicht überblicken können und einer Bewegung folgen, von der wir nicht wissen, wohin sie uns führt. Krisenhaft kann unser Ich sich dann zwischen dem Alten und Neuen teilen, schwankend kann es sich einmal nach rückwärts und einmal nach vorwärts bewegen.

Am klarsten wird die Krisensituation im Bereich des Willens sichtbar. Als Fraglichkeit und Problematik anerkannter Wahrheiten erleben wir die Denkkrise, die Krisensituation im Gefühl erfahren wir als Umordnung und Unordnung des Fühlens. Die Willenskrise erscheint als Unentschiedenheit, die sich bis zur Entschlußlosigkeit steigern kann. Nirgends erleben wir jene innere Zwiespältigkeit, die das Zeichen der Krisensituaton ist, so deutlich wie in den Krisen des Wollens. Noch während wir zwei Ziele, zwei Möglickkeiten vor uns sehen und sie beide verwirklichen wollen, wissen wir schon, daß wir nur eins verwirklichen können. Die Krise des Denkens und Fühlens hat den Charakter eines Prozesses, der zwiespältig ist, aber einer inneren Gesetzlichkeit nach sich entwickelt. Ob wir die neue Wahrheit annehmen, hängt letztlich davon ab, ob sie wirklich wahr ist; ob das neue Gefühl das alte verdrängt, ist durch die Stärke der Gefühle, die sich auseinandersetzen, bestimmt. In der Krise des Wollens aber trifft uns die ganze Last der Entscheidung. Das drückt die Situation der Wahl aus, in der wir vor zwei Möglichkeiten stehen und uns für eine entscheiden müssen. Zwar suchen wir auch hier oft die Entscheidung von uns abzuwälzen. Wir fragen danach, welches Ziel vernünftiger ist, und wenden uns ihm zu. Oder wir überlassen uns unserem Instinkt und gehen den Weg, auf den uns das stärkere Gefühl drängt. Aber es gibt Willenskrisen, in denen diese Hilfsmittel versagen. Die Zwiespältigkeit unseres Ichs wird so stark, daß Wollen gegen Wollen oder vernunftgebotenes Sollen gegen trieb- und gefühlsstarkes Müssen steht. In einer solchen Krise werden wir schließlich unfähig zu handeln.

Die Krise kann partiell erscheinen, aber starke Krisen ergreifen die ganze Persönlichkeit und strahlen über, auch wenn sie partiell begonnen haben. Die totale Krise beginnt vielleicht als geistige Krise und greift auf Stimmung, Fühlen, Wollen und Handeln über, oder sie kündigt sich als Stimmungskrise an und wirkt in den Kreis des Denkens und Wollens hinein. Von einer Willenskrise ausgehend, kann Denken und Fühlen zersetzt werden. In vielen Fällen ist die erste Erscheinung der Krise aber nur das letzte auslösende Moment einer schon längst im Gang befindlichen allgemeinen Krise.

Das Kennzeichen der Krise ist, daß mit dem Entschwinden eines seelischen Inhaltes und dem Auftauchen eines neuen gleichzeitig auch eine seelische Form gebrochen wird und eine neue sich entwickelt. Nicht allein das Erfassen eines neuen gedanklichen Inhalts, das Auftauchen eines neuen Gefühls oder einer neuen Zielsetzung machen die Krise aus. Das geschieht alltäglich im seelischen Prozeß, ohne daß es zu einer Krise kommt. Wenn aber damit verbunden eine neue Denkform, eine neue Gefühlseinstellung oder willentliche Haltung erscheint, entsteht die Krisensituation. Dann stehen sich, widerstreitend, Altes und Neues gegenüber, die Macht des Alten bindet die Persönlichkeit noch und füllt sie dennoch nicht aus, das Neue zieht an, und dennoch wird ihm noch nicht vertraut. Zweifel, Zwiespalt und Unentschiedenheit zersetzen die Existenz, sie erzeugen ein Mißtrauen, das sich gegen alles und jedes wendet, vornehmlich aber gegen das eigene Ich. Der Mensch fühlt sich zersetzt und gelähmt. Das Persönlichkeitsgefühl wird negativ. Diese bis zur äußersten Zerrissenheit gehende Situation, deren Ausdruck Verzweiflung, Gefühlserstarrung und Ohnmacht ist, kennzeichnet die totale Krise.

## UMSCHICHTUNG UND UMBRUCH DER PERSÖNLICHKEIT

Von hier aus verstehen wir den Vorgang der Umschichtung und Umprägung, dem die Krise vorausgeht. Oft haben Krisen einen langsamen Gang, andere brechen plötzlich und unerwartet heraus. Ebenso können Umschichtungen sich langsam und allmählich vollziehen, aber auch den Charakter schnellen und radikalen Umbruchs tragen. Das Leben mancher Menschen ist von langen und dauernden Krisen durchsetzt, andere erfahren wenige, aber erschütternde Krisen.

Aber es gibt keine Krise, die nicht ihr längeres Vorspiel hat, auch wenn sie noch so plötzlich erscheint. Man kann eine Krise, ob sie nun plötzlich oder allmählich verläuft, nur verstehen, wenn man in jene Vorgänge eindringt, deren Ergebnis die Krise ist. Wie Krankheiten, so setzen auch Krisen an jenen Punkten an, in denen die Persönlichkeit am wenigsten gesichert ist. Das aber sind nicht immer jene Funktionen, die als Schwäche erscheinen, sondern oft setzt die Krise bei den ausgeprägten und stark in Erscheinung tretenden Fähigkeiten und Kräften an. Eine überstarke Sensibilität, eine große Affektivität, eine stark hervortretende Intelligenz oder Geistigkeit oder auch eine ausgeprägte willensmäßige Haltung sind nicht selten die Bezirke, in denen die Krise zum Ausbruch kommt.

Das ist in der allgemeinen Struktur der Persönlichkeit begründet. Jede besondere Ausprägung und Verfestigung einer Seite der Persönlichkeit muß anderes in den Hintergrund drängen. Das läßt sich als Gesetz formulieren. Je stärker wir eine Erscheinungsform der Persönlichkeit ausprägen und nach einer Seite überformen, desto mehr wird das Entgegengesetzte verdeckt und an seiner Erscheinung verhindert. Je mehr wir uns also um Ordnung bemühen und uns dazu zwingen, desto stärker müssen wir die Züge und Neigungen zur Unordnung hintanhalten. Erziehung zum Mut setzt notwendigerweise voraus, daß wir die Ängstlichkeit verbergen, verdrängen und durch Mutäußerungen übertönen. Wie es aber mit den Eigenschaften ist, so ist es mit anderen seelischen Inhalten. Wer hat nicht erfahren, daß eine starke Liebe uns zu Liebeleien unfähig macht, daß die tiefe Überzeugung von einer Wahrheit uns so bindet, daß wir alles ablehnen, was nicht in diesen Gedankenkreis paßt.

Diese zurückgedrängten Elemente und Inhalte leben in der Persönlichkeit weiter. Sie können nicht erscheinen; denn die verfestigte Form einer Eigenschaft, eines Gefühls, eines Glaubens oder eines Gedankenkreises läßt sie nicht in die aktuelle Persönlichkeit eindringen. Überdeckt von aktuellen Interessen, Gefühlen, Zielsetzungen und Eigenschaften ist in der Persönlichkeit als Erinnerung und Unbewußtem das Abgesunkene und Verdrängte vorhanden. Wenngleich wir jene Theorien ablehnen, die in der aktuellen Persönlichkeit eine Marionette der latenten sehen, so heißt das nicht, daß der latenten Persönlichkeit nicht eine seelische Realität zukommt. Vielmehr bedeutet die Einsicht in den Schichtenaufbau der Persönlichkeit zugleich die Erkenntnis, daß jede Schicht ihre eigene Form der seelischen Realität hat. Die aktuelle Persönlichkeit erscheint, handelt, denkt und fühlt in ihren ausgeprägten Formen. Die latente Persönlichkeit ist verdeckt, verdrängt und abgesunken und erscheint gelegentlich als Erinnerung, als unbewußter Vorgang, als nicht deutlich sichtbare Hemmung oder Antrieb. Der zentrale Unterschied liegt offenbar darin, daß ein Teil der Persönlichkeit geprägtes, aber lebendiges Verhalten ist, während ein anderer Teil in fixierten, aber verdeckten Inhalten besteht. Je geprägter die aktuelle Persönlichkeit ist, desto bestimmter und begrenzter ist das Feld ihres Handelns und Erlebens, desto größer die Möglichkeit, daß Vieles absinkt, verdrängt und negiert wird. Es wird überdeckt, geht als Erinnerung oder Unbewußtes in die latente Persönlichkeit ein. Indem es so absinkt, erstarrt es, es lebt als fixierter, unbewußter oder erinnerlichter Inhalt weiter.

Hier liegt die Konfliktsmöglichkeit, die die Vorgeschichte der Krise darstellt. Diese schattenhaften, abgesunkenen Inhalte der Persönlichkeit stehen in dauernder Spannung zur geprägten Form. Da sind die Erinnerungen, die wir fürchten, oder denen wir nachtrauern, die unterdrückten Gefühle und Wünsche und die hintangehaltenen Eigenschaften, die wir nicht zur Auswirkung kommen lassen. Die aktuelle Persönlichkeit in ihrer geprägten, oft mechanisierten Form überdeckt sie. Diese Spannung kann jenen prinzipiellen Charakter annehmen, daß wir die Wirklichkeit unseres Lebens als uneigentliche, den täglichen Verlauf unseres Daseins als Leerlauf erfahren. Zu viele Antriebe und Gefühle werden verdrängt, noch ehe sie sich entwickelt haben, zu viele Gedanken und Wünsche werden abgelehnt, noch ehe sie zur Erfüllung kommen. Blicken wir in die Vergangenheit, so scheint sie uns gleichfalls ausgefüllt mit Unerledigtem, Unerfülltem und Ungereiftem. Es entsteht ein Gefühl der Leere, das nicht nur aus der Leere eines Moments kommt, eine Unzufriedenheit und Zwiespältigkeit, die stets bereit stehen. Dennoch lebt die Persönlichkeit unter dem inneren oder äußeren Zwang der geprägten Form weiter.

Wenn die Krise zum Ausbruch kommt, ist sie nur der Ausdruck dieser Vorgeschichte. Das mühsam aufrechterhaltene Gleichgewicht der Persönlichkeit kann durch einen winzigen Anlaß umschlagen. Es kann zu einer radikalen Abwertung der bisherigen Persönlichkeit und ihrer Form kommen. Daher ist die Krise immer durch ein intensives Suchen nach neuen Lebensinhalten und Lebensformen gezeichnet. Die alte Form zerbricht, und die alten Inhalte verschwinden, die Persönlichkeit schwankt in ihrem Erleben und Handeln zwischen Altem und Neuem. Die bisherige Form des Lebens und der bisherige Lebensinhalt werden in der totalen Krise abgewertet, noch aber sind die neuen Inhalte nicht greifbar, und noch ist keine neue Lebensform entwickelt. So stehen in der Krise seelische Inhalte gegen andere seelische Inhalte, wobei die einen Inhalte greifbar sind und die faktische Wirklichkeit des Lebens ausmachen, die anderen noch nicht recht faßbar werden, dennoch aber den Glanz der besseren Wirklichkeit haben. Die Gefühle, die uns bisher bewegt haben, die Gedanken, an die wir glaubten, die Zielsetzungen, die uns ausfüllten, verblassen, sie scheinen uns leer, unecht und sinnlos, und wir fühlen uns zu anderen Gedanken, Gefühlen und Zielsetzungen hingezogen, die freilich noch keine andere Realität haben als die der Ahnung und Vorstellung. Weil sie uns noch nicht vertraut und greifbar sind, zweifeln wir an ihnen. Gleichzeitig aber steht in der Krise Lebensform gegen Lebensform. Da ist der ganze eingefahrene und ausgeprägte Apparat unseres Verhaltens, Fühlens, Wollens und Denkens. Er zerbricht, wir erfahren diese Form als sinnlos, leerlaufend und unecht, und wiederum ist die neue Form noch nicht ausgeprägt, noch haben wir den Stil dieser neuen Form mit ihrem eigentümlichen Wollen, Denken und Fühlen nicht gefunden. Je stärker die Krise ist, desto stärker das Chaos der Inhalte und die Formlosigkeit des Verhaltens.

Nun kann die Persönlichkeit ein Leben in chaotischen Inhalten und zerbrochenen Formen nur begrenzt ertragen. Gelingt es ihr nicht, zu den alten Inhalten und der alten Form zurückzufinden oder die neuen Inhalte zu fassen und eine neue Form zu entwickeln, dann geht sie zugrunde. Sie bleibt in der Krise hängen und lebt als zerstörte und zersetzte Persönlichkeit weiter. Aus allen Krisen gibt es den dreifachen Ausweg: Rückbildung, Zerstörung oder Umschichtung der Persönlichkeit. Jede dieser Formen kann man empirisch beobachten. Die erfolglose Krise, aus der die Persönlichkeit unverändert hervorgeht. Die zerstörende Krise, die Teile oder das Ganze der Persönlichkeit lahmlegt. Die verändernde Krise, aus der die Persönlichkeit verwandelt hervorgeht. Immer aber bedeutet die Krise, wie sie auch ausgeht, einen Wendepunkt, der die Erstarrung oder Zersetzung der Persönlichkeit einleitet oder aber eine neue Entwicklung vorbereitet.

Die Krise ist immer ein Aufbruch in Ungewisses. Sie kann, wie z. B. in den meisten Fällen die Pubertätskrise, die Vorbereitung einer neuen Entwicklung sein, oder auch, wie die Krise des Klimakteriums, das Ende einer Epoche anzeigen. In jede Krise ist selbstverständlich zugleich die Gefahr eingeschlossen, daß die Persönlichkeit zugrunde geht, daß die alte Form zerbricht und keine neue entsteht. Es gibt nur eine positive Lösung der Krise: das ist die Umschichtung. Jede Umschichtung folgt aber ihrem formalen Gesetz. Wenn wir auch im Moment der Krise glauben, unsere ganze Persönlichkeit verändere sich, so ist das ein Irrtum. Die neue Form, die entsteht, bringt immer auch alte Elemente der Persönlichkeit zur Geltung, die längst vorhanden waren und schon die Ansätze einer neuen Form in sich tragen. Wohl kann die ganze Persönlichkeit sich drehen. Die bisherige Erscheinung verschwindet, und Verborgenes und Inneres tritt in Erscheinung. Aber eine radikale Verwandlung gibt es nicht. Wenn wir vor dem Rätsel einer solchen, scheinbar absoluten Wandlung stehen, dann löst sich dieses Rätsel immer, wenn es uns gelingt, die hintergründige Geschichte der Persönlichkeit zu finden. Dann sehen wir plötzlich Anlagen erscheinen, die zwar nicht sichtbar, aber dennoch vorhanden waren, wir erkennen Inhalte, die unterdrückt waren, und erleben nun, wie diese hintergründige Persönlichkeit plötzlich aktiv wird und die Person ausprägt.

Immer ist daher die Krise das Zeichen einer hintergründigen Entwicklung, und immer ist ein krisenhaftes Leben Zeichen dafür, daß die Persönlichkeit in starker Schichtung lebt. Wie ein Verständnis der Krise nur möglich ist, wenn wir in diese Hintergründe Einsicht bekommen, so ist Hilfe in der Krise nur möglich, wenn wir nicht auf das blicken, was die Persönlichkeit nach außen zeigt und vertritt, sondern auf das, was sie verbirgt und innerlich erlebt.

## KRISE UND UMSCHICHTUNG ALS ZUGANG ZUM KERN DER PERSÖNLICHKEIT, ZUM CHARAKTER IM ENGEREN SINN

Die Krise ist die Beigabe jeder Entwicklung, und jeder Mensch macht Krisen durch. Es gibt Menschen, die eine ausgesprochene Tendenz zur krisenhaften Gestaltung ihres Lebens haben, und andere, die außer den allgemeinen Krisen scheinbar krisenlos leben. Das Auftreten von Krisen und Umschichtungen allein aber besagt nur etwas über den Grad der seelischen Dynamik. Man kann weder aus vielen Krisen auf eine labile, noch aus wenigen Krisen auf eine stabile Persönlichkeit schließen.

In der Krise erscheinen Eigenschaften, die bei anderen Gelegenheiten nicht erscheinen. In ihr können zunächst alle inhaltlichen Merkmale der

Persönlichkeit plötzlich verschwinden. Der Harte wird weich, der Weiche wird verbohrt, der Gutmütige wird böse, der Böse wird anlehnungsbedürftig, der Stille wird aufgeregt, der Aufgeregte verstummt usw. Dafür zeigt sich hinter den ausgeprägten und die ruhigen Zeiten beherrschenden Verhaltensbereitschaften das tiefere Fundament des Verhaltens. Jede starke Krise ist eine Probe auf den letzten Verhaltenswillen, auf die Konzentrationsfähigkeit und das Gleichgewichtsvermögen eines Menschen. Negativ ausgedrückt: jede Krise zeigt möglicherweise den Mangel an Verhaltenswillen bis zur Handlungs- und Entschlußunfähigkeit, sie erweist den Grad der Konzentrationsfähigkeit und damit die vielleicht vorhandene Irritierbarkeit und Ablenkbarkeit, sie bringt ein letztes Schwanken und Sichtreibenlassen unweigerlich zur Erscheinung.

Die Krise verlangt von uns wenigstens den Willen zum Verhalten, sie fordert uns auf, das Wesentliche unseres Selbstes und unserer Welt zu fassen, und zwingt uns zur größtmöglichen Anstrengung, das innere oder äußere Chaos durch die Stärke unseres Einsatzes zu entscheiden. Es ist nur ein anderer Ausdruck für dieselbe Sache, wenn wir sagen, die Krise zeigt, was wir als letzten Richtpunkt unseres Verhaltens, an Besonnenheit und Standfestigkeit besitzen. Gerade weil in der Krise alle Ziele, Vorstellungen und Gefühle versinken können, in denen wir lebten, und an denen wir uns aufrecht hielten, wirft uns die Krise auf jenes Fundament unserer Persönlichkeit zurück, das Voraussetzung dieser Gehalte ist.

Wenn wir dieses Fundament Charakter im engeren Sinn nennen, so müssen wir uns klar darüber sein, daß dieser Charakterbegriff in der Literatur kaum eine Behandlung gefunden hat und vielfach sogar als „wertbetonter" oder „ethischer" Begriff des Charakters abgetan wurde. Zwar weiß der Sprachgebrauch sehr wohl um diesen Sinn des Charakters, wenn er sagt, jemand „hat" Charakter oder ist „charakterlos". Aber die wissenschaftliche Forschung hat sich um diesen Sinn wenig gekümmert. Das mag einmal an der Art der Fragestellung und dem Herauswachsen der Charakterologie aus der Psychologie liegen. So hat man im allgemeinen unter Charakter einfach die gesamte Persönlichkeit verstanden. Zum andern aber kann diese Bestimmung des Charakters auch nicht postulatorisch an den Anfang einer Charakterologie gesetzt werden, sondern nur am Ende sich ergeben.

# III. DIE ENTWICKLUNG DER PERSÖNLICHKEIT

*SECHSTES KAPITEL*

## STUFEN DER PERSÖNLICHKEIT

Der Begriff der Persönlichkeit ist in der bisherigen Forschung nicht eindeutig. Man spricht einmal von Persönlichkeit in einem engeren Sinn und meint damit, daß manche Menschen Persönlichkeiten sind und andere nicht. Man gebraucht den Begriff der Persönlichkeit aber auch in dem Sinn, daß jeder Mensch Persönlichkeit hat, und in diesem Sprachgebrauch wird er gleichbedeutend mit dem Begriff Person.

Wenn wir im Nachfolgenden die Persönlichkeit als Ineinander von Dranggestalt und System der Fähigkeiten begreifen, so ist der Leitgedanke, sie als Entwicklung zu fassen. Solange sie besteht, ist sie schwebendes Gleichgewicht, es gilt aber, die Stufen dieses Gleichgewichts in ihrem Aufbau zu fassen. Denn offensichtlich ist das Gleichgewichtsgesetz des Säuglings ein anderes als das des Kindes und des Erwachsenen. Kennzeichnend für alle menschliche Entwicklung ist die Neuformung der Persönlichkeit. Allmählich baut sich die Persönlichkeit auf, das heißt, daß sie über Etappen hinweg einem Gesetz untersteht und dann im Umbruch sich zu einer neuen Form entwickelt. Bezeichnend für jede individuelle Eigenart eines Menschen ist die Linie der Entwicklung, Art und Weise der Umbruchsformen und Stärke des schwebenden Gleichgewichts innerhalb der einzelnen Stufen.

Einsichtig ist, daß man im weiteren Sinn beim Säugling und bei Geisteskranken nicht von Persönlichkeit sprechen kann; Säuglingsalter und Geisteskrankheit sind Zustände, in denen der Mensch noch nicht Persönlichkeit besitzt oder sie verloren hat. In diesen Grenzfällen finden wir die allgemeinen inhaltlichen Merkmale zur Begriffsbestimmung. Zwei sind es: das Fehlen des einen tritt scharf beim Säugling hervor. Er ist unfähig ohne Hilfe zu leben, er ist nicht eigenständig und nicht im Stande, seine natürlichen Fähigkeiten und Anlagen auszuüben. Er ist lediglich Dranggestalt. Ihm fehlt das selbständige System der Fähigkeiten, um die Drangwelt zu befriedigen. Anders beim Geisteskranken. Er besitzt Fähigkeiten, oft sogar überdurchschnittliche. Er kann sich durchs Leben bringen und in manchen Fällen auf raffinierte Weise. Ein alter Sprachgebrauch nennt den Geisteskranken einen Besessenen. In der Tat haben wir bei allen Geisteskranken das Gefühl, daß die vorhandene Persönlichkeit durch eine persönlichkeitsfremde Macht geknebelt ist. Ist beim Säugling das schwebende Gleichgewicht noch nicht vorhanden, weil ihm die Fähigkeiten fehlen, um seine Trieb- und Drangwelt auszugleichen, so ist beim Geisteskranken dieses Gleichgewicht vernichtet. Wodurch es im Einzelnen zerstört wird, können wir nicht immer sagen. Immer aber sehen wir als Erfolg entweder ein starr gewordenes, unbewegliches Gleichgewicht oder aber ein innerseelisches Verfließen der Persönlichkeit. Falsch entwickelte Triebe, die keine Befriedigung mehr finden können, irregegangene Gefühle, die uferlos geworden sind, oder Gedanken und Ideen, die sich verhärtet haben, lassen die Persönlichkeit ewig um feste seelische Inhalte kreisen oder liefern sie haltlos dem Geschehen aus. Dieser Zustand kann teilhaft sein, es gibt einen teilweisen Verlust der Persönlichkeit, und dann ist der Mensch in gewissen Bezirken seiner Lebensführung oder über Perioden hinweg unzurechnungsfähig. Hier zeigt sich das zweite inhaltliche Merkmal der Persönlichkeit. Das schwebende Gleichgewicht kann, bei entwickelter Dranggestalt und bei einem entwickelten System der Fähigkeiten, nur bestehen, wenn ein innerer Halt vorhanden ist.

Zweierlei kennzeichnet also Persönlichkeit. Sie muß imstande sein, nach außen zu wirken und sich zu behaupten, sie muß die Last des Lebens tragen können und sich in die Wirklichkeit einfügen. Das System der Fähigkeiten muß soweit entwickelt sein, daß die Trieb- und Drangwelt befriedigt und erfüllt wird. Das heißt nicht, daß jeder Wunsch erfüllt oder jeder Trieb gestillt wird, sondern bedeutet nur, daß prinzipiell der Ausgleich geschaffen wird. Auch dann noch wechseln Perioden des inneren Ausgleichs und der Einheit der Persönlichkeit mit solchen der Zwiespältigkeit und einer inneren Gleichgewichtslosigkeit ab. Zum andern muß die Persönlichkeit ein Zentrum haben, in dem Trieb und Drang erscheinen, und von dem aus der Ausgleich gesteuert wird. Das ist der innere Halt, der ihr erst die Selbständigkeit gibt. Er kann stärker oder geringer sein. Nicht jede Persönlichkeit hat volle innere Selbständigkeit oder könnte sich in jeder Situation behaupten. Es gibt unendlich viele Mächtigkeitsgrade der Persönlichkeit. Je nachdem das innerliche Zentrum stark oder schwach, seine Inhalte reich oder arm sind, unterscheiden sich Persönlichkeiten voneinander.

Zur Persönlichkeit gehört die Entwicklung. Das schwebende Gleichgewicht ist nicht die ursprüngliche und erste Lebenssituation. Erst wenn die Fähigkeiten ein bestimmtes Maß der Entwicklung erreicht haben, ist die Situation geschaffen, die ein ausgleichendes und steuerndes Zentrum notwendig macht. Daher hat der Säugling und auch später noch das Kind Persönlichkeit im Ansatz, und erst die spätere Entwicklung zeigt die eigentliche Gestalt. Entwicklung hat aber noch einen zweiten Sinn. In ihr baut sich die Persönlichkeit nicht nur auf, sondern sie wird mehr oder minder gestaltet, ja sie kann in ihr zugrunde gehen.

Drei Stufen der Persönlichkeitsentwicklung werden in der Darstellung unterschieden. Jede ist durch eine inhaltliche Beschaffenheit der Trieb- und Drangwelt und durch ihr eigentümliches System der Fähigkeiten gekennzeichnet. Jede untersteht aber vor allem einem eigenartigen Bewegungsgesetz.

Die erste Stufe umfaßt den Zeitraum bis zur Pubertät. Man hat in der Psychologie innerhalb dieses Zeitraumes wieder die Stufen des Säuglings, des Kleinkindes und des Schulkindes unterschieden. Aber dieser ganze Zeitraum ist durch jene Trieb- und Dranggestalt charakterisiert, in der noch der sexuelle Trieb fehlt. Sie ist weiterhin bestimmt durch die Entwicklung der Fähigkeiten und des Bewußtseins. In ihr gewinnt das Kind erstmalig Raum und Boden. Gleichzeitig entsteht das Zentrum dieser Stufe der Persönlichkeit: eine mehr oder minder grenzenlose Vorstellungswelt, in der das Bewußtsein noch eine untergeordnete Rolle spielt. Dagegen spricht nicht, daß begabte Kinder Intelligenzleistungen zeigen, deren oft Erwachsene nicht fähig sind. Den Schlüssel zur kindlichen Welt besitzt nur, wer sich immer vor Augen hält, daß das Zentrum der kindlichen Existenz Vorstellungen sind. Wenngleich manche dieser Vorstellungen traumhaft, andere wirklichkeitsschwer sind, so schafft es den Ausgleich zwischen Drangwelt und System der Fähigkeiten wesentlich in Vorstellungen. In ihnen hat es seinen Halt, in ihnen führt es sein innerstes, vor dem Erwachsenen oft ängstlich verborgenes Leben. So folgt es dem Rhythmus seiner kindlichen Triebe, Wünsche und Affekte, es kann erstaunlich leicht, wie das Spiel zeigt, in seiner Welt der Vorstellungen sein Drang-Ich befriedigen. Aber noch ist sein System der Fähigkeiten nicht soweit entwickelt, um die ganze Last des Lebens übernehmen zu können. Ja, selbst wenn ihm diese Last verfrüht aufgeladen wird, lebt es sein eigentliches Leben in der Welt seiner Vorstellungen.

In der Pubertät wird die kindliche Persönlichkeit umgebrochen. Der äußere Anlaß dazu ist das Auftreten eines neuen Triebs und einer neuen Drangwelt. Der innere Vorgang aber ist ein Prozeß der Auseinandersetzung. Er beginnt damit, daß das Reich der Vorstellungen verblaßt und sein Gewicht der Realität gegenüber verliert. Das geschieht durchaus nicht immer in der gleichen Stärke. Es gibt Menschen, die nicht nur kindliche Vorstellungen in diese zweite Persönlichkeitsstufe hinüberretten, sondern auch weitgehend den Ausgleich ihres Daseins noch in ihnen finden. Noch als Erwachsene haben sie, oft im positiven Sinn, die Mißachtung der Realität und die Beweglichkeit und Kraft der Vorstellungen, die das Kind auszeichnet. In der Stufe der Pubertät, in der das Drang-Ich scharf erlebt wird und sich sondert von dem zielenden Ich der Fähigkeiten, bildet sich ein neues Zentrum. Die Welt des Bewußtseins bildet sich mit ihrer eigentümlichen Doppelgesichtigkeit: die Realität inhaltlich zu erfassen und ihr Formen des Geistes gegenüber zu stellen. Damit geht die Führung der Persönlichkeit nicht ganz, aber in entscheidenden Punkten an das Bewußtsein über. In seiner Fähigkeit finden wir jetzt den Träger der Person, in ihm sucht der Mensch einen neuen Halt, von ihm aus steuert er jetzt das Ineinander und Gegeneinander von Drangwelt und Fähigkeiten.

In der dritten Stufe vollendet sich die Persönlichkeit. Sie nimmt Besitz von den in ihrer Entwicklung erworbenen Inhalten und Fähigkeiten. Ist die Pubertät noch, wie das kindliche Alter, vor allem durch den Fluß der Entwicklung geprägt, so ist in diesem dritten Stadium dieser Prozeß nicht ganz beendet, aber in den Hintergrund getreten. Endgültig haben sich Drang-Ich und Ich der Fähigkeiten voneinander abgesetzt. Es beginnt der Prozeß der innerlichen Verfestigung. Macht und Grenze der eigenen Persönlichkeit werden erkannt. Zugleich aber erkennen wir nun erst in seiner endgültigen Gestalt das Zentrum, aus dem der Mensch lebt.

Wir stellen im Folgenden drei Stufen des Persönlichkeitsaufbaus dar. Es kann uns natürlich nicht darum gehen, das gesamte Material, das die Psychologie im einzelnen erarbeitet hat, zu bringen oder auch nur anzudeuten, sondern die Aufgabe ist lediglich, die markanten Punkte in der Entwicklung der Persönlichkeit herauszuheben.

## ICHFINDUNG

Wollen wir das erste Stadium der Persönlichkeit die Ichfindung nennen, so zerfällt diese Periode selbst wieder in drei Abschnitte. Der Säugling hat keine Persönlichkeit, er ist kein Ich, sein Leben vollzieht sich im Ablauf unmittelbarer Reaktionen. In diesem Zeitraum entwickeln sich die ersten Anfänge der Fähigkeiten. Ihre Funktion ist trieb- und dranghaft gesteuert und wird von der Trieb- und Drangwelt entwickelt. Ein zweiter Abschnitt beginnt mit dem Einsetzen der mittelbaren Reaktionen, der Säugling wird zu einem Kleinkind. Es bildet sich ein seelisches Zentrum heraus. Charakteristisch tritt die Ichhaftigkeit, z. B. im trotzigen Verhalten, auf. Das Leben des Kleinkindes wird zum großen Teil von unmittelbaren, zu einem anderen Teil von mittelbaren Reaktionen beherrscht. Wir bemerken die Anfänge willkürlichen Handelns. Während im Säuglingsalter Trieb-, Drang- und Reizwelt mit der Funktion der ersten Fähigkeiten in eins verschmelzen, trennt sich nunmehr langsam Trieb- und Drangwelt von der Welt der Fähigkeiten. Zwischen beide schiebt sich das seelische Zentrum ein, keimhaft erwachsen die ersten Erinnerungen, Vorstellung und seelische Inhalte, das Sprechen beginnt. Der Kern der späteren Persönlichkeit bildet sich. Im Säuglingsalter ist das Seelische nur als Begleiterscheinung der unmittelbaren Reaktionen sichtbar, in diesem Abschnitt aber können wir das Seelische schon für sich sehen und aus dem Fluß des Daseins herausheben. Mit der Entwicklung der Intelligenz und des Bewußtseins beginnt das Stadium des Kindes und Schulkindes. Ist das Bewußtsein ausgeprägt, dann findet das Kind sein Ich. Zur unmittelbaren und mittelbaren Reaktion tritt jetzt das ichbewußte Tun hinzu. Mehr und mehr erscheint in den Funktionen des Fühlens, Vorstellens, Denkens und Wollens das seelische Leben. Triebwelt und Funktion der Fähigkeiten verfließen nicht mehr ineinander, wie beim Säugling, sie gehen nicht mehr parallel, wie beim Kleinkind, sondern heben sich deutlich voneinander ab. Der Ausgleich dieser beiden Linien des Daseins wird, soweit er nicht im unmittelbaren Daseinsvollzug sich ergibt, durch die Vorstellungswelt geschaffen. Intelligenz und Bewußtsein sind der Vorstellungswelt untergeordnet, in ihr liegt das innere Gleichgewicht des Kindes. Am Ende dieser Periode erscheint ein neues biologisches Faktum: der Geschlechtstrieb. Gleichzeitig erreichen Intelligenz und Bewußtsein ihre zentrale Stellung, und damit beginnt die Pubertät und die Auseinandersetzung zur Persönlichkeit.

Der Säugling hat keine Persönlichkeit, kein Ich, er ist ein Bündel unmittelbarer Reaktionen und Triebvorgänge, die schlagartig sich entladen. Seelisches leuchtet nur im Moment der Reaktion auf, das Dasein vollzieht sich triebhaft und reaktionsmäßig. Der Säugling kann nicht handeln, sein Leben verfließt im Spiel der organischen Kräfte, aber es könnte ohne Pflege nicht bestehen, das Dasein ist ausgefüllt durch Schlafen, Wachen, Essen und Verdauung. Die Ausdruckserscheinungen des Kindes sind gänzlich dem Vollzug der unmittelbaren Lebensfunktionen untergeordnet, der Säugling kennt keine eigentlichen seelischen Äußerungen. In seinen sinnlichen Funktionen reagiert das Kind vor allem auf Geschmacksreize, später auf visuelle und akustische Reize, schließlich beginnt es zu greifen und zu kriechen.

Der Säugling tritt, mit einem Minimum von Fähigkeiten begabt, als triebhaftes und bedürftiges Wesen in die Welt. Die Befriedigung seiner Triebe und die Entladung seiner Äußerungen erfüllt sein Dasein, aber gleichzeitig wird das erste und zweite Jahr des kindlichen Lebens durch die beginnende Entwicklung der Fähigkeiten beherrscht. Das seelische Leben erscheint im Ansatz. Wir bemerken beim Säugling nach einiger Zeit ein eigentümlich gestaltloses Suchen. Es ist, als ob das Kind aufmerksam, ohne wirklich aufmerksam zu sein, suchend, ohne dieses Suchens inne zu werden, nach etwas strebt. Wir glauben das Aufblitzen von Regungen zu sehen, die über den Rahmen der körperlichen Vorgänge hinausgehen, und dieses gestaltlose Suchen des Kindes gewinnt in dem Maße Gestalt, als die Fähigkeiten erscheinen. Aus ziellosem Zappeln wird ein Greifen, aus dem drangvollen Schreien ein ausdrucksvolleres und nuanciertes Krähen. Das Kind interessiert sich für die Umgebung oder sich selbst, es beginnt mit seinen Händen zu spielen, und manchmal scheint es, als ob es über seine eigenen Laute erstaunt, die es von sich gibt.

Der Beobachter, der diese Entwicklung verfolgt, wird sich naturgemäß an das Greifbare, die äußeren Fortschritte halten. Er sieht die allmähliche Entwicklung der Leistungen, die gesetzmäßig über Fixieren — Horchen — Greifen — aktives Tasten — Sitzen bis zum Kriechen fortschreitet. Diese neuen Lebensrichtungen setzen neue Reizziele. Es kommt zu Betätigungen, die ablaufen, so wie sie sich aus den Reizen ergeben. Der Funktion der Fähigkeiten wird einfach Raum gegeben, ohne daß sie zielhaft gesteuert werden. Sie führen im Gegenteil ins Unbekannte. Das Kind, das plötzlich lernt, sich auf die andere Seite zu werfen, fällt zu Boden, wenn nicht eine sorgsame Hand es davor bewahrt.

Parallel zu dieser Entwicklung der Fähigkeiten, die am deutlichsten sichtbar ist, läuft eine Entwicklung der Trieb- und Drangwelt, die nicht so leicht zu erkennen ist. Aber auch dafür gibt es Merkmale. Das Kind wird zunehmend wach. Indem es sich neuen Reizen zuwendet, zeigt es neue Triebrichtungen. Jede Fähigkeit, die es auszuüben beginnt, setzt Ziele. In den ersten Wochen hat der Säugling keinen anderen Kontakt mit der Umwelt als den der Nahrungsaufnahme und des Betroffenseins von Reizen, die ihn in seinem Dahindämmern stören. Die Fähigkeiten erst schaffen die Verbindung mit der Umwelt. Durch sie wird sie zum Objekt, und darauf richten sich neue Trieb- und Drangregungen. Jetzt tauchen Wünsche und Strebungen auf, die freilich nicht von Dauer sind, sondern meist so schnell vergehen, wie sie kommen.

Die allererste Zeit des kindlichen Lebens ist durch die Entfaltung der einfachsten Fähigkeiten geprägt, denen dann eine Entwicklung der Trieb- und Drangwelt folgt. In ihr verschmelzen die Funktionen der Triebe mit denen der Fähigkeiten. Unmittelbar und instinktiv arbeiten sie zusammen, es bedarf keines Mittlers zwischen Trieb und Fähigkeit. Aber der Fortschritt besteht darin, daß die Fähigkeiten neue Ziele entdecken und sich ihnen zuwenden. Neben der unmittelbaren, angeborenen Triebwelt entsteht eine Trieb- und Drangwelt, die aus der Funktion der Fähigkeiten entspringt.

Damit wird eine Situation vorbereitet, deren Werden wir nicht eigentlich kontrollieren können, die aber eines Tages Tatsache ist. Zwischen Trieb-, Drangwelt und der Funktion der Fähigkeiten hat sich vermittelnd das seelische Zentrum eingeschoben. Es erscheinen Reaktionen, die offensichtlich nicht allein aus dem Moment erwachsen, sondern auf Früheres zurückweisen. Die ersten Ansätze dazu kann man früh beobachten. Der Säugling, der die Erfahrung gemacht hat, daß auf sein Schreien jemand herbeieilt, wird um so leichter schreien, je öfter er diese Erfahrung gemacht hat. Er vollzieht eine mittelbare Reaktion. Indem die Fähigkeiten wachsen und in der Umwelt ihr Objekt finden, vermehren sich die mittelbaren Reaktionen und stehen gleichberechtigt neben den unmittelbaren.

Die mittelbare Reaktion ist von Pawlow an Tieren entdeckt und untersucht worden. Der Behaviorismus Watsons hat sie zur Grundlage einer Psychologie gemacht. Watson erklärt sie als umstandsbedingte Reaktion. Unmittelbar negativ reagiert ein Kleinkind auf einen starken Laut, wie er etwa durch das Schlagen eines Hammers gegen eine Eisenstange entsteht. Unmittelbar positiv reagiert es mit Anfassen auf einen kleinen Hund. Läßt man aber in dem Moment, wo das Kind den Hund anfaßt, den starken Schlag ertönen, so erschrickt das Kind und unterläßt die Berührung. Bei mehrfacher Wiederholung genügt das Erscheinen des Tieres, damit das Kind erschrickt und Furchtreaktionen zeigt. Das bedeutet nichts anderes, als daß der Reiz, der durch das Erscheinen des Hundes entsteht, stellvertretend zugleich für den Reiz, den der starke Schlag ausübt, steht. Die ursprünglich an den starken Schlag gebundene Furchtreaktion wird auf das Erscheinen des Hundes übertragen.

So richtig die Beobachtungen sind, so sonderbar ist die Konsequenz, die der Behaviorismus daraus gezogen. Er will das Gesamtverhalten des Menschen aus umstandsbedingten Reaktionen erklären und glaubt in der Durchführung dieser Theorie auf den Begriff „Seele“ vollkommen verzichten zu können. Selbst das Bewußtsein ist für ihn eine „leere Annahme, genau so unbeweisbar und unerfaßbar wie der alte Begriff Seele“[35]. Dieser Verzicht, der nicht wesentlich durch die an sich richtige Behauptung gestützt wird, daß kein Mensch „je eine Seele berührt oder sie in einer Versuchsröhre gesehen“ hat[36], dürfte ebenso wie der Erfolg dieser Psychologie einer späteren Zeit unverständlich sein.

Die mittelbare Reaktion zwingt vielmehr gerade zur Annahme einer seelischen Arbeit. Das Kind reagiert nicht mehr unmittelbar positiv auf das Erscheinen des Tieres, sondern es reagiert aus einer seelischen Verfestigung heraus. Hätte es nicht erfahrungs- und erinnerungsmäßig die Schreckreaktion mit dem Erscheinen des Tieres verbunden, dann käme es nicht zu der mittelbaren Reaktion. Solange das Kind von unmittelbaren Reaktionen beherrscht wird, flammt der seelische Ausdruck nur im Moment der Betroffenheit von einem Reiz auf. Noch hat das seelische Leben keine Selbständigkeit, noch taucht es als Begleitmoment triebhafter Äußerungen auf. Mit den ersten mittelbaren Reaktionen aber zeigt sich, daß das Kind seelisch etwas festgehalten hat und aus dieser seelischen Fixierung auf Reize antwortet. Zwischen Reiz und Reaktion schiebt sich vermittelnd das seelische Leben ein.

Die Funktion dieses neuen Zentrums ist eine doppelte. Passiv arbeitet es, indem es Erlebnisse aufnimmt, sie aufbewahrt und festhält. Zwar werden sie nicht bewußt festgehalten und kehren nicht als bewußte Erinnerung wieder. Aber sie sind doch aktiv genug, um sein Verhalten auszuprägen. So entstehen neue Linien des kindlichen Verhaltens, und das Kind prägt eigenschaftliche Züge aus, die aus der verdichtenden und fixierenden Arbeit des seelischen Lebens entspringen.

Keimhaft zeigt sich so in der Verarbeitung von Erlebnissen und der Ausprägung von Verhaltensweisen das Ich. Noch ist es unwillkürlich, aber weil es aus dem Strom der Veränderungen und dem Ablauf der Reaktionen etwas heraushebt, wird es zum Träger beharrender s e e l i s c h e r Linien. Und alsbald wird das innerliche Beharrungsvermögen so selbständig, daß es eigene Anstöße geben kann. Zwar gehen, wie Gaupp sagt, „die Anschauungen über die Wege, auf denen das Kind seine Bewegungen in die Gewalt bekommt, seine Muskeln willkürlich enervieren lernt und zu gewollten Bewegungen und Handlungen verwertet, sehr auseinander“[37]. Aber die Tatsache als solche setzt ein regulatives Zentrum voraus, das die Muskeln enerviert und die Bewegungen steuert. Zum erstenmal taucht es auf, wenn das Kind mittelbar reagiert. Zwar erscheint damit nicht im strengen Sinn willkürliches Verhalten, aber doch ein seelisch gesteuertes Antworten.

---

[35] J. B. Watson: Der Behaviorismus, übersetzt von Giese. Berlin 1930. S. 22 f.
[36] Das. S. 21 f.
[37] R. Gaupp: Psychologie des Kindes. 6. Aufl. Leipzig. Berlin 1928. S. 83.

Aber schon im zweiten Lebensalter erfahren wir die Aktivität des seelischen Lebens in den Trotzerscheinungen. Der Trotz trägt alle Kennzeichen des reaktiven Verhaltens. Ein seelischer Widerstand setzt sich fest, wird über den eigentlichen Anlaß hinaus verlängert, versteift sich und entlädt sich in heftigen Abwehrbewegungen, wie Schreien, Stampfen und Hinwerfen. Die gesammelte Kraft der kindlichen Seele bäumt sich gegen ein Gebot oder Verbot auf, und das Kind verweigert den Gehorsam. Der tiefere Sinn dieses Gebahrens ist recht klar, so wenig verständlich und motiviert es im einzelnen Fall sein mag: die kindliche Seele leistet aktiv Widerstand.

Jetzt gewinnt das Kind eine ichhafte Eigenständigkeit, die manchmal mehr passiven, manchmal mehr aktiven Charakter hat. Oft wird darin schon der Kern der späteren Persönlichkeit sichtbar. Das stille und empfindsame Kind nimmt vor allem Ereignisse auf, es ist zurückhaltend, beobachtend und abwartend. Das Ich bildet sich in den Sphären des Erlebens und Empfindens. Andere Kinder, die von früh an kleine Schreier waren, die alles begreifen, was ihnen in die Hände fällt, zeigen eine aktive Ichlinie. Sie gehen auf die Dinge zu, die Ichhaftigkeit drückt sich in Unruhe, Begehren und Tun aus.

Ob das Ich aber mehr nach der einen oder der anderen Seite sich ausprägt — immer tritt jetzt charakteristisch neben das Triebleben und die Entfaltung der Fähigkeiten das seelische Leben. Man hat gesagt, daß das Kleinkind Ähnlichkeit mit dem Tier hat. Der Vergleich liegt nahe. In vielem ähnelt die tierische Daseinsform der des kleinen Kindes. Doch andererseits sind die Unterschiede deutlich. Das Tier durchläuft eine erste Periode, bis es seine Fähigkeiten entwickelt hat, dann ist es vollwertiges Tier. In sehr rascher Entwicklung wird es aus einem hilfsbedürftigen Trieb- und Drangwesen eins, das selbständig ist und seine Fähigkeiten beherrscht.

Auch das Kind erlebt eine solche erste Entwicklung. In einzelnen Sinnesfähigkeiten ist das Tier, wie vergleichende Untersuchungen erwiesen haben, nicht nur dem Kind, sondern auch dem Erwachsenen überlegen. Darin zeichnet sich das Tier vor dem kleinen Menschen aus, seine Fähigkeiten sind entwickelt, und es ist imstande, sein Leben selbst zu führen.

Höher entwickelte Tiere haben nicht nur seelisches Leben, sondern auch eine begrenzte Fähigkeit zu einsichtigen Handlungen. Das gibt eine weitere Vergleichsmöglichkeit mit dem Kleinkind. Auch das seelische Leben des Tieres tritt vermittelnd zwischen Trieb und Fähigkeit. Es ist freilich wie die Funktion der Fähigkeiten ganz dem Trieb- und Drangleben untergeordnet. Erfahrungen, Erlebnisse, Gefühle und Einsichten des Tieres sind ein für allemal in diesen Rahmen gebannt, auch beim Kleinkind treten sie aus ihm nicht heraus. Entscheidend ist jedoch, daß das seelische Leben darüber hinaus entwicklungsfähig bleibt.

Der Fortgang dieser Entwicklung führt in das dritte Stadium. Das seelische Leben gewinnt Eigenständigkeit, und jeder Schritt in diese Richtung zeigt eine Daseinsform, die der tierischen nicht mehr vergleichbar ist. Es löst sich von der augenblicklichen Trieb- und Drangwelt ab und wird den Fähigkeiten gegenüber selbständig. Das Kind entwickelt Vorstellungen, und sie greifen beherrschend in den Gang des Lebens ein. Mit der beginnenden Sprachentwicklung, also schon gegen das Ende des zweiten Lebensjahres, zeigen sich die Ansätze dazu.

Erst keimhaft, sporadisch und augenblicksgebunden, erweitert sich die Welt der Vorstellungen zu einem Kreis, der das eigentliche Zentrum des seelischen Lebens wird. War bis dahin die Seele nur eine Art von Vermittlungsinstanz, die unbewußte Erfahrungen sammelt und in mittelbaren Reaktionen zum Träger einer ersten Ichhaftigkeit wird, so beginnt mit der Verdichtung zu Vorstellungen die selbständige seelische Arbeit. Reize, Erlebnisse und Eindrücke werden zu Vorstellungen verarbeitet. Sie bleiben haften, heben sich aus dem Fluß des Daseins heraus und beschäftigen das Kind. Es beginnt zu spielen, d. h. aber, vorstellungserfüllte Handlungen auszuführen, die den Ausgleich zwischen Trieb-, Drangwelt und Fähigkeiten schaffen.

Die nun folgende lange Entwicklungsperiode reicht bis zur Pubertät. Sie ist durch das stetige Wachsen der Vorstellungswelt geprägt, die immer beherrschender wird und den Höhepunkt ihrer Macht im fünften, sechsten, manchmal auch noch im siebenten Lebensjahr erreicht. Mit Beginn des Schulalters verliert sie an Bedeutung, sie wird durch die Entwicklung der Intelligenz und des Bewußtseins zurückgedrängt. Aber auch dann noch steht, bis zur Pubertät, das intelligente und bewußte seelische Leben unter der Führung der Vorstellungen. Erst der Eintritt der Geschlechtsreife gibt dem Bewußtsein die zentrale Stellung.

Die Vorstellungswelt, in die das Kind nun hineinwächst, ist, so sehr sie dem Erwachsenen phantastisch und willkürlich erscheinen mag, die Wirklichkeit des Kindes. In ihm erfüllt sich sein Trieb- und Drangleben, von ihm aus werden die Fähigkeiten gesteuert. Das gibt dem Kind die eigentümliche Mühelosigkeit und Beweglichkeit seines Lebens, die in dem Maße abnimmt, als mit dem Wachsen der Intelligenz und des Bewußtseins die Vorstellungen realitätsschwer werden. Das Kind muß noch nicht die volle Last des Lebens tragen; soweit es sich in der Wirklichkeit zurechtfinden muß, geschieht das aus wirklichkeitsnahen Vorstellungen. Darüber hinaus aber entwickelt es seelische Zusammenhänge, Gedanken, Ideen und Inhalte, mit denen es mehr oder minder willkürlich schaltet.

Auf diesem Boden findet das Kind sein Ich. Es ist ja bekannt, daß das kleine Kind längere Zeit von sich in der dritten Person spricht, es faßt also sein eigenes Ich als Objekt und kann sich nicht der reflexiven Form bedienen. Wohl lebt und handelt es schon ichhaft, aber seine eigene Ichhaftigkeit ist ihm doch keine Vorstellung. Wir müssen annehmen, daß eine Reihe anderer Vorstellungen schon inhaltlich festgelegt ist, ehe der Vorstellungsinhalt „Ich" entsteht. Dann freilich, wenn diese Vorstellung aufgetaucht ist, wird sie auch zum Mittelpunkt.

Damit grenzt sich im Bereich des seelischen Lebens das engere Zentrum des Ichs ab. Man kann darüber streiten, ob dieses Ich bewußt ist. Zweifelsohne ist der Vorstellungsgehalt, in dem das Kind sein Ich erfährt, kein scharf umgrenzter. Er steht nicht, wie für den Erwachsenen, als ein letzter unverrückbarer Punkt fest. Im Spiel identifiziert sich das Kind bald mit dieser, bald mit jener Figur. Es fühlt sich kindlich in andere Ichrollen hinein, übernimmt sie und hat nicht, wie der Schauspieler, das Gefühl der bloßen Darstellung. Überhaupt ist die Ichvorstellung des Kindes beweglicher als die des Erwachsenen. Ihr fehlt jener Realitätsgehalt, der erst aus der Erfahrung des Tun und Leidens, des Versagens und Gelingens kommt. Willkürlich wird mit ihr umgegangen, das Kind traut sich mehr zu, als es kann, es schreibt sich Leistungen zu, die nicht von ihm sind, und vergißt Handlungen, die es getan hat.

Um diesen Kern bilden sich die weiteren Vorstellungsreihen, in denen die kindliche Welt sich aufbaut. Spiel und Entwicklung der Spielformen ist der eine Prozeß, Erziehung und Entwicklung der Fähigkeiten der andere. Beide gehören zum Prozeß der werdenden Persönlichkeit, aber sie sind einander in ihrer Bedeutung vollkommen entgegengesetzt. Im Spiel gestaltet sich das Drang-Ich weiter aus, hier hat das Kind das stärkste Ichgefühl. Die Entwicklung der Fähigkeiten führt allmählich zum bewußten Ich. Jede dieser Linien hat für die spätere Persönlichkeit ihre Bedeutung; wie es verfehlt wäre, das Spiel aus dem kindlichen Leben ausschalten zu wollen und durch Erziehung zu ersetzen, so ist es verfehlt, alle Erziehung in Spiel zu verwandeln und dem Kind die Fähigkeiten durch das Spiel beibringen zu wollen. Denn jede dieser beiden Formen gibt dem jungen Menschen eine besondere Prägung, keine kann er entbehren.

Das Geheimnis des Spiels liegt im vorstellungshaften Ausgleich von Drangwelt und Fähigkeiten. Es ist immer betont worden, daß das Spiel eine Art Vorübung späterer ernsthafter Tätigkeiten ist. So sicher das der Fall ist, so wenig ist das Spiel ein zielhaftes Üben und Einüben, wie es etwa beim Lernen geschieht. Sondern zunächst verleiht das Kind im Spiel seiner Drangwelt die erste Gestalt. Dabei entladen sich Lebensenergien, und so hat das Spiel gleichzeitig den Charakter einer Leistung und einer Bedürfnisbefriedigung. Das Kind nimmt das Spiel meist sehr wichtig, es kommt ihm durchaus auf die Leistung an. Aber es findet im Spiel eine Befriedigung, die es sonst nirgends findet. Drangwelt und Fähigkeiten treffen sich im Spiel ohne Not. Kein äußerer Zwang, nur ein innerer Drang treibt zum Spiel. So geschieht das Spiel um seiner selbst willen, daher die Welt des Spielens für das Kind eigentümlich in sich geschlossen ist und selbst der Erwachsene darüber keine rechte Macht hat. Kann er auch spielen, um so besser; kann er nicht spielen, so muß er sich doch wenigstens den Regeln fügen oder draußen bleiben.

Das Spiel hat verschiedene Wurzeln. In ihm entladen sich Lebensenergien, es entspringt zweitens dem Trieb zur Nachahmung, sein Ernst liegt drittens in den Regeln und Gesetzen eigener Art, die es aufstellt, und viertens entfalten sich im Spiel persönliche Kräfte. Aber die Führung hat im Spiel immer die Drangwelt; die Fähigkeiten folgen der Richtung, in welche die Drangwelt weist. So entwickelt sich im Spiel die Persönlichkeit nach ihren eigenen Gesetzen, sie folgt ihren eigenen Antrieben und gibt ihrer eigenen Drangwelt Gestalt. Man hat von jeher beobachtet, daß Spiele für die spätere Persönlichkeit charakteristisch sind, sowohl das, was gespielt wird, wie die Art und

Weise, in der gespielt wird. In der Tat prägt sich hier zum erstenmal die Persönlichkeit in einem Material aus, sie selbst schafft die Formen, und es tritt der natürliche Rhythmus der Persönlichkeit hervor. Sofern die Drangwelt des Kindes bereits eine eigentümliche Gestalt gewonnen hat, wird sie nirgends so sehr wie im Spiel erscheinen.

Gleichzeitig aber werden im Spiel Fähigkeiten entwickelt. Das Kind übt seine Muskeln, es lernt, sich in Regeln einzufügen und schult sein Denken. Es gibt seiner Phantasie feste Punkte und prägt sie dadurch. In späteren Spielen lernt es, den Moment geschickt auszunutzen. Manche seelischen Dinge können nur im Spiel erworben werden, z. B. bringt das Spiel den produktiven Einfall, das produktive Arbeiten der Phantasie mit sich, es zwingt zum augenblicklichen Einsatz und Mut, es lehrt echte Kameradschaft. Und nicht zuletzt ist im Spiel das Kind auf sich selbst angewiesen.

Weil aber im Spiel die Drangwelt die Führung hat, ist die Leistung des Spiels immer durch die Energie begrenzt, die dem jeweiligen Drang innewohnt. Zwar ist es erstaunlich, welche Anstrengungen Kinder im Spiel manchmal auf sich nehmen. Und oft ist es so, daß Kinder weiterspielen, auch wenn sie schon müde sind, vor allem dann, wenn es ein Gemeinschaftsspiel ist. Aber das unbedingte Ende eines Spiels ist erreicht, wenn das Kind nicht mehr mag, wenn sein Drang erloschen ist. Mißglückt das Spiel mehrmals, reichen die Fähigkeiten nicht aus, die Spielidee zu verwirklichen, dann wird das Spiel ebenfalls beendet. Im Spielen ist das Kind frei, und diese Freiheit wirkt mit am glückhaften Charakter des Spiels.

Darin ist die Erziehung dem Spiel entgegengesetzt. Erziehung ist nicht freies Spiel der Kräfte und freies Wachsen der Person, sondern ist vom ersten Moment an Zwang und Anstrengung. Aus diesem Grunde sind Spiel und Erziehung für das Kind himmelweit voneinander verschiedene Dinge, obgleich natürlich die Erziehung demselben Prozeß der Entwicklung dient. Aber in der Erziehung hat der subjektive Trieb- und Drangwille des Kindes keinen großen Spielraum, es tritt ihm in Gestalt des Erwachsenen oder anderer normativer Instanzen ein objektiver Wille entgegen. In vielen Fällen läuft dieser dem Drangwillen entgegen. Schon die ersten Erziehungshandlungen zwingen das Kind, seinem Drang einen gewissen Widerstand zu leisten. Es beginnt damit, daß das Kind dazu erzogen wird, seine körperlichen Bedürfnisse zu regeln. Ganz allmählich wird ihm beigebracht, seinem Entleerungsdrang nicht ohne weiteres Folge zu leisten. Es lernt, bald unter leisem, liebevollem, bald unter stärkerem und härterem Druck die tausend Kleinigkeiten, die am Anfang der Erziehung stehen. Je mehr es sich aber in die Ordnung und in die Regeln einfügt, desto mehr ist es gezwungen, seinen eigenen Rhythmus solcher Regelhaftigkeit unterzuordnen, es muß bald hier, bald dort sein unmittelbares Begehren verschieben oder ihm Widerstand entgegensetzen.

Es ist eine der wichtigsten Aufgaben der Erziehung, daß das Kind lernt, sich selbst Widerstand entgegenzusetzen, Hemmungen einzuschalten und sich zu überwinden. Dieses Moment ist allen Erziehungen gemeinsam, die Erziehungsformen primitiver wie kultivierter Völker streben dieses Ziel an, und keine Erziehung kann es entbehren. Freilich tritt es scheinbar zurück gegen das andere Ziel der Erziehung, das Kind auf die Stufe der jeweiligen Fähigkeiten einer Zeit und Gesellschaft zu bringen und es auszubilden. Denn im Vordergrund des Erziehungsprozesses spielt sich der Vorgang des Lernens ab. Das Kind entwickelt unter Anleitung seine Fähigkeiten, es lernt diese Fähigkeiten zielhaft gebrauchen und nimmt sie in Besitz. So wächst es in eine Form des Lebens hinein, die in erster Linie wohl eine Technik des Lebens gibt, in zweiter Linie aber die Übernahme von Gütern und Werten sozialer, sittlicher, religiöser und kultureller Art ist. Aus diesen ihm überlieferten Formen wählt es sich seine großen Lebensziele und prägt die Form seines Lebens.

Der Weg aller Erziehung führt über die Ausbildung von Fähigkeiten. Das Ich der Fähigkeiten wird allmählich geschult und entwickelt. Würden allein die Fähigkeiten ausgebildet, und würde nicht gleichzeitig jenes beherrschende und richtunggebende Zentrum, das wir das Ich der Fähigkeiten nennen, entwickelt, dann käme Erziehung in ihrer Wirkung der Dressur gleich. Auch so steckt in aller Erziehung ein Stück Dressur. Das Kind lernt sich zu benehmen, es bekommt Formen beigebracht, es wird ihm gezeigt, wie es sich der Gegenstände bedient, und sein ganzes Gebaren bekommt allmählich Haltung und Form. In einem zweiten Prozeß, dem der Schulerziehung, dringt es in die Mechanismen und Formen der Intelligenz ein, die Form seines Begreifens und Denkens wird geschult, es übernimmt Wissen. Bei den primitiven Völkern und auf früheren Kulturstufen verband sich damit die Ausbildung zur selbständigen Lebensführung, der junge Mensch erlernte die Technik der Jagd, des Ackerbaus, oder was sonst zur Lebenserhaltung dient. Auf unserer heutigen Kulturstufe ergreift er erst in einem dritten Lernprozeß einen Beruf, d. i. eine spezialisierte Form des Lebensunterhalts.

Auf allen Stufen des Erziehungsprozesses wird das Ich der Fähigkeiten geschult, auf jeder Stufe werden ihm größere Aufgaben gestellt, bis es nach Vollendung der letzten Stufe die ganze Aufgabe des Lebens übernimmt. Aber das ist nur möglich, indem das Ich der Fähigkeiten selbständig gemacht wird, es muß selbständig werden in der Beherrschung der Formen und im eigenen Zielsetzen und muß unabhängig vom Drang-Ich werden. Über das bloße Lernen und die Dressur hinaus ist jede Erziehung geradezu die Organisation innerer Widerstände gegen das Drang-Ich. Immer wieder muß der junge Mensch augenblickliche Wünsche zurückstellen, Unlust überwinden, Stimmungen und Gefühle zurückschieben. Hinter jedem Lernen und Einüben verbirgt sich ein zweites: das Erlernen der Anstrengung. Arbeiten und in diesem Sinne sich anstrengen heißt aber, in Hinsicht auf gesetzte Ziele seine Fähigkeiten zu entwickeln. Dabei muß die Drangwelt zurücktreten, und jeder gute Erzieher wird dem jungen Menschen den Weg dazu weisen.

Je schwerer und härter eine Erziehung ist, desto weniger nimmt sie auf die Drangwelt Rücksicht. Wie aber nun im Spiel, in dem die Drangwelt die Führung hat, auch die Fähigkeiten entwickelt werden, so wird in jeder Erziehung durch die systematische Schulung der Fähigkeiten hindurch auch die Drangwelt direkt und indirekt geformt. Indirekt durch Beschneidung, indem

Wünsche zurückgedrängt werden, direkt aber durch die Setzung neuer Ziele und die Gestaltung der Phantasie. Im Spiel aber hat die Drangwelt die Führung, die Entwicklung der Fähigkeiten ist eingebettet in den natürlichen Rhythmus des Trieb- und Dranglebens, und so kommt es zu jenem glückhaften Ausgleich. In der Erziehung wird die Entwicklung der Fähigkeiten geführt, und vorgegebene Ziele werden durch willentliche Anstrengung erreicht. In diesem Prozeß wird der Mensch geformt und gehärtet, er durchdringt willentlich die Welt und sich selbst.

Überblickt man diese erste Persönlichkeitsentwicklung, so fällt vor allem auf, daß sie ständiges Werden und ständige Bewegung ist. Aus dem Fluß der ursprünglichen triebhaften Selbstbezogenheit und einer instinktiven, durch Reize gelenkten Dingbezogenheit hebt sich im ersten Säuglingsstadium noch nichts heraus. Allmählich aber findet diese Ichbezogenheit einen kleinen Raum, der erste Erlebnisse und Erinnerungen enthält. Gleichzeitig gewinnen durch die erste Entwicklung der Fähigkeiten manche Dinge der Außenwelt Gestalt. Jetzt hebt sich ein schattenhaftes Ichgefühl und ein noch sehr begrenztes Dinggefühl heraus. Zwischen diesen beiden Polen erscheinen die ersten Ansätze des seelischen Lebens. Noch zeichnet sich in ihm nichts anderes ab als ein Daseinsgefühl, wie wir es aus manchen Äußerungen des Kindes erschließen können, und ein Weltgefühl, das im Vertrautsein mit einigen Dingen zum Ausdruck kommt. Aber aus der bewußtlosen Ichhaftigkeit wird eine gefühlte. In der nun einsetzenden Entwicklung erreicht dies schwankende Zentrum eine festere Gestalt, Drang-Ich und Ich der Fähigkeiten treten heraus, die ersten Ansätze zur Persönlichkeit werden in der Art des Spielens und in der Haltung gegenüber der Erziehung sichtbar. Im Trotz des Kindes, wie er nach dem zweiten Lebensjahr erscheint, im Sprechen des Kindes, das sich um dieselbe Zeit zum Satzsprechen entwickelt, stehen wir dann vor einem gestalteten Ich- und Dinggefühl.

In diesen Prozeß greift das Bewußtsein in seiner doppelten Funktion als seelischer Inhalt, seelische Gestalt und als zentrale Fähigkeit, Intelligenz ein. Wann das Ichbewußtsein, wohl sicher in gleitendem Übergang, aus dem Ichgefühl entsteht, können wir nicht sagen, ebensowenig wie wir sagen können, wann aus dem Dinggefühl ein Dingbewußtsein wird. Eines Tages ist ein ausgesprochenes Bewußtsein vom eigenen Ich und von der Dingwelt vorhanden. Aber man muß sich klar machen, daß sowohl Ichbewußtsein wie Dingbewußtsein Spitzenentwicklungen sind; nicht alles, was im Ichgefühl ist, wird zum klaren Selbstbewußtsein erhoben, und ebenso wird nur ein Teil des Dinggefühls zum wirklichen Wissen durchgeklärt. Schon jetzt setzt jene charakteristische Scheidung ein, die schon ausführlicher besprochen wurde. Es entsteht ein vordergründiges helles Bewußtsein vom Ich und den Dingen, und im Hintergrund bleibt ein umfassenderes, aber dunkles Ich- und Dinggefühl. Damit ist der erste Ansatz zur Scheidung zwischen Tiefenschicht und Formschicht der Persönlichkeit gegeben.

In dieser Zeit der allerersten Entwicklung, in der das Kind täglich Einflüsse erfährt, täglich dunkel fühlend für oder gegen etwas Stellung nimmt, aufblitzende Gestaltungen erfaßt und wieder fahren läßt, wachsen tiefverankerte seelische Formen. Noch ohne Kontrolle werden Einflüsse aufgenommen, wie sie kommen, und das nachgeahmt, was begegnet. Zum Entsetzen der Erzieher bringt das Kind von der Straße Ausdrücke mit nach Hause, deren Tragweite es nicht begreift. Begegnen ihm diese Eindrücke einmalig, so vergißt es sie wieder, begegnen sie ihm Tag für Tag, womöglich zu Hause, so gehen sie in Fleisch und Blut über. So aber nimmt es auch seelische Haltungen auf, die ihm begegnen, es formt sein Fühlen nach den Gefühlen anderer. Was in dieser Zeit an wirklich starken Einflüssen erfahren wird, kann sich so verfestigen, daß es nie mehr ganz getilgt werden kann. Es kann später einmal beherrscht, verdeckt und kontrolliert werden, aber es hat stets die Neigung, wieder hervorzubrechen. Denn gerade die kindliche Persönlichkeit ist von einer außerordentlichen Aufnahmebereitschaft. Da sie selbst noch vollkommen im Fluß ist, fügt sie sich andererseits auch leicht in den Gang der Dinge ein.

Das macht den besonderen Reiz des Kindes aus. Ihm macht der Ausgleich von Drangwelt und Fähigkeiten keine Schwierigkeit, er macht um so weniger Schwierigkeit, je weniger das Kind für sich selbst sorgen muß. Es ist durch ein relativ festes Selbstgefühl und durch ein unkompliziertes Wissen von den Dingen ausgezeichnet. Die kindliche Persönlichkeit ist leicht, kraft ihrer natürlichen Beweglichkeit und Unbegrenztheit schwimmt sie im Fluß des Lebens obenauf. Noch ist alles einfach, und wenn einmal etwas schwierig ist, wird es alsbald vergessen, es sinkt mühelos in die Tiefe der Seele ab. Die Harmonie, die der Erwachsene im kindlichen Leben sieht, beruht auf dieser sich immer wieder unmittelbar einstellenden Einheit des Daseins. Das kindliche Leben ist keineswegs ungetrübt. Es ist nicht immer Fröhlichkeit, sondern sehr oft bitterer, fassungsloser Schmerz. Aber es kennt jene Tiefen und dauernden Zwiespältigkeiten, die der Erwachsene hat, nicht. Die Persönlichkeit des Kindes ist fließend, und dieser Fluß deckt stets aufs neue die Unebenheiten zu.

Aber es gibt auch schon im kindlichen Leben Erscheinungen, die in eine andere Richtung weisen. Wer jemals das Heimweh eines Kindes erlebt hat, weiß, daß auch die Persönlichkeit des Kindes, so offen sie für alles Neue ist, die Tendenz hat, Wurzeln zu schlagen. Ein Weiteres zeigen die schwer erziehbaren Kinder (und auch das normale Kind hat Perioden, in denen es schwer erziehbar ist). Sind es nun Erziehungsfehler der Eltern oder körperliche und seelische Störungen oder zu schnelle Entwicklung des Seelischen oder Körperlichen — in all diesen Fällen kann das Kind im Raum seiner Persönlichkeit den Ausgleich zwischen Drang und Fähigkeiten nicht mehr herstellen. Es wird ungleichgewichtig, es ist entweder durch seine Drangwelt oder durch seine Fähigkeiten überbelastet. Die altklugen Kinder, die sexuell frühreifen Kinder, die ängstlichen Kinder, die verwahrlosten Kinder, aber manchmal auch die „einzigen" Kinder und die überbegabten, die Wunderkinder sind Formen solcher Überbelastung. In diesen Fällen vollzieht sich der Prozeß der Auseinandersetzung zwischen Drangwelt und Fähigkeiten, der im allgemeinen erst in der Pubertät einsetzt, verfrüht.

## AUSEINANDERSETZUNG ZUR PERSÖNLICHKEIT

Es ist bekannt, daß das Kind die Grenze zwischen Wirklichkeit und Vorstellung um so weniger scharf ziehen kann, je jünger es ist. Was es sich vorstellt, und was ihm seine Phantasie zeigt, hält es leicht für möglich oder gar für wirklich, es neigt dazu, seine Vorstellung in die Wirklichkeit hineinzusehen oder die Wirklichkeit mit Gestalten seiner Phantasie zu bevölkern. Ähnlich wie mit der Welt, ergeht es dem Kind mit sich selbst, auch hier fließen wirkliche und vorgestellte Persönlichkeit ineinander, im Spiel identifiziert sich das Kind bald mit dieser, bald mit jener Gestalt, die ihm Eindruck gemacht hat. Die Folge davon ist, daß das Kind kein eigentliches Persönlichkeits**bewußtsein** besitzt. Zwar weiß es um sein Ich und fühlt sich in manchen Momenten schon als Persönlichkeit, aber es kann weder die Eigenart seines Ichs noch die Reichweite und die Grenzen seiner Fähigkeit erkennen. Wie seine Persönlichkeit selbst, so ist auch noch sein Persönlichkeitsgefühl fließend.

Der Weg zur Persönlichkeit und zum Persönlichkeitsbewußtsein führt durch die Pubertät. Man hat von jeher die Pubertät als Krisenzeit erkannt und daher vielfach in physiologischen, psychologischen und pädagogischen Untersuchungen diese Zeit behandelt, wobei man manchmal mehr die körperliche Seite betont hat und von dort her die seelische Krise zu erklären suchte, während andere Arbeiten von den seelischen Vorgängen her die Pubertät verstehen wollten. Nachgewiesen ist, daß die biologische Umformung dieser Zeit an den Körper große Anforderungen stellt. Das Ergebnis dieser Umformung ist aber, daß im Organismus die Geschlechtsfunktion zur Reife kommt und der Geschlechtstrieb erwacht, ein körperlicher Funktionsbereich, der wie kein anderer über das Körperliche hinaus in das Seelische hineinweist. Daher ist es ganz unmöglich, den Vorgang der Pubertät ohne eine Analyse der seelischen Prozesse dieser Zeit erfassen zu wollen. Wiederum aber ist die Dauer und die Form der seelischen Vorgänge wesentlich davon abhängig, wie schnell und in welcher Form sich der körperliche Konflikt löst. Zweifelsohne vereinfacht der frühe Eintritt der normalen Geschlechtsbetätigung z. B. die seelischen Vorgänge, er nimmt ihnen andererseits aber auch viel von ihrer Fruchtbarkeit. So besteht der Vorgang der Pubertät in einem komplizierten Zusammenarbeiten körperlicher und seelischer Prozesse, wobei die körperlichen die seelischen bedingen und die seelischen Einfluß auf die körperlichen haben.

Bekannt sind die äußerlichen, körperlichen Merkmale der Pubertät: Stimmwechsel und andere Merkmale, die sekundären Geschlechtsmerkmale treten auf, und es erscheint jene charakteristische Veränderung, von der Nohl sagt: „das sonderbare, wie über Nacht kommende Auswachsen der Gesichtszüge, das aus einem zarten, weichen Kinde plötzlich einen groben fremden Burschen machen kann, den man kaum mehr erkennt"[38]. Nach einer Wachs-

[38] H. Nohl: Charakteristik der Reifezeit in „Erziehung". 2. Jahrgang, 1927. Leipzig, S. 130.

tums- und Gewichtszunahmehemmung in der Präpubertät (zwischen dem 12. und 13. Lebensjahr) erfolgen dann starke Gewichtszunahme und Verstärkung des Wachstums nach dem 13. Lebensjahr. Die Überlastung des Organismus zeigt sich manchmal in Schwächezuständen des Körpers, Müdigkeit, Bleichsucht und anderen Erscheinungen.

In das körperliche Leben fügt sich ein neuer Trieb ein, dem bisher noch keine große Bedeutung zukam. Er greift jetzt tyrannisch in das Leben ein und zwingt ihm seinen Rhythmus auf. Das Mädchen erfährt und erleidet die Menstruation, beim Jungen entwickelt sich die Geschlechtstätigkeit. Rücksichtslos ordnen sich diese Vorgänge in den Gesamthaushalt des Organismus ein, sie zeigen eine Übermacht, wie sie sonst nur den lebensnotwendigen Bedürfnissen und den Krankheiten zukommen. Es gibt keine Möglichkeit, sich dagegen zu wehren.

Unmittelbar mit dem Vorgang der körperlichen Reife verbindet sich die Erschütterung der kindlichen Welt und die Auflösung der kindlichen fließenden Einheit der Persönlichkeit. In einer kritischen, abwehrenden und unlustbetonten Haltung zeigt sich diese erste Periode der Pubertät. Periode der Verneinung nennt sie Ch. Bühler, und die Neigung zur Verneinung scheint in der Tat ein allgemeines Merkmal der Pubertät und Vorpubertät zu sein.

Was sich im körperlichen Geschehen als Anspannung und Schwäche auswirkt, erscheint im seelischen und geistigen Geschehen als Krise und Auseinandersetzung. Die körperliche Erschütterung pflanzt sich bis ins Seelische fort, vor allem aber bringt dieser neue Trieb eine neue Drangwelt mit sich. So verschieden diese Drangwelt beim Mädchen und beim Jungen erscheint, so weist sie doch in jedem Fall auf das andere Geschlecht und das Du hin, es ist eine Drangwelt, die schlechterdings nicht mehr mit Gegenständen, Spielen oder anderen Mitteln der kindlichen Bedürfnisbefriedigung gestillt werden kann, sondern eindeutig nach dem andern Menschen verlangt. Daher hat Ch. Bühler die Pubertät geradezu als Ergänzungsbedürftigkeit definiert. Richtig verstanden, trifft dieses Wort sowohl die Situation des Mädchens wie auch die des Jungen. Freilich äußert sich die Ergänzungsbedürftigkeit[39] verschieden; passiv, als Bereitschaft und Erwartung erscheint sie beim Mädchen, aktiv, als Suchen und Wagnis beim Knaben; das Mädchen kommt in dieser Zeit ins Schwärmen, der Junge verehrt.

Eine große Zahl dieser Erscheinungen kann unmittelbar aus den biologischen Vorgängen abgeleitet werden, und manche Gefühle erscheinen nur als eine Art von Begleitmusik zu den körperlichen Vorgängen. Dahin gehören die Rüdheit, das Renommieren und der Drang nach körperlicher Betätigung, wie sie in dieser Zeit bei den Jungen auftreten, oder die Nervosität, Empfindlichkeit und Sentimentalität der Mädchen. Aber andere seelische und vor allem geistige Erscheinungen gehen über das Biologische hinaus und können nicht allein von dort her verstanden werden. Es ist

[39] Charlotte Bühler: Das Seelenleben des Jugendlichen. 5. Aufl. Jena 1929. S. 19.

ein Zustand der totalen Gespanntheit, der den jungen Menschen in dieser Zeit charakterisiert. Alles spannt sich: die Beziehungen zu seinen früheren Freunden, die Beziehungen zu seinen Eltern und Erziehern, zu den Werten und Freuden der Kindheit und überhaupt zur kindlichen Welt. In diese Situation strömt nun die rein organische Anspannung und neue Triebspannung des Körpers wie auch die seelische und gefühlsmäßige Spannung ein. Ch. Bühler hat den Ausdruck der seelischen Spannungen im Erleben des jungen Menschen beschrieben, und Spranger spricht von der „seltsamen Gegensätzlichkeit der Innenbewegung, die teils darauf gerichtet ist, sich selber zu entfliehen, teils darauf, sich selbst zu finden"[40]. Nohl bezeichnet als das Grunderlebnis der männlichen Jugend, das die Spannung zwischen Geistes- und Sinnennatur erzeugt, die „unheimliche Erfahrung von der Dualität des Lebens: daß es ein Sinnliches und ein Geistiges in uns gibt und das Sinnliche seine eigene Gewalt hat"[41].

Auch das Kind kennt innere und äußere Konflikte. Aber sie treten nur für Momente in den Mittelpunkt des Daseins, für gewöhnlich bleiben sie an der Peripherie, und nur beim psychopathischen Kind bekommen sie zentrale Bedeutung. Jetzt aber werden Konflikte und Spannungen zentral, von ihnen aus erlebt der junge Mensch sich selbst und die Welt. Es ist das Prinzip der Auseinandersetzung und Selbstauseinandersetzung, das sich umfassend durchsetzt. Dabei verstehen wir unter Auseinandersetzung, daß sich das seelische und geistige Leben innerlich aufgliedert und als Ganzes wiederum sich absetzt gegen die Welt. Das Prinzip der Auseinandersetzung ist kein vollkommen neues seelisches Strukturprinzip, auch im Kind gehen schon Prozesse dieser Art vor sich. In der Pubertät wird es eigentümlich beherrschend, das Ganze des Menschen unterzieht sich einer Auseinandersetzung. Es ist eine Art von Generalauseinandersetzung, die der Mensch vollzieht, eine totale Aufgliederung und Absetzung gegen die Welt, ein Vorgang, wie er sich im selben Umfang später nur in schweren und erschütternden Krisen vollzieht.

Die Grundsituation ist diese: Der neu auftretende Trieb wächst und entwickelt sich, soweit er körperlich ist, organisch im Gefolge des körperlichen Wachstums, ohne daß der Mensch etwas dazu tut. Die neu auftretende Drangwelt aber fügt sich nicht ähnlich organisch ein; schon im seelischen Leben, vor allem aber im geistigen, ist der Übergang schroff. Denn diese Drangwelt hebt sich von der bisherigen kindlichen Welt scharf ab und stellt sich in Gegensatz zu ihr. Sie stößt auf das kindliche Ichgefühl, und unweigerlich kommt es zum Konflikt, in dem dieses unterliegt. Der Ausgleich von Drangwelt und Fähigkeit, in dem das Kind lebt, verliert seinen Sinn, die kindlichen Ziele werden wesenlos, und das ganze kindliche Leben versinkt. Mit einer gewissen Verachtung wendet sich der junge Mensch von seinem Kindheitsstadium weg. Der neue Ausgleich von Drang-

[40] E. Spranger: Psychologie des Jugendalters. 3. Aufl. Leipzig 1925. S. 42.
[41] H. Nohl: Charakteristik der Reifezeit a. a. O. S. 133.

welt und Fähigkeiten, so wie ihn die ungestüm sich erweiternde Drangwelt fordert, ist die Aufgabe. Die körperlichen Fähigkeiten und Mittel dazu stehen bereit. Aber in vielen Fällen kommt es nicht ohne weiteres und nicht ohne Schwierigkeiten zu dem neuen Ausgleich. Wo es freilich dazu kommt, tritt sehr rasch auch das Stadium des Erwachsenen ein.

Es ist bei vielen primitiven Völkern der Normalzustand, daß der junge Mensch früh zum Geschlechtsverkehr kommt, daß er alsbald nach der Pubertät als Erwachsener gerechnet wird. Bei den kultivierten Völkern ist diese Entwicklung erschwert, der Prozeß der Pubertät wird verlängert. Natürlich ist es nicht eine Verlängerung der körperlichen Entwicklung, denn diese hat ihre eigenen Gesetze, die im Wachstum des Körpers liegen. Wohl aber wird die seelische und geistige Entwicklung ausgedehnt.

Die neue Drangwelt treibt den Menschen über sich selbst hinaus. Er macht die Erfahrung, daß er den neuen Trieben nicht durchaus widerstehen kann; ihnen aber gänzlich nachzugeben, warnt ihn ein instinktives Gefühl. Um den inneren Konflikt zu lösen, genügen die kindlichen Mittel des Daseins nicht mehr. Es beginnt die Suche nach einem neuen Gleichgewichtspunkt, nach neuen Mitteln und Fähigkeiten zum Ausgleich des erschütterten innerlichen Daseins. In erster Linie wird nach einem neuen Standort gesucht, den das Ich einnehmen kann. Denn der grundlegende Beginn der Auseinandersetzung ist die Erschütterung des kindlichen Ichs, die durch das Auftauchen einer neuen und fremden Drangwelt vollzogen wird. Es beginnen die Fragen: Wer bin ich? Warum bin ich? und gleichzeitig auch die Versuche, rein äußerlich die neue Daseinsform durch Haltung, Kleidung und Sprechen zu dokumentieren.

Aber noch ist die neue Daseinsform nicht erreicht. Wenn die im Fluß befindliche innerweltliche Auseinandersetzung nicht unterbrochen wird, dann beginnt jetzt erst der Aufbau der Persönlichkeit, wie ihn Spranger und Nohl geschildert haben. Drei Momente hebt Spranger[42] heraus: 1. Die Entdeckung des Ich; 2. die allmähliche Entstehung eines Lebensplans; 3. das Hineinwachsen in die einzelnen Lebensgebiete. Und Nohl hat gezeigt, wie in dieser Zeit der Wille zu einer neuen Autonomie aufsteht, dessen Kehrseite das Verlangen nach einem neuen Maßstab ist. Er führt aus, wie dieses Verlangen sich auch gegen das eigene Ich und die eigene Welt richtet, wie daraus jene letzte Spannung zwischen wirklicher und idealer Welt entsteht. Hoffmann[43] hat mit Recht betont, daß es sich bei der „Entdeckung des Ich", von der übereinstimmend alle Autoren berichten, nicht um die Entdeckung des Ichbewußtseins handelt, das schon dem Kind zukommt. Es ist der Wille zu einem neuen Ich, zur „Ichgestaltung", der an das kindliche Ichgefühl Forderungen stellt, es umarbeitet, kritisiert und ausweitet.

Es ist kein Zweifel, daß in dieser Zeit — immer vorausgesetzt, daß die Entwicklung nicht (z. B. durch äußere berufliche Überanstrengung oder etwa durch frühzeitige geschlechtliche Bindung) abgebrochen wird — sich

[42] E. Spranger: Psychologie des Jugendalters a. a. O. S. 38.
[43] W. Hoffmann: Die Reifezeit. 3. Aufl. Leipzig 1930. S. 110 u. 135.

die Persönlichkeit entwirft und umreißt. Niemals vorher und niemals nachher erreicht sie wieder eine gleiche Spannweite und Spannkraft, die bedingungslos aus dem Innen kommt. Wir wissen aus vielen biographischen Zeugnissen, wie in der Pubertät die Grundform der späteren Persönlichkeit aufblitzt; aber natürlich kann auch in dieser Zeit des Verlorenseins an Spannung und Auseinandersetzung der Grund zu späterem Versagen und seelischer Erkrankung gelegt werden. Es ist wirklich eine Zeit, von der gilt, wie Nohl sagt, daß „wie wir alle sterben müssen und doch jeder seinen eigenen Tod stirbt, so muß auch jeder hier seinen eigenen Weg finden, obwohl alle das gleiche Schicksal zwingt"[44].

Am Ende dieser Entwicklung steht nun erst das, was man im vollen Sinn des Wortes Persönlichkeits b e w u ß t s e i n nennen kann. Das Bestreben, Übersicht über die eigene Person zu gewinnen, die neuen inneren Erfahrungen, die der junge Mensch macht, und nicht zuletzt die Auseinandersetzungen, die er durchkämpft, geben ihm ein neues Ichgefühl. Er erkennt mehr gefühlsmäßig zunächst die Eigenart seiner Person. Im Vergleich seines Wesens mit Anderen und in der Absetzung gegen Andere verliert er jene Ichbezogenheit des Kindes und kann von hier aus wieder zu einer Bemühung um das Verständnis des anderen Ich gelangen.

Je nachdem das neue Triebleben stärker oder schwächer ist — und man wird im allgemeinen annehmen dürfen, daß es beim Mädchen schwächer und passiver, beim Jungen stärker und aktiver ist —, muß sich das neue Persönlichkeitsgefühl gegen die Gefahr der vollständigen Abhängigkeit vom Triebleben wehren. Das ist ja die prinzipiell neue Situation: das Ich kann nicht mehr im Zuge seines Dranglebens, seiner Selbsterhaltung und seines „Selbstgenusses" aufgehen. Indem es sich aber abhebt davon, erwacht das Gefühl für die Zwiespältigkeit des Lebens, und es wird Raum für alle Konflikte, die der Erwachsene kennt: Konflikt zwischen Ich und Du, zwischen Ich und Gesellschaft, zwischen wirklichem Ich und Ideal-Ich und der Konflikt zwischen Wirklichkeit und Utopie. Überall ist die Gegensätzlichkeit von subjektivem Wollen und objektiver Notwendigkeit enthalten. Gegen Spannung und Zwiespältigkeit, gegen die uferlose Ausweitung des Persönlichkeitsgefühls erhebt sich der neue Persönlichkeitswille als das aktive Element des Persönlichkeitsbewußtseins. Der junge Mensch setzt sich Ziele, und diese Ziele sind nicht mehr kindlich, nicht mehr spielerisch, sie werden nicht von einem Tag zum anderen aufgegeben, sondern festgehalten. Das angestrengte, sich selbst überwindende Wollen, das das Kind nur im Zwang der Erziehung zeigt, wird jetzt vom jungen Menschen selbst zielmäßig angewandt. Er macht Pläne, und im Ausblick auf die Zukunft begreift er zum ersten Male, was es heißt, Möglichkeiten zu haben.

So ist dieses Persönlichkeitsbewußtsein eine neue Stufe des Ausgleichs von Triebwelt und Fähigkeiten. Repräsentativ für die neue Drangwelt entsteht ein anderes Persönlichkeitsgefühl; charakteristisch für die Ausbildung der Fähigkeiten ist der Persönlichkeitswille. Beide sind durch einen

[44] H. Nohl: Charakteristik der Reifezeit a. a. O. S. 134.

Prozeß der Auseinandersetzung hindurchgegangen, der in Momenten sich bis zur völligen Zerrissenheit steigern kann. Die Synthese von beiden ist das Persönlichkeitsbewußtsein, das die Linie der kommenden Persönlichkeit anzeigt. In dieser Zeit nimmt der junge Mensch nicht selten in der Vorstellung sein ganzes Leben vorweg. Er schwankt zwischen zwei Extremen. Einerseits hat er erfahren, daß ihm die Einheit des Lebens nicht mehr unmittelbar zuwächst, er hat den Widerstreit zwischen Zielwelt und Drangwelt erlebt, und er ist trotz Gegenanstrengung einem Trieb oder Drang unterlegen. In anderen Momenten wieder nimmt er den Ausgleich zwischen Fähigkeit und Drangwelt, den er fortan Tag für Tag aufs neue leisten und sich erkämpfen muß, als geleistet an. Er sieht die Welt glänzend und farbig, voller Möglichkeiten, die Zukunft schön und leicht.

So entbehrt das neue Persönlichkeitsbewußtsein noch jeder Festigung. Einerseits ist es gedrückt, andererseits ist es überspannt. Erlebt der junge Mensch die Feindlichkeit seiner inneren oder seiner äußeren Welt, merkt er, daß seinem eigenen Wollen Grenzen gesetzt sind, zeigt sich ihm der Zwiespalt zwischen Können und Wollen, zwischen Vorstellung und Wirklichkeit, dann fällt er plötzlich von der Höhe seiner eingebildeten Sicherheit und Selbständigkeit. Er erfährt sich als unterlegen. Eben noch hat er gewußt, wie sein Leben verlaufen soll, und nun erlebt er mit derselben Schärfe, daß er nicht weiß, wohin er sich wenden soll, und was er will. Gelingt ihm aber etwas, erlebt er in der Liebe das eigentümliche Zusammenklingen von Wirklichkeit und Ideal, ist er in Momenten mit seiner Leistung zufrieden, wird er anerkannt, dann fühlt er sich allem gewachsen. Das Selbstgefühl ist in dieser Zeit noch nicht gefestigt, es ist noch nicht in der Wirklichkeit verankert und enthält viele phantastische und fiktive Momente. Ein Teil davon bleibt bestehen, auch der Erwachsene hat solche Momente in seinem Selbst- und Weltbewußtsein. Aber in dem einsetzenden Prozeß der Verfestigung schiebt sich die Wirklichkeit mehr und mehr in den Vordergrund, die Spanne zwischen Wirklichkeit und Plan wird kleiner, und Ziele und Vorstellungen werden an Hand der Wirklichkeit entworfen. Mit dem Zurückweichen der phantastischen Momente aus dem Selbstgefühl vermindert sich die Schwankungsbreite des Selbstbewußtseins. Der Erwachsene berauscht sich nicht mehr an einem Tag an Vorstellungen und scheitert tags darauf am ersten Schritt seines Planes. Freilich gibt es auch später noch ähnliche Schwankungen, und es gibt Menschen, die stets in der Pubertät bleiben, aber im allgemeinen gewinnt jetzt die Persönlichkeit im Wechsel von Leistung und Mißlingen Erfahrung und findet darin festen Boden.

## VERFESTIGUNG DER PERSÖNLICHKEIT

Wir besitzen eine überreiche Zahl von Untersuchungen und Darstellungen der Kindheit und Pubertät, aber wir besitzen keine zusammenfassende Charakteristik des dritten Lebensraumes, der Zeit des Erwachsenen. Wohl findet sich in den Pubertätsdarstellungen der Ausblick auf diese Zeit, und manches davon wird mitbehandelt. Eine große Zahl von charakterologischen Untersuchungen stellt Formen und Typen des Erwachsenen dar. Aber man hat nicht versucht, das Allgemeine dieses Prozesses zu zeigen, wie man eine Gesamtdarstellung der Kindheit und Pubertät gegeben hat. Das hat verschiedene Gründe. Während Kindheit und Pubertät bei aller Verschiedenheit in den einzelnen Fällen recht deutlich ein allgemeines Entwicklungsschema herausarbeiten lassen, sind Prozeß und Entwicklung der erwachsenen Persönlichkeit unendlich verschieden. Es erscheint leichter, die Verschiedenheit der Formen zu fassen, als ein durchgehendes Schema aufzustellen. Jede Kindheit ist durch das Übergewicht des Erwachsenen, durch Erziehung und Spiel gekennzeichnet, und die Pubertät erhält eindeutig ihre Bestimmung durch den körperlichen Reifeprozeß. Beiden ist überhaupt eine im großen und ganzen durch die allmähliche körperliche und seelische Entwicklung gesetzmäßig verlaufende Linie gemeinsam. Eine solche Entwicklungslinie läßt sich für die Zeit des Erwachsenen nicht herausarbeiten. Außerdem kann man das Erwachsensein nach zwei Seiten verstehen, als Abschluß der körperlichen Entwicklung und des Wachstumsprozesses und als geistig-seelische Reife. Für gewöhnlich sind beide Zustände miteinander verbunden. Bei Ausfall der körperlichen Entwicklung, wie er bei der frühzeitigen Kastration eintritt, fällt auch die seelisch-geistige Reife aus, diese Menschen bekommen nicht die Schwere des Erwachsenen, sie bleiben Kinder. Aber der Zustand der körperlichen Reife ist nicht unbedingt mit der innerlichen Reife verbunden. Es gibt Menschen, die körperlich oder geistig den Zustand des Erwachsenen nicht erreichen. Nach einer langdauernden körperlichen oder geistigen Jugend werden sie in jähem Übergang Greise.

Dennoch gibt es einige allgemeine Merkmale, die den seelisch-geistigen Zustand des Erwachsenen kennzeichnen. Der Erwachsene ist innerlich schwerer als der Jugendliche. Er hat sich an der Härte des Wirklichen selbst gehärtet. Kraft seiner eigenen Schwere kann er die Last des Wirklichen besser tragen. Aber er kann andererseits auch der Wirklichkeit nicht mehr so leicht entfliehen wie der Jugendliche. Die Kraft seiner Gedanken- und Vorstellungswelt ist nicht mehr von der leichten Beweglichkeit des jungen Menschen. Die Seele des jungen Menschen ist elastisch; was ihr zu schwer wird, gleitet von ihr ab. Der Erwachsene hat Erfahrungen, die ihn einerseits sichern, andererseits belasten. Er ist in seelischen Inhalten verfestigt. Von dieser Verfestigung aus prüft er die neuen Vorstellungen und die neuen Wirklichkeiten, während der junge Mensch sie einfach auf sich wirken läßt. So hat der Erwachsene an Verfestigung gewonnen, aber an Beweglichkeit verloren, er ist innerlich sicherer, aber auch enger geworden. Die Spannkraft seiner Vorstellungswelt ist schwächer geworden, aber sein Wirklichkeitssinn schärfer.

Es ist der Prozeß der Verfestigung, der dem Zeitraum des Erwachsenen die eigentümliche Note gibt. In einem Brief an Windischmann hat Hegel[45] geschrieben: ... „jeder Mensch hat wohl überhaupt einen solchen Wendungspunkt im Leben, den nächtlichen Punkt der Contraction seines Wesens, durch dessen Enge er hindurch gezwängt und zur Sicherheit seiner selbst befestigt und vergewissert wird, zur Sicherheit des gewöhnlichen Alltagslebens, und wenn er sich bereits unfähig dazu gemacht hat, von demselben ausgefüllt zu werden, zur Sicherheit einer inneren edleren Existenz"[45]. — Was Hegel hier beschreibt, ist der Vorgang der Verfestigung.

Für den Erwachsenen tritt die Verfestigung und inhaltliche Erfüllung des Lebens in den Vordergrund, die Dauer des Lebens tritt in ihre Rechte ein. Der Mensch nimmt dauernde Bindungen wie Beruf und Ehe auf sich. Er setzt sich Ziele, denen er über Jahre hinweg nachgeht. Die äußeren Formen und Umstände des Lebens werden geregelt, die Macht der Gewohnheit ergreift ihn. Er empfindet die stete Wiederholung der Triebe und zwingt sich zu geregelter Leistung. Im fortschreitenden Wechsel der Dinge erfährt er stärker als jemals die stete Wiederholung des Alten. Das Neue, das den jungen Menschen fasziniert, und dem er nachstrebt, empfindet er als fremd und unvertraut. Schwerer als der junge Mensch gerät der Erwachsene in die Situation wirbelnder Bewegung und neuer Erregungen, nicht deswegen, weil er das Neue und Unbekannte nicht empfindet, sondern weil er das Alte festzuhalten und die Vergänglichkeit des Neuen zu fürchten beginnt. Der junge Mensch findet seinen Mittelpunkt in der jeweiligen Situation, der Erwachsene hat seinen Mittelpunkt in sich und kann in eine Situation nur eindringen, wenn er diesen Mittelpunkt in ihr wiederfindet.

Nun bedeutet das nicht, daß der Erwachsene bewegungsunfähig wird. Wenn wir die Verfestigung als den Grundzug dieser Zeit bezeichnen, so heißt das nicht, daß die Entwicklung vollkommen abgeschlossen ist. Wie in der Jugend die Entwicklung im Vordergrund steht, aber auch in dieser Zeit schon Verfestigungen eintreten, so steht im Zeitraum des Erwachsenen die Verfestigung im Vordergrund, aber auch jetzt noch ist Entwicklung und Auseinandersetzung möglich. Im Untergrund der Persönlichkeit lebt immer noch die Sehnsucht nach dem Neuen und die Erinnerung an die Bewegung, Auseinandersetzung und Erschütterung der Jugend. Jene Zweischichtung des Innen tritt ein, die nur der Erwachsene kennt, der durch den Prozeß der Contraction, wie Hegel ihn nennt, hindurch gegangen ist. Hintergründig lebt die Unendlichkeit der Wünsche, die Bereitschaft zum Neuen, aber gleichzeitig die Furcht vor der Erschütterung und Unregelmäßigkeit. Vordergründig binden die Dauer des Lebens, die einmal gewonnenen und erkämpften Verfestigungen und das Verantwortungsgefühl.

Wie aber geht die Verfestigung vor sich? Sie setzt zunächst voraus, daß ein personaler Inhalt gewonnen wird, der unabhängig vom Fluß der Dinge Selbständigkeit erlangt, und daß eine Form ausgebildet wird, die Dauer zeigt. Daher kann Verfestigung einen aktiven Charakter haben, sie kann aus dem angestrengten Festhalten eines Inhalts entspringen, wie etwa alle Verfestigung in anerzogenen Eigenschaften, und sie kann aus dem passiven

[45] G. F. W. Hegel: Werke XIX. Bd., Briefe von und an Hegel, herausgegeben von Karl Hegel. 1. Bd. Leipzig 1887. S. 264.

Verweilen, das zur Gewohnheit führt, entstehen. Verfestigung ist in allen Sphären des Lebens möglich. Triebe können einen bestimmten Rhythmus gewinnen, jeder Körper prägt in seinen Bewegungen eigentümliche Formen aus. Das Ausdrucksbild, das die Erscheinung eines Menschen bietet, ist das Ergebnis einer Verfestigung. Die seelischen Vorgänge verfestigen sich zu Gefühlen und Eigenschaften. Insbesondere haben die geistigen Prozesse die Tendenz zur Verfestigung. Das, was wir Bewußtsein nennen, ist zur Hauptsache Verfestigung von seelischen und geistigen Inhalten.

Der Prozeß der Verfestigung setzt früh ein. Zwar sind zu Anfang des Lebens wohl nur die lebensnotwendigen Triebe und die zur Stillung dieser Triebe mitgegebenen Fähigkeiten verfestigt, und es kommt in der allerersten Zeit nicht zu seelischen Verfestigungen. Aber mit der Entwicklung der seelischen Fähigkeiten beginnt der Prozeß der Verfestigung. Solange der Mensch jung bleibt, behält die seelische Bewegung das Übergewicht. Die Persönlichkeit fixiert sich. Jetzt erst kann sie stabil und ruhig werden. Persönlichkeit sein, heißt innerliche Selbständigkeit haben, diese aber ist nur möglich, wenn feste Inhalte vorhanden sind, durch die sich der Mensch behauptet, und in denen er sich hält.

Wir unterscheiden zwei große Gruppen von Verfestigungen, die des seelischen und die des geistigen Lebens. Die erste stellt sich in Gefühlen, Eigenschaften des Fühlens, in Wünschen, in allem, was zum Umkreis des seelischen Lebens und seiner Vorstellungswelt gehört, dar. In der zweiten drückt sich das geistige Leben der aktiven Vorstellungsarbeit, des Willens und der willentlich erworbenen Eigenschaften, der Formen des Denkens und seiner Ergebnisse aus. Die Gesamtheit beider macht den Typus eines Menschen aus. Sie strahlt wiederum zurück auf das körperliche Leben und drückt sich in seinen Formen aus. Daher hat man zu allen Zeiten aus den körperlichen Formen, den Gesten, der Mimik und den Schädelformen die Gesamtpersönlichkeit erkennen wollen. Wir sehen hier aber ab von den körperlichen Verfestigungen; denn es geht darum, das Zustandekommen jener innerlichen Inhalte und Formen zu fassen, die die Persönlichkeit selbständig machen und sie als erwachsene feste Persönlichkeit von der werdenden unterscheiden.

Um den Vorgang der Verfestigung zu verstehen, muß man sich vor allem klar machen, daß in aller Verfestigung etwas aus dem unaufhörlichen Prozeß des Lebens heraustritt. So treten aus dem Kommen und Gehen der Ereignisse, die das Kind wahrnimmt, allmählich bestimmte Ereignisse und die mit ihnen zusammenhängenden Personen heraus. Vorgänge, die wiederkehren, prägen sich durch diese Wiederholung ein und gewinnen Gestalt. Da ist zunächst die Mutter oder die Person, die das Kind umsorgt; sie gewinnen Gestalt, und das heißt, daß sie einen bleibenden Eindruck hinterlassen, der bewirkt, daß sie wiedererkannt werden. Sie gehen nicht im Fluß des Geschehens unter, sondern gewinnen Dauer. Das Kind erkennt in ihnen die Träger von Geschehnissen; es erfährt, daß die Mutter es ist, die ihm die Befriedigung seiner Lebensbedürfnisse möglich macht, und die ihm hilft. Lange schon, ehe das Kind Bewußtsein hat, verfestigt sich das Erlebnis „Mutter". Der seelische Gehalt „Mutter", das, was wir hier Verfestigung nennen, tritt in Erscheinung. Denn an die Person der Mutter heftet sich ein Fühlen, das das momentane Erscheinen der Mutter überdauert. Man darf es nicht mit Lust oder Unlust verwechseln, die bei Körperempfindungen entstehen. Es beginnt, wie alle seelischen Fähigkeiten zu schwingen, noch ehe die körperliche Empfindung einsetzt, und es schwingt weiter, auch wenn der augenblickliche Lust- oder Unlustzustand verklungen ist. Den körperlichen Prozeß begleitet ein seelischer Zustand, der zwar Verbindung mit ihm hat, aber selbständig ist. Alle wirklich seelischen Vorgänge schlagen sich in einem solchen Gebiet nieder, und das Eigentümliche ist, daß alles, was sich zu einem seelischen Inhalt verfestigt hat, wiederkehren kann, auch wenn es vergessen wurde. Die Seele hält es in ihren Bann. Die Frühzeit des Kindes kennt hauptsächlich nur Verfestigungen in dieser Form: Gefühle oder gefühlserfüllte Vorstellungen. Aber erst dort können wir wirklich von einem Gefühl sprechen, wo der innerliche Vorgang sich nicht in seinem Ziel erschöpft, wie das Bedürfnis in der Bedürfnisbefriedigung, der Schmerz in der Schmerzlinderung, sondern sich zu einem zweiten Ergebnis in der Gestalt von Erinnerung, Vorstellung oder Symbol niederschlägt. Das kindliche Leben ist mit Inhalten dieser Art erfüllt. Von Zuneigung und Abneigung wird seine Seele ausgefüllt. Indem sich das kindliche Leben an bestimmte Punkte heftet, entstehen seelische Inhalte. Mutter, Vater, das Erlaubte, das Verbotene, die Spielgegenstände, der schwarze Mann als Symbol der strafenden Vergeltung, Wünsche und Ängste und alle Gegenstände des täglichen Gebrauchs werden zunächst gefühlsbeladene Symbole.

Das ändert sich erst, wenn neben den seelischen Prozessen die geistigen zu arbeiten beginnen. Sie bestätigen noch ausdrücklicher die Behauptung, daß das Leben der Seele und des Geistes sich in Inhalten und Formen niederschlägt. Treten schon die Gefühle aus der unmittelbaren Lebensbewegung als dauernde und überdauernde Inhalte heraus, so sind die geistigen Inhalte vollends vom Prozeß ablösbar. Das geht soweit, daß wir sie geradezu als Abspaltungen bezeichnen können. Gedanken, Wissen und Erkenntnisse sind nicht in dem Maß wie Gefühle persongebunden. Wenn sich Gefühlsprozesse zu Gefühlsinhalten verfestigen, dann werden sie zu Gebilden, die innerhalb des seelischen Lebens der Person Dauer haben. Sie können unter bestimmten Voraussetzungen auf andere Menschen übertragen werden, zunächst aber bestehen sie für die Person, zu der sie gehören. Die Gebilde, in denen sich der Denkprozeß verfestigt, sind sachgebunden. Sie überdauern als Erfahrung oder Wissen die momentane Gegenwart einer Situation oder eines Dinges. Auch sie bestehen zunächst für den, der sie entdeckt oder erfindet, aus einem Denkprozeß entwickelt, sie verselbständigt und von der Person ablöst. Dann aber sind sie übertragbar. Sobald sie dargestellt, d. h. in Gedanken und Vorstellungen eingebettet worden sind, kann ein anderer sie lernen und übernehmen.

Während die Gefühlsinhalte der Person ganz von selbst in den langen Jahren der Entwicklung erwachsen, in denen der Mensch immerfort nach etwas strebt oder sich gegen etwas wehrt, für oder dagegen fühlt und Stellung nimmt, müssen die Denkinhalte gelernt werden. Der Prozeß der Erziehung entwickelt diesen Verfestigungsprozeß. In vielen Tausenden von Stufen übernimmt das Kind Wissen. Es lernt den Gebrauch der einfachsten Gegenstände, es sammelt die primitivsten Erfahrungen und eignet sich das unmittelbar lebensnotwendige Wissen an. Allmählich kann es sein Denken auf Sachen konzentrieren, es sucht sie zu begreifen und zu erfassen. Es entwickelt Gedanken und lernt gedankliche Zusammenhänge verstehen. Schritt für Schritt erweitert es seine Intelligenz, häuft Wissen auf, und in eben demselben Maße verfestigt es in sich sachgebundene Inhalte.

Wir sehen hier von den vielen Zwischenformen ab, die vom rein persongebundenen Gefühl zum rein sachgebundenen Gedanken hinüberführen. Sie seien nur angedeutet. Jedes neue Wissen steigt aus den Lebenszusammenhängen einer Person oder eines Volkes auf und lebt zunächst in der Form person- oder volksgebundenen Könnens, ehe es zum rein sachlichen und übertragbaren Gedanken wird. Gefühle können sich weitgehend von der Person ablösen und in der Form von Idealen zum sachlichen Inhalt werden. Von diesen Zwischenformen gefühlsmäßigen Wissens und versachlichter Gefühle abgesehen, bestehen aber prinzipielle Unterschiede. Die Verfestigungen des Gefühls sind die ursprünglicheren, natürlich gewachsenen. Sie bilden den Umkreis dessen, was im vollsten Sinn des Wortes die persönliche Welt eines Menschen darstellt. Zuneigungen und Abneigungen, Liebe und Haß, Ängste und Hoffnungen sind die einfachsten Formen dieser Welt. Der unmittelbare Vollzug des Lebens ist es, der sich in ihr niederschlägt. Im Fühlen und seinen Verfestigungen ist das Ich betont, im Fühlen erweitert sich zwar die Welt, aber immer unter engster Bindung an das Ich. Die Verfestigungen des Fühlens sind es, die das Ich verstärken und verdichten.

Eine andere Linie der Persönlichkeit wird durch das Denken und seine Verfestigungen ausgeprägt. Anfangs entwickelt sich das Denken in zweiter Linie, seine Verfestigungen bauen sich über den ersten Verfestigungen des Fühlens auf; lange ehe das Kind denkt, hat es Gefühle. Dann haben sachliche Inhalte und Formen die Tendenz Gefühle zurückzudrängen, alles Begreifen sachlicher Inhalte fordert die Ausschaltung gefühlsmäßiger Widerstände oder Vorurteile. In Erfahrungen, Gedanken und Erkenntnissen schlägt sich daher der sachliche Teil unserer Erlebnisse nieder. Auch Wissen erweitert die Welt, aber es drängt das Ich zurück. Alles Wissen und alle Objektivität nimmt dem Menschen unmittelbar etwas von seiner subjekt- und ichgebundenen Haltung.

Beide Prozesse der Verfestigung treten früh in Erscheinung, früh tritt auch die innere Gegensätzlichkeit heraus. Die Schwierigkeit der Erziehung besteht gerade darin, daß das Kind sein Drang-Ich beherrschen lernt, und immer wieder wendet sich später gegen das Gewicht sachlicher Erkenntnis das willkürliche Wollen. Aber solange die Entwicklung andauert, deckt der Prozeß des Werdens die Gegensätze zu. Das wird anders, wenn der Reifeprozeß abgeschlossen ist. Jetzt tritt eine Verlegung des Schwerpunktes vom Werden auf den Zustand ein. Allmählich hat sich einmal die Welt der Gefühlsinhalte und Gefühlsformen, und dann die Welt der objektiven Inhalte und sachlichen Formen aufgebaut. Die Aufgabe ist nicht so sehr, neue Inhalte und Formen zu erwerben, sondern H a l t u n g zu finden, den Halt im Subjektiven, Persönlichen und den Halt im Objektiven, Überpersönlichen. Haltung besitzt aber nur der, der Halt hat und festhalten kann.

Das Leben in einer sachlichen Welt von Anforderungen und Gegebenheiten, die ihn umgibt, und die er zum Ausgleich bringt mit der Welt seiner persönlichen Wünsche und Gefühle, kennzeichnet die Situation des Erwachsenen. Sie tritt für manchen früher, für manchen später ein, je nachdem er früher oder später die volle Verantwortung für sich selbst übernimmt. Immer aber ist mit dem Eintritt in dieses Stadium eine fast schmerzhafte Konzentration und Härtung der Persönlichkeit verbunden. Die Notwendigkeit, die Last des Lebens auf sich zu nehmen, bedingt den Bruch mit der Leichtigkeit und Beweglichkeit des sich entwickelnden Menschen. Der junge Mensch kennt und liebt die Spannung, die vom Neuen ausgeht, das Fehlen dieser Spannung empfindet er als Langeweile. Ihn drückt das Gewicht des Gestrigen nicht, solange das Heute und Morgen ihm Neues verspricht. Alle Bindung ist ihm Belastung und Begrenzung, die man meiden soll. Der Erwachsene hat die Bindung auf sich genommen. Auch er weiß um die Spannung des Neuen, aber ebenso um die Verpflichtung des Alten. Das Werdende lockt ihn, er selbst aber sucht festzuhalten und wird vom Festen gehalten.

Man muß sich aber klar machen, daß die Verfestigung und die Haltung, die der Erwachsene besitzt, aus dem Ausgleich zweier verschiedener Verfestigungsformen entspringen. Verfestigt ist die Persönlichkeit einerseits in ihren Gefühlen, die bis ins früheste Kindheitsalter zurückreichen. In dieser ichgebundenen Welt lebt das ureigenste Wollen des Menschen. Nur zu einem Teil ist es bewußt, zum anderen Teil zeigt es sich in den unwägbaren, aber richtunggebenden Ausschlägen, die uns Gefühl, Instinkt und Ahnung geben. Andererseits aber ist die Persönlichkeit in Erfahrung, Gedanken und Wissen verfestigt. In diesen sachgebundenen Verfestigungen ist das Ich auf die Welt und Umgebung bezogen. Es ist jener Teil der Persönlichkeit, der durch Erziehung, Lernen und Erfahrung erworben wird. Wie aber schon früher im kindlichen Leben eigener Drang und erzieherischer Zwang kollidieren, wie später in der Pubertät dann die Gegensätzlichkeit im Menschen selbst in der Gestalt von eigenem triebhaften Wollen und notwendigem zielhaften Sollen auftaucht, so hat die Persönlichkeit jetzt in sich zwei Linien auszugleichen. Auf der einen Seite steht die Drangwelt und ihre Verfestigungen, auf der anderen Seite die Zielwelt und ihre Verfestigungen. Während aber im kindlichen Alter der Erwachsene dem Kind die Entscheidungen abnimmt und die Linie seines Lebens bestimmt, die

Pubertät durch den Prozeß der innerlichen Auseinandersetzung beider Welten gekennzeichnet ist, muß der Erwachsene für sich selbst sorgen und selbst die Linie seines Lebens bestimmen. Hier erkennt man, daß Persönlichkeit Gleichgewicht und Ausgleich zweier Lebensrichtungen und ihrer Verfestigungen voraussetzt. Solange der Mensch nicht erstarrt und alt ist oder sich verantwortungslos und treibend dem Fluß der Dinge überläßt, solange er also mit einem Wort lebendige Persönlichkeit ist, muß er diesen Ausgleich, der ihm meist nicht in den Schoß fällt, von Tag zu Tag neu leisten.

Nicht immer können Drangwelt und Zielwelt, objektive Notwendigkeit und persönliches Wünschen in Einklang gebracht werden. Es gibt Perioden der Auseinandersetzung, in denen sich Ich gegen Ich stellt. Die Unendlichkeit der Wünsche greift über die Kraft der Fähigkeiten hinaus, objektive Notwendigkeiten zwingen in eine Bahn, die dem tief-innerlichen Wünschen der Person fern liegt. Das Gefühl widerstrebt dem, wozu der Verstand rät. Situationen fordern Handlungen, die unsere ganze Vergangenheit verneint. Der Konflikte gibt es unendlich viele. Erst hier zeigt sich die innere Festigkeit der Person.

## *SIEBENTES KAPITEL*

# DAS PERSÖNLICHKEITSGEFÜHL

In einem allmählichen Prozeß der Entwicklung der Kräfte und der Ausgestaltung der Trieb- und Drangwelt entfaltet sich die Persönlichkeit. Im Gegen- und Zusammenspiel von Trieb und Fähigkeit bildet sich das seelische Zentrum und jener ausgleichende Mittelpunkt, den wir Persönlichkeit nennen. Das Kind, der junge Mensch und der Erwachsene leben jeweils in einer anderen seelischen Welt. Je mehr das Ich aus einem schattenhaften, bewußtlosen Ichpunkt zu einem starken und beherrschenden Faktor des Lebens wird, desto mehr wird auch die Persönlichkeit raumgreifend.

Unvermeidlich aber entstehen in dieser Entwicklung Gegensätze. Im Trotzalter entdeckt das Kind eine Gegensätzlichkeit zur Umgebung, das Schulkind erfährt schon den Konflikt zwischen Pflicht und Neigung, und in der Pubertät vollends tut sich eine Welt von Gegensätzen auf. Ich und Welt, Sollen und Wollen, Wirklichkeit und Möglichkeit, Freiheit und Zwang — eine ganze Skala von Antithesen erscheint, und die junge Persönlichkeit weiß sich zwischen ihnen. In der Krise der Pubertät kann der Mensch den Zwiespalt des Seins bis zur völligen Zerrissenheit erleben. Gegen diese Erfahrung sucht er sich zu behaupten. Er findet einen Weg des Ausgleichs, und darin erscheint die Persönlichkeit.

Die Erfahrung von der Spannung und dem Ausgleich des Lebens, die wir alle machen und durch den Einsatz der Persönlichkeit tragen, nennen wir das Persönlichkeitsgefühl. Es ist nicht mit dem Ich- und Selbstbewußtsein identisch. Denn dieses ist das Wissen um einen letzten Träger der Person, der als Ich und Selbst durch alle Veränderungen hindurch unverändert bleibt. Im Persönlichkeitsgefühl aber spiegelt sich das Auf und Ab wieder, in ihm verdichtet sich die Bewegung des Ich zu dem Gefühl des schwebenden Gleichgewichts.

Entwicklung bedeutet allmähliches Herauswachsen aus der Abhängigkeit zur Selbständigkeit. Deren Träger sind Anlage und Begabung, die sich zu Fähigkeiten entwickeln, Triebe, Interessen und Triebfedern, die uns abhängig machen und sich zur Welt der Bedürftigkeit und des Wünschens entfalten. Beide Seite des Daseins wachsen und erweitern sich. Ist die Erziehung in erster Linie Ausbildung und Entwicklung der Fähigkeiten, so entwickeln sich gleichzeitig damit hintergründlich Bedürfnisse, Wünsche und Interessen. Wächst auf der einen Seite die Selbständigkeit, so wird auf der andern Seite die Abhängigkeit größer. Nicht nur der Grad unseres Wollens wird stärker und das Maß unseres Könnens vermehrt sich, sondern auch die Erfahrung des Getriebenwerdens und Müssens wird dringlicher. Zwar scheint es, als ob die Möglichkeit des willkürlichen Verhaltens mit der Vermehrung der Mittel und Fähigkeiten steigt, aber sie wird durch den Kreis der Abhängigkeiten und Bedürfnisse in Schach gehalten.

Die Situation bleibt darin grundsätzlich unveränderlich, daß wir einen Ausgleich anstreben und leisten müssen. Im Leben und Erleiden, im Handeln, Genießen und Arbeiten, im Erfahren der Bedürfnisse und Schwierigkeiten, im Befriedigen und Lösen zeigt sich die Persönlichkeit, und mit ihr entwickelt sich das Persönlichkeitsgefühl. Wer die Linie dieser Entwicklung verfolgt, wird immer erkennen, wie Perioden des Ausgleichs mit solchen der Unsicherheit abwechseln. Es gibt Zeiten, in denen der Mensch sich gefestigt fühlt und seine Leistungen sich mit den Anforderungen decken, die er und andere an ihn stellen. Sie werden abgelöst von Zeiten, in denen nichts gelingt, das Persönlichkeitsgefühl schwankend wird und das Übermaß der Forderungen oder der Leerlauf der Fähigkeiten uns bedrückt. Es gibt keinen Zustand des Lebens, in dem das unbedingte Gleichgewicht garantiert ist. Stets sind wir von der Ungleichgewichtigkeit bedroht und müssen bestrebt sein, unser Gleichgewicht zu bewahren.

Im Wechsel der Situationen wechselt auch das Persönlichkeitsgefühl. Der Zustand, in dem wir nicht fähig sind, unsere Bedürfnisse zu befriedigen oder sie zu vermindern, in dem wir unsere Aufgaben nicht leisten können, gibt uns das Gefühl der Unsicherheit, Abhängigkeit und inneren Unzulänglichkeit. Wenn wir die Situation meistern, unser Können sich bewährt und das Dasein uns befriedigt, haben wir das Gefühl der Ausgeglichenheit und inneren Festigkeit. Dieses Auf und Ab, das bei dem einen stärker und bei dem andern schwächer ist, läßt sich nicht vermeiden. Leben wir einmal im Gefühl der Leistung und des Gelingens, so fühlen wir uns ein andermal dem Leben nicht gewachsen und bedrängt. Im einen Fall gehen wir zuversichtlich an unsere Aufgaben, wir wissen, daß wir gebraucht werden, im andern haben wir Angst vor jedem Schritt, das Gefühl der Entbehrung und Nutzlosigkeit plagt uns. Es ist aber eigentümlich, daß diese Schwankungen des Persönlichkeitsgefühls nicht immer Hand in Hand mit der wirklichen Lage des Menschen gehen. Gerade in Zeiten äußerlicher Geborgenheit und Sicherheit kann es nach unten sinken und in der Gefahr und Bedrängnis wieder steigen. Das Persönlichkeitsgefühl wird nicht allein vom Wechsel der Situationen beherrscht, sondern es ist gleichzeitig Ausdruck einer inneren Erfahrung und Gestimmtheit. In ihm erscheint nicht nur die gegenwärtige Situation, sondern es verkörpert die Summe der Erfahrungen, die wir gemacht haben. Erfolge, die wir erreichten, Niederlagen, die wir erlitten, haben es geschaffen.

Es ist unverkennbar, daß dieses Persönlichkeitsgefühl sich allmählich aufbaut und entwickelt. Am Anfang des Lebens ist es schattenhaft und winzig. Wir lassen dahingestellt, ob Adler recht hat, der annimmt, daß der Säugling aufs stärkste die Abhängigkeit vom Erwachsenen erlebt, und daß aus dem Hintergrunde dieser Unzulänglichkeit das Persönlichkeitsgefühl erwacht. Zwar ist das Kind tatsächlich vom Erwachsenen abhängig, aber es ist die Frage, ob es nicht ein inneres Gleichgewicht besitzt, das stärker ist als das mancher Erwachsenen. Entwicklung und Erziehung allerdings bringen Zwiespältigkeit und verschieben das Gleichgewicht. Das Kind erkennt allmählich seine Abhängigkeit vom Erwachsenen, aber es fängt auch frühzeitig an, seine Schwächen zu durchschauen. Im Spiel mit den andern findet es seinen eigenen Lebenskreis. Dort bedeutet es etwas, dort ist es vielleicht sogar führend. Die Pubertät schafft eine neue Situation. Plötzlich erfährt der junge Mensch Triebe, die er vorher nicht gekannt hat. Wie stark diese Schwankungen sein können, wissen wir aus vielen Fällen und Beobachtungen. In jedem Fall stört das Auftreten der neuen Kräfte das seelische Gleichgewicht. Irgendwie muß der junge Mensch aufs neue mit seinem Dasein fertig werden. Schon hier zeigt sich, daß es viele Möglichkeiten gibt. Der eine löst früh und manchmal unerfreulich diesen Zwiespalt, der andere weicht der Frage aus, der dritte ist jahrelang damit beschäftigt, und innerhalb dieser Möglichkeiten gibt es wieder unzählige Variationen.

Nichts kann sich so komplizieren wie das Persönlichkeitsgefühl. Es gibt Menschen, die sich in einem Lebensgebiet überlegen und im anderen unzulänglich fühlen. Äußere Schicksale können überraschend eingreifen. Innere Erlebnisse können uns lahmlegen oder beschwingen. Wir können uns eigentümlich verfahren und festlegen. Unser Persönlichkeitsgefühl kann unecht und falsch werden, es kann sich übersteigern oder verfallen. In ihm wirken verschiedenartige Kräfte zusammen. Doch ist eine feste Grundlage vorhanden: das Maß unserer Bedürfnisse und Wünsche und die Stärke unserer Fähigkeiten. In der Zeit, in der die Triebe und Fähigkeiten sich entwickeln, ist das Persönlichkeitsgefühl stärkeren Schwankungen unterworfen. Wenn diese Entwicklung abgeschlossen ist, hat es die Tendenz, auf einer konstanten Linie zu bleiben.

## SCHWANKENDES UND FESTES PERSÖNLICHKEITSGEFÜHL

Das normale Persönlichkeitsgefühl ist Ausdruck der Tatsache, daß der Mensch ein schwebendes Gleichgewicht von Kräften ist. Es muß also beweglich sein, muß fähig sein, Veränderungen, Krisen und Erfolge anzuzeigen und zu empfinden. Eine Schwankungsbreite muß vorhanden sein, in der sich Lage und Gestalt der Person in ihren Veränderungen wiederspiegeln. Der eine empfindet die Schwankungen stärker, er ist von einer außerordentlichen Empfindlichkeit und notiert die geringsten Veränderungen. Er neigt zum labilen Persönlichkeitsgefühl. Der andere ist mehr oder minder unerschütterlich, innere und äußere Schwankungen berühren ihn kaum, er neigt zum festen Persönlichkeitsgefühl.

Solche Menschen sind gleichgewichtig und ruhig, ihre innere Ausgeglichenheit trägt sie ohne Schwierigkeit über Erschütterungen hinweg. Auch starke Schicksalsschläge werden leichter ertragen. Der Mensch ist letztlich gesichert, sei es im Temperament, im Glauben oder in Charaktereigenschaften. Das heißt nicht, daß er keine Spannungen erlebt und empfindet, aber sie berühren ihn in seiner Haltung wenig, und durch alle Veränderungen hindurch bleibt die innere Sicherheit bestehen.

Er kennt keine sprunghafte, sondern nur eine langsame und stetige Entwicklung. Es gibt Menschen, deren Persönlichkeitsgefühl so fest ist, daß ihre Entwicklung kaum sichtbar wird. Allmählich weiten sie sich aus, sie werden fester und fester und erstarren meist frühzeitig. Aber gerade das ist ihre Stärke. In Zeiten großer Erschütterungen halten sie stand; wenn alle anderen schwanken, gehen sie unbeirrt ihren Weg. Von außen gesehen mag es scheinen, als ob sie unfähig seien, die Wucht der Ereignisse mitzuerleben. Aber der genaue Beobachter sieht, daß es eine innere Stärke und Beharrlichkeit ist, die sie kühl gegen äußere Erschütterungen macht.

Manchmal haben Kinder ein ruhiges und gleichmäßiges Persönlichkeitsgefühl und verlieren es später. Tiefeingreifende Begegnungen und Erlebnisse oder körperliche Vorgänge haben das Gleichmaß gestört. Die Festigung, in der der Mensch am Anfang seines Lebens stand, ließ sich nicht aufrechterhalten. Aber die Entwicklung kann auch umgekehrt sein. Das feste Persönlichkeitsgefühl wird schwer und allmählich erworben. Der Mensch ist durch innere Unruhen und Krisen hindurchgegangen, er hat starke Schwankungen seines Wesens erfahren. Nach einer solchen Krise, nach einem vielleicht vollständigen Umschlag der Persönlichkeit wird sie fest und zeigt von dann ab ein festes Persönlichkeitsgefühl. Die vorherige Unruhe, das ständige Suchen, die Bereitschaft zu jeder Spannung schwindet, und die Persönlichkeit beruhigt sich endgültig.

Die andere Form des Persönlichkeitsgefühls ist jenes Schwanken, das immer auf Spannungen deutet, deren die Persönlichkeit nur mit Mühe Herr wird. Es kann die verschiedensten Gründe haben. Innere Spannungen der Triebwelt, Spannungen zwischen Trieb und Fähigkeit, Spannungen zwischen Ich und

Welt sind die Hauptanlässe. Aber meist sind die auslösenden Erlebnisse wirklich nur Anlässe, der eigentliche Grund der Ungleichgewichtigkeit liegt tiefer. Wir stoßen in all diesen Fällen auf eine letzte Zwiespältigkeit zwischen Trieb- und Drangwelt auf der einen und Welt der Fähigkeiten und Möglichkeiten auf der anderen Seite. Es kann sein, daß die innerliche Triebwelt oder die von außen beeinflußte Drangwelt Forderungen stellt, die aus den Fähigkeiten und aus der Lage der Persönlichkeit heraus nicht mehr befriedigt werden können. Es kann aber auch umgekehrt sein, daß die Fähigkeiten falsch entwickelt wurden und leer laufen. Im einen Fall zeigt der Mensch eine starke Trieb- und Wunschspannung, die er nicht ausleben kann, und die ihm das Gleichgewicht nimmt, im andern Fall ist es ein stetes Suchen nach Zielen und Aufgaben, das den Menschen irrlichternd und unruhig macht.

Es entsteht das schwankende Persönlichkeitsgefühl. Eine innere starke Spannung treibt diese Menschen, sie werden von inneren Kräften dauernd in der Unruhe gehalten. Das macht sie geneigt, äußere Spannungen verstärkt und verdoppelt aufzunehmen und wiederzuspiegeln. In den Zeiten schwankenden Persönlichkeitsgefühls sind wir innerlich unsicher. Gelingt uns für Momente der Ausgleich, dann glauben wir an uns, gelingt er uns nicht, dann verzweifeln wir. Dem Wechsel der Situationen haben wir nichts Festes entgegenzusetzen, bald zieht uns das eine, bald das andere an. Manche Menschen erleben nur für Momente, in tiefsten Krisen dieses Schwanken, andere neigen für die Dauer ihres Lebens zu einem schwankenden Persönlichkeitsgefühl. Weil sie keinen inneren festen Ausgleich zwischen Trieb-, Drangwelt und Fähigkeiten herbeiführen können, werden sie stärker vom Äußeren abhängig. Sie werden weltoffener, aber auch weltempfindlicher, sie sind leichter zu begeistern, aber auch leichter zu verletzen. Ihr Ich ist beweglicher, aber auch unsteter. Sie nehmen die Dinge nicht schwer und tragen nicht nach, aber sie behalten auch nichts und können Gewichtiges nicht festhalten.

Es gibt zwei Gruppen von Anlässen, die das Persönlichkeitsgefühl ins Schwanken bringen. Einmal kann eine besondere Empfindlichkeit und Beeindruckbarkeit, überhaupt ein leichtes Anspringen und eine starke Durchbildung der Fähigkeiten eine stetige innerliche Bewegung erzeugen, dann aber kann eine starke Trieb- und Wunschwelt die Persönlichkeit in der Unruhe halten. Doch muß zur relativen Überstärke der einen Seite immer die relative Schwäche der anderen kommen. Können alle Triebe und Wünsche ausgeglichen werden, ist die Spannung der Fähigkeiten eine normale, dann schwankt das Persönlichkeitsgefühl nicht. Erst jene Überstärke von Trieben, Wünschen und Fähigkeiten, die die Persönlichkeit einseitig machen, erzeugt eine Ungleichgewichtigkeit. Daher neigen ebensosehr Menschen mit starken produktiven Fähigkeiten wie trieb- und wunschstarke Menschen zum schwankenden Persönlichkeitsgefühl. Wenn unsere Fähigkeiten so entwickelt und beweglich sind, daß sie auf den kleinsten Anlaß anspringen, wenn unsere Bedürfnisse und Wünsche im Tieferen unbefriedigt bleiben, wenn es also zu keinem Ausgleich oder nur für kurze Momente zum Ausgleich kommt, dann entsteht die innere

Zwiespältigkeit, die wir bei allen Menschen mit schwankendem Persönlichkeitsgefühl finden.

Typisch dafür ist der nervöse Zustand. Er ist — so wie wir im weiteren, alltäglichen Sinn das Wort gebrauchen — durch Reizbarkeit, Überempfindlichkeit, innere Unruhe und leichte Erschöpfbarkeit gekennzeichnet. Die seelische Schwäche des Nervösen weist in eine doppelte Richtung. Es ist nicht allein die große anlagemäßige Empfindlichkeit und Reizbarkeit; denn man kann sensibel und erregbar sein, ohne nervös zu sein. Der nervöse Mensch wird mit seiner Unruhe und Reizbarkeit nicht fertig. Er lebt in einer ständigen innerlichen Spannung, die nicht abklingt und bei kleinen Anlässen sich entlädt. Im Verhältnis zu dieser Spannung ist seine Ausgleichskraft gering. So kommt zu der starken Bewegung der Triebe oder zur starken Anspannung der Fähigkeiten jenes innere Erzittern und jene ständige Unruhe, die die Schwankungsbreite der Persönlichkeit ausdehnt. Nervosität ist immer eine starke innere Anspannung. Sie kann aus unbefriedigten Wünschen, aber auch aus leerlaufenden Fähigkeiten entstehen, kann ihren Grund in der konstitutionellen Schwäche der Nerven, aber auch in der Überanstrengung haben.

Es gibt viele Erscheinungen und Grade des nervösen Zustandes. Da ist jene einfache Situationsnervosität, die jeder empfindet, der vor einer entscheidenden Situation, etwa einem Examen, steht. Eine andere Art situationsbedingter Nervosität entsteht, wenn auf eine plötzliche starke Anstrengung unvermittelt die Ruhe folgt. Wir sind nervös nach einer überstandenen Gefahr oder nach einer starken Arbeitsperiode. Die Spannung läßt nicht sogleich nach, löst sich aber nicht mehr in der tätigen Anstrengung. Diese Zustände können habituell werden. Das Berufsleben mancher Menschen mit dem Wechsel und der Fülle der Anforderungen beansprucht sie aufs äußerste. Hand in Hand geht mit der dauernden Überanstrengung die Furcht vor dem Versagen. Je wacher und angestrengter auf diese Weise der Mensch wird, desto beweglicher und irritierter wird sein Persönlichkeitsgefühl.

Die ständige Nervosität ist jedoch in den meisten Fällen nicht nur der Ausdruck äußerer Umstände. Ihre tiefere Ursache liegt gewöhnlich in einer eingefahrenen Bereitschaft zur Unruhe. Es ist ein von früh auf irritiertes Persönlichkeitsgefühl, das dann später der Träger einer ständigen Nervosität wird. Körperliche und seelische Momente greifen ineinander. Triebschwache Menschen mit einem starken seelischen Wunschvermögen, triebstarke Menschen, die sich ihren Trieben nicht einfach hingeben, eine übergroße Fähigkeit des seelischen Aufnehmens, die sich nicht ausdrücken kann — das sind nur einige Beispiele für eine innere, oft anlagemäßig bedingte Zwiespältigkeit, die zur Nervosität prädestiniert. Jedes Mißverhältnis im Triebleben oder im System der Fähigkeiten, zwischen Trieben oder Fähigkeiten, zwischen Temperament, Vitalität und Intelligenz, also jede innere Ungleichgewichtigkeit in den Grundlagen der Persönlichkeit verlangt nach einer Lösung. Ist sie so stark, daß sie nur durch eine dauernde Gegenanstrengung überwunden werden kann, dann ist der Ausdruck dieser ständigen Bemühung um das innere Gleichgewicht die Nervosität. Diese

Form der Nervosität hat im Ganzen der Persönlichkeit sehr oft positive Bedeutung. Wenn in ihr auch ein mühsam erkämpftes und stets gefährdetes Gleichgewicht erscheint, so wird doch noch der Ausgleich gefunden. Ist das nicht mehr der Fall, dann kann die Persönlichkeit in der inneren Zwiespältigkeit untergehen, und es entsteht die krankhafte Form der Nervosität, die Neurose. Die Darstellung dieser Zustände findet man in der Psychopathologie.

Es gibt Abarten des Persönlichkeitsgefühls, die jenseits des normalen stehen und dennoch nicht auf eine zerstörte Persönlichkeit weisen. Sie sind nicht durch die Begriffe der inneren Gleichgewichtigkeit oder Ungleichgewichtigkeit zu begreifen. Ihr schwebendes Gleichgewicht ergibt sich nicht aus dem Zusammenspiel verschiedener Kräfte, sondern der Mensch lebt aus einer Linie. Damit verschwindet das bewegliche Spiel der Kräfte und die innere Freiheit des Menschen, die Existenz bekommt etwas eigentümlich Zwangsläufiges. Auch im normalen Menschen treten gelegentlich solche Zustände auf, er empfindet sie als Steigerung des Lebens, aber auch als Bedrohung des Selbst. So finden sich Züge der im Nachfolgenden gezeichneten vier Formen des Persönlichkeitsgefühls in den meisten Menschen. Aber während der Normale immer wieder seinem natürlichen Gleichgewicht zustrebt und nur in gewissen Zügen diese Lebensform zeigt, gibt es Menschen, deren Leben von diesem Persönlichkeitsgefühl getragen wird.

## DAS PERSÖNLICHKEITSGEFÜHL DES GENIALEN, SPIELERISCHEN UND DES GETRIEBENEN, DÄMONISCHEN MENSCHEN

Die beiden Formen, die zuerst beschrieben werden sollen, tragen deutlich den Charakter des Übernormalen. Die Einseitigkeit, die sie kennzeichnet, hat ihren Grund darin, daß die Persönlichkeit in einer Linie ihrer Existenz überstark ist. Es kommt zu keinem eigentlichen Zusammenspiel der Kräfte, denn in dieser einen Linie verschwindet alles andere. Wenn der Mensch gegen den in diesem Mißverhältnis angelegten Lebenszwiespalt kämpft und ihn austrägt, dann entsteht der wirklich Geniale oder der wirklich Dämonische. Geschichtliche Beispiele dafür sind Nietzsche und Sokrates. Geht er aber in seiner inneren Ungleichgewichtigkeit unter, dann entsteht die spielerische oder die getriebene Persönlichkeit. Bei den einen tritt das existentielle Übergewicht in Erscheinung, bei den anderen schiebt sich das Zwangsläufige und Mechanische in den Vordergrund. Zwar sind auch die überwertigen Existenzen ihren Fähigkeiten oder ihrem Dämon verfallen. Aber sie suchen den inneren Zwiespalt durch erhöhte Anstrengung auszugleichen. Auch wenn sie einen aussichtslosen Kampf führen, schaffen sie auf diesem Boden Leistungen von bleibendem Wert, die nicht durch innere Ausgeglichenheit, sondern durch Einseitigkeit stark sind.

Häufiger sind jene Erscheinungen, die eine gewisse Genialität haben, ohne es zur genialen Leistung oder Form zu bringen, und jene, die aus der Getriebenheit leben, ohne wirklich dämonisch zu sein. Das Persönlichkeitsgefühl dieser

Zwischenformen des genialischen und getriebenen Menschen soll beschrieben werden.

Manche Menschen leben ihr Leben für die Dauer oder für Zeiten gleichsam spielerisch. Wo sie auf Widerstand stoßen, geben sie nach. Gelingt etwas nicht sofort, so wird es beiseite gelegt. In allem, was diese Menschen tun, haben sie etwas Geniales und Leichtes. Sie lernen in der Schule leicht und spielend. Spielerisch ergreifen sie ihren Beruf, spielerisch treffen sie die anderen Entscheidungen ihres Lebens. Wo sie auf Konflikte stoßen, räumen sie das Feld. Der normale Mensch hat Zeiten, in denen ihm ähnlich alles leicht von der Hand geht. Aber bei ihm sind diese Zeiten Höhepunkte des Daseins, auf die alsbald wieder die Mühe und Anstrengung des alltäglichen Lebens folgt.

Das Kennzeichen dafür ist das Leben aus der Begabung. Je begabter ein Mensch aber ist, desto geringer ist der Teil seines Könnens, den er sich durch Anstrengung erwerben muß. Alle Begabten sind daher von vornherein und vor allem in ihrer Jugend durch eine gewisse Leichtigkeit ausgezeichnet. Was andere sich mühsam erarbeiten müssen, gelingt ihnen spielend, im Erfassen, im Durchführen, im Beherrschen einer Sache sind sie den anderen voran. Die wirklich geniale Begabung zeigt diese Eigenart im größten Stil. Allenthalben, in der Geschichte der Wissenschaft, der Erfindungen, in der Politik und Kunst erscheinen junge Menschen, die etwas scheinbar mühelos, im ersten Anlauf gewinnen, um das Generationen gekämpft und gearbeitet haben.

Dieses mühelose Gelingen, dieses spielende Ergreifen der Dinge ist die Gefahr; denn daran gewöhnt sich der Mensch nur zu leicht. Die Krisen dieses Lebens sind die erste Anstrengung und das Mißlingen einer Sache. Hier zeigt sich, ob die Persönlichkeit noch andere Kräfte hat, die sie einsetzen kann. Die Haltung, die wir zeichnen, ist nicht die des wirklich genialen Menschen. Wirkliche Genialität kommt nur zustande, wenn der Mensch die Anstrengung auf sich nimmt, wenn er Aufgaben anstrebt, die seine Begabung noch nicht leisten kann, und wenn er um das Gelingen kämpfen muß.

Gerade dazu ist die Haltung, die wir zeichnen, nicht fähig. Weil der begabte Mensch gewöhnt ist, daß ihm Sachen mühelos gelingen, scheut er sich vor der Anstrengung. Er wendet sich lieber anderen Dingen zu, die wieder leicht gelingen. Je größer die Begabung ist, desto mehr Gelegenheiten gibt es, sie zu zeigen, und desto größer ist der Bereich, in dem der Mensch sich spielend entfalten kann. Daher lernt der Begabte im allgemeinen um so später arbeiten, je begabter er ist. Und es fällt ihm um so schwerer, sich anzustrengen, je leichter ihm das meiste gelingt.

Es ist nicht schwer, sich das Persönlichkeitsgefühl, das aus dieser Entwicklung wächst, vorzustellen. Einseitig stützt sich das Gefühl der Persönlichkeit auf die Begabung. Je mehr solchen Menschen im ersten Anlauf alles gelingt, um so mehr verlassen sie sich auf ihre Fähigkeiten. Sie wünschen den Erfolg, aber ohne Arbeit. Sie lieben es, ihre Begabung spielen zu lassen, aber sie scheuen die Anstrengung. Es ist unausbleiblich, daß auf diesem Boden eine Feindschaft zwischen Begabung und Arbeit, zwischen Erfolg und Anstrengung entsteht. Eine besondere Unfähigkeit, sich selbst zu zwingen, und eine Furcht vor jedem

Zwang, der von außen kommt, kennzeichnet diese Haltung. Das Lebensgefühl wird spielerisch. Alles Ernsthafte, alle Anstrengung und aller Zwang werden als hemmend und störend empfunden. Oft bezaubert die Leichtigkeit des Lebens, die diese Menschen zeigen. Wird ihnen aber das Glück untreu, finden ihre Fähigkeiten keinen Boden mehr, oder zweifeln sie selbst an ihnen, dann ändert sich das Bild. Sie leben nach wie vor aus der Leichtigkeit der Begabung, aber ohne Erfolg. Das sind jene Menschen, die zu den „schönsten Hoffnungen" berechtigten und schließlich verbummelten. Oder aber die Persönlichkeit bricht gänzlich zusammen, und aus dem Versagen entsteht das gestörte Persönlichkeitsgefühl, sie gehen in Neurose und seelischer Krankheit unter.

Viele Menschen erleben Zeiten, in denen sie sich auf ihre Fähigkeiten, auf das Gelingen oder auf das Glück verlassen können. Für manche ist diese Periode die Kindheit, in der sie, behütet und verwöhnt, tun können, was sie wollen. Gewöhnlich findet diese Zeit mit dem Beginn der Schule ihr Ende. Andere erfahren während der Schulzeit, daß sie sich ohne besondere Anstrengung von ihrer Begabung tragen lassen können. Wieder andere zeigen in ihrem Beruf besondere Fähigkeiten oder erleben Glücksfälle, die ihnen die Dinge leicht machen. Vielfach kann man beobachten, wie in diesen Zeiten der erste Ansatz zu einem Persönlichkeitsgefühl entsteht, das weich und ausweichend, spielerisch und leicht den Menschen innerlich unselbständig macht.

Kein anderes Persönlichkeitsgefühl zeigt so deutlich wie dieses, inwiefern die Person schwebendes Gleichgewicht und Ausgleich von Kräften ist. Wenn das Leben einseitig in diesem Sinne wird, wenn es sich im mühelosen Gelingen entwickelt, wenn innere und äußere Schwierigkeiten ohne Anstrengung überwunden oder weggeräumt werden, dann ist ein Ausgleich nicht mehr notwendig. Damit verliert der Mensch auch im Innern das Gefühl für die Notwendigkeit des Ausgleichs. Er trägt sich nicht mehr selbst, sondern läßt sich tragen.

Es gibt viele Abarten des einseitigen Persönlichkeitsgefühls. Der gezeichnete Typ des Begabten und Spielerischen ist ein Musterbeispiel, das nicht selten zu finden ist. Die Züge, die dieses Beispiel modellhaft zeigt, kehren bei den anderen Formen wieder. Eine einzige Kraft der Persönlichkeit wird entwickelt, die anderen verkümmern. In dieser einzigen Linie steht und fällt die Persönlichkeit. Weil der Mensch innerlich keine Gegenkräfte entwickelt, weil er den äußerlichen Hemmungen ausweicht, härtet sich die Persönlichkeit nicht. Härtung der Persönlichkeit aber nennen wir das Vermögen, sich gegen innere und äußere Gegensätzlichkeiten zu behaupten. Dieses Ausgleichsvermögen erst festigt die Persönlichkeit und macht sie zu einem Selbst.

Eine andere Haltung, in der die Persönlichkeit einer ihrer Kräfte untertan wird, und die jeder Mensch aus eigener Erfahrung kennt, ist die Getriebenheit. Wir sind getrieben, wenn wir einer Leidenschaft oder einer Instinktrichtung verfallen. Es gibt ein Leben aus bloßer Getriebenheit. Solche Menschen erscheinen gleichsam verdunkelt. Sie machen den Eindruck, als ob sie einzig von hintergründlichen Mächten regiert werden, als ob sie nur noch Antrieben, freilich auch Hemmungen ausgesetzt wären, denen sie ausgeliefert sind. In den stärksten Formen ist unberechenbar, was die Kräfte, von denen sie beherrscht werden, aus ihnen machen, und wohin sie geschleudert werden. Die alte Vorstellung, daß in solchen Menschen ein Dämon sitzt, der sie beherrscht, hat etwas Überzeugendes; denn sie sind ihren inneren antreibenden Kräften hörig und leben ihr Leben, als ob es ihnen von deren Gewalt vorgeschrieben wäre.

In den leichteren Stadien äußert sich die Getriebenheit als gelegentlich hervorbrechende Leidenschaftlichkeit, die sowohl durch ihre Grundlosigkeit als auch durch ihre Maßlosigkeit in Erstaunen setzt. Plötzlich kann dann wieder der Ausbruch vorbei sein, und der Mensch ist wie verwandelt, klar und vernünftig. Auf den Ausbruch folgt, je heftiger er ist, um so sicherer die Ruhe der Erschöpfung, in der sich nicht selten die Getriebenheit aufs neue zusammenballt. Der neue Ausbruch kündigt sich in vielen Fällen überhaupt nicht an. Es ist, als ob von einem Moment zum anderen diese Kraft Besitz von der Persönlichkeit nimmt; in anderen Fällen gehen Aufgeregtheit und übermäßige Reizbarkeit voran.

Doch das ist nur eine der unzähligen Formen. In harmlosen Fällen zeigt sie sich als abergläubische Bewegtheit, die zwischen zitternder Angst und phantastischer Hoffnung schwankt. Hierher gehört die Besessenheit mancher Menschen von Ideen, als deren einzige Stimme sie sich fühlen. Der getriebene Mensch handelt immer aus einem Zwang heraus und aus dem Gefühl des unbedingten Müssens. Manchmal versucht er, diesen Zwang vor sich selbst und anderen zu erklären, manchmal gehorcht er ihm, ohne zu fragen.

Die Getriebenheit unterscheidet sich von jeder noch so starken Triebhaftigkeit durch ihre Ziellosigkeit. Die Triebe können befriedigt werden. In jedem Trieb ist die Richtung auf ein Ziel und auf Sättigung mitgegeben. Zwar ist mit der Befriedigung der Trieb nicht endgültig ausgelöscht, er erneuert sich nach einer gewissen Zeit wieder, und alle Haupttriebe des Lebens wiederholen sich. Wo aber die Triebhaftigkeit zur Getriebenheit wird, da hört die den Trieb kennzeichnende Bindung an ein Ziel auf. Die Getriebenheit hat kein Ziel mehr, an dem sie sich verwirklicht. Der triebhafte Mensch will die Befriedigung seiner Triebe, der Getriebene lebt in einem unersättlichen Verlangen, kein erreichtes Ziel gibt ihm die Ruhe der Sättigung. Zwar hat er immer auch Ziele, aber der Motor der Getriebenheit läuft selbständig und oft ohne Anlaß weiter. Hat er ein Ziel erreicht, so erscheint es ihm nicht selten belanglos, alles geht unter in dem uferlosen Strom der Getriebenheit.

Der Getriebene neigt zum Radikalismus jeder Art. Er findet in ihm die Momente, die sein Leben bestimmen: die Bereitschaft zum fanatischen Einsatz und den Willen, bei keinem vorläufigen Ziel haltzumachen. Auch große und über die Fassungskraft des Durchschnitts hinausgehende Ziele können nur aus Getriebenheit verwirklicht werden. Das ist eine Form der Getriebenheit, die der überwertigen Persönlichkeit zugehört. Die bloße Getriebenheit hat keine aufbauende, sondern nur zerstörerische Tendenz. Nicht als ob sie von sich aus zerstören wollte, aber in der Unbedingtheit des Begehrens neigt sie dazu, alles abzulehnen und umzustoßen, was diesem Verlangen nicht genügt.

Auf dem Untergrund vieler menschlicher Geschehnisse arbeitet die Getriebenheit. Die Grenzen sind nicht immer leicht zu ziehen. So läßt sich nicht einfach behaupten, daß alle verbrecherischen Handlungen ihr entspringen. Es gibt Sünder aus Gelegenheit und Verbrecher aus Getriebenheit. Dann aber gibt es jene Getriebenheit, die aus der Situation entsteht. Die äußerste Entbehrung und Not kann Menschen und Massen in die Situation der Getriebenheit versetzen. Doch ist diese von der grundsätzlichen Form zu unterscheiden, wie sie sich beim Hysteriker findet. In ihren höchsten Formen wird solche Getriebenheit zum Anlaß großer Leistungen. Ohne die Getriebenheit des Handelns, aus der Napoleon seine Welt schuf, ohne die Getriebenheit, aus der Dostojewsky lebte und seine Werke schuf, können wir uns diese Menschen nicht vorstellen. Ihr Leben und Werk scheint unter einem unerbittlichen Muß zu stehen, die Macht, die sie treibt und bis zum letzten Augenblick ihres Lebens in Atem hält, zerstört sie am Ende selbst.

In allen Formen der Getriebenheit kommt es zu keinem Ausgleich und nicht zum inneren Gleichgewicht. Diese Lebensform hat jedoch nicht den Charakter des Leichten und Spielerischen. Die Persönlichkeit weiß sich, oft gegen ihren Willen, von einer Kraft beherrscht und von einer unentrinnbaren Zwangsläufigkeit geführt. In der Art des Ablaufs ähneln sich alle Schicksale, die aus der Getriebenheit erwachsen. Darüber hinaus aber sind sie nicht vergleichbar; denn die leidenschaftliche Besessenheit eines Dichters, Künstlers oder Politikers hebt die Persönlichkeit über sich selbst hinaus und macht sie zum Träger eines Überpersönlichen, während die Zwangsidee des Neurotikers oder die Triebhaftigkeit des Berufsverbrechers sie mechanisiert oder zerstört.

## DAS PERSÖNLICHKEITSGEFÜHL IN AUTISMUS UND HALTLOSIGKEIT

Charakteristisch für die Persönlichkeit ist das Gegenspiel von Ich und Welt. Der Mensch muß sich durchsetzen und behaupten, er muß in die Welt eindringen. Das kann er nur in dem Maße, als er die Wirklichkeit nach seinen Formen prägt. Er muß aber die Welt auch erfahren, erfassen und begreifen können; und das geschieht nur, indem er sich an der Welt ausprägt. So wird er in einem doppelten Sinn Gestalt: aktive Formgestalt, die der Umgebung ihren Stempel aufdrückt, und passive Ausprägung, die aus den Bedingungen ihrer Situation verständlich wird.

Es gibt zwei Endformen der Persönlichkeit, deren Wesen darin besteht, daß dies Gegenspiel aufhört. Im einen Fall bleibt die Persönlichkeit unverrückbar auf sich selbst bezogen, sie gewinnt keinen Kontakt mit der Wirklichkeit und nimmt aus ihr keine Inhalte auf. Das ist der autistische Zustand. Im andern Fall geht das Ich vollkommen in der jeweiligen Situation unter, es ist ein Spielball der Gelegenheiten und Situationen. Das ist der Zustand der Haltlosigkeit. Der Autist hat ein Ich, aber keine Welt, der Haltlose hat eine Welt, aber kein Ich.

Das schwebende Gleichgewicht der Persönlichkeit bringt es mit sich, daß jeder Mensch Zustände erlebt, in denen er nur Ich ist und die Wirklichkeit verliert. Ebenso gibt es Momente, die uns mitnehmen, in denen wir unsere Widerstandskraft verlieren und einer Situation oder einem Geschehen verfallen. Das Gegenspiel von Ich und Welt hört auf. Der Normale aber strebt aus diesem Zustand zurück und findet die Wirklichkeit wieder, die er in einer leidenschaftlichen Ichbezogenheit vergessen hat, oder steht ernüchtert der Situation gegenüber, der er verfallen war. Erst wenn die unendliche Ichbezogenheit oder die Haltlosigkeit das ganze Leben beherrscht, sprechen wir vom autistischen und vom haltlosen Persönlichkeitsgefühl.

Der Haltlose fühlt sich der Situation ausgeliefert und wird von ihr geführt. Er hat nicht die Fähigkeit, Widerstand zu leisten. Ist die Situation günstig, und sei es nur für Momente, dann ist er Optimist, geht es ihm auch nur für kurze Zeit schlecht, dann verzweifelt er. Er ist auch jedem Einfluß, der an ihn herantritt, zugänglich. In kürzester Zeit wechselt er seine Meinung; was er gestern noch ableugnete, beschwört er heute. Jeweils der stärkste Eindruck beherrscht ihn, und Menschen dieser Art sind es, die den ewigen Mitläufer abgeben. Fähig, sich restlos dem Moment hinzugeben und in der jeweiligen Forderung aufzugehen, sind sie jederzeit auch bereit, einer Augenblicksparole Folge zu leisten.

Der Haltlose ist der ewig Wandelbare. Er kann und will sich gar nicht selbst behaupten; denn er kann ohne das Reizmittel einer neuen Idee, eines neuen Glaubens oder einer neuen Stimmung nicht leben. Oft ist er sich nicht bewußt, wie rasch er wechselt. Verfügt er über besondere Fähigkeiten, etwa künstlerische Begabung oder Intelligenz, dann entsteht ein Leben ohne Persönlichkeitsgefühl. Der Haltlose mit großer Intelligenz kann vortrefflich an einem Tag das Gegenteil seiner gestrigen Meinung nicht nur behaupten, sondern auch beweisen. Allen Gesinnungswechsel kann er erklären, ja es fällt ihm nicht schwer, aus seinem eigenen dauernden Wandel einen Sinn herauszulesen.

So begabt der Haltlose auch sein mag, es muß sich immer das Gesetz seiner Haltlosigkeit an ihm erfüllen. Er schafft nie aus eigener Substanz, sondern muß zum Werkzeug in der Hand eines Stärkeren werden. Sein Schicksal ist es, benutzt zu werden. Aber er kann auch nicht der Diener e i n e r Idee oder e i n e r starken Persönlichkeit werden, sondern gehorcht jeweils dem stärkeren Eindruck und muß daher seinen Herrn dauernd wechseln. Ein Typ des Haltlosen, den es zu allen Zeiten gegeben hat, ist der Demagoge, der nur der Ausdruck des Willens einer Masse ist, die ihn beherrscht und fallen läßt, wenn er ihr nicht mehr gefällt.

Das Wollen des haltlosen Menschen ist niemals Ausdruck seiner Substanz; denn er besitzt keine. Freilich, dieser Mangel ist oft, vor allem beim begabten Haltlosen, nur schwer zu erkennen. Kraft seiner größeren Intelligenz, seiner starken Intuition und seiner großen Empfindungsfähigkeit kann er schnell wahrnehmen und auffassen. Für den Moment hat er immer eine Idee. Daß er keiner Idee die Treue halten kann, daß er sich mit keiner Sache wirklich verbinden kann, ist nicht immer durchsichtig. Die innere Haltlosigkeit mancher Menschen ist ein Geheimnis, das nur wenige wissen oder ahnen.

Über gewisse Zeiträume hinweg kann der Haltlose treu sein. Ein starker Wille ergreift für längere Zeit Besitz von ihm. In dieser Zeit ist er wie durch den andern gebannt und wandelt sich scheinbar von Grund auf. Aber die Haltlosigkeit im Hintergrund ist immer bereit, durchzubrechen. Selbst in dieser Verwandlung zeigen sich die Züge des Haltlosen. Er ahmt seinen Meister sklavisch nach, folgt ihm blindlings und zeigt eben darin, daß er keine eigene Substanz hat.

Das ist die Grundstruktur des Haltlosen: er ist entweder überhaupt nicht gebunden und stets auf dem Sprung, sich einem Neuen zuzuwenden und vom Alten zu lösen, oder er scheint so fest an eine Sache oder Person verhaftet wie kein anderer. Vorbehaltlos und kritiklos nimmt er dann alles auf, was von dort kommt. Er gehört immer zu den lautesten Schreiern, keiner ist so überzeugt wie er, und wenn man seinen Worten glaubt, kann ihn nichts von der Sache abbringen.

Merkwürdigerweise aber ist er derjenige, der am ersten die Fahne verläßt; denn in Wirklichkeit bleibt er immer derselbe Haltlose. Trifft ihn ein stärkerer Eindruck, dann verfällt er diesem. An Stelle einer inneren Substanz steht das jeweilige Erlebnis, in den Zeiten zwischen einem alten abgeklungenen und einem noch nicht vorhandenen neuen Erlebnis zeigt er seine wahre Gestalt. Dann wirkt er vollkommen leer und gehaltlos.

Von dieser äußersten Form der Haltlosigkeit gibt es viele Übergänge bis zur normalen leidenschaftlichen Hingebung an eine Sache, die nichts mehr mit Haltlosigkeit zu tun hat. Manche Menschen haben Züge der Haltlosigkeit, die als Schwäche und Bedrohung der Persönlichkeit auftreten. Jeder hat Verlockungen, denen er besonders schwer widersteht. Tritt dieser Zustand gesteigert auf, dann besteht die Gefahr, daß der Mensch in seiner Triebunbestimmtheit oder seiner Willensschwäche der Gelegenheit verfällt. In den Zeiten der Entwicklung macht der junge Mensch Perioden durch, die in ihrer starken Beweglichkeit, ihrer steten Bereitschaft und Hingabefähigkeit an haltlose Zustände erinnern. Die Sache liegt aber im Kern immer anders, wenn die Persönlichkeit sich nur zeitweise verliert und im Tieferen das Persönlichkeitsgefühl lebendig bleibt und den Menschen in den Ausgleich und das schwebende Gleichgewicht zurückführt.

Der Haltlose hat keine Selbstbehauptung, er ist nur das Gefäß seiner Stimmungen und Eindrücke. Im Gegensatz dazu zeigt der Autist eine starke, aber leere Selbstbezogenheit, ein großes, aber unberechtigtes Selbstbewußtsein. Bei allen seinen Worten, Gefühlen und Handlungen hat man den Eindruck, daß er sich selbst meint. Wovon er auch spricht, immer steht sein Ich direkt oder indirekt im Mittelpunkt. Versucht man in solche Menschen tiefer einzudringen, forscht man nach dem, was sie bewegt und erfüllt, so stößt man in einer unendlichen Eintönigkeit auf ihr Ich.

In der Tat bringt es der autistische Mensch niemals weiter als bis zum Gefühl für sein Ich. Es kann für ihn keinen anderen Lebensinhalt geben. Sachen und Dinge, für die er sich interessiert, gehen ihn in Wirklichkeit nur soweit an, als sie mit ihm verbunden sind und auf ihn bezogen werden. Daher ist der autistische Mensch unfähig, sich wirklich sachlich zu verhalten. Ebenso ist er wirklicher Liebe unfähig. Denn er kann sich für nichts anderes als für sich selbst einsetzen.

Während nun der Haltlose, solange seine Aufnahme- und Erlebnisfähigkeit vorhält, die Wirklichkeit voll erlebt, besitzt der autistische Mensch keine Wirklichkeit. Um zur Wirklichkeit zu gelangen, müßte er von seinem Ich abrücken. Das kann er nicht. Alles wird ihm erst wirklich, wenn er es auf sich selbst beziehen kann. So ist er immer geneigt, sich aus der Wirklichkeit in seine Phantasien und Betrachtungen zurückzuziehen.

Vor jedem Widerstand, ob er von einer Person oder einer Sache ausgeht, zuckt der autistische Mensch beleidigt zurück, oder er reagiert voll Zorn auf ihn. Er kann keinen Widerstand ertragen, aber auch keinen wirklichen Widerstand leisten; denn er kann sich nicht im Kampf behaupten. Aus diesem Grund neigt er auch dazu, Dinge, die er nicht gleich durchsetzen kann, aufzugeben. Freilich gibt es jene andere Form des Autisten, die ununterbrochen gegen alles und jedes kämpft. In jedem sehen diese Menschen ihren Feind, jeder beleidigt ihr Ich, und sie verzehren sich in diesem Kampf.

Die Ichbezogenheit des autistischen Menschen ist ein Käfig, aus dem er nicht heraus kann. Versponnen in sein Ich, unfähig, die Erlebnisse anderer mitzufühlen, ist er kontaktlos. Zwar schützt ihn diese Selbstbezogenheit vor Schmerzen, tiefen Enttäuschungen und Trauer. Er kennt eigentlich nur einen Schmerz: daß sein Ich nicht genügend anerkannt und gewürdigt wird. Daher ist er gemeinschaftsunfähig. In seiner reinen Form ist er ein Einzelgänger, der zur Einsamkeit strebt und in den Menschen, mit denen er Verbindung hat, nur Statisten seiner eigenen Welt sieht. Die Opfer, die jede Gemeinschaft verlangt, kann er nicht auf sich nehmen, und den Zwang, der von jeder Bindung ausgeht, kann er nicht ertragen. Es sei denn, er findet jemand, der sein eigenes Ich aufgibt und sich bedingungslos ihm unterordnet.

Solange den autistischen Menschen der Schwung seiner Selbstbehauptung trägt, ist er von einem unerschütterlichen Optimismus und Glauben an sich selbst. Er ist beglückt von dem ewigen Erlebnis seiner Persönlichkeit. Schmerz, Unglück und Freude anderer berühren ihn nicht, er kann sie nicht erleben. Das ändert sich, wenn dieser Schwung nachläßt. Im Alter ist er nicht selten ein verbitterter und einsamer Mensch. Da die Kraft seiner Selbstbehauptung allmählich versagt, empfindet er die Widerstände und vermißt oft schmerzlich die Gemeinschaft.

Das Geheimnis des autistischen Menschen liegt darin, daß er ununterbrochen in Funktion ist. Verfügt er über eine künstlerische oder intellektuelle Fähigkeit, so produziert er unaufhörlich. Hat er keine ausgesprochene Begabung, dann wird er zum Dilettanten, der sich überall versucht. Ob er einseitig oder vielseitig in der Produktion ist, so ist er doch nicht geneigt, etwas zu lernen. Er kann nichts aufnehmen, daher auch keine Wirklichkeit formen, er kann nur von sich geben. Der primitive Autist kann zum Schrecken der anderen werden, wenn er sich in dieser dauernden Selbstproduktion ergeht. In der

Freude, sich darzustellen, sich reden zu hören, kann ihn nichts hemmen. Seine Werke sind der Mittelpunkt der Welt, mit einem ebenso unaufhörlichen wie seichten Redefluß zerstört er jedes Zusammensein, und sein Autismus läßt ihn noch nicht einmal merken, daß er unerträglich ist.

Es gibt unendlich viele Übergänge vom reinen autistischen Selbstgenuß bis zur egozentrischen Haltung, die auch der normale Mensch gelegentlich zeigt. Jeder Einzelne hat bestimmte Dinge, die ihm besonders am Herzen liegen, und Steckenpferde, die er gerne reitet. Gerät er auf dieses Gebiet, dann zeigt er autistische Züge. Er verliert den Maßstab für die Umgebung und die Wirklichkeit und entfaltet sich hemmungslos. Auch diesem Verhalten liegt in beschränkter Form das Selbsterlebnis des Autisten zugrunde. Von einer anderen Seite steht der egoistische und egozentrische Mensch, der vor allem auf seinen Nutzen bedacht ist, dem Autisten nahe. Er verliert jedes Gefühl für den andern, wenn es um seinen Nutzen geht, wie derjenige, der seine Lieblingsidee vorträgt, seine Umwelt vergißt. Das hindert sie beide nicht, im übrigen Kontakt mit der Wirklichkeit und dem andern zu haben und sich in sie einzufühlen. Darin unterscheiden sie sich prinzipiell vom Autisten, der Beziehungen zur Wirklichkeit nur hat, soweit er sie im Selbstgenuß findet.

Haltlosigkeit und Autismus sind Endformen des Persönlichkeitsgefühls. Die Persönlichkeit lebt nicht, wie der geniale und dämonische Mensch und seine schwächeren Formen, der Spielerische und Getriebene, in einem einseitigen Weltbezug, sondern sie verliert ihren Gegenspieler. Der Autist hat nur eine vorgestellte Welt, die in Wirklichkeit sein Ich ist, der Haltlose hat kein Ich. Jenes Zentrum, das der Träger des echten Persönlichkeitsgefühls ist, besteht nicht. Das Zusammenspiel der Kräfte im Ausgleich zur Idee, Welt und dem Andern verschwindet und mit ihm das echte Persönlichkeitsgefühl. Statt dessen entsteht grenzenloses Erlebnis des eigenen Ichs oder der haltlosen Hingabe an den Augenblick, ein scheinbares Persönlichkeitsgefühl, in dem sich nichts anderes als der jeweilige Augenblick oder das nicht zur Wirklichkeit kommende Ich ausdrückt. Einen Schritt weiter, und wir sind beim persönlichkeitslosen Säugling, der im Selbstgenuß lebt, oder beim Unzurechnungsfähigen, der für seine Handlungen nicht mehr verantwortlich gemacht werden kann, weil er sein Ich verloren hat.

# IV. ERSCHEINUNGSBILD DES CHARAKTERS UND SEINE ERFASSUNG

## *ACHTES KAPITEL*

## DER CHARAKTERLICHE AUFBAU

### EIGENSCHAFTEN ALS VERFESTIGUNGSLINIEN

Einer der umfassenden Begriffe, die wir verwenden, wenn wir einen Menschen beschreiben wollen, ist der Begriff der Eigenschaft. Dieser Begriff ist merkwürdig wenig in der neueren Charakterologie behandelt worden. Zu seiner Klärung ist noch lange nicht das Notwendige getan. Was bedeutet Eigenschaft eigentlich? Vorerst deutet es darauf hin, daß ein Mensch im Besitz von etwas ist. Nicht jeder Besitz ist Eigenschaft. Es wird niemand in den Sinn kommen, zu sagen, jemand habe die Eigenschaft „Haus", weil er Hausbesitzer ist. Freilich wird man in einem übertragenen Sinn gelegentlich auch hören können, daß jemand die Eigenschaft habe, ein großes Vermögen zu besitzen. Doch schon dieser Wortgebrauch meint nicht so sehr den Besitz von Gegenständen als den Besitz eben von „Vermögen", d. h. aber, daß er Möglichkeiten besitzt, die durch das Vermögen mitgegeben sind. Schon daraus erhellt, daß das Wort Eigenschaft einen zweiten Sinn hat. Wir sprechen von Eigenschaft nicht dann, wenn etwas toter Besitz ist, sondern erst, wenn wir eine in diesem Besitz liegende Funktion mitmeinen. Das stellt sich noch klarer heraus, wenn man das Wort dort analysiert, wo es gebraucht wird. Wir sagen also von jemand, er sei ehrlich, wenn wir wissen, daß er nicht lügt, oder in einem anderen Sinn, wenn wir wissen, daß er nicht stiehlt. Wir sagen von jemand, zu seinen Eigenschaften gehöre eine große Sinnlichkeit, wenn wir annehmen oder wissen, daß die sinnliche Triebkraft sowie die Fähigkeit sinnlicher Empfindung und Wahrnehmung stark ausgeprägt sind. Offenbar meint Eigenschaft, wie aus den Beispielen hervorgeht, körperlichen und seelischen Besitz, wenn in diesem Besitz eine bestimmte Funktionsweise mitgegeben ist. So sprechen wir also von körperlichen Eigenschaften, wie Schönheit oder Kraft, von seelischen Eigenschaften, wie Großmut, Kleinlichkeit, Talent, Klugheit usw. Weitaus die meisten Eigenschaften sind seelische. Das erklärt sich ohne weiteres aus dem Vorhergehenden; denn wenn ein Besitz in diesem Sinn funktional wird, dann drückt er sich immer auch als seelische Linie aus.

Am besten wird man dem Wort Eigenschaft gerecht, wenn man unter Eigenschaft Verfestigung einer Person versteht, immer aber mit der Einschränkung, daß die Verfestigung nicht zum bloßen Besitz erstarrt. So hat es wiederum keinen Sinn zu sagen, jemand besitze die Eigenschaft der Mathematik oder die Eigenschaft des Schlafes. Wohl aber kann man sagen, daß jemand die Eigenschaft habe, mathematisch denken zu können oder leicht zu schlafen. Aus dieser Gegenüberstellung ist ersichtlich, daß das Wort Eigenschaft neben dem Besitz und der Verfestigung eine dahinter stehende Funktion meint, die sich in Antrieb, Kraft, Fähigkeit, Haltung und ähnlichem ausdrückt. Daher nennen wir den bloßen Besitz auch seelischer Gehalte, wie Wissen oder Erinnerung, oder den Besitz von Namen erst dann Eigenschaft, wenn wir auf das in dem Wissen ruhende Können, die in dem Namen begründete Macht oder die von der Erinnerung ausgehende Kraft hinweisen wollen. Wenn sich also in einem Menschen die Tradition seines Namens so verfestigt hat, daß er daraus eine Haltung gewinnt und ableitet, wenn äußerer Besitz ihm richtungweisend und zielweisend wird, wenn körperliche oder seelische Anlagen zu Linien seines Handelns, Denkens und Fühlens werden, dann sprechen wir von Eigenschaft. Fehlt aber die Verfestigung gänzlich, so kann man etwas ebensowenig als Eigenschaft bestimmen wie in dem Fall, wo die Verfestigung zu erstarrtem Besitz geworden ist. Eine gelegentliche Reaktion, die gelegentliche Ausübung einer Tätigkeit, gelegentliches Versagen oder Angst, gelegentliche Gutherzigkeit, all das, was zufällig an einem Menschen einmal in Erscheinung tritt, ist nicht Besitz.

Der Besitz einer Eigenschaft deutet auf eine innerliche Beteiligung der Person, die so stark ist, daß sie zur dauernden Erscheinung wird. Wenn aber Eigenschaft gleichzeitig lebendiger innerer Antrieb und verfestigte Form ist, dann wirkt in aller Eigenschaft etwas mit, was beharrende, auf Form und Verfestigung drängende Funktion ist. Hier beginnt das tiefere Problem der Eigenschaft. Nicht umsonst gebrauchen wir das Wort Eigenschaft vornehmlich für konstante und beharrende Verhaltungsweisen, wie es ausgesprochen seelische Linien, z. B. Gutmütigkeit, Zuverlässigkeit, Verlogenheit usw., sind. Wenn wir von Eigenschaft sprechen, meinen wir etwas, was einerseits Haltung und Bereitschaft, andererseits Antrieb und Veranlassung ist. So ist in der Eigenschaft immer ein freiwilliges und ein unfreiwilliges, ein bedingtes und bedingendes Moment mitgegeben. Ist jemand unehrlich, so heißt das, daß er einen inneren Antrieb zur Unehrlichkeit besitzt und anderseits diesen Antrieb ausnützt. Daher können wir weder von einer einzigen unehrlichen Handlung, noch von der bloßen Fähigkeit zur Unehrlichkeit, die aber nicht ausgeübt wird, auf die E i g e n s c h a f t Unehrlichkeit schließen.

Damit hängt ein weiteres entschiedenes Charakteristikum der Eigenschaft zusammen. Eigenschaften entwickeln sich. In den ersten Tagen und Wochen des menschlichen Lebens sind wenig Eigenschaften ausgeprägt. Wie das pflanzliche Leben als bewußtloser und gefühlloser Prozeß abläuft, so schließt sich in dieser Zeit der Kreislauf des menschlichen Lebens noch ohne die Mitarbeit von Gefühl und Bewußtsein. Schlafend verbringt der Säugling seine Tage und wacht nur zur Verrichtung gewisser Lebensfunktionen auf. Erst wenn in diesem Flusse etwas Gestalt gewinnt, wenn das Kind blickend, tastend und lachend sich dem Außen zuwendet, wenn dieser beharrlich bewußtlose Rhythmus des Lebens sich nach außen öffnet und die Arbeit der Seele sich von den bloßen Lebensfunktionen abhebt, fängt das Kind an, menschliche Eigenschaften zu zeigen. Jetzt erscheint der seelische Prozeß in einer neuen Form. Er ist nicht mehr bloßer bewußtloser Lebensträger, sondern wendet sich Eindrücken und Erscheinungen zu. Das Kind erfaßt, indem es sich selbst lachend oder schreiend a u s d r ü c k t, den Ausdruck anderer Wesen. Das erst hebt den seelischen Prozeß vom körperlichen ab; solange das nicht der Fall ist, verfließen beide ineinander. Das Charakteristische dieses Vorgangs ist einmal das Aufnehmen und Empfinden, aber gleichzeitig liegt darin ein Gestalten dessen, was aufgenommen wird. Das Kind gibt Antwort, nicht in dem Sinn einer bloßen Reaktion auf einen Reiz, sondern eine innere Gestaltung drückt das Erfassen eines Eindrucks aus.

Wir sehen hier ein Moment der Dauer und Verfestigung, das wir entschieden von der bloßen Wiederholung abheben müssen. Der neue Zug, der sich zeigt, ist eine Tendenz zum Einprägen, Einfahren, Verfestigen, eine Tendenz, Gestalt zu geben und Gestalt zu erfassen. Auch die körperlichen Prozesse haben einen Rhythmus, sie wiederholen sich, aber sie halten in diesem Sinne nichts fest. Das Bedürfnis drängt, es erschöpft sich in der Befriedigung, es erwacht von neuem und erschöpft sich wieder, in diesem Auf und Ab liegt sein Vollzug. Würde hier die seelische Arbeit nicht in der Gestalt der Erinnerung einspringen, so würden wir von den Lebensprozessen, so intensiv sie auch sind, nichts behalten; denn der körperliche Prozeß ist absolut und unlösbar in den Ablauf der Zeit verflochten. Dann hätten wir zwar Eigenschaften, wie das Tier Eigenschaften besitzt, von außen andressierte oder von innen heraus mechanisch wirkende Verfestigungslinien. Die menschliche Eigenschaft in ihrer eigentümlichen Verflochtenheit von Anlage oder Veranlassung und Haltung gäbe es nicht. Wir haben jetzt freilich vereinfacht. Auch das Tier hat schon Eigenschaften dieser Art, obwohl erst das menschliche Leben in umfassendem Sinn durch Eigenschaften geprägt wird.

Es ist also das seelische Innewerden, die seelische Verstärkung, das Abspalten einer Verfestigung aus dem dauernden Prozeß, die die Eigenschaft ausbilden. In zwei Richtungen kann diese Verfestigungstendenz der Seele arbeiten, sie kann zum Antrieb oder zur Hemmung werden. Die Seele hält etwas fest und nimmt es aus dem zeitlichen Prozeß heraus. Es gewinnt Gestalt als Bild, Vorstellung, Gedanke oder in einer tieferen Region als Instinkt. Nun kann diese Gestalt als voranschwebendes Bild nach Wiederholung drängen oder vor ihr warnen. Im ersten Fall wird die Verfestigung zum Wunsch oder Ziel, im zweiten Fall lagert sie sich als Hemmung oder „Komplex" ab. Was in diesem Sinn seelischer Besitz geworden ist, hat die Tendenz, bei neuer Gelegenheit sich als lebendige Funktion zu zeigen. Es ist bewußt oder unbewußt dauernd in die Seele eingefügt und wirkt nun als positives oder negatives Element weiter. Unsere Seele bewahrt schöne und unschöne Bilder, angenehme und unangenehme Vorstellungen, anerkannte oder abgelehnte Gedanken. Werden sie wieder und wieder aufgerufen, müssen sie immer wieder aufs neue in Funktion treten, können sie eigenschaftlichen Charakter bekommen. Wenn wir einen Menschen immer wieder reizen, so wird er die Eigenschaft der Reizbarkeit und Überreiztheit bekommen. Wenn wir einem Menschen dauernd etwas vormachen und ihn veranlassen, es nachzumachen, so wird er, wenn nicht hemmende Einflüsse sich in den Weg stellen, eines Tages diesen Zug als eigenschaftliche Prägung besitzen. Betrachten wir die Seele als die Generalfähigkeit zur Bildung von Eigenschaften, als jene Kraft, die durch die Fähigkeit des Festhaltens und Ausprägens etwas zur Eigenschaft machen kann, so wird klar, was es heißt, daß Eigenschaften entwickelt werden können.

Wir kehren von dieser Analyse des seelischen Prozesses zum Begriff der Eigenschaft zurück. Die überragende Stellung der Eigenschaften im Ganzen der Persönlichkeit kann nur von hier aus deutlich werden. Wir haben die Eigenschaft als Besitz definiert, hinter dem eine lebendige Funktion steht, eine mit lebendiger Kraft geladene Bereitschaft. In der Eigenschaft wirkt also einmal ein unmittelbarer Lebensantrieb und zudem eine seelische Verfestigung, die diesen Antrieb dauernd macht. So erhält die Eigenschaft von zwei Seiten her ihre Bestimmung. Es ist unmöglich, sie lediglich von der Seite der Anlage und ebenso unmöglich, sie lediglich von der Seite der Außenprägung und Umweltbedingtheit zu sehen. Mit dem unmittelbaren Antrieb, der in der Funktion des Lebensablaufes und seiner spezifischen Veranlagung liegt, muß sich ein solcher aus der seelischen Verfestigung verbinden. Der Mutige ist nicht mutig, weil ihn eine unmittelbare Lebenskraft vorwärts treibt, sondern weil eine seelische Linie verstärkend dazu tritt. Der Ängstliche ist nicht ängstlich, weil ihm der vorwärtstreibende lebendige Antrieb fehlt, sondern weil seelische Momente hemmend diese Linie verfestigen. Den Gutherzigen verbindet ein natürliches Fühlen mit den anderen Menschen, und darüber hinaus hat sich dieses Fühlen zu einer seelischen Bereitschaft verfestigt. Bösartigkeit ist etwa dort gegeben, wo zu einer natürlichen Angriffslust die seelische Freude am Schaden und Leid der anderen hinzutritt. Es kann freilich in einer Eigenschaft der vitale Antrieb oder die seelische Linie mehr ausgeprägt sein. Daher unterscheiden wir natürlichen Mut und seelischen, zwischen einer natürlichen Gutherzigkeit und einer seelischen Güte, zwischen natürlicher Furchtsamkeit und seelischer Angst. Die Sprache trennt diese Abtönungen der Eigenschaften sehr genau voneinander, sie zeigt ein scharfes Gefühl dafür, ob die Eigenschaft mehr aus der unmittelbaren Lebensfunktion oder der seelischen Verfestigung entstanden ist.

Die Eigenschaften als Verfestigungslinien der Person sind es, die ihr die dauernde Gestalt und Form geben. Momentane Aufwallungen und momentane Erlebnisse können für den Moment stärker als alles andere sein und Eigenschaften außer Kraft setzen. Aber diese Stärke behalten sie nur kurze Zeit. Dann treten die Eigenschaften wieder in ihr Recht ein, und die Person zeigt ihr dauerndes Gesicht. Denn die Stärke der Eigenschaft liegt in ihrer Verfestigung, in der Tatsache, daß sie seelischer Inhalt geworden, ist ebensosehr wie in der natürlichen Kraft und Anlage, der sie entspringt. Es gibt Eigenschaften, die durch natürliche Anlage stark sind, und Eigenschaften, die durch seelische Verfestigung stark geworden sind.

So können Eigenschaften nicht nur aufgebaut, sondern auch abgebaut werden. Die natürliche Anlage wird sich wenig verändern. Aber die seelische Verfestigungslinie kann gebrochen, abgebaut und sogar zur natürlichen Anlage gegenstrebig werden. Der Ängstliche kann durch dauernde Erziehung und Selbsterziehung nicht gerade mutig werden, aber seine Ängstlichkeit zurückbilden und verlieren. Es besagt natürlich nichts, daß der Ängstliche bei irgend welcher Gelegenheit plötzlich großen Mut zeigt. Erst wenn er wieder und wieder sich mutig erweist, wenn er wieder und wieder die Angst zurückdrängt, kann allmählich die Eigenschaft der Angst gebrochen werden. Die Grenzen der Veränderlichkeit einer Eigenschaft sind immer durch zwei Momente, durch die Anlage und Verfestigung gegeben. Nur die Verfestigung kann abgebaut werden, die Anlage bleibt bestehen. Der Erzieher erfährt es immer wieder, daß er vergeblich eine Eigenschaft brechen will, die anlagemäßig stark ist. Er erfährt aber auch, daß eine Eigenschaft um so leichter abgebaut werden kann, je mehr sie aus bloßer Verfestigungsarbeit entstanden ist.

Der Anteil der Verfestigung am Aufbau des Charakters ist entscheidend; denn etwas kann nur Eigenschaft werden, wenn es sich verfestigt. Man kann keine Charakterologie treiben, wenn man nicht die Verfestigungslinie untersucht. Mit anderen Worten: man muß sich dem Prozeß der Entwicklung des Charakters zuwenden, man muß die Entstehung der Eigenschaften untersuchen, wenn man einen Charakter wirklich begreifen will.

## ENTSTEHUNG DER EIGENSCHAFTEN

Wir haben also bei jeder Eigenschaft zweierlei zu scheiden: den Eigenschaftskern und die Eigenschaftsform. Der Eigenschaftskern ist die Anlage und der Anlaß, aus der sich die Eigenschaft entwickelt. Dieser Kern erscheint als entwickelte Eigenschaft in einer ganz bestimmten Form als diese und jene geprägte Eigenschaft. Jede wirkliche Eigenschaft, die wir bei einem Menschen treffen, ist geprägte Verhaltensbereitschaft, die in einer Entwicklung sich an Umständen, Menschen und Dingen geprägt hat. Jede Eigenschaft ist nicht mehr Anlage allein, sondern die Verfestigung und Ausprägung einer Anlage. Wenn wir also die Entstehung einer Eigenschaft nachweisen wollen, so müssen wir einerseits den Kern finden, aus dem die Eigenschaft hervorgewachsen ist, und andererseits den Verfestigungsprozeß aufdecken, der die Anlage zur Eigenschaft ausgeprägt hat.

Es ist gleich vorweg zu sagen, daß eine solche Analyse nicht immer gelingt, und daß die besondere Schwierigkeit der Klärung eines Charakters darin liegt, diese Analyse richtig durchzuführen. Was vor uns steht und wovon der Charakterologe einzig und allein ausgehen kann, ist die Persönlichkeit in ihren Eigenschaften. Aber auch die Eigenschaften sind uns nicht einzeln gegeben, sondern treten als ein Gefüge in Erscheinung. Von ihm haben wir einen unmittelbaren und meistens intuitiven Eindruck. Mehr ahnend als wissend erfassen wir oft mit einer erstaunlichen Schnelligkeit eine Fülle von Eindrücken in einem Gesamteindruck. Da empfinden wir jemanden sofort als egozentrisch und selbstsüchtig, einen anderen als weich und schwankend, einen dritten als klar und durchsichtig, einen vierten als kompliziert, klug und kalt, einen fünften als nervös, launisch und sprunghaft und so fort. Was wir in einem solchen ersten Eindruck sehen — vorausgesetzt, daß es richtig ist—, sind beherrschende Eigenschaften. Bei näherem Kennenlernen gliedern sich diese dominanten Eigenschaften auf. Es zeigt sich, daß es ganze Eigenschaftszüge sind, die sich zu durchschlagenden Eigenschaften zusammengeschlossen haben.

Das Eigenschaftsgefüge eines Menschen ist in erster Linie durch hervorstechende und generale Eigenschaften geprägt, die aber in Wirklichkeit ganze Eigenschaftskomplexe sind. Lernen wir einen Menschen genauer kennen, und dringen wir tiefer in ihn ein, dann zeigen sich weitere Eigenschaften. Sofern der erste Eindruck richtig war, werden sich die neuen Eigenschaften in das erschaute Gesamtgefüge, in die großen Linien, die wir erfaßt haben, eingliedern. Wir sehen also z. B., wie der Mensch, den wir als egozentrisch und selbstsüchtig empfanden, noch andere Eigenschaften besitzt, die in diese Richtung weisen, etwa Ehrgeiz, Machtbedürfnis, vitale Kraft und seelische Aktivität, Rücksichtslosigkeit, Lieblosigkeit usw. Oder wir finden bei dem Menschen, den wir als weich und schwankend kennen lernten, Gutmütigkeit, Eindrucksfähigkeit, Ängstlichkeit, Empfindsamkeit, Interessiertheit, geringe Widerstandskraft usw. Wir erkennen, wie der führende Eigenschaftskomplex nach verschiedenen Seiten ausstrahlt.

Nicht immer ist das Bild so einfach. Manchmal haben wir beim näheren Kennenlernen einen ganz anderen Eindruck. Unser erstes Bild verwischt sich, wir bekommen allmählich ein anderes Bild, das nicht recht zu dem ersten passen will. Wir entdecken Eigenschaften, die unserem ersten Eindruck merkwürdig widersprechen. Nun kann es selbstverständlich vorkommen, daß das erste Bild falsch war. Wir wurden getäuscht. Sehen wir aber von diesen Fällen ab, dann bleiben immer noch genug übrig, in denen der erste Eindruck und das spätere Bild voneinander abweichen. Das einheitliche und geschlossene, verhältnismäßig einfache Bild unseres ersten Eindruckes spaltet sich auf. Wo wir klare Linien sahen, sehen wir ein Gewirr verschiedener, sich kreuzender Eigenschaften. In den Grundzügen war das erste Bild richtig, wenngleich vereinfacht. Nun, bei genauerem Kennenlernen, sehen wir das Eigenschaftsgefüge in seiner ganzen Komplikation.

Das, woran der Charakterologe sich zunächst immer halten muß, ist die Persönlichkeit als Eigenschaftsgefüge. Das hat er wirklich greifbar vor sich, auf die Anlagen kann er meistens nur indirekt schließen. Die wirkliche Person, so wie sie lebt, sich verhält und ausdrückt, ist eine Person mit bestimmten Eigenschaften. Wenn die Aufgabe besteht — und sie besteht sowohl für den Erzieher wie für den Therapeuten —, die Persönlichkeit zu verändern oder zu entwickeln, so sind es wiederum die Eigenschaften, an denen der Hebel angesetzt werden muß. Die Aufgabe, eine Persönlichkeit zu entwickeln oder zu verändern, besteht immer darin, bestimmte Eigenschaften auszubilden oder lahmzulegen.

Jede Eigenschaft ist Verfestigung, Überformung und Entwicklung einer Anlage. Das Eigenschaftsbild und -gefüge einer Persönlichkeit weist zurück auf die Anlagen als den Kern der Persönlichkeit. Aus den Anlagen hat sich die Persönlichkeit entwickelt. Wir können uns aber die Entwicklung einer Persönlichkeit nicht als die m e c h a n i s c h e Entfaltung seiner Anlagen vorstellen. Sondern das geprägte Eigenschaftsgefüge einer Person besteht aus erfüllten Anlagen. Es sind Anlagen, die zu Verhaltensbereitschaften geworden sind, sich also auf Umstände, Dinge, Menschen und Welt ausgerichtet haben und durch sie geprägt worden sind. In den meisten Fällen hat die Entwicklung die Persönlichkeit durchgebildet, bereichert und erweitert.

Es liegt nun natürlich nahe, anzunehmen, daß hinter den stärksten Eigenschaften der Persönlichkeit auch die stärksten Anlagen sich verbergen. Gewiß ist richtig, daß wirklich starke und durchschlagende Eigenschaften einer Persönlichkeit meist auch auf starke Anlagen zurückweisen. Aber das berechtigt noch keineswegs zu dem Schluß, daß wir das Anlagegefüge einer Person direkt aus der Stärke der Eigenschaften erschließen können. Einmal kann die Entwicklung und der Verfestigungsprozeß eine Anlage begünstigen und fördern, eine andere aber hemmen und unterdrücken. So können gleichstarke Anlagen dennoch nicht gleichstarke Eigenschaften ergeben, und schon deswegen ist es unmöglich, Art und Stärke des Anlagegefüges einfach aus der Art und Stärke des Eigenschaftsgefüges erschließen zu wollen. Weiterhin sind psychische Anlagen nicht streng entwicklungsbestimmt. Es ist durchaus möglich, daß gleiche Eigenschaften verschiedener Menschen aus verschiedenen Anlagen entstanden sind, wie umgekehrt gleiche Anlagen auch verschiedene Eigenschaften entwickelt haben.

Wenn wir nun annehmen, wie früher schon dargestellt wurde, daß der Grundcharakter einer Persönlichkeit anlagemäßig bestimmt ist und der Entwicklungscharakter eine Ausformung des Grundcharakters ist, die eben durch die Entwicklung bestimmt ist, dann entsteht die Frage: Was vermag die Entwicklung? Wieweit kann sie ändernd eingreifen? Was fügt sie zu den Anlagen hinzu? Die Entscheidung dieser Frage ist für die Praxis der Charakterologie von größter Bedeutung. Da wir in jeder Eigenschaft zwischen Eigenschaftskern und Eigenschaftsform scheiden, muß der Anteil der Entwicklung in der Eigenschaftsform zu finden sein. Denn in das Gefüge der Anlagen können weder wir selbst noch die Umstände, die uns beeinflussen, direkt eingreifen, abgesehen von den Fällen tiefgreifender organischer Veränderung durch Krankheit oder Operation, die Anlagen vernichten können.

Nur im Umkreis dieses Feldes kann auch die verändernde Praxis der Charakterologie Erfolg haben. Was der Erzieher bis zu einem gewissen Grad beeinflussen kann, ist der Prozeß der Entwicklung. Er kann versuchen, die Verfestigungsarbeit in manchen Punkten zu hemmen und in anderen zu fördern. Besteht die Notwendigkeit, daß der therapeutische Charakterologe eingreift, so muß er versuchen, Verfestigungen aufzulösen und eine neue Entwicklung einzuleiten. Soweit die Arbeit der Verfestigung reicht, kann auch die Persönlichkeit beeinflußt werden. Das bedeutet freilich nicht, daß diese Beeinflussung immer gelingt. Nur das, was in der Entwicklung zur Persönlichkeit hinzukommt, kann verändert oder rückgängig gemacht werden. Wem diese Grenzen zu eng gezogen erscheinen, der möge bedenken, daß immer erst die Entwicklungs- und Verfestigungsarbeit aus den Anlagen Eigenschaften macht. Somit wird die Gestalt der Persönlichkeit entscheidend durch die Verfestigungsarbeit geprägt. Jede Eigenschaft enthält ein Stück Verfestigungsarbeit, und die ganze Persönlichkeit als Eigenschaftsgefüge ist zu einem Teil Verfestigungsarbeit.

Wir dürfen in der Analyse der Entstehung der Eigenschaften uns niemals vorstellen, daß eine Eigenschaft mechanisch und selbsttätig aus den Anlagen herauswächst, oder daß Eigenschaften mechanisch und zwingend durch die Umstände entwickelt werden. Sondern die Eigenschaften entstehen durch den Verfestigungsprozeß. Er gibt erst der Anlage das Gesicht, das sie zur Eigenschaft macht. Wer glaubt, daß die Entwicklung der Persönlichkeit ein zwangsläufiges Ergebnis der Anlagen oder Umwelt ist, übersieht den Prozeß der seelischen Dynamik. Natürlich kann die Verfestigungsarbeit nichts verfestigen, was nicht als Anlage vorhanden ist, und äußere Umstände beeinflussen sie störend oder fördernd. Sie kann vor allem nicht über die durch die Anlagen gesetzten Grenzen hinaus und kann sich nicht vollkommen den Wirkungen der Umwelteinflüsse entziehen. Aber die Verfestigungsarbeit verbindet erst Anlagen und Umwelt; ein Anlageelement oder ein Umwelteinfluß, der nicht verfestigt wird, bleibt in der Persönlichkeit unwirksam.

## GRUNDFORMEN DES VERHALTENS

Wir unterscheiden dreierlei Formen des Verhaltens: das direkte, das gehemmte oder gebrochene und das gegen die Hemmung angehende oder kontrastorische Verhalten. Direkt verhalten wir uns, wenn wir spontan etwas tun oder unmittelbar auf einen Reiz antworten. Am stärksten ist das direkte Verhalten beim Säugling ausgeprägt, es ist geradezu das Gesetz seines Verhaltens. Er antwortet mit Schreien auf alles, was ihn quält, mit Krähen auf das, was ihn erfreut, er greift nach dem, was er haben will, und er folgt, soweit er es kann, jedem Bedürfnis. Auf dieser ersten Stufe des Lebens kennen wir kein anderes Verhalten. Das Verhalten des Säuglings ist in jedem Augenblick echt, und daher ist die Skala seines Verhaltens noch relativ unkompliziert. Das ändert sich freilich bald. Das Kleinkind erfährt den Widerstand. Es greift vielleicht nach der Flamme und verbrennt sich, es greift nach der Katze und wird gekratzt. Es erfährt nicht nur den Widerstand der Dinge, sondern auch den Widerstand von Personen. Neben dem, was man nicht haben kann, weil es unerreichbar ist oder Schmerz verursacht, zeigt sich das, was man nicht haben darf, oder was man nicht tun soll. Noch lange, ehe das Kind das Verbot bewußt erfaßt, stellt es sich in seinem Verhalten auf das Verbot ein. Es merkt an dem Unwillen der Eltern, daß es etwas nicht tun darf. Instinktiv weiß es allmählich um Dinge, die verboten sind. Je mehr es sich bewegen kann und Fähigkeiten erlernt, desto mehr greift die korrigierende Hand der Mutter oder Pflegerin ein. Dieser und jener Wunsch wird ihm nicht erfüllt. Bald will das Kind mit einem Gegenstand spielen, der ihm genommen wird, bald will es — etwa auf dem Spaziergang — in jene Richtung laufen und wird in eine andere gezwungen. Wiederkehrend macht das Kind die Erfahrung, daß es etwas tun will und etwas anderes tun muß. Das aber ist das Schulbeispiel des gebrochenen oder gehemmten Verhaltens. Das Gleichartige in all diesen Fällen besteht darin, daß ein ursprünglicher Einsatz, ein unmittelbares Tun oder der Ansatz zu einem Tun eine Hemmung erfährt, die es unterbricht. Zwar vergißt das Kind sehr oft schon im nächsten Augenblick diese Hemmung. Entweder wird es abgelenkt und folgt dem neuen Reiz, oder aber es versucht nach kurzer Zeit von neuem das zu tun, was es tun wollte. In diesem letzteren Verhalten zeigt sich schon die dritte Art. An Stelle des gebrochenen Verhaltens, das der Hemmung nachgibt, tritt das kontrastorische oder gegen die Hemmung angehende Verhalten. Das Kind versucht einen Gegenstand, den es auf dem einen Weg nicht erreichen kann, auf einem andern zu erreichen. Es versucht, das Verbot zu umgehen. Überall dort, wo das Kind einem Widerstand nicht einfach nachgibt, beginnt das kontrastorische Verhalten. Mannigfach sind die Formen dieses Verhaltens. Der Widerstand kann durch Einsatz stärkerer Kräfte überwunden werden, wenn das Kind beispielsweise durch Ziehen und Zerren eines Gegenstandes habhaft wird, den es nicht ohne weiteres an sich nehmen kann. Aber dasselbe kontrastorische Verhalten wendet sich gegen das Verbot. Es tritt in verschieden starker Ausprägung auf. Instinktiv greift das Kind von neuem nach der verbotenen Sache in dem Augenblick, in dem die Mutter sich abwendet. Später tut es etwas heimlich, was es unter den Augen seiner Erzieher nicht tun darf. Eine andere Form des kontrastorischen Verhaltens ist der Trotz. Das Kind, dem etwas verboten wird, beantwortet dieses Verbot vielleicht durch Weinen. In manchen Fällen ist das nur ein Ausdruck des gebrochenen Verhaltens. Anders das trotzige Kind. In seinem Weinen und Schreien liegt ein aktives Verhalten gegen den Widerstand. Von dort ist oft nur ein Schritt zum offenen und tätigen Widerstand.

Im einzelnen Fall ist nicht immer deutlich zu unterscheiden, ob es sich um direktes, gebrochenes oder kontrastorisches Verhalten handelt. Überhaupt sind in der Praxis die Übergänge fließend. Oft antwortet ein Kind auf ein Verbot mit einem Weinen, das zunächst Betrübnis ist und allmählich in trotziges Schreien übergeht. Ein ausgesprochenes trotziges Verhalten kann sich allmählich in einen echten kindlichen Schmerz auflösen. Jeder Augenblick kann das Bild des Verhaltens verändern, im Moment geht eine Art des Verhaltens in die andere über. Zudem können sich in ein und demselben Verhalten Züge des direkten, des kontrastorischen und des gebrochenen Verhaltens miteinander mischen.

Es kommt aber nicht so sehr auf die Beurteilung des einzelnen Falls an, sondern geht vor allem darum, im Prinzip diese Grundformen des Verhaltens zu unterscheiden. Ihre Bedeutsamkeit liegt darin, daß sie lange entwickelt sind, ehe das Bewußtsein entwickelt ist. Es sind die grundsätzlichen Formen, in denen uns Umwelt begegnen kann. Jeder Mensch verfügt über diese drei Formen, aber bei sehr vielen ist die eine oder andere Form ausgeprägter. Oft schon zeigt sich in den ersten Jahren, daß das Kind der einen oder anderen Form zustrebt. Wenn jene Periode des ganz unmittelbaren und direkten Verhaltens vorbei ist, dann erweist sich auch, ob das Kind stärker dem Kontrastverhalten zustrebt, ob es die Neigung hat, sich leichter hemmen zu lassen, oder ob es nach wie vor in erster Linie sich direkt verhält. Oft erscheint damit schon ein Grundzug der späteren Persönlichkeit, wenngleich auch hier grundlegende Änderungen im Lauf der Entwicklung eintreten können; denn wiederum können diese Formen entscheidend aus einer Umwelt heraus bevorzugt werden. Fehlerhafte Erziehung wird den Trotz des Kindes hervorrufen und verfestigen. Frühzeitig wird das Kind in die Linie des Kontrastverhaltens gedrängt. Eine allzu scharfe Erziehung kann frühzeitig die Linie des gebrochenen Verhaltens verfestigen, sie kann aber auch jene andere Form des Kontrastverhaltens, wie Lüge und Heimlichkeit hervorrufen. Dagegen wird eine allzu nachgiebige Erziehung zwar die Linie des direkten Verhaltens fördern, aber gleichzeitig das Kind auch verwöhnen. Das Wesen der Verwöhnung ist, daß das Kind keine Widerstände erfährt und gewohnt ist, daß alles geschieht, was es will.

Solche umweltbedingte Bevorzugung der einen oder anderen Haltung kann sich später noch vollkommen ändern. Freilich gilt hier, wie bei der Entwicklung aller Eigenschaften, daß das, was sich einmal eingefahren und eingewöhnt hat, auch die Tendenz hat, weiter zu wirken. Ist also einmal prinzipiell die Linie des trotzigen Verhaltens ausgeprägt oder ist einmal das Kind an das Kontrastverhalten von Lüge und Heimlichkeit gewöhnt, ist ein Kind in seinem Verhalten frühzeitig gebrochen worden oder ist es gewöhnt, sich direkt zu verhalten, ohne den Widerstand zu erfahren, so wirken diese Linien der Persönlichkeit auch im späteren Leben nach. Immer wieder wird der werdende und später der erwachsene Mensch auf diese Grundformen zurückgreifen. Darin liegt die entscheidende Bedeutung der frühkindlichen Entwicklung. In ihr werden Verhaltensformeln ausgeprägt, die das Bewußtsein — wenn es zu arbeiten beginnt — schon fertig vorfindet. Sie zu verändern bedarf es starker Einflüsse und meist auch einer großen inneren Anstrengung.

## DER VERFESTIGUNGSPROZESS

Anlagen sind vererblich, aber Anlagen sind noch keine Eigenschaften, sie werden erst solche. Insbesondere gilt — wie früher dargestellt — für psychische Anlagen, daß sie nicht jene strenge Entwicklungsbestimmtheit haben, die den körperlichen Anlagen im streng naturwissenschaftlichen Sinne zukommt. Wenn eine psychische Anlage zu arbeiten beginnt, dann heißt das zunächst, das im Verhalten des Kindes ein neues Motiv sich zeigt. So wird sich beispielsweise beim Kind eine gewisse Unerschrockenheit oder Ängstlichkeit, eine gewisse Kühle oder ein Bedürfnis nach Zärtlichkeit zeigen.

Jede solche Anlage drängt nach Verfestigung. Sie zeigt sich wieder und wieder, sie bildet ihre Gewohnheit aus und wird auf diese Weise zur Eigenschaft. Verfestigung ist hier nichts anderes als ein fortwährendes Üben einer Anlage. Im Üben aber wächst die Anlage, sie richtet sich auf bestimmte Ziele ein, bildet eigentümliche Arten des Verhaltens zum Ziel aus und wird allmählich zu einer Verhaltensbereitschaft. Das ist der Prozeß der direkten Entwicklung einer Anlage zur Eigenschaft. Ohne Verfestigungsprozeß gibt es keine Eigenschaft. Ein Kind, dessen Temperamentsanlage zur Fröhlichkeit und Heiterkeit tendiert, sucht diese Fröhlichkeit auch bei seiner Umwelt. Es antwortet gern auf Späße, ist geneigt, in jedem Geschehen etwas Spaßhaftes zu sehen und freut sich, wenn andere sich freuen. Es gibt Kinder, die von vornherein zu anderen Menschen drängen und Zutraulichkeit zeigen. Andere Kinder wiederum sind zurückhaltend und streben zu den bekannten Personen. Es gibt Kinder, die von vornherein viel mit Spielzeug anzufangen wissen, und andere, denen nichts an Spielzeug liegt. Manche Kinder können sich lange mit einem Gegenstand beschäftigen, andere haben die Tendenz, schnell etwas aufzugeben.

In solchen ersten kindlichen Äußerungen verbirgt sich immer eine Anlage. Selten ist der eigentliche Kern solcher Anlagen schon zu erkennen, obgleich sie immer der Keim späterer Eigenschaften sind. So kann sich z. B. ein gewisses unerschrockenes Zugehen auf Menschen und Dinge zur Eigenschaft des Mutes entwickeln, sofern diese Anlage, ohne gebrochen zu werden, sich immer stärker verfestigt und entwickelt. Wenn wir von der Entstehung einer Eigenschaft sprechen, so haben wir meistens diese Art des Verfestigungsprozesses im Auge. Durch wiederholte Betätigung und Übung wächst aus dem ersten versuchsweisen Verhalten eine Eigenschaft.

Verfestigung dieser Art kann aber auch von außen kommen. Ein großer Teil der Erziehungsarbeit beruht auf einem Angewöhnen, das zunächst geradezu ein Andressieren ist. So wird dem Kind allmählich die Sauberkeit andressiert, so wird es zur Ordnung erzogen, und so lernt es vieles andere. Die Eigenschaften, die auf diesem Weg herangebildet werden, sind um so stärker, je mehr sie gleichzeitig Entwicklung einer Anlage sind. Wie schwer es aber ist, einem Kind etwas anzugewöhnen, wozu es nicht veranlagt ist, weiß jeder Erzieher. Sehr oft ist das Ergebnis einer solchen Erziehungsarbeit auch nur äußerlich. Scheinbar zwar erwirbt der Zögling die Eigenschaft. So kann etwa ein Kind, das aller Ordnung widerstrebt, zur Ordentlichkeit erzogen werden. Aber nicht selten wird diese Ordnungsliebe sofort verschwinden; wenn der Zwang zur Ordnung aufhört.

Jeder Anlaß kann die Verfestigungs- und Verdichtungsarbeit auf sich ziehen. Prinzipiell also muß man daran festhalten, daß nicht nur Anlagen sich zu Eigenschaften entwickeln, wenngleich ihnen zweifelsohne der stärkste Zug zur Eigenschaftsentwicklung inne wohnt. Aber es gibt Eigenschaften, die die Antwort auf einen stets wiederkehrenden äußeren Anlaß sind. So wie der Seemann auch auf dem Land seinen wiegenden Gang beibehält, der einfach die Antwort auf die stetige Bewegung des Schiffes ist, so wird auch das Kind, das von früh an im Kampf mit der Umwelt verschlagen geworden ist, im späteren Leben diese Eigenschaft beibehalten. Im ersten Fall ist es ganz eindeutig, daß die Eigenschaft „Gewohnheit", d. h. aber nicht Verfestigung einer inneren Anlage, sondern eines äußeren Anlasses ist. Im zweiten Fall kann es so sein, aber die Entscheidung, wie weit diese Verschlagenheit anlagemäßig bedingt ist, ist viel schwerer.

Das Wesen der Verfestigung besteht darin, daß ein Verhalten durch dauernde Übung zur Eigenschaft wird. Jeder Antrieb, der nicht ein einmaliger Reiz ist, sondern wiederkehrt, kann die Verfestigungsarbeit auf sich ziehen. Er wird zu einem eingefahrenen, im Gedächtnis aufbewahrten Motiv. Schon das Kleinkind, das noch tief im Unbewußten erfahren hat, daß es durch Schreien jemand herbeiruft, wird um so eher zum Schreien greifen, je prompter der Erfolg eintritt. Das Kind, das mehrmals durch Lügen etwas erreicht hat, wird bei nächster Gelegenheit leichter und schneller zur Lüge greifen. Nicht anders ist es später. Wir merken uns alles, was wiederkehrt. Mit dem wiederkehrenden Anlaß prägt sich das Verhalten ein, mit dem wir damals darauf geantwortet haben. Das ist der erste Beginn einer Eigenschaftsentwicklung. Wir sind geneigt, beim Auftreten desselben Anlasses auf unser erstes Verhalten zurückzugreifen. Wohl jeder hat schon erfahren, daß ein fehlerhafter Handgriff die Tendenz zur Wiederkehr hat Wir machen leichter zweimal denselben Fehler als zwei verschiedene Fehler. Und es ist eine alte Erfahrung, daß es leichter ist, jemanden von Grund auf etwas zu lehren, als ein gewisses vorhandenes, aber fehlerhaftes Können weiterzubilden; denn hier muß erst die Verfestigung der Fehler abgebaut werden.

Der Verfestigungsprozeß vollzieht sich im Bewußten und im Unbewußten, er kann willentlich und unwillkürlich vor sich gehen. Die erste Entwicklung der Eigenschaften geschieht noch lange, ehe das Bewußtsein arbeitet, und alle frühkindlichen Eigenschaften sind das Ergebnis einer unbewußten Verfestigung. Erst später arbeitet neben der unbewußten die bewußte Verfestigung. In reiner Form finden wir sie beim Vorgang des Lernens. Wir lernen etwa ein Gedicht, indem wir uns die Strophen vorlesen, bis sich der Klang, die Wortverbindung und der Rhythmus so verfestigt haben, daß schon das Aussprechen des Wortes genügt, um das Ganze mechanisch abrollen zu lassen. Auf diese Weise erwerben wir auch Eigenschaften. Wir lernen Handgriffe, wir gewöhnen uns Formen des Verhaltens an und üben sie systematisch. Freilich können auch Eigenschaften, die willentlich erworben sind, ins Unbewußte absinken. Welche Arbeit ist es, wenn wir das erste Mal unser Schuhband binden. Später vollziehen wir diese und ähnliche Handgriffe fast ohne Bewußtsein. Sie sind mechanisiert.

## FORMEN DER VERFESTIGUNG

Die eben gezeichnete Form der Verfestigung ist die einfachste. Auch hier ist zwar der Verfestigungsprozeß für den Aufbau der Eigenschaften entscheidend. Aber seine Leistung besteht nur darin, daß er aus einem gelegentlichen Verhalten eine Verhaltensbereitschaft macht. Wir nennen Eigenschaften, die auf diesem Wege entstehen, direkte und ungebrochene Eigenschaften. Denn hier verfestigt sich ein direktes Verhalten zu einer Verhaltensbereitschaft. Ein großer Teil der Eigenschaften entsteht auf diese Weise. Ganz unwillkürlich prägen sich Arten des Verhaltens ein, sie üben sich gleichsam von selbst ein. Wie das Kind spielend die Sprache erlernt, so prägt es spielend Eigenschaften aus. Naturgemäß wird gerade die erste Eigenschaftsentwicklung aus den Anlagen heraus erfolgen. Sie beginnen zu arbeiten, die einmal gebrauchten Funktionen drängen nach Wiederholung und üben sich ein. Die Anlagen aber als die ersten Anlässe zur Eigenschaftsbildung finden ihre Erfüllung in dem, was die Umgebung bietet. Das Kind übernimmt, was es in seiner Umgebung erfährt. Das beste Beispiel dafür ist das Erlernen der Sprache. Wenn die Anlage, Laute zu bilden und sich auszudrücken, zu arbeiten beginnt, lernt das Kind sprechen. Es entwickelt und verfestigt die Sprache, die seine Umgebung spricht. In ähnlicher Weise übernimmt es vieles Andere aus seiner Umgebung. Handgriffe, Gebrauch von Geräten und Werkzeug, Reaktionsformen, Bewegung und Haltung verfestigen sich nach dem Vorbild der Umgebung. Führend sind dabei immer die Anlagen; denn sie sind die ersten Motive und Anlässe. Aber die erste inhaltliche Erfüllung der Anlagen und damit die erste Eigenschaftsentwicklung lehnt sich an die Umgebung an.

Auch der junge Mensch und später der Erwachsene bilden auf diesem Wege Eigenschaften aus. Wie oft gebrauchen wir irgend ein Verhalten oder eine Reaktionsform erst einmal und dann mehrmals, bis sie sich schließlich verfestigen. Dann ist aus dem gelegentlichen Verhalten eine Eigenschaft geworden. Je selbstverständlicher diese Verfestigung erfolgt, desto weniger merken wir von ihr. Aber gerade diese Eigenschaften gehen uns in Fleisch und Blut über, wenngleich wir von ihnen oft kein rechtes Bewußtsein haben. Das sind die direkten Eigenschaften, die den Charakter einer natürlichen und unmittelbaren Verfestigung haben. In diesem Sinn kann man von einer natürlichen Angst, einer natürlichen Bösartigkeit oder Gutartigkeit, natürlichem Fleiß oder Faulheit sprechen. Ohne besonderes Zutun finden sich hier Anlage, Neigung mit einem Inhalt zusammen und verfestigen sich schließlich zu einer Eigenschaft.

Die direkten Eigenschaften unterscheiden sich nach Art und Stärke. Es gibt Eigenschaften und Gewohnheiten, die nicht tief im Seelischen verankert sind, z. B. Handgriffe, Gewohnheiten und gesellschaftliche Formen. In einer tieferen seelischen Schicht sind die Eigenschaften verankert, die aus der Verfestigung kultureller Inhalte kommen, z. B. Sprache, Sitte und Moral. Am mächtigsten sind jene Eigenschaften, worin eine starke Anlage in seelischen Inhalten sich verfestigt. Die Anlage einer starken oder schwachen Vitalität, die Anlagelinien der Intelligenz und besonderen Begabung und die Temperamentslinie verfestigen sich zu Eigenschaften. Sie alle haben, sofern sie sich direkt entwickeln, den Charakter von natürlichen und ungebrochenen Eigenschaften.

Es wäre verkehrt, zu glauben, daß Eigenschaften nur aus der direkten Verfestigung entstehen. Das ist der Fehler mancher charakterologischen Betrachtung, die alle Eigenschaften als Ergebnis von Anlagen und Umwelt oder einem von beiden sieht. So verfährt die primitive Milieutheorie. Nach ihr sind unsere Eigenschaften einfach das Ergebnis der Umwelt. Man könnte ihr eine freilich nicht minder primitive Anlagetheorie entgegenstellen, die behauptet, daß die Eigenschaften das direkte Ergebnis der Anlagen sind. In beiden Fällen liegt eine ähnliche Auffassung über die Entwicklung der Eigenschaften zugrunde. Automatisch und mechanisch müßten die Eigenschaften sich dann entweder aus Umweltwirkungen oder Anlagen verfestigen. Die innerliche Verfestigung wäre nichts weiter als die Begleiterscheinung des innerlichen Prozesses, in dem sich Anlage oder Umwelteinfluß ausprägt.

Mit einer solchen Auffassung wird man nicht einmal den tierischen Eigenschaften, geschweige denn der Fülle, Verschiedenheit in Art und Formen der menschlichen Eigenschaften gerecht. Es kann ja ein und dieselbe Eigenschaft aus verschiedenen Verfestigungsprozessen herauswachsen. Bösartigkeit kann z. B. direkt sich aus einer inneren Anlage entwickeln. Sie kann aber ebenso direkt sich entwickeln, wenn das dauernde Beispiel einer verrohten Umgebung einen an sich nicht bösartigen Menschen zur Bösartigkeit erzieht. Das ist der einfachste Vorgang der Entwicklung einer Eigenschaft. Nun kann Bösartigkeit aber auch aus der Brechung einer ursprünglichen Anlage zur Gutmütigkeit entstehen. Wenn diese Anlage dauernd gehemmt wird, wenn sie immerfort auf Widerstände stößt, die sie nicht überwinden kann, dann wird sie schließlich gebrochen, vorausgesetzt, daß sie nicht sehr stark ist. Auf dieser Grundlage kann jetzt aber eine reaktionäre Bösartigkeit entstehen, die eine Art von Notwehr gegen die bösartige Umgebung darstellt. Hier ist eine ganz andere Form der Eigenschaftsentstehung. Anlage und Umwelt finden sich nicht unmittelbar zusammen. Die Anlage erfüllt sich nicht auf direktem Wege mit Inhalten, die ihr die Umwelt gibt. Sondern die Bedingungen der Umwelt sind es, die die ursprüngliche Anlage brechen und lahmlegen und nun eine gebrochene Eigenschaft entstehen lassen. Eine solche gebrochene Bösartigkeit hat natürlich niemals die Unmittelbarkeit der direkten Eigenschaft. Aber sie kann sich so verfestigen, daß sie eine starke Eigenschaft wird.

## DIE GEBROCHENEN EIGENSCHAFTEN UND DER GEBROCHENE CHARAKTER

Wir sind in der Entwicklung unserer Anlagen soweit auf die Umwelt angewiesen, als wir die Inhalte, in denen eine Anlage sich erfüllt, und das Material, an dem sie sich emporarbeitet, der Umwelt entnehmen müssen. Dieses Material ist keineswegs immer schon bereitet. Zwar gibt es viele Fälle, in denen die Anlage den Weg ihrer Entwicklung geebnet findet. Eltern, Erzieher und Schule bemühen sich, die Fähigkeiten des Kindes zu entwickeln und die Anlagen zu fördern. Aber keine Erziehung kann so vorsorglich sein, daß sie allen Anlagen gerecht wird. Manche Anlage wird nicht erkannt oder in ihrem Wert falsch beurteilt, unvermeidlich müssen außerdem in jeder Erziehung Entwicklungen und Verhaltensformen eingedämmt werden. Der Säugling folgt z. B. triebhaft seinen Bedürfnissen im Augenblick des Empfindens. Die vernünftige Erziehung wird diese Bedürfnisse nicht unterdrücken, aber sie wird versuchen, sie in Regel und Ordnung zu bringen. Es läßt sich immer nur von Fall zu Fall entscheiden, welches Maß an Widerstand und Schärfe gerade in diesem Punkt angewendet werden darf. Wie einerseits die Gefahr der allzugroßen Nachgiebigkeit verhängnisvoll ist, so kann auch Wichtiges durch ungemessene Strenge unterdrückt und gehemmt werden.

Wenn nun beispielsweise eine Anlage, etwa eine künstlerische Begabung, von den Erziehern gering gewertet wird, wenn sie dauernd gehemmt und jede Form ihrer Entfaltung unterdrückt wird, wenn die Erzieher es schließlich und endlich erreichen, daß der junge Mensch einen anderen Weg einschlägt, dann ist die typische Situation einer gebrochenen Eigenschaft gegeben. Die Anlage war wohl stark genug, um zur Entwicklung zu drängen, aber wiederum nicht stark genug, um sich gegen den Widerstand durchzusetzen. Sie hat sich nicht zu der ihr natürlichen Form der Eigenschaft verfestigen können. Damit ist sie freilich nicht verschwunden, sie hat sich eigenschaftlich entwickelt, aber sie ist gebrochene Eigenschaft. In vielen Schattierungen kann eine solche gebrochene künstlerische Anlage erscheinen. Als Kunstliebhaberei wird sie bei dem einen auftreten, bei dem andern wird ein seelischer Grundzug des Unbefriedigten entstehen, wieder ein anderer wird sich mit Dilettantismus abfinden, und in der schlimmsten Ausprägung wird eine ressentimenterfüllte Beziehung zum Künstlerischen entstehen.

Seelische Anlagen können eine im Prinzip den Begabungsanlagen ähnliche Entwicklung zur gebrochenen Eigenschaft erfahren. Wenn wir im Kind etwa charakterliche Linien sehen, die wir ablehnen, wie z. B. grausames, lügnerisches oder habgieriges Verhalten, wird man versuchen, diese Anlagen zu brechen. Sofern das gelingt, wird sich dieses Verhalten nicht zur Eigenschaft verfestigen. Man wird dann die Anlagen — in vielen Fällen sind es ja schon die Ansätze zu einem eigenschaftlichen Verhalten — nicht vernichten können. Wohl aber kann man sie in gebrochene Eigenschaften umbilden. So wird vielleicht aus der aktiven Grausamkeit eine passive Kälte, aus der Habgier ein starker Besitztrieb, aus der Lügenhaftigkeit eine Tendenz zum Verdecken und Verheimlichen: Denn dies ist die Form der gebrochenen Eigenschaft, daß das ihr zugehörige Verhalten nicht mehr unmittelbar erscheint. Äußerlich kann man solche Eigenschaften zunächst mit direkten verwechseln. Die Erscheinungsformen einer gebrochenen Grausamkeit sind den Erscheinungen einer natürlichen Herzenskälte, die Tendenz zum Verdecken und Verheimlichen ist der natürlichen Reserve und Zurückhaltung täuschend ähnlich, der aus gebrochener Habgier entstandene Besitztrieb kann mit dem natürlichen Erwerbswillen verwechselt werden. Der tiefer Blickende wird freilich immer den ursprünglichen Hintergrund erkennen, der sich hier und da in kleineren Zügen zeigt oder gelegentlich auch unverhüllt hervorbricht.

Alle gebrochenen Eigenschaften sind doppelschichtige Eigenschaften. In ihren Äußerungsformen zeigen sie ein bestimmtes eigenschaftliches Verhalten, dahinter aber liegt mehr oder minder verborgen die ursprüngliche Linie. Jeder Mensch hat nun im Gefüge seiner Eigenschaften die eine oder andere gebrochene Eigenschaft. Der seelische Zug des gebrochenen Verhaltens kann aber so stark ausgebildet sein, daß er zum Grundzug des Charakters wird. Wenn ein Kind durch einen brutalen Erzieher, der auch etwa einen sadistischen Grundzug haben mag, in allen Lebensäußerungen und jeglichem Verhalten gehemmt und unterdrückt, korrigiert und eingeengt wird, dann erlahmt allmählich der ursprüngliche eigenschaftliche Auftrieb. Es entsteht das duckmäusige, verschüchterte und verprügelte Kind. Hier, wo die ganze Front eines Lebenswillens und ursprünglichen Verhaltens durch Widerstände gebrochen wird, muß der Grundzug des Gebrochenen die ganze werdende Persönlichkeit durchdringen. Er wird stärker erscheinen, wenn das Kind zart und feinfühlig ist, schwächer, wenn es seelisch robust und kräftig ist. Setzt später eine andere Entwicklung ein, die Spielraum und Möglichkeit gewährt, kann auch der Grundzug des Gebrochenen wieder schwächer werden. Tritt aber diese Entwicklung nicht ein, ist auch das Schicksal der weiteren Entwicklung Hemmung und Unglück, so wird der Gesamtcharakter die Prägung des Duckmäusigen, Verschüchterten und Gebrochenen haben. Auf demselben Boden kann — wenn die Grundpersönlichkeit seelisch robuster ist — Verschlagenheit, Hinterhältigkeit und Bösartigkeit entstehen. Selbst dort aber, wo sich das Schicksal wendet, wird man gelegentlich immer wieder Züge des gebrochenen Verhaltens finden.

Alle bisherigen Beispiele analysierten die Entwicklung einer gebrochenen Eigenschaft durch äußere Hemmung. Eine zweite Form der gebrochenen Eigenschaft entwickelt sich aus der inneren Hemmung. Dieser Gefahr unterliegen alle eigenschaftsbildenden Ansätze, deren Stellung im Gesamtgefüge der Persönlichkeit nicht eindeutig ist. Das kann selbst wieder verschiedene Gründe haben. Verschiedenartige und gegensätzliche Anlagen, überhaupt der Reichtum von Anlagen kann von vornherein Spannungen im Anlagegefüge entstehen lassen. Die überstarke Ausprägung einer seelischen Linie kann mit anderen Linien in Konflikt geraten. Dann gibt es in jedem menschlichen Leben innerlich zwiespältige Situationen, in denen die eine Linie unseres Wollens nach der einen und eine andere nach der entgegengesetzten Seite strebt. Aus diesen innerlichen Zwiespälten können gebrochene Eigenschaften entstehen.

Wenn etwa ein triebstarker Mensch ungehemmt seinen Trieben folgt und sich dagegen nun die Stimme seines Gewissens, die Stimme der Vernunft oder überhaupt die Forderung nach einem anderen Verhalten erhebt, so ist die Situation des inneren Zwiespalts gegeben. Sie braucht in keiner Weise äußerlich bedingt zu sein, auch ohne Hemmungen, die von außen kommen, kann der Konflikt im Innern entstehen. Es kann eine innere Stimme warnen, es kann das Bild des enthaltsamen Menschen vorschweben, oder es kann seelische Müdigkeit und Übersättigung eingetreten sein. Unter Umständen kann ein Erlebnis die Gegenbewegung auslösen, wobei dann dieses Erlebnis nur der auslösende Anlaß einer schon vorhandenen Gegenströmung war. Tritt die Hemmung aber wieder und wieder auf, wird die Gegenströmung stärker und stärker, dann kann schließlich die ursprüngliche Triebhaftigkeit gebrochen werden. Gelingt das, dann erscheint schließlich Askese als gebrochene Eigenschaft. Diese Askese ist keine natürliche Enthaltsamkeit, wie sie vielleicht aus angeborener Triebschwäche entsteht, sondern sie liegt im steten Kampf mit der ursprünglichen Triebhaftigkeit. Sie wird um so mehr gebrochene Eigenschaft sein, je unentschiedener dieser Kampf ist.

Nicht aus jeder Kreuzung von Eigenschaftslinien entstehen gebrochene Eigenschaften. So können etwa Begeisterungsfähigkeit und Wirklichkeitssinn, Ehrgeiz und Bequemlichkeit, Begehrlichkeit und Ängstlichkeit miteinander in Konflikt geraten, und es kann eine Linie des Ausgleichs gefunden werden. Aber es gibt auch den gebrochenen Ehrgeiz, die gebrochene Begehrlichkeit und die gebrochene Begeisterungsfähigkeit. Zum Wesen der gebrochenen Eigenschaft gehört immer, daß Auftrieb und Hemmung gleichzeitig miteinander verbunden sind. Das gibt ihnen die eigentümliche Negativität und innere Unsicherheit, die zwar nicht immer auf den ersten Blick erkannt wird, aber auf die Dauer sich schließlich von der Unmittelbarkeit und Unbeirrbarkeit direkter Eigenschaften abhebt.

Ein besonderer Fall der gebrochenen Eigenschaft ist die Erscheinung des seelischen Komplexes. Ein einmaliges hemmendes und erschütterndes Erlebnis kann sich in seiner hemmenden Funktion so verfestigen, daß es sich lähmend und zerstörend über einen Teil oder die ganze Persönlichkeit lagert. Die meisten dieser Fälle gehen ins Krankhafte; den Ansatz zu diesem Vorgang erfährt wohl fast jeder Mensch in Gestalt eines Schrecks, eines Schmerzes, einer Enttäuschung oder Erschütterung, die ihn für kürzere oder längere Zeit nicht nur unfähig zum Handeln sondern auch unfähig zum seelischen Reagieren macht. Für gewöhnlich löst sich jedoch eine solche Hemmung von selbst wieder auf und verdichtet sich nicht erst zu einem starren seelischen Inhalt, der das lebendige Kräftespiel der ganzen Persönlichkeit lähmt.

Das wesentlichste Moment aller gebrochenen Eigenschaften ist die doppelte Richtung, die aus dem Gegenspiel von Antriebskraft und Hemmung kommt. Wird eine Eigenschaft gebrochen, dann lebt sich ihr Antrieb nicht mehr direkt aus; er wird unterdrückt, und als Ergebnis des Gegenspiels erscheint dann ein eigenschaftliches Verhalten. Daher sind die gebrochenen Eigenschaften in ihrer Verhaltenslinie meist schwankend, einmal setzt sich mehr der Antrieb, einmal mehr die Hemmung durch, wenn nicht die Hemmung jede Auswirkung des ursprünglichen eigenschaftsbildenden Ansatzes unterdrückt. Oft verlagert sich das Bild vollkommen, der ursprüngliche Antrieb ist so unterdrückt, daß er sich nur noch in seltsamen und unverständlichen Funktionen ausdrückt. Die medizinische Psychologie hat gezeigt, daß absonderliche Reaktionen des Hysterikers und Neurotikers auf diesem Weg geklärt werden können.

Die Schwierigkeit in der charakterologischen Deutung besteht vor allem darin, die gebrochene Eigenschaft zu erkennen, da sie in der Erscheinungsform sich oft nicht von den direkten Eigenschaften unterscheiden. Wenn freilich hinter der Demut plötzlich Überheblichkeit, hinter der Askese plötzlich Sinnlichkeit, hinter der Verhaltenheit plötzlich Leidenschaftlichkeit oder gar Fanatismus zum Vorschein kommt, ist die Sachlage eindeutig. Aber sehr oft liegt der Schauplatz der Zwiespältigkeit im tiefsten und verborgensten Innern der Person. Wenn eine gebrochene Eigenschaft zur zweiten Natur der Persönlichkeit geworden ist, bedarf es der schärfsten Beobachtung, um sie als solche zu erkennen. Dann wirkt die vielleicht mühsam erworbene Askese oder die schwer anerzogene Reserve und Zurückhaltung ganz natürlich. Daß sich hinter einer scheinbar natürlichen Ruhe und Gehaltenheit aber eine mühsam niedergehaltene Unruhe oder etwa hinter einer scheinbar wesensmäßigen Bösartigkeit eine vielfach enttäuschte Gutmütigkeit und Zutraulichkeit verbirgt, ist kaum mehr zu sehen. Freilich können auch nur im Ganzen starke Persönlichkeiten ihre gebrochenen Eigenschaften so beherrschen und in die Tiefe abdrängen.

Immer aber sind die gebrochenen Eigenschaften leicht zu erkennen, wenn sie beherrschend werden und der ganzen Person das Gepräge geben. Dann zeigt die Persönlichkeit keine Linie mehr, sie wirkt als Ganzes gebrochen. Sie schwankt in ihren Äußerungen hin und her, gebrochenes Selbstgefühl, Entschlußlosigkeit und Unfähigkeit zum Handeln kennzeichnen ihr Verhalten. Überdeutlich tritt das Moment der Hemmung, innere Zwiespältigkeit und Unsicherheit hervor. Es ist der Typ des gebrochenen Charakters. Der ganze Mensch bleibt in der Hemmung hängen, nichts kommt mehr zur Entfaltung, und oft steigert sich das Daseinsgefühl solcher Menschen bis zur äußersten Zwiespältigkeit und Zerrissenheit. Die daraus entstehende Bitterkeit, Resignation und Verzweiflung wirkt um so erschütternder, je mehr ursprüngliche und starke Anlagen und Möglichkeiten — wie es nicht selten der Fall ist — noch zu erkennen sind.

Es ist das große Problem der Erziehung, wie weit sie eigenschaftsbildende Ansätze brechen soll und darf. Hier scheiden sich die Erziehungsmethoden. Zwar jede Erziehung, jede Zivilisation und jede Kultur zwingt uns, manche Eigenschaften zu unterdrücken und zu hemmen. Daß man minderwertige oder gar gefährliche Anlagen in der Erziehung unterdrückt, ist klar. Man wird das selbst auf die Gefahr hin tun, die Einheit der Persönlichkeit zu zerbrechen. Aber eine Erziehung, in der zu Vieles gebrochen und unterdrückt wird, ist ebenso gefährlich wie eine Erziehung, in der zu wenig Widerstand geleistet wird. Der Erzieher, der hier nicht instinktiv die richtige Mitte hält, kann unendlich viel verderben. Ein gewisses Maß von gebrochenen Eigenschaften erträgt jede Persönlichkeit, wenngleich natürlich jede gebrochene Eigenschaft eine Belastung des seelischen Gleichgewichts ist. Solange die Persönlichkeit noch trotzdem aktiv und lebendig ist, werden gebrochene Eigenschaften sogar die Gesamtstärke der Person vermehren. Wenn dieses Maß überschritten und die Belastung zu groß wird, beginnt die Zerstörung der Gesamtpersönlichkeit.

## KONTRASTEIGENSCHAFTEN UND KONTRASTCHARAKTER

Die Gefahr aller gebrochenen Eigenschaften liegt darin, daß sie ein Verhalten auslösen, das der Persönlichkeit keine Erfüllung und Befriedigung bringt. Die seelische Energie strömt nicht ihrem ursprünglichen Ziel zu, sondern sie wendet sich ganz oder wenigstens teilweise gegen die Persönlichkeit selbst, sie wird durch die Hemmung zurückgeworfen und unterdrückt nun den ursprünglichen Auftrieb. Deswegen ist der Verbrauch an seelischer Spannkraft bei den gebrochenen Eigenschaften sehr groß, aber die Leistung liegt nur darin, daß ein wiederkehrender Antrieb in Schach gehalten und gehemmt wird. Von dort geht die zerstörende Wirkung der gebrochenen Eigenschaft aus, sie hat gewissermaßen kein Ergebnis. Je mehr eine Eigenschaft gebrochen ist, desto negativer steht sie in der Gesamtpersönlichkeit. Es gibt etwa eine Form des gebrochenen Lebenswillens, dessen Ergebnis Entschlußlosigkeit und gänzliche Unfähigkeit zum Handeln ist. In dieser Form bedroht die gebrochene Eigenschaft unmittelbar das Lebenszentrum.

Nicht jede gebrochene Eigenschaft hat diese negative Bedeutung. Wenn eine Eigenschaft gebrochen wird, wie etwa in der Askese die Triebfähigkeit, so wird zwar die Triebfähigkeit nicht befriedigt, aber ein anderes Wunschbild wird verwirklicht. Hier kann im Verzicht durchaus eine Erfüllung liegen, die einen gewissen Ausgleich schafft. Damit nähert sich die gebrochene Eigenschaft der dritten Form der Eigenschaft, der Kontrasteigenschaft.

Auch die Kontrasteigenschaft ist eine doppelschichtige Eigenschaft. Auch hier prägt ein eigenschaftsbildender Anlaß nicht eine direkte und eindeutige

Verhaltensform aus, sondern in die Linie des eigenschaftlichen Verhaltens ist eine Hemmung eingelagert. Das Charakteristische der Kontrasteigenschaft aber ist, daß die Hemmung das ursprüngliche Motiv nicht zerstört und unterdrückt, sondern umbildet und vielleicht sogar verstärkt. Darum der Name Kontrasteigenschaft. Zwar entsteht gegen den ersten Ansatz kontrastierend eine andere Eigenschaft, aber sie hat nicht nur negative Bedeutung, sondern den Charakter des Ausgleichs, der Ergänzung oder Verstärkung.

Wesentlich ist der Kontrasteigenschaft wie der gebrochenen Eigenschaft die Umschichtung. Wenn z. B. das natürliche Verhalten eines Kindes über das Maß des Nötigen hinaus unterdrückt wird, kann als gebrochene Eigenschaft Ängstlichkeit und Duckmäusigkeit entstehen. Unter denselben Vorbedingungen kann aber, wenn das Kind seelisch robuster und stärker ist, ein vollkommen vertrotztes und widerspenstiges Kind sich entwickeln. Hier zeigt sich deutlich der Übergang von der gebrochenen Eigenschaft zur Kontrasteigenschaft. Auch das zweite Kind erfährt die Hemmung und Unterdrückung seines kindlichen Verhaltens. Es unterliegt sogar vielleicht im Äußerlichen und muß sich den Vorschriften und dem Zwang fügen. Aber die seelische Verarbeitung der Hemmung ist eine andere. Innerlich gibt das Kind nicht nach, es versteift sich vielmehr und bildet einen seelischen Protest aus. Die ursprüngliche und durch die Hemmung zurückgeworfene Energie sammelt sich und staut sich, sie liegt bereit, leistet immer aufs neue Widerstand und versucht durchzubrechen, auch wenn es ihr nicht gelingt. Das ist der Trotz; und seine Äußerungen wie z. B. Schreien bis zum Blauwerden, passiver und aktiver, sowohl innerlicher wie äußerlicher Widerstand sind allen Erziehern bekannt.

Alle Kontrasteigenschaften haben diese Versteifung und Hartnäckigkeit, die oft bis zur Verkrampfung und Gewaltsamkeit geht. Ihr Grundzug ist das Durchsetzen gegen Hemmungen und die Überwindung von Widerstand. Durch den stetigen Kampf mit der Hemmung werden sie geprägt. Daher tragen sie mehr oder minder die Zeichen der gesteigerten Entwicklung, der fanatischen Anstrengung oder geradezu der Verhärtung, Einseitigkeit und Gewaltsamkeit. Aus diesen Wesenszügen sind die kontrastorischen Eigenschaften zu erkennen, die im übrigen in ihren Erscheinungsformen durchaus mit Äußerungen direkter Eigenschaften verwechselt werden können.

Kontrastorisch wächst etwa die eigene Zähigkeit und Widerstandskraft am Widerstand anderer heran und erstarkt. Manche Menschen haben eine Unempfindlichkeit und Dickfelligkeit, die vielleicht im Gegensatz zu einer ursprünglichen Empfindsamkeit aus ihrer Situation, in der sie dauernd Angriffen und Spötteleien ausgesetzt waren, entstanden ist. Auf dieselbe Weise können andere Eigenschaften wie z. B. Stolz, Mut, Grobheit usw. aus einer seelischen Gegenwehr und Gegenhaltung erwachsen. Immer ist es das Moment des „Gegen“, das sie zu Kontrasteigenschaften macht. Wäre die Gegenwehr nicht vorhanden, dann würde z. B. an Stelle der Dickfelligkeit und Unempfindlichkeit die gebrochene Eigenschaft der Überempfindlichkeit und Gereiztheit entstehen.

Die kontrastorische Verfestigung kann aber auch andere Wege gehen. So mag etwa eine Aktivität kontrastorisch als Folge nicht etwa der Aktivität der Umgebung sondern gerade umgekehrt als Antwort auf den Zwang zur Untätigkeit und eine untätige Umgebung entstehen. Manche Menschen zeigen als Reaktion gegen Gefühlsüberschwang und Sentimentalität, die dauernd an sie herangetragen wird, die Eigenschaft der Gefühlskälte. Ähnlich entwickeln wir gegen die Aufgeregtheit und Betriebsamkeit unserer Umgebung Ruhe und Phlegma, oder wir setzen gegen das laue und gleichgültige Verhalten anderer Fanatismus und Eiferertum. Der Mechanismus der kontrastorischen Verfestigung kann also dieselbe Eigenschaft aus verschiedenen Anlässen verfestigen. Wir können kontrastorisch Gefühlskälte gegen eine Gefühlskälte, unter der wir leiden, richten, aber wir können mit ihr auch auf einen Gefühlsüberschwang, der uns bedrückt, antworten. Diese Vieldeutigkeit der Eigenschaften darf man nie übersehen, sie zeigt die Notwendigkeit, bei jeder Beurteilung ihren Verfestigungsprozeß zu erkennen.

Die Kontrasteigenschaft geht auf das Spiel von Antrieb und Hemmung zurück. Aber in ihr liegt, im Gegensatz zur gebrochenen Eigenschaft, die Tendenz, ein Verhalten trotz der Hemmung und gegen sie durchzusetzen und zu steigern. So können Kontrasteigenschaften aus jeder Art von Hemmung herauswachsen. Besondere Formen der Kontrasteigenschaft entstehen aus jenen Hemmungen, die uns mitgegeben sind. Äußeren und situationsmäßigen Hemmungen können wir leichter ausweichen; auf mitgegebene Hemmungen stoßen wir unvermeidlich, sie ziehen immer wieder die Aufmerksamkeit auf sich. Körperliche Mißgestalt, körperliche Ungeschicklichkeit, der hervorstechende Ausfall einer Fähigkeit, z. B. der Mangel an körperlicher Kraft oder auch nur der Mangel an Sehfähigkeit, soziale Mängel, wie z. B. Armut oder mangelnde Bildung, bis herab zu jeder Andersartigkeit können den Charakter von Hemmungen annehmen. Beinahe alles und jedes kann in diesem Sinn zur Hemmung werden. Paradoxerweise können sogar Fähigkeiten, die fehl am Platze sind, aber beharrlich zur Erfüllung drängen, zur inneren Hemmung und Belastung werden. Jede Gemeinschaft hat ihre Sitten und Gebräuche, und sie pflegt andere Sitten und Gebräuche, die sich in ihrem Kreis zeigen, als Mangel anzusehen. Der Betreffende empfindet seine Andersartigkeit schließlich selbst als Hemmung. Schon bei Kindern finden wir diesen eigentümlichen Vorgang, daß ein Kind, nur weil es anderes gekleidet ist, gehänselt und verspottet wird. Es steht abseits und erlebt schließlich selbst die andere Form seiner Kleidung als Mangel.

Hemmungen, wirkliche Mängel oder auch nur die Andersartigkeit können das Gefühl der „Minderwertigkeit“ (Adler) auslösen. Die daraus entstehenden Kontrasteigenschaften haben besonders Adler und seine Schule, die Individualpsychologie, untersucht. Unter dem Namen der Kompensation und der kompensatorischen Eigenschaften haben sie einen besonderen

Fall der Kontrastverfestigung und der kontrastorischen Eigenschaft ausführlich beschrieben. Wie der Name Kompensation schon sagt, hat diese Richtung der medizinischen Psychologie das Hauptgewicht dieser Eigenschaft in der Funktion des Ergänzens und Ersetzens gesehen. Die kompensatorische Eigenschaft macht einen Ausfall der Persönlichkeit wett. Weiterhin aber hat die Individualpsychologie vor allem auf die seelischen Vorgänge geblickt, in denen das kompensatorische Verhalten die Persönlichkeit stört und seelische Erkrankungen herbeiführt.

An sich aber sind die kompensatorischen Eigenschaften durchaus Kontrasteigenschaften und gehören ihrem ganzen Wesen nach in den größeren Rahmen des kontrastorischen Verhaltens. Jene antike Anekdote, daß Demosthenes, durch einen Sprachfehler gehemmt, an das Meer ging, Steine in den Mund nahm und nun das Donnern der Brandung übertönen wollte, zeigt den Grundvorgang. Gegen einen mitgegebenen Mangel, der als Ausfall empfunden wird, wendet sich das kontrastorische Bemühen. Die Anekdote erzählt, daß Demosthenes auf diese Weise sein Rednertalent entwickelt und seine Redefähigkeit gewonnen habe. Vorgänge dieser Art sind durchaus nicht selten. Es gibt körperlich schwache Menschen, die durch unermüdliches Training die Schwäche überwinden. Immer wieder wird sogar davon berichtet, daß auf diesem Wege dann besondere sportliche, athletische und überhaupt körperliche Leistungen erzielt werden. Ganz in diese Linie gehören Erscheinungen, wie z. B. einarmige Pianisten, die durch ihr musikalisches Können das Erstaunen auf sich ziehen.

Die Natur selbst weist in diese Richtung. Es ist z. B. bekannt, daß Blinde eine besonders feines Gehör und einen ausgeprägten Tastsinn entwickeln. Im innerkörperlichen Geschehen kann beim Ausfall einer Drüse die Arbeit von einer anderen Drüse übernommen werden, ganz automatisch entwickeln wir beim Verlust eines Gliedes, etwa eines Armes, den anderen Arm zu besonderer Fähigkeit. Wie im Körperlichen so ist es im Seelischen, wir versuchen durch größere Anspannung und ein Mehr an Leistung der einen Fähigkeit zu ersetzen, was uns an der anderen abgeht. So ersetzen wir vielleicht durch Zähigkeit und vertieftes Versenken die Unfähigkeit, schnell aufzufassen. Manche Menschen entwickeln ein ganzes System, um durch Liebenswürdigkeit zu ersetzen, was ihnen an Fähigkeit abgeht, oder durch Genauigkeit und Sorgfalt einen gewissen Mangel an Ideen und Fingerspitzengefühl zu überwinden. Das kann annähernd vollkommen gelingen, wenngleich der Entwicklung einer Kontrasteigenschaft gerade hinsichtlich der Fähigkeit, einen Ausfall zu ersetzen, Grenzen gesetzt sind. Man kann z. B. eine natürliche Lieblosigkeit durch Verständnis und Bemühung um den andern ersetzen, aber man kann nicht die natürliche Wärme dessen, der sie von Haus aus hat, finden. Mangelndes Empfinden für künstlerische Dinge kann durch Kunstkenntnis und Kunstverständnis ausgeglichen werden, aber man wird nicht den unmittelbaren und selbstverständlichen Zugang zu Kunstwerken finden, den der hat, dem künstlerische Empfindungsfähigkeit mitgegeben ist.

In der Tiefe jeder kontrastorischen Eigenschaft liegt die Absicht, die Hemmung zu überwinden. Indem ersatzweise eine andere Eigenschaft entwickelt wird und einspringt, tritt das kontrastorische Moment des Widerstandleistens in den Hintergrund. Aber es gibt Eigenschaften, die dieses Merkmal in vollster Klarheit zeigen. Sie sind stärker an die Hemmung fixiert, sie gehen direkt gegen die Hemmung an. Man will gerade das besitzen, was einem fehlt, und es nicht durch eine andere Eigenschaft ersetzen. Schon in der Anekdote von Demosthenes und den im Anschluß daran gebrachten Beispielen sieht man diese Absicht. Wir finden sie allenthalben im Leben. Kontrastorisch gehen wir so gegen die Faulheit an, wir wollen gegen unsere Neigung fleißig sein. Der Unordentliche will ordentlich sein. Der körperlich Schwache will körperlich kräftig werden. Der Jähzornige will sich beherrschen und ruhig bleiben. Der Verschwenderische will sparsam sein. Man empfindet einen Mangel, sei es, weil eine Eigenschaft fehlt oder weil eine vorhanden ist, und sucht diesem Mangel abzuhelfen, indem man zum Entgegengesetzten strebt. Die Gründe können sehr verschieden sein. Wir entwickeln vielleicht Ordnungsliebe, wenn die Folgen der Unordnung uns geschädigt haben. Wir können aus ästhetischen Gründen dieselbe Eigenschaft aufbauen, wir können aus Rücksicht auf andere ordentlich sein usw. Die Voraussetzung ist nur, daß das Fehlen oder Vorhandensein einer Eigenschaft uns als Mangel aufgeht.

Je kontrastorischer eine Eigenschaft, desto stärker ist sie an die Hemmung fixiert. So wie das trotzige Kind sich im Widerstand versteift und verrennt, kann jede kontrastorische Eigenschaft sich im Widerstand versteifen. Von hier aus finden die Eigenschaften ihre Erklärung, deren Sinn in erster Linie ist, die Hemmung wettzumachen. Typisch dafür ist etwa eine zur Schau getragene Selbstsicherheit, die bis zur Arroganz und Frechheit geht und dennoch einer innerlichen tiefen Unsicherheit entspringt. In ähnlicher Weise mag der zarte und empfindliche Mensch sich bemühen, grob und rauh zu erscheinen. Der junge Mensch, der sich dem Erwachsenen gegenüber unterlegen fühlt, seine Unfertigkeit und seinen Mangel an Erfahrung empfindet, nimmt ein betont erwachsenes und gereiftes Gebaren an. Die alternde Frau, die unter ihrem Altwerden leidet, strebt mit allen Mitteln danach, jugendlich zu erscheinen. Was immer als Mangel empfunden wird, kann also kontrastorisch entwickelt werden, und dann erscheint mehr oder minder äußerlich die entgegengesetzte Eigenschaft.

Solchen Kontrasteigenschaften merkt man ihre tiefere Bindung an die Hemmung unweigerlich an. Oft denkt man, sie seien nur geheuchelt und vorgespiegelt. Aber das ist nicht der Fall. Die Persönlichkeit strebt diesen Eigenschaften zu. Doch die Anlagen und Kräfte fehlen ihr, um sie wirklich auszubilden. So ahmt sie zunächst das Äußere dieser Eigenschaften nach. Darin liegt die Gefahr; denn in der Tat haben solche Eigenschaften dann einen fiktiven Charakter. Sie sind ein illusionärer und scheinbarer Teil der Persönlichkeit, echter und tiefer sitzt immer noch die Hemmung, aus der sie entstanden sind. Aus der Wirklichkeit der Hemmung flieht man in die Unwirklichkeit der überwundenen Hemmung. Man empfindet etwas als Schwäche und sucht diese Schwäche zu verdecken und zu bemänteln. Der eine tut es nur in der Phantasie, er träumt sich in die Rollen, die er in Wirklichkeit nicht spielen kann. Einen Schritt weiter, und man bleibt nicht beim Traum, sondern sucht sich und anderen den Besitz des Erstrebten vorzutäuschen. Das kann auf grobe Weise durch Prahlen, Schwindeln und Lügen bis zur Hochstapelei geschehen. Aber es gibt unendlich viel feinere Wege, um das zu scheinen, was man nicht ist.

Die so entstandenen Eigenschaften sind gleichfalls Kontrasteigenschaften. Sie sind gegen eine Hemmung entwickelt und dienen als Schutz und seelische Gegenwehr. Aber sie unterscheiden sich von anderen Kontrasteigenschaften dadurch, daß ihnen keine andere Deutung als die des Schutzes und der Wehr gegen die Hemmung zukommt. Wer im angestrengten Training eine körperliche Schwäche überwindet, prägt eine echte und positive Verhaltensbereitschaft aus, die ihn zu größerer Leistung befähigt. Wer nach außen Selbstsicherheit zeigt und im Innern vollkommen unsicher ist, prägt nur die Fiktion einer Eigenschaft aus. Diese Sicherheit ist kein wirklicher Besitz und nicht die Verfestigung einer neuen positiven Verhaltenslinie.

Solche Kontrasteigenschaften geben der Persönlichkeit keinen wirklichen Ausgleich der Hemmung und des empfundenen Mangels. Da sie nichts anderes sind als die Verfestigung einer seelischen Gegenstrebung ohne positiven Inhalt, versagen sie bei jeder Gelegenheit. Ein kleiner unerwarteter Anlaß genügt, um solche Selbstsicherheit zu zerstören. Der Rückschlag ist um so schlimmer, und die Hemmung wird um so stärker, je größer die seelische Anstrengung war. Das ist die Gefahr solcher Eigenschaften. Der innerlich Ängstliche, der ein mutiges Gebaren an den Tag legt und sich und die anderen damit täuscht, sieht der Gefahr nicht ins Auge, sondern über sie hinweg. Steht er ihr gegenüber und versagt sein äußerlicher Mut, dann erfährt er die Angst unüberwindlicher und stärker denn je. Durch solche kontrastorische Bemühung wird das Bewußtsein des inneren Mangels nur noch gewichtiger. Verhalten wir uns gegen jemand liebevoll, den wir im Grunde nicht leiden können, so kann das allein die innere Antipathie verstärken.

Auf diesem Untergrund entsteht ein eigentümlicher Zwiespalt zwischen Wirklichkeit und Vorstellung. Wir wehren uns gegen eine Hemmung, aber wir tun es auf eine illusionäre und scheinhafte Weise. Wir setzen der Wirklichkeit, die uns bedrückt, zunächst eine kontrastorische Vorstellung entgegen. Manche Menschen bauen sich auf diese Weise eine ganze Welt des Traums und Scheins, in der sie Herr sind und sich vor der Wirklichkeit flüchten. Die illusionäre Kontrastwelt ist eine Erlösung aus der Wirklichkeit, aber nur solange sie sich in der Wirklichkeit nicht bewähren muß. Kontrasteigenschaften, die ähnlich einem inneren Mangel die Vorstellung einer Fähigkeit entgegensetzen, sind nur eine äußere positive Umprägung negativer Inhalte.

Alle Kontrasteigenschaften haben das Merkmal, daß sie gegen eine Hemmung angehen, und dieser Grundzug ist ihnen gemeinsam. Über den eigentlichen Aufbau dieser Eigenschaften entscheidet jedoch die Art, wie wir gegen eine Hemmung angehen. Solange wir in dieser „Gegenstellung" kein anderes Ziel finden als die Hemmung, bleiben wir in der Abwehr stecken. Daraus entstehen dann Verhaltensweisen wie die eben gezeichneten. Der junge Mensch, der seine Kindlichkeit als Mangel und Hemmung empfindet, gibt sich erwachsen und erscheint als Gernegroß; und derjenige, der unter seinem Mangel an Erfahrung und Erlebnissen leidet, prahlt mit seinen Kenntnissen und Erfolgen. Das sind negative Kontrasteigenschaften. Aus Anlässen ähnlicher Art können positive Kontrasteigenschaften entstehen. Wenn wir wissen, daß es uns an Erfahrung gebricht, können wir uns doppelt darum bemühen, und der junge Mensch, der über seine Kindlichkeit hinaus will, kann sich Aufgaben stellen und Pflichten übernehmen, deren das Kind nicht fähig ist.

Große Leistungen und geschichtliche Taten sind aus solchen Hintergründen erwachsen. Es gibt auf allen Gebieten des menschlichen Lebens eine Größe, die das Gepräge des kontrastorischen Verhaltens hat. Weil sie sich gegen Hemmungen und gegen das Unverständnis der Zeitgenossen durchsetzen mußte, trägt sie oft das Merkmal der Gewaltsamkeit und Einseitigkeit. Auch wenn sie nicht zur positiven Auswirkung kommt, hat sie doch das Verdienst, ein Neues gezeigt und gegen das Alte abgesetzt zu haben. So können schon Kinder Trotzperioden haben, in denen die Tatsache, daß etwas geboten oder verboten ist, genügt, um das Verbotene zu tun oder das Gebotene zu unterlassen. Der junge Mensch kann sich in dieser kontrastorischen Haltung gegen Eltern und Erzieher verrennen, und es gibt auch Erwachsene, deren Charakter ein einziger Protest gegen Autorität und Meinungen anderer ist. Blinder Trotz beim Kind und unfruchtbarer Fanatismus des Erwachsenen sind die äußerste Konsequenz solcher Entwicklung. Es wird um der Negation willen negiert. Solchen Erscheinungen wird man nur gerecht, wenn man versteht, daß sie in allem das negative Abbild einer anderen Haltung sind.

## DIE MECHANISIERUNG VON EIGENSCHAFTEN

Immer wurde betont, daß die Verfestigungsarbeit kein mechanischer Prozeß des Einfahrens und Einprägens ist, wenngleich manche Formen der Verfestigung, z. B. die Dressur, so verlaufen. Aber dennoch kann die Eigenschaft sich mechanisieren und geradezu einen selbständigen Automatismus entwickeln. Nicht alle Eigenschaften erreichen diesen äußersten Grad der Verfestigung, der ihnen ein wichtiges Moment, das lebendige Verhalten, nimmt. Aber wenn sie ihn erreichen, dann werden sie aus einer Verhaltensbereitschaft zur Gewohnheit oder gar zum Verhaltenszwang.

Die Tendenz zur Mechanisierung ist freilich in jeder Eigenschaft enthalten. Sie zeigt sich zunächst in der Form der Gewohnheit. Wir gewöhnen uns an etwas, heißt, daß wir uns auf seine regelmäßige Wiederkehr einstellen. So gewöhnen wir uns an Dinge unserer engeren oder weiteren Umgebung. Manche Gewohnheiten haben duldenden Charakter, wir nehmen etwas hin und finden uns damit ab. Diese Form der Gewohnheit erstreckt sich auf Dinge und Erscheinungen, die uns bei ihrem ersten Auftreten gleichgültig oder fremd, ja sogar unsympathisch waren. In der Gewöhnung stellen wir uns darauf ein. Wir nehmen sie so in unser Leben auf, daß wir mit der Wiederkehr rechnen, sei es, daß unsere ursprüngliche Gleichgültigkeit sich in ein großes Interesse verwandelt oder wenigstens unsere ursprünglich abwehrende Haltung abstumpft. In der ständigen Wiederkehr liegt der Grundfaktor der Gewohnheit. Von ihr geht dieser manchmal stärkere, manchmal schwächere Zwang aus, der als Antwort ein Verhalten einführt und schließlich mechanisiert.

Diese Mechanisierung des Verhaltens benutzen wir im täglichen Leben oft. Viele Verrichtungen vollziehen wir gewohnheitsmäßig. Mühsam lernt das Kind die Handgriffe des täglichen Lebens. Der Erwachsene gebraucht sie mechanisch. Bei jeder gewohnheitsmäßigen Handlung wird es unnötig, daß wir mit voller seelischer Intensität dabei sind. Wenn wir einen Brief schreiben, so geht das Schreiben als solches mechanisch vor sich. Wenn wir gehen, so denkt der Erwachsene zumeist an alles andere als den Vorgang des Gehens.

Jedes Geschehen und jede Sache, die gewohnheitsmäßig geworden ist, bleibt im Besitz der Persönlichkeit, ohne daß sie in ihrem Zentrum steht. Dasselbe Geschehen, dieselbe Sache, die vielleicht beim ersten Mal unsere volle Aufmerksamkeit und seelische Intensität in Anspruch genommen hat, ist beim hundertsten Mal so eingefahren, daß sie nur noch ein Minimum seelischer Intensität beansprucht. Das Gewohnheitsmäßige rückt aus dem Zentrum der seelischen Existenz an den Rand. Es verliert damit nicht seine Funktionskraft und Funktionsfähigkeit.

So besitzen wir in den Gewohnheiten eine Reihe seelischer Verfestigungen, in denen wir leben, die aber nicht das eigentliche Leben der Persönlichkeit sind. Allem Gewohnheitsmäßigen stehen wir mit einer neutralen Teilnahme gegenüber. Wir regen uns über Gewöhntes nicht auf, wir wenden ihm nicht mehr unsere volle Liebe oder unseren vollen Haß zu, wir lehnen es nicht völlig ab und setzen uns nicht gänzlich dafür ein. Wir können das Gewohnheitsmäßige verrichten, erleben und dennoch uns nicht zentral einsetzen. Der Vollzug des Gewöhnten geht im selbsttätigen Automatismus der Mechanisierung vor sich. Das kann so weit gehen, daß wir gewohntes Erleben oder Handeln vollziehen, ohne daß unser aktuelles Bewußtsein davon Notiz nimmt. Die Funktion des Gewöhnten löst sich aus dem Strom unseres aktuellen Selbstes ab. Wir können etwas z. B. so mechanisch durchführen, daß wir davon nichts wissen und später zu unserem Erstaunen sehen, daß die Sache schon getan ist. Wir nehmen gewohnte Gegenstände wahr, ohne etwas davon zu wissen, wir bemerken aber sofort, wenn sie fehlen. Hier zeigt sich, daß doch ein abgespaltener Teil unserer Aufmerksamkeit an diese Gegenstände fixiert war.

Dieser dem aktuellen Bewußtsein mehr oder minder entrückte, verselbständigte und verfestigte Vollzug von Erleben und Handeln ist die Grundlage, auf der unser seelisches Leben sich weiter entfaltet. Durch diese Mechanisierung von Funktionen wird seelische Intensität freigesetzt. So können wir beispielsweise gehen und während des Gehens unsere Aufmerksamkeit einer Arbeit zuwenden, die wir verrichten, wenn wir das Ziel erreicht haben. Alles, was auf diese Weise verfestigt ist, „geht" — wie wir sagen — „von selbst". Es genügt der Anstoß, um es in Gang zu bringen, im übrigen läuft es im gewohnten Rhythmus ab.

Das bedeutet aber zugleich, daß die Gewohnheiten auf der Grenze zwischen jenem Erleben und Handeln stehen, das willkürlich ist und vom Willen der Person in Gang gesetzt wird, und jenem anderen, das unwillkürlich ist und ohne Zutun der Persönlichkeit abläuft. Je mechanisierter eine Gewohnheit ist, desto mehr nähert sie sich der Form des organischen unterbewußten Geschehens, das auch arbeitet, wenn das aktuelle Bewußtsein ausgeschaltet ist. Hat aber eine Gewohnheit sich bis zu diesem Grad verselbständigt und verfestigt, so zeigt sich etwas grundsätzlich Neues. Solche Gewohnheiten besitzen wir nicht mehr, sondern sie besitzen uns. Das erfahren wir etwa, wenn wir sie abstellen wollen. Dann erleben wir den Automatismus und die Selbständigkeit der Gewohnheit in ihrer Zwangsläufigkeit. Immer wieder drängt sich uns gegen unseren Willen das gewohnheitsmäßige Verhalten auf. Sein eingefahrener Rhythmus setzt sich durch. Schien es zuerst so, als ob die Gewohnheit nur am Rande unserer Existenz steht und gleichgültig mitläuft, so kann sich nunmehr zeigen, daß sie ins Zentrum des seelischen Lebens rückt.

Nicht alle Gewohnheiten sind so beschaffen. Es gibt Gewohnheiten, die eben nicht mehr sind als Gewohnheiten. Wir können sie abstellen. Aber andere Züge des Verhaltens, die scheinbar nur Gewohnheiten sind, entpuppen sich, wenn wir sie entbehren sollen oder müssen, als zwangsläufige Mechanismen. Sie haben sich so weit verselbständigt, daß sie längst aus der Sphäre des willkürlichen Verhaltens zu unwillkürlichen Bedürfnissen geworden sind. Während normale Eigenschaften Bereitschaften sind, die unter den dazugehörigen Bedingungen sich in einem Verhalten ausdrücken, wird bei Gewohnheiten dieser Art aus einer Verhaltensbereitschaft ein Verhaltenszwang.

Die Zwangsläufigkeit, die man bei diesen Vorgängen beobachten kann, ist ähnlichen Erscheinungen nahe verwandt und dennoch von ihnen zu unterscheiden. Jedes lebensnotwendige Bedürfnis, das lange Zeit zurückgedrängt wird, stellt immer dringender seine Forderung nach Befriedigung und entwickelt schließlich einen Verhaltenszwang. Den Übermüdeten, der lange gegen den Schlaf angekämpft hat, überfällt schließlich der Schlaf. Der Mensch, der in der Gefahr des Verhungerns oder Verdurstens ist, hat nur mehr noch das Bestreben, etwas Eßbares oder Trinkbares zu erlangen. Unter solchem Zwang können Handlungen entstehen, deren die Person normalerweise nicht fähig war. Bei diesen Vorgängen geht es um die Befriedigung lebensnotwendiger Bedürfnisse, sie gestalten das Denken oder Handeln zwangsläufig.

Das aber ist nicht das Wesen jenes Verhaltenszwanges, der aus Gewohnheiten kommt. Hier dient das Verhalten nicht mehr der Befriedigung eines Bedürfnisses, wie in diesen Fällen oder allen jenen Vorgängen, wo ein Zwangsverhalten aus einer Sucht, z. B. beim Trinker oder Morphinisten, kommt. Sondern das Verhalten als solches ist ein Zwang geworden. Es tritt in der Form eines Bedürfnisses auf. Ursprünglich mag das Verhalten vielleicht Befriedigung oder Ersatzbefriedigung eines Bedürfnisses gewesen sein. Das Daumenlutschen des Kindes ist zunächst eine Ersatzhandlung für das Saugen der Nahrung. Wenn sich diese Gewohnheit einfährt, dann geht es längst nicht mehr um solche Ersatzbefriedigung, sondern die Gewohnheit als solche wiederholt sich zwangsläufig. Alles und jedes kann in diesem Sinn Zwangscharakter annehmen. Manche Menschen leben unter einem pedantischen Ordnungszwang. Ursprünglich mag er aus einem Ordnungsbedürfnis entstanden sein. Wenn es ein Ordnungszwang geworden ist, sind es bestimmte Abläufe, bestimmte Reihenfolgen und ganz bestimmte Ordnungsschemata, an die solche Menschen gebunden sind.

Es ist ein Gestaltzwang, der solche Vorgänge beherrscht. Irgendwann einmal hat sich eine Form des Erlebens oder Handelns so ausgeprägt, daß sie später von sich aus zur Entfaltung drängt. Die Ansätze dazu erleben wir oft. Eine Melodie will uns nicht aus dem Kopf gehen, irgendein Reklamevers, den wir im Vorbeigehen gelesen oder gehört haben, geht uns monatelang nach. Kinder, junge Menschen, aber auch Erwachsene erhaschen eine Redensart, die nun auf Schritt und Tritt, ob sie paßt oder nicht, angewandt werden muß. Dahin gehören auch jene fixierten Bewegungen, die viele Menschen haben. Sei es ein eigentümliches Kopfrucken, Augenzwinkern, ein charakteristisches Schlenkern der Arme oder ein „nervöses" Spiel der Finger. Das sind Ansätze oder ausgeprägte Mechanismen, deren Gestalt in uns zwingend geworden ist.

Entscheidend ist nun natürlich die Stellung und Bedeutung, die ein solcher Mechanismus in der Persönlichkeit hat. Wir alle haben zunächst Gewohnheiten, die nur Mitläufer unseres täglichen Lebens sind, und denen keine besondere Bedeutung zukommt. Eine Reihe anderer Gewohnheiten sind zweckhafte Mechanisierungen. Auf ihnen beruht unser tägliches Leben und unsere Leistung. Gehen, Radfahren, Anziehen — alle Verrichtungen unseres täglichen Lebens setzen eine mehr oder minder große Mechanisierung des Ablaufes voraus. Ferner verlangt auch jeder Beruf ein größeres oder kleineres Maß an mechanisierten Vorgängen. Diese zweckhaften und jene mitlaufenden Gewohnheiten unseres täglichen Lebens sind eingeprägte Verhaltensweisen. Während die Eigenschaften Verhaltensbereitschaften sind, erscheint in der Gewohnheit über die Verhaltensbereitschaft hinaus eine formelhaft ausgeprägte Verhaltensweise. In den Gewohnheiten aber, die schon den Charakter der Zwangsgewohnheiten annehmen oder sich ihm nähern, wird der Ablauf des Verhaltens als solcher übermächtig.

Aber auch hier ist noch entscheidend, wie dieser Zwangscharakter sich zum Ganzen der Persönlichkeit verhält. Auch der normale Mensch kann Zwangsgewohnheiten oder Ansätze dazu haben. Erlebnisse oder Eindrücke können, besonders wenn sie uns stark treffen, zwangsartig die Tendenz haben, sich zu reproduzieren. Situationen können einen eigentümlichen Zwang ausüben. So überfällt uns vielleicht vor dem Examen die Angst, versagen zu müssen, und wir geben auf eine Frage, obgleich wir die richtige Antwort und die falsche wissen, zwangsläufig die falsche. Menschen und Dingen gegenüber kann sich ein Zwangsverhalten ausprägen. Wir entwickeln einer Person gegenüber eine solche Empfindlichkeit, daß wir bei jedem Zusammensein in Streit geraten, der dann immer in derselben Form abläuft. Der leiseste Anstoß genügt zum Streit, und obgleich wir vielleicht ängstlich jeden Anlaß vermeiden, stellt sich doch immer wieder ein solcher ein. Oft können wir nicht mehr unterscheiden, ob ein wirklicher Anlaß vorliegt oder eben nicht die eingefahrene Form unseres und ihres Verhaltens zum Streit führt.

So ist das Charakteristikum aller Zwangsgewohnheiten die überstarke Verfestigung des Ablaufs. Eben darin droht der eigentliche Sinn des Verhaltens, das auf einen Anlaß antwortet und zielhaft nach einem Ergebnis strebt, zu verschwinden. Die gewöhnliche Handlung stellt den Weg dar, der vom Anlaß zum Ziel führt. Das Verhalten hat den Sinn, ein Ziel zu erreichen und damit den Anlaß zu erfüllen. Gewohnheiten sind ein Verhalten, das einem wiederkehrenden Anlaß entspringt und demselben Ziel zustrebt. Zwangsgewohnheiten aber verlieren diesen Sinn. Sie entwickeln sich nicht mehr aus einem wiederkehrenden Anlaß, sondern in ihnen ist ein Anlaß ein für allemal fixiert.

Von hier aus verstehen wir den Mechanismus, der sich im abnormen Zwangshandeln und Zwangserleben zeigt. Der eigentliche Sinn des Verhaltens geht völlig verloren, hinter der Zwangsform verschwindet der Anlaß als Anstoß eines Verhaltens, und daher kann alles und jedes zum Anlaß werden. Beispiele solchen Verhaltens wie die Kleptomanie, Waschzwang und Platzfurcht — um nur die bekanntesten zu nennen — zeigen diese Struktur. Der Kleptomane stiehlt nicht, um den Gegenstand zu besitzen, sondern weil er stehlen muß. Nicht der Besitz des Gegenstandes, sondern der Vorgang des Stehlens als solcher beherrscht ihn. Im Waschzwang beschwört jedes, auch das kleinste Tun, und sei es nur das Knüpfen eines Schuhbandes, eine Reihe von Säuberungszeremonien herauf. In der Platzangst ist es die zwangshafte Befürchtung, einen Platz zu überqueren, die dem Kranken schließlich jeden anderen Aufenthalt als im geschlossenen Raum unmöglich macht. In all diesen Fällen bildet ein Erlebnis oder ein Antrieb, mit dem die Person nicht fertig wird, einen Mechanismus aus, der schließlich die Person zerstören kann.

Die Mechanisierung ist der Grenzfall zwischen dem lebendigen eigenschaftlichen und dem starren Zwangsverhalten. Auch in der Mechanisierung lebt noch ein Rest des zielstrebigen Reagierens, das die Eigenschaft ausmacht, während das Zwangsverhalten eine Entartung des natürlichen Reagierens darstellt. Die Mechanisierung ist ein nicht vermeidbares Prinzip, denn ohne ein gewisses Maß der Mechanisierung würden die alltäglichen Verrichtungen die ganze Intensität unseres Lebens aufzehren. Aber dieses Prinzip ist nur sinnvoll, solange es der Persönlichkeit Spielraum und Freiheit gibt. Sobald die Mechaniserung in das lebendige Zentrum der Person übergreift, bedeutet sie das Ende der Entwicklung; dann kehrt sich das Verhältnis um, sie erspart uns nicht mehr Intensität, sondern lähmt die Persönlichkeit und läßt sie endlich ganz erstarren. Greift sie über auf jene Funktionen, die wie das Denken, Fühlen und Wollen Träger der Entwicklung sind, wird die Persönlichkeit ein monotones periodisches Auf und Ab ihrer Gewohnheiten.

## STÄRKE DES CHARAKTERS

Der große Nachdruck, der bei der Analyse des Begriffs der Eigenschaft auf den Verfestigungsprozeß gelegt wurde, gründet in der Überzeugung, daß die seelische Verfestigungsarbeit eins der wesentlichsten Merkmale der Eigenschaft ist. Es könnte so scheinen, als ob damit der Begriff der Eigenschaft zu eng gefaßt würde. Verschiedene Einwände lassen sich erheben. Man spricht von körperlichen Eigenschaften, etwa einer körperlichen Schönheit. Kann man solchen Besitz noch in dem hier gebrauchten Sinn des Wortes als Eigenschaft bezeichnen? Und wenn doch, wie läßt sich die Behauptung rechtfertigen, daß zum Wesen der Eigenschaft die seelische Verfestigung gehört? Ein anderer Einwand könnte im Hinblick auf die Dressureigenschaften erhoben werden. Schon dem Tier und noch mehr dem Menschen kann man Eigenschaften andressieren. Ist diese Art der Eigenschaftsentwicklung nicht ein rein äußerliches Angewöhnen, und muß man sie nicht von der innerlichen Verfestigung unterscheiden?

Natürlich gibt es eine rein körperliche Schönheit, und man wird mit Recht ihren Besitz als Eigenschaft bezeichnen. Aber wenn diese Schönheit nur körperlich ist, wenn dahinter also eine seelische Leere und eine Persönlichkeit steht, die die Schönheit nur äußerlich besitzt, dann bezeichnet der Sprachgebrauch diese Eigenschaft eben als „äußerlich". Diese Bezeichnung ist um so merkwürdiger, als es sich hier um eine Eigenschaft handelt, die naturnotwendig aus angeborenen Anlagen herausgewachsen ist und keineswegs von außen kommt. Aber dennoch ist sie sinnvoll. Denn wir wollen damit sagen, daß diese Eigenschaft für das Wesen der Person keine allzu große Bedeutung besitzt, und daß sie im Gesamtgefüge der Eigenschaften nicht kernhaft ist. So zeigt der Sprachgebrauch, daß das Wort Eigenschaft den tieferen Sinn eines inneren Besitzes hat; denn die Einschränkung „äußerlich" besagt ja eben, daß solcher Besitz im tieferen Sinne keine Eigenschaft ist. Wenn freilich jemand von solcher Schönheit Gebrauch macht, und sei es nur, daß er sie ausnützt, wenn er also seelischen Anteil an ihr nimmt und sie innerlich besitzt, dann wird diese Eigenschaft auch — im positiven oder negativen Sinn — charakteristisch für ihn.

Was die andressierten Eigenschaften angeht, so ist es ein Irrtum, wenn man glaubt, daß sie bloß von außen andressiert werden können. Die Arbeit, ein Tier zu dressieren, besteht gerade darin, das Tier zu einer Verhaltensbereitschaft zu erziehen. Zu diesem Zweck muß man dem Tier begreiflich machen, was man von ihm will, und muß ihm weiterhin dieses Verhalten durch stete Wiederholung angewöhnen. Das ist nur möglich, wenn das Tier daran selbst interessiert wird, wenn es also durch Strafe und Belohnung erfährt, daß ein bestimmtes Verhalten gewünscht wird. Die Erwartung der Belohnung und die Furcht vor Strafe verfestigt sich im Tier zu einer seelischen Linie, die die Grundlage der Eigenschaft ist. Es gibt kein äußerliches Angewöhnen, das nicht auf einer solchen seelischen Linie ruht.

So zeigen diese beiden Grenzfälle nur nochmals den Anteil der Verfestigung am Aufbau der Eigenschaft. Das eine Beispiel erweist, daß selbst dort, wo es sich um anlagemäßig mitgegebene Tatsachen der Persönlichkeit handelt, erst Art und Stärke der Verfestigung im Seelischen den Eigenschaftscharakter begründen und der Eigenschaft ihre Bedeutung im Ganzen der Persönlichkeit geben. Das andere lehrt, daß auch Eigenschaften, die von außen her aufgeprägt werden, einer innerlichen Verfestigung als Grundlage bedürfen. Eine Eigenschaft ist um so mehr Eigenschaft, je mehr zu ihren natürlichen Vorbedingungen — Anlage und Umwelt — die Kraft der innerlichen Verfestigung hinzukommt. Darauf beruht das endgültige Gewicht einer Eigenschaft in der Persönlichkeit.

Wir möchten zu den vielen Bestimmungen der Charakterforschung keine neue hinzufügen, wenn wir sie als die Wissenschaft von den Eigenschaften in ihrer Verfestigung bezeichnen. Das Wesentliche dieser Definition ist auch nicht neu. Jede Charakterkenntnis muß sich an die Eigenschaften halten; denn in ihnen erscheint die Prägung und Wirkfähigkeit der Person. Freilich hat die moderne Entwicklung der Charakterkunde die Frage nach den Eigenschaften erweitert, indem sie einerseits die Eigenschaften auf Anlagen zurückführte und sie andererseits in ihrer Zielfunktion erkannte. So fruchtbar diese Erweiterung war, so darf man nicht vergessen, daß die Anlagen noch nicht Charakter sind und nicht jedes zielmäßige Verhalten Eigenschaft ist. Die Anlagen sind der mögliche Charakter; in jedem Verhalten erscheint die Persönlichkeit, aber nicht in jedem der Charakter.

Die Charakterologie verfehlt ihren Weg, wenn sie zu einem Teil der Vererbungswissenschaft oder zu einer bloßen Lehre vom Verhalten würde. Aus dieser Erkenntnis entspringt unsere Definition. Nur soweit ein Verhalten nicht einmalig, sondern konstante Verhaltensbereitschaft ist, und nur soweit eine Anlage nicht Möglichkeit, sondern entwickelte Verfestigung ist, kann man von Eigenschaft sprechen. Eigenschaften als Verfestigungslinien und Verhaltensbereitschaften sind der wirkliche Charakter, in ihnen erscheint jener beharrende Teil der Persönlichkeit, der durch Anlagen geprägt und durch seine Richtung auf die Welt bestimmt ist.

Wesentlich ist dabei die Erkenntnis, daß die Eigenschaft als Vermittlungslinie zwischen Anlage und Umwelt in ihrer Stärke durch den Grad der Verfestigung und die Art ihrer Verhaltensbereitschaft bestimmt ist. Die vorhergehenden Untersuchungen haben gezeigt, daß die Eigenschaften in dieser Hinsicht nicht gleichwertig und gleichartig sind. Prüfen wir die beherrschenden Eigenschaften einer Persönlichkeit auf die Art ihrer Verfestigung, so gewinnen wir einen Zugang zur Beantwortung der Frage nach der Stärke des Charakters. Nicht allein aus den Anlagen, die die Möglichkeit des Charakters sind, und nicht aus den Umweltbedingungen, die die Richtung der Eigenschaften bestimmen, sondern nur aus der Verfestigung können wir diese Frage beantworten.

Wir müssen zunächst eine Konsequenz aus unseren Untersuchungen ziehen, die die innere Stärke der Eigenschaften und ihre Stellung in der Gesamtpersönlichkeit angeht. Es gibt Eigenschaften, die in einer ungebrochenen Entwicklung einer Anlage entstanden sind, so die ursprüngliche Tapferkeit, die spontane Hilfsbereitschaft, die natürliche Bescheidenheit usw. Diese Eigenschaften sind durch ihre Anlage und unmittelbare Verfestigung stark. Eine Stärke anderer Art zeigen die Kontrasteigenschaften, die sich nur gegen eine Hemmung richten, so ist z. B. eine körperliche Tüchtigkeit, die im Kampf gegen ursprüngliche Schwäche entstanden ist, eine echte Verfestigung der Persönlichkeit geworden.

Die gebrochenen Eigenschaften und jene Kontrasteigenschaften, die nur den Sinn haben, sich gegen eine Hemmung zu wehren, sind selbstverständlich auch Verfestigungslinien und Verhaltensbereitschaften. Wenn sie in ihrer Äußerung auch stark sind und die Persönlichkeit beherrschen, so haben sie doch alle eine grundlegende Zwiespältigkeit. Das vordergründige Verhalten der Eigenschaften verbirgt hintergründige Linien der Persönlichkeit, die nicht zur Auswirkung kommen. Darin liegt eine innere Schwäche dieser Eigenschaften. Sie sind reaktiv. Sie zeigen den Charakter wohl in seinem wirklichen Verhalten, verdecken aber tiefer liegende Kräfte.

Je stärker die reaktiven Eigenschaften eines Charakters sind, desto mehr verrät sich in ihnen seine Schwäche. Dieser Satz erhält erst dann sein volles Gewicht, wenn man erkennt, daß auch seine Umkehrung gilt: Ein schwacher Charakter wird auf die Dauer in jeder Situation reaktive Eigenschaften entwickeln. Es sind nicht die Umstände, die reaktive Eigenschaften bedingen. Jeder Mensch kann von Umständen betroffen werden, die ihn hemmen und die Entfaltung seiner Eigenschaften hindern, aber der starke Charakter wird dann kontrastorisch seine Eigenschaften gegen die Hemmung durchsetzen. Der schwache Charakter entwickelt in diesem Fall gebrochene Eigenschaften oder bleibt mit seinem kontrastorischen Verhalten in der Hemmung hängen. Die günstige Situation hingegen, die Möglichkeiten gibt, läßt die spontane und direkte Richtung des starken Charakters hervortreten. Er verfestigt sich vor allem in direkten Eigenschaften.

So kommt die Stärke eines Charakters immer in den direkten und spontanen oder in echten kontrastorischen Eigenschaften zum Vorschein. Der schwache Charakter aber kann sich weder gegen Hemmungen durchsetzen, noch in der günstigen Situation seine Eigenschaften ausprägen. Je günstiger nämlich die Situation, desto größer die Gefahr, daß er ihr verfällt. Das beweist die oft beobachtete Tatsache, daß Menschen in ihrer Entwicklung versagten, obgleich alle Bedingungen günstig waren. Der Charakter geht in den Möglichkeiten unter, er läßt sich bald in diese bald in jene Richtung treiben. Schließlich erweist es sich, daß die günstigen Vorbedingungen in solchen Fällen den Sinn der Hemmung annehmen, und in der endgültigen Verfestigung des Charakters prägen sich mehr und mehr reaktive, durch die Umstände bedingte Eigenschaften aus.

In jedem Fall ist die Wirklichkeit der Prüfstein des Charakters, erst in der Bewährung an Widerständen und Möglichkeiten erscheint der Gehalt der Persönlichkeit, daran entwickeln sich Eigenschaften als Verfestigungslinien und Verhaltensbereitschaften. Die Summe der Eigenschaften stellt den Charakter im weiteren Sinn dar. Im gegenwärtigen Stadium der Charakterologie ist Charakter zumeist als Summe der Eigenschaften, als entwickelte Gesamtpersönlichkeit definiert worden. Ziehen wir von der Gesamtpersönlichkeit alle reaktiven Eigenschaften ab, dann bleiben die spontanen und echten Eigenschaften übrig. In ihnen finden wir im Gegensatz zum uneigentlichen Charakter den eigentlichen Charakter. Wo die reaktiven Eigenschaften das Übergewicht haben, ist dieser Kern der Persönlichkeit nicht vorhanden.

*NEUNTES KAPITEL*

# ERFASSUNG UND DIAGNOSTIK DES CHARAKTERS

## DAS PSYCHOLOGISCH-DIAGNOSTISCHE ERKENNEN

Bestrebung und Bemühung, ganz praktisch den Charakter des Menschen, sowohl den eigenen wie den fremden, zu erfassen, waren lange vorhanden, ehe es eine wissenschaftliche Charakterologie gegeben hat. Aus dem Zusammensein mit anderen Menschen, der Notwendigkeit, sich auf sie einzustellen, aus den Rätseln, die die andere und nicht zuletzt auch die eigene Persönlichkeit aufgibt, ist ständig auch eine praktisch-psychologische Kunst der Menschenkenntnis hervorgegangen. Bisweilen wird sie, wie beim Hotelportier, der mit erstaunlicher Sicherheit in Sekunden den ankommenden Gast einzuschätzen vermag, aber auch beim Arzt, Richter und Seelsorger, zu einer wirklichen Kunst.

Weit zurück reichen daher die verschiedenen Ansätze, die in der Form halbwissenschaftlicher und rein erfahrungsmäßiger Techniken, wie Graphologie, Physiognomik und anderer Erfahrungsmethoden entstanden sind. Die Geschichte dieser Bemühungen ist nicht geschrieben, aber seit langem sind sie gewachsen. In den letzten fünfzig Jahren insbesondere ist zu diesen Erfahrungswissenschaften alter Herkunft die Bemühung getreten, wissenschaftliche Methoden zu entwickeln, und im Zusammenhang damit hat sich auch das wissenschaftliche Interesse den schon bestehenden Erfahrungsmethoden zugewandt. Heute besitzen wir einen umfangreichen methodischen Apparat, der diesem Zweck dient. Die „diagnostische Psychologie" ist ein eigener Bereich geworden, in dem sich Verfahrensweisen aller Art finden, die Persönlichkeit und den Charakter eines Menschen zu erkennen.

Wir verstehen im nachfolgenden unter diagnostisch-psychologischer Methode jedes Verfahren, das dem Zweck dient, Einsicht in das individuelle seelische Wesen eines Menschen zu gewinnen. Gemäß dieser Begriffsbestimmung werden wir nur dort von einem diagnostisch-psychologischen Verfahren sprechen können, wo uns eine Methode in die Hand gegeben wird, individuelle Besonderheiten und individuelle Zusammenhänge zu erkennen und in das individuelle Gefüge eines Charakters einzudringen.

Einmal dienen nun diesem Zweck viele der methodischen Handgriffe und Verfahrensweisen, wie sie sich aus der allgemeinen Lehre vom Charakter ergeben haben und im vorstehenden dargestellt wurden. So haben insbesondere etwa die vielen typologischen Methoden der allgemeinen Charakterologie sich als brauchbare Hilfsmittel erwiesen. Gehört eine Persönlichkeit eindeutig dem Typ des schizothymen Formkreises, wie Kretschmer ihn beschreibt, oder dem Typ der fließenden Gehalte (Pfahler) an, zeigt sie eindeutig alle Zeichen der Introversion nach Jung oder etwa die Merkmale des desintegrierten Typs nach Jaensch, so sind darin immer auch schon wesentliche Bestimmungen der Persönlichkeit mitgegeben.

Jede typische Bestimmung eines Menschen ist ein Charakteristikum seiner Persönlichkeit. Ob wir einen Menschen der Gruppe der Melancholiker oder Sanguiniker zuordnen können, ob wir ihn als einen Berufstyp, als Sportler, Kaufmann oder Beamten verstehen können, immer haben wir etwas erkannt, was der betreffenden Persönlichkeit aufliegt, sie prägt und zu Zeiten vielleicht beherrscht. Die Grenze freilich liegt stets auch darin, daß in den allerseltensten Fällen, die nur als Grenzfälle angesehen werden können, eine Persönlichkeit gleichsam zum reinen Vertreter eines Typus wird.

In ähnlicher Weise kann das erbpsychologische Verfahren, soweit es entwickelt ist, ein Hilfsmittel der charakterologischen Diagnostik werden. Wie die typologische Methode im Typus einen Grundkern der Persönlichkeit auf eine allgemeine Formel bringt, so sucht das erbpsychologische Verfahren unveränderliche und konstante Teile der Persönlichkeit. So sind vielfach auch typologische Untersuchungen mit erbpsychologischen zusammen gegangen und haben sich getroffen. Die Typen Kretschmers sind als Typen gemeint, die sich auch im Erbgang verfolgen lassen, gleichfalls hat Pfahler die Behauptung aufgestellt, daß seine „Grundfunktionen" der Persönlichkeit erbbedingte Faktoren sein sollen.

Demgegenüber aber unterscheidet sich das Ziel der eigentlich diagnostischen Methoden durch die Richtung. In jeder diagnostischen Erfassung der Persönlichkeit kommt es uns nicht auf den unveränderlichen, typologischen und erbbedingten Teil der Persönlichkeit an, sondern wir wollen ihn auch in seiner Veränderlichkeit, seiner Bewegung und Entwicklung, seinen Möglichkeiten und Gefahren erkennen.

Andere Methoden der Psychologie kommen dem diagnostischen Ziel näher. Die therapeutische Psychologie, die Tiefenpsychologie, die pädagogische Psychologie und die biographische Darstellung setzen sich das Ziel, das individuelle Wesen eines Menschen zu erkennen. Sie haben die Einstellung auf die individuelle Ganzheit mit den diagnostischen Methoden gemeinsam.

Insbesondere ist die tiefenpsychologische Methode und ihr spezielles Mittel, das analytische Verfahren, ein Hilfsmittel des diagnostischen Erkennens geworden. Es lehrt uns, auch dort noch zu verstehen, wo Äußerungen und Verhaltensweisen sichtbar werden, die nicht mehr unmittelbar verständlich sind.

Die Grenze aber zu diesen Verfahrensweisen ist, daß sie nicht diagnostisches Erkennen, sondern ärztliches, tiefenpsychologisches oder pädagogisches Handeln sind. Nun ist gerade in der Psychotherapie die Grenze zwischen Erkennen und Handeln schwer zu ziehen. Das eigentlich analytische Verfahren, wie es von Freud entwickelt wurde, ist beides. In ihm verschmilzt diagnostische Erkenntnis und ärztliches Handeln auf eine Weise wie in keinem andern Zweig der Medizin. Die analytische Behandlung ist Diagnose und Behandlung, im idealen Falle Heilung.

Schließlich ist in mancherlei Hinsicht die biographische Darstellung der diagnostischen Haltung am meisten verwandt. Hier wird das Ganze einer Persönlichkeit aus dem Zusammenhang innerer und äußerer Geschehnisse verstanden, es wird im Ablauf des Lebens erkannt, und im Blick des Biographen ersteht die Persönlichkeit aus dem gelebten Leben.

Die große Ähnlichkeit liegt in der Richtung auf das Ganze der individuellen Persönlichkeit. Diese soll erkannt, aber auch verstanden werden. Zwar will auch die therapeutische Psychologie einen Menschen verstehen, aber mit dem besonderen Ziel der Heilung. Endlich verstehen wir einen Menschen auch typologisch oder erbpsychologisch, aber mit der Richtung, ihn in einen Typus oder Erbzusammenhänge einzuordnen.

Der diagnostische Blick ist ein anderer. Er hat das Ziel einer verstehenden Erfassung der individuellen Persönlichkeit in ihrer individuellen Gesetzlichkeit. Daher kann die diagnostische Erkenntnis nicht bei einer typologischen Betrachtung stehen bleiben, es sei denn in dem seltenen und Grenzfall, daß eine Persönlichkeit wirklich zum Vertreter eines reinen Typus wird. Ebensowenig kann sie bei der Erkenntnis erbpsychologischer Zusammenhänge stehen bleiben, und der diagnostische Blick kann sich nicht darauf beschränken, im verstehenden Blick das Abartige zum Zweck der Heilung zu erkennen.

Hier wird nun sichtbar, daß jede diagnostische Erfassung einer Persönlichkeit das Ziel haben muß, das Ganze einer Persönlichkeit aus sich zu verstehen. Wir suchen im diagnostischen Erkennen die Eigenbestimmtheit und Eigenheiten, den Eigengrund und die Eigengesetzlichkeit einer Persönlichkeit. Um diese zu finden, bedarf es jenes besondern Verstehens, das auch jeder Menschenkenntnis zugrunde liegt.

In diesem Sinne verstehen heißt, eine Persönlichkeit im Mit- und Nachvollzug zu erkennen. Ohne diese Art des verstehenden Bezuges gibt es keine psychologische Diagnose.

Das Verstehen kann aussetzen, es gibt Grenzfälle, wie etwa die Schizophrenie, die nicht mehr nacherlebbar sind. Solche Persönlichkeiten sind nur noch aus den Krankheitsbildern, nicht mehr aus sich verständlich. Wo immer nun das Verstehen aussetzt, endet auch die psychologische Diagnose, und die ärztliche beginnt.

Dieser Unterschied ist aber nicht nur der einer menschlichen Einstellung, wie es zunächst scheinen möchte, sondern vor allem der einer methodischen Haltung. Was die Seite der menschlichen Einstellung angeht, so sind wir in der psychologischen Diagnose stets veranlaßt, das Ganze der Persönlichkeit, ihre Eigenantriebe, ihre Eigenwelt und ihre Eigengesetzlichkeit so zu erfassen, daß wir sie mitvollziehen können. Daher ähnelt in mancher Hinsicht die diagnostische Einstellung jenem Verstehen, wie es der Liebende oder Hassende kennt. Er ist so unmittelbar im Mitvollzug des Andern, daß er blitzartig erkennt, warum jemand sich so verhält, und wie er sich weiter verhalten wird. Ähnlich muß im diagnostisch-psychologischen Vorgehen die Persönlichkeit verstanden werden, wenngleich dieses Verstehen nicht nur subjektiver Mitvollzug sein darf, sondern sich stets die Freiheit des Urteils vorbehält.

Ganz natürlich ist uns diese Art des objektiven Verständnisses im Zusammensein mit Menschen gegeben. Wenn wir gemeinsam mit anderen in einer Situation des Lebens stehen, so ist in diesem Mitvollzug auch zumeist eine mehr oder minder begrenzte Art des objektiven Verständnisses möglich. Jederzeit kann es, wie wir täglich erfahren, umschlagen in das subjektive Mitgehen, wie es die Liebe oder der Haß mit sich bringt, oder auch aufhören und dem Nicht-verstehen Platz machen.

Indessen wäre die diagnostische Psychologie kein eigener Bereich des wissenschaftlichen Denkens geworden, wenn es nicht besondere Wege des objektiven Verständnisses gäbe, die auch unabhängig vom Zusammensein mit einem Menschen begangen werden können.

Alle diese diagnostischen Wege haben dann, so verschieden sie auch sind, grundsätzlich gemeinsam, daß sie das Ganze der Persönlichkeit, wenn nicht aus dem unmittelbaren Erscheinungsbild, so aus einem Ausdrucksgesamt erfassen. Unter Ausdrucksgesamt verstehen wir ein Zeichenbild, das von der betreffenden Persönlichkeit ausgeht, oft unabhängig von ihr erfaßt werden kann und ausgedeutet werden kann und so beschaffen ist, daß es einen geschlossenen Zusammenhang der Persönlichkeit widerspiegelt.

Ein solches Ausdrucksgesamt kann, wie sich gezeigt hat, in verschiedenen Ebenen erscheinen, so etwa in dem Mienenspiel, das sich um ein Ereignis gruppiert, in dem Schriftbild, in dem Deutungsvorgang, der sich auf eine Reihe von Klextafeln (Rorschach) bezieht, in dem Handlungsvorgang, der im Mittelpunkt eine normierte Leistung hat, usw.

Wo ein solches Ausdrucksgesamt sichtbar wird, ist es noch nicht immer erfaßbar. So wissen wir seit langem, daß die physiognomische Erscheinung oder auch der Gang eines Menschen ein Ausdrucksgesamt dieser Art ist. Aber wir haben noch keine rechten Methoden, um exakt dieses Ausdrucksgesamt zu fassen. Wo dann ein Ausdrucksgesamt faßbar geworden ist, ist es noch nicht immer sofort deutbar. Manche halbfertige Methoden der psychologischen Diagnostik, wie z. B. die Analyse des Sprechens, haben durchaus Mittel, das Ausdrucksgesamt zu fassen, aber keine rechten Mittel, es zu deuten.

Wo endlich ein solches Verfahren, wie etwa das graphologische oder der Rorschachtest, soweit abgeschlossen sind, daß es möglich ist, methodisch die Zeichen zu fassen und zu deuten, wissen wir nicht immer, welcher in sich geschlossene Bezirk der Persönlichkeit vornehmlich in diesem Ausdrucksgesamt erscheint. Aber wir besitzen heute eine Reihe von Methoden, von denen wir wissen, daß sie in ihrer Weise ein Ausdrucksgesamt sehen, erfassen und deuten können.

Die im engeren Sinne des Wortes diagnostischen Verfahrensweisen der Psychologie gehen daher von einem Erscheinungs- oder Ausdrucksgesamt aus, dieses erfassen und deuten sie. Das besagt, daß wir nur dort von einer Methode dieser Art sprechen können, wo es gelungen ist, ein Zeichenbild so in seinen Elementen und Bezügen zu erfassen, daß sich in ihm ein Bild der ganzen Persönlichkeit oder wenigstens eines geschlossenen Bezirks der Persönlichkeit widerspiegelt. Wo das der Fall ist, hat diese Form der psychologischen Diagnose den großen Vorzug, daß ein objektives Verständnis möglich ist, das insofern kontrollierbar ist, als man in der Ausdeutung der Zeichen und Zeichengefüge Regeln suchen und aufstellen kann.

## PRÜFVERFAHREN UND TESTMETHODIK

Als zeichendeutende Verfahren zeigen die diagnostisch-psychologischen Verfahren eine einheitliche Grundform allgemeiner Art. Drei Vorgänge lassen sich unterscheiden: 1. die Zeichenerfassung, Zeichenfixierung und Zeichenerkenntnis, 2. die Zeichenbewertung und, wenn es sich um mehrere Zeichen handelt die Zeichenordnung und endlich, 3. die eigentliche Zeichenausdeutung.

Im ersten Vorgang beginnen wir damit, die Zeichen sichtbar zu machen und zu erfassen. Jede spezielle diagnostische Technik hat ihr bestimmtes

Zeichenfeld, in dem sie arbeitet, und ihre Zeichen, die sie ergreift. Wie die Zeichenfelder verschieden sind, so auch die Zeichen, die erfaßt werden. So werden im Rorschachtest Aussagen der Persönlichkeit, die sie über Klexfiguren abgibt, erfaßt, im graphologischen Verfahren sind es Schriftzeichen, und das Zeichenfeld ist ein Schriftbild. In anderen Verfahren sind es Leistungen, die festgestellt werden, und als Zeichenfeld erscheint ein Leistungs- oder Tätigkeitsfeld. Handlungen aller Art, sprachliche Äußerungen, Aussagen, manuelle Verrichtungen, geistige Verrichtungen, wie Sätze bilden, Rechnen, Figuren zusammensetzen, körperliche Erscheinungen, wie der Gang, das Mienenspiel, Gesichts- und Körperform können das Feld einer solchen Methode sein.

Die Zeichen selbst werden auf eine bestimmte Weise sichtbar. Im graphologischen Verfahren ist es das unbefangen geschriebene Schriftstück, in dem sie erscheinen. In anderen Untersuchungsverfahren wird die Persönlichkeit vor eine Aufgabe gestellt, es wird ihr irgendein, oft scheinbar spielerischer Anreiz gegeben, sie wird gefragt, oder es werden Leistungen besonderer oder allgemeiner Art von ihr verlangt. Alle diese Verfahrensweisen haben zunächst den Zweck, die Persönlichkeit zu veranlassen, Zeichen zu geben.

Hand in Hand mit diesem Vorgang geht zumeist der der Zeichenfixierung. In der Schrift werden die Zeichen gesehen, im Rorschachtest werden die Antworten protokolliert. Andere Techniken sind denkbar und auch benutzt worden, so die photographische oder kinematographische Aufnahme, die tabellarische Übersicht oder kurvenmäßige Fixierung der Zeichen. Aber jedes Verfahren dieser Art dient dem Zweck, die erscheinenden Zeichen, die zumeist schnell vorübergehen, festzulegen und als Material der Untersuchung bereitzustellen.

Die jeweilige Technik der Erfassung und Fixierung stellt den Grundstock des Verfahrens dar. Von ihr hängt alles weitere ab. Die Ausdeutung muß unscharf, schief oder falsch werden, wenn die Zeichen nicht richtig erkannt sind. Insofern ist Genauigkeit der Erfassung und Richtigkeit der Fixierung entscheidend für alles Weitere. In einem anderen Sinn ist die Technik der Zeichenerfassung und Fixierung bedeutsam. Sie grenzt das Erscheinungsfeld ab, in dem eine Methode arbeitet. Je nachdem ob dieses Zeichenfeld ein Leistungsfeld, ein Antwortenbereich, ein Bereich körperlicher Ausdrucksformen oder ein sonstiger Bereich ist, hat jede Technik ihren bestimmten Ansatzpunkt.

Bei der Zeichenerfassung und Zeichenfixierung wird vielfach schon das Zeichen nach Art, Grad und Stärke bestimmt. Es wird bewertet. So wird etwa der Graphologe, der eine Schrift in ihren Zeichengehalt zerlegt, gleich beim sehenden Erfassen eines Zeichens seine gradmäßige Ausprägung miterkennen. Im Rorschachtest kann die Bewertung und Signierung der einzelnen Antworten während der Protokollierung geschehen. Doch wird dies nicht immer der Fall sein. Oft wird der Akt der Bewertung erst nachträglich vollzogen.

Insofern nun jedes diagnostische Verfahren als ein zeichendeutendes Verfahren mit Zeichen arbeiten muß, steht im Mittelpunkt aller Verfahren dieser Art die Beziehung des Zeichens zu der seelischen Gegebenheit, aus der unserer Annahme nach das Zeichen herrührt. Im Zeichen erscheint etwas, so deutet das Zeichen als Erscheinung auf einen Vorgang, der das Zeichen veranlaßt. Wir nehmen das Zeichen als Ausdruck von etwas, was sich ausdrückt. Alle Ausdeutung beruht darauf, daß wir vom Zeichen zurückgehen zu dem, was im Zeichen sich ausdrückt.

Wenn wir die Beziehung, daß ein Zeichen zurückweist auf etwas, was dem Zeichen zugrundeliegt, die Deutungsrelation nennen, so hat jede Technik ihre bestimmte Deutungsrelation, die dem ganzen Verfahren als solchen zugrunde liegt. So liegt dem graphologischen Verfahren die Annahme zugrunde, daß die Schreibbewegung und die Schriftzeichen Psychisches ausdrücken, der Rorschachtest fußt auf der Voraussetzung, daß in den Aussagen über Klexe Psychisches sichtbar wird, der Warteggtest hat die Voraussetzung, daß in Zeichnungen, die die Versuchsperson abgibt, die Persönlichkeit erscheint. Jeweils ist diese Hypothese erst mühsam aus der Praxis bestätigt worden. Die eigentlichen psychologischen Entdeckungen, die die diagnostische Psychologie gemacht hat, liegen auf diesem Gebiet. So wußten wir, ehe es den Rorschachtest gab, nichts darüber, daß in den zwei verschiedenen Arten der Form — und Farberfassung psychische Grundverhaltensweisen zum Ausdruck kommen. Die Entdeckungen, die hier gemacht worden sind, haben auf die gesamte Psychologie ihre Auswirkung gehabt, und es ist anzunehmen, daß mit der fortschreitenden Arbeit auf diesem Gebiet sich die Psychologie im Ganzen grundlegend verändert.

So ist es auch eine diagnostische Entdeckung gewesen, die eigentlich eine neue Auffassung des Psychischen herbeigeführt hat. Der Nachweis, den Freud führen konnte, daß in den Fehlleistungen und Träumen Psychisches erscheint und aus ihnen bis dahin unzugängliche Bezirke des Seelischen erschlossen werden können, hat eine grundlegende Änderung unserer Auffassung des Psychischen herbeigeführt. Von dort her rührt eigentlich unsere Theorie des Unbewußten.

Im Besondern aber ist der Zusammenhang von Zeichen und Zeichengrundlage selbst das ständige Problem der diagnostischen Erkenntnis. Zwei Formen der Deutungsrelation sind grundsätzlich zu unterscheiden, und ihnen gemäß haben sich auch zwei Wege in der diagnostischen Psychologie voneinander geschieden. Der eine Weg ist der des psychologischen Prüfverfahrens, der andere der der eigentlich charakterologischen Deutung.

Die naive Auffassung des Zusammenhangs zwischen Zeichen und Zeichengrundlage geht davon aus, daß jedes Zeichen auf einen bestimmten Tatbestand, einen bestimmten Vorgang und im Falle der psychischen Zeichen auf eine bestimmte psychische Gegebenheit hinweist. Obwohl in anderen diagnostischen Disziplinen, wie etwa in der medizinischen Diagnostik, längst erkannt worden ist, daß diese naive Auffassung nur eine sehr begrenzte Gültigkeit hat, mußte in der Psychologie diese Tatasche erst neu gefunden und neu ausgewertet werden. Auf dem Wege dieser Erkenntnis haben sich dann die beiden grundsätzlichen Formen der Deutungsrelation und der entsprechenden diagnostischen Methodik entwickelt.

Beginnen wir mit dem psychologischen Prüfexperiment, so geht es von der Auffassung aus, daß elementare oder auch höhere seelische Funktionen sich durch ein Experiment prüfen lassen. Das Prüfexperiment im eigentlichen Sinn ist verhältnismäßig jüngeren Datums, es ist aus den Experimenten hervorgegangen, die die psychologische Forschung für ihre Zwecke anstellte. Francis Galton hat dann solche Prüfexperimente in der Form eines Fragebogens zu den Zwecken individuell psychologischer Erkundung verwandt. Von ihm stammt vor allem die Bezeichnung „Test“, die sich auf das Verfahren der psychologischen Prüftechnik ausgedehnt hat.

In diesem ursprünglichen Sinn besagt Test also ein Verfahren, in dem ich experimentell eine psychische Gegebenheit in ihrem Vorhandensein, ihrer Art und ihrer Stärke erkunde. Wie der Arzt die Sehstärke der Augen untersuchen kann, so will das Prüfexperiment die Reaktionsschnelligkeit eines Menschen, die Beharrlichkeit, seine Merkfähigkeit, seine Fähigkeit einen Tatbestand zu erfassen, zu formulieren, erkennen. Es will allgemeinere Fähigkeiten, so die Intelligenz, die Kombinationsfähigkeit, die Unterscheidungsfähigkeit, die Handgeschicklichkeit, das Gedächtnis, die Zuverlässigkeit prüfen. Bisweilen hat man das Prüfexperiment so weit ausgedehnt, daß man geglaubt hat, Eigenschaften, wie etwa Mut, Ausdauer, Fleiß, Lügenhaftigkeit auf diese Weise prüfend erfassen zu können.

Daher sind Zahl und Art der Prüftests unübersehbar. Um einige Formen wenigstens anzudeuten: so wird etwa die Aufgabe gestellt, aus einem langen Bericht das Wesentliche zusammenzufassen und in der Form eines Telegramms wiederzugeben. Es werden drei Worte gegeben und verlangt, daß daraus ein Satz gebildet wird. Es wird ein lückenhafter Text gegeben und die Lücken sollen sinnvoll ergänzt werden. Es werden Bilder vorgelegt und verlangt, daß sie beschrieben werden. Es wird der Auftrag gegeben, Stücke eines Ganzen zusammenzusetzen, so etwa eines zerschnittenen Bildes, einer kleinen Maschine, die zerlegt worden ist. Man kann eine Reihe von Aufträgen erteilen, die hintereinander richtig ausgeführt werden sollen. Man verlangt körperliche Verrichtungen, die eine besondere Geschicklichkeit zur Voraussetzung haben oder auch nur Alltagsverrichtungen sind, so etwa das Nachbilden von einfachen Drahtfiguren mit einem Draht oder das Zurechtschneiden eines Briefumschlages. Man gibt dem Prüfling einen Haufen ungeordneter Münzen, die von 1—100 numeriert sind, und beauftragt ihn, sie möglichst schnell und möglichst zweckmäßig zu ordnen.

Diese Beispiele lassen sich weiter vermehren, sie lassen sich dann noch wieder vervielfältigen, weil jede Prüfaufgabe in ihrem Schwierigkeitsgrad variiert werden kann. Von der einfachen Nacherzählung einer ganz einfachen Geschichte, wie sie etwa der Psychiater verwendet, wenn er den Verdacht auf Schwachsinn hat, von der schon komplizierteren Aufgabe der Lösung eines schwierigen Lückentests bis zur Beantwortung oder Lösung einer Aufgabe, die nur mit einem Trick zu lösen ist, lassen sich alle Übergänge finden.

Man kann unlösbare Aufgaben geben oder Aufgaben, die einen Fehler enthalten und erst gelöst werden können, wenn der Fehler gefunden ist. Zu Prüfexperimenten wurden Aufgaben verwandt, die ein entwickeltes Können, beispielsweise rechnerischer Art, voraussetzen. Hingegen verwendet der Kräpelintest eine ganz einfache Aufgabe, es wird verlangt, daß laufend einstellige Ziffern addiert werden. Es gibt offene Tests, wo der Prüfling weiß, was er lösen soll, und erkennt, welcher Art die Lösung ist, die von ihm erwartet wird, verdeckte Tests, wo der Prüfling meint, daß er eine bestimmte Leistung vollbringen soll, der Versuchsleiter aber Zeichen beobachtet, die bei der Bemühung um die Lösung miterscheinen.

## BEISPIELE DES PSYCHOLOGISCHEN PRÜFVERFAHRENS

Das Gesagte läßt sich am besten in der Darstellung von Beispielen belegen und verdeutlichen. Unter den vielen Tests, die entwickelt wurden, haben sich einige einfache Formen bewährt und werden immer wieder angewandt. Zu diesen gehört der im Anschluß an Ebbinghaus entwickelte Lückentest. Er besteht darin, daß dem Prüfling ein lückenhafter Text vorgelegt wird. Er hat in einer bestimmten Zeit die Lücken zu ergänzen. Ein ganz einfacher Lückentest ist der folgende, den wir einer Testmappe, die Käser zusammengestellt hat, entnehmen:

### BEIM BEERENPFLÜCKEN

Rolfs Mutter war krank und hatte ..... Fieber. Der Arzt hatte ihr kühlende Früchte ..... Rolf beschloß deshalb in den Wald zu ..... und seiner Mutter Erdbeeren zu pflücken; ..... seine Eltern waren zu arm, um solche kostbaren Früchte ..... zu können. ..... Rolf mußte lange suchen, bis er endlich einen ..... entdeckte, ..... Erdbeeren wuchsen. Bald tropfte ihm der ..... von der Stirne, denn es war ein sehr ..... Tag. ..... das Körbchen endlich ..... war, wäre er am ..... gleich heimgeeilt, aber er war so ..... geworden, daß er sich erst ein wenig unter eine Buche setzen mußte, um in ihrem kühlenden ..... auszuruhen. Auch hatte er einen tüchtigen ..... bekommen, ..... machte er sich an sein mitgenommenes Brot. Kaum hatte er den letzten ..... hinuntergeschluckt, als ihm auch schon die Augen ..... Nach einer halben Stunde ..... er und lief heim zu seiner Mutter.

An der Stelle der Punkte sind die fehlenden Worte einzusetzen. Die Lösung des Tests ist ganz einfach, das Versagen bei diesem Test deutet schon bei Zehnjährigen auf Schwierigkeiten. Wie die meisten Tests, so läßt sich auch hier die Schwierigkeit steigern. Wir geben das Beispiel eines zweiten Tests, der für Erwachsene bestimmt ist und in seiner Lösung durchaus Ansprüche stellt. Der Test ist dem Buch von Moede entnommen. Jeder Strich bedeutet eine fehlende Silbe.

## DIE ZWEI PFLUGSCHAREN

Von — cher Art des — sens wurden — — ner — stät — zwei — scha — ver — tigt. Eine — von kam — — Hand ei — — man —, die —de — ward — den — kel — nes — pens — wor—, lag — acht —der — Mo — — lang und — mit — über —. Jetzt erst —inner— man sich — — und — sie auch — der hervor. Wie staunte sie, — sie — —ehe — — ge Schwe — —blick — und mit sich — — glich! Sie fand sie hell und — gel —, ja, — glän — — noch, — sie — fangs —. „Ist es — lich?" — die — roste— aus, „einst — — wir ein — der gleich; was hat — so — ber — halt —, — ich in der — lichsten — he — ver — — tet wor — —?" — — diese — he, er — — te — ne, „war — — derb —. Mich — — bung und — beit er — ten. Ihnen — ver — ke ich es, — ich dich — über — fe."

Die Anforderungen, die dieser zweite Test an den Sprachschatz, an die Denk- und Kombinationsfähigkeit sowie an die Genauigkeit stellt, sind, wie ohne weiteres zu ersehen ist, größer.

Was aber prüfen beide Tests? Einmal ist klar, daß die Lösung der beiden Tests eine gewisse Beherrschung der deutschen Sprache voraussetzen. Um aber weiter die Aufgaben lösen zu können, muß weiter der Sinn der ganzen Erzählung erfaßt werden, so daß also die Sinnerfassung einer in Worten dargestellten Gegebenheit geprüft wird. Um die Lücken auszufüllen, müssen die fehlenden Worte kombinatorisch gefunden werden, so daß die Fähigkeit Worte zu kombinieren, geprüft wird. Um die Ergänzung genau vornehmen zu können, muß entschieden werden, welches Wort sinn- und gestaltmäßig die Lücke ausfüllt, so daß die Fähigkeit zwischen richtigen und falschen Worten zu entscheiden, geprüft wird.

Sowohl der einfache Test wie der schwierigere prüft also an einer bestimmten Leistung allgemeinere Fähigkeiten. So wird man zunächst sagen können, daß das Versagen insbesondere bei dem einfachen Test auf Mängel in dieser Hinsicht schließen läßt. Indessen ist mit einer solchen Feststellung die Aufgabe eines Tests nur zum Teil erfüllt. Wenn etwa der Psychiater durch eine ganz einfache Nacherzählung bei einem Patienten, bei dem er eine geistige Debilität vermutet, feststellt, ob er dieser Aufgabe gewachsen ist, so kann in einem solchen Fall das Gelingen oder Mißlingen, insbesondere das letztere, genügen.

In den anderen Fällen aber wird man erwarten, daß ein Test nach zwei Richtungen hin genaueren Aufschluß gibt: 1. Wollen wir aus ihm erfahren, welche Fähigkeiten vorhanden sind, bzw. mangelhaft sind oder gar fehlen und 2. wollen wir erkennen, in welchem Grad oder Maße diese Fähigkeiten ausgebildet sind. Ganz allgemein schließt also jeder Test aus einer bestimmten Prüfleistung zurück auf eine allgemeinere Leistungs**fähigkeit**, welche er nicht nur artmäßig sondern auch gradmäßig bestimmen will.

Hier liegt nun der engere Fragenbereich jedes bestimmten Tests: es ist zu erkennen, welche speziellen Fähigkeiten ein Test prüft, und wie weit es ihm möglich ist, gradmäßige Unterscheidungen zu treffen. Praktisch heißt das, daß der fachliche Umgang mit Tests voraussetzt, daß sie geeicht sind.

Ein Test wird geeicht, indem er innerhalb einer größeren Gruppe durchgeprüft und erprobt wird. Danach können wir, von dieser Gruppe ausgehend, sagen, welcher Anteil der Gruppe den Test bewältigt, welcher ihn nicht oder mangelhaft, und welcher ihn spielend löst. Innerhalb dieser Gruppe gewinnen wir einen Durchschnitt, und wir können bei jeder weiteren Prüfung feststellen, ob jemand unter oder über dieser Durchschnittsnorm liegt.

Sofern es uns dann gelingt, die Normleistung festzustellen, die wir etwa für eine bestimmte Anforderung als Durchschnitts- oder Mindestmaß gebrauchen, ist der Test geeignet, zu erkennen, ob die betreffende Fähigkeit in genügendem Maße vorhanden ist. Soweit verfährt nun der Prüftest nicht anders als jede Prüfung überhaupt, mit dem Unterschied, daß er nicht nur Kenntnisse prüfen will, sondern allgemeinere Fähigkeiten.

Die weitere Frage ist dann, welche Fähigkeit wird durch einen Test geprüft? Schon das einfache Verfahren eines Lückentests zeigt, daß wir verschiedene Fähigkeiten prüfen, so in diesem Fall die Fähigkeit der Sinnerfassung, der Kombination und der Genauigkeit. Ein Test wird um so besser sein, je genauer wir aus ihm erkennen können, welcher Art die Fähigkeit ist, die er prüft.

Wenn nun auch ohne weiteres zu sehen ist, daß in unserem Beispiel der Lückentest die Intelligenz im Allgemeinen prüft, so ist wiederum auch sofort zu erkennen, daß er bestimmte Faktoren der Intelligenz, wie die genannten, vor allem prüft, wohingegen andere Faktoren, wie z. B. Einfallsreichtum, produktive Phantasie, Erfindungsgabe weniger geprüft werden. Es ist eine der schwierigsten Aufgaben der Testmethodik, die, wie sich zeigen wird, mit der Frage der psychologischen Diagnostik überhaupt zusammenhängt, zu entscheiden, welche Funktionseinheiten ein Test prüft.

Jedenfalls hat die Praxis der Testmethodik allmählich gezeigt, daß es einerseits sehr schwierig ist, Tests zu entwickeln, von denen wir genau umgrenzen können, welche Funktionseinheiten sie prüfen, und andererseits nicht minder schwierig ist, einen Test zu finden, der alle Funktionseinheiten etwa der Intelligenz prüft. Dies letztere hat sich als unmöglich erwiesen, es gibt keinen Universaltest für die Intelligenz.

Die Entwicklung ging daher, nachdem man erkannt hatte, daß jeder Test zwar bestimmte Funktionseinheiten stärker und andere weniger prüft, gleichzeitig aber kein Test alle Funktionseinheiten einer allgemeineren Fähigkeit prüft, zum kombinierten Testverfahren. Praktisch arbeitet die Testmethodik heute in der Weise, daß zur Untersuchung einer allgemeineren Fähigkeit, wie etwa der Intelligenz, eine Serie von Tests angewandt wird, die sich gegenseitig ergänzen. Das Gesamtergebnis der einzelnen Tests, zusammengezählt oder punktmäßig verrechnet, ergibt dann in einer mehr oder minder großen Annäherung die Gesamtintelligenz.

Eins der besten Verfahren, das deutlich die Reichweite der kombinierten Testmethodik zeigt, ist das von Binet entwickelte Verfahren, das Intelligenzenalter von Kindern festzustellen. Es geht in der Weise vor sich, daß für jedes Alter des Kindes eine Reihe von Testaufgaben geschaffen sind. Folgen wir dem deutschen System nach Binet-Bobertag, so wird beispielsweise in der vierten Altersstufe verlangt:

Drei Figuren aus drei Stäbchen nachlegen, drei vorgebaute Körper aus Klötzen nachbauen.

Gegenstände unter dem Tisch tasten (Taschenmesser, Fingerhut und Knopf) und erkennen. Geräusche, die hinter dem Stuhl, also ohne visuelle Erfassung des Vorgangs, erzeugt werden (Zerreißen eines großen, zusammengefalteten Papiers, Anzünden eines Streichholzes, Bürsten mit einer Bürste, Klappern mit einem Schlüsselbund), erkennen.

Linien vergleichen, Gewichte vergleichen und fünf Gewichte ordnen.

Dagegen sind die Aufgaben des achten Lebensalters:

Linkshändig einen Strich zeichnen.

Drei verschiedene Labyrinthe, die vorgezeichnet sind, richtig durchlaufen.

Einen Vergleich von Schmetterling und Fliege aus der Erinnerung geben.

Eine vorgegebene Bilderreihe, die aus 8 Bildern besteht, die einen Vorgang zusammenhängend darstellen, richtig ordnen.

Eine Geschichte mit 10 Teiltatsachen richtig nacherzählen.

Gelingt nun einem Kind die Lösung der Aufgaben seiner Altersstufe nicht, so wird solange nach unten gegangen, bis ihm die Lösung aller Aufgaben einer Altersstufe gelingt. Gelingt ihm die Lösung aller Aufgaben seiner oder einer anderen Altersstufe, so wird nach oben gegangen, solange, bis es bei den Aufgaben einer Altersstufe gänzlich versagt. Nach einem Verrechnungssystem, das jede noch erfolgte Einzellösung einer späteren Altersstufe mitberücksichtigt, wird dann das Gesamtergebnis gezogen und daraus Intelligenzalter sowie Intelligenzquotient bestimmt.

Wenn dieses Verfahren sowohl in seiner französischen wie seiner deutschen Fassung zuverlässige Ergebnisse gebracht hat, so liegt es vor allem daran, daß die Normbestimmung der Intelligenz für eine Altersstufe durchaus möglich ist. Viel schwieriger ist es schon, die Normbestimmung der Intelligenz etwa für einen bestimmten Beruf zu treffen.

Praktisch hat sich dieses System der kombinierten Testmethodik soweit durchgesetzt, daß es eine Reihe von Testkombinationen gibt, die für verschiedene Zwecke geschaffen wurden und sich als tauglich erwiesen haben. So sind insbesondere für Berufszwecke aller Art, für Wehrmachtszwecke aller Länder kombinierte Testprüfungen entstanden. Man hat für Auslesezwecke, etwa bei Schulen, Testkombinationen entworfen. Nicht alle haben sich bewährt. Von manchen sehr willkürlich zusammengestellten Testkombinationen, die verwandt wurden, bis zu den Testkombinationen, die jahrelang in einem Betrieb angewandt wurden und erfolgreich waren, gibt es alle Arten von Übergängen.

Doch läßt sich die Reichweite solcher aus Einzeltests kombinierten psychologischen Testprüfungen einigermaßen übersehen. Sie sind vor allem dazu tauglich, um festzustellen, ob jemand unter einer bestimmten Norm liegt. Sie können Ungeeignete ausscheiden. Freilich besteht, wenn auch in geringerem Maße als bei Kenntnisprüfungen, auch hier die Gefahr, daß unter den als ungeeignet Erkannten doch sich Spätbegabungen, Spätentwicklungen und solche befinden, die dennoch sich bewähren würden. Das ist die unvermeidliche Gefahr jedes Prüfverfahrens.

Weniger erfolgreich sind die kombinierten Testprüfungen dort, wo es sich nicht darum handelt, zu entscheiden, ob jemand unter einer Norm liegt oder ihr angehört und sie übersteigt, sondern wo die Aufgabe ist, besonders Geeignete auszulesen. Dies liegt wiederum im Wesen der Prüfmethodik begründet. Jede Prüfung verlangt Leistungen in einer bestimmten Richtung Die außergewöhnliche Leistung, die oft ungewöhnliche Wege und Umwege gehen kann, braucht in einem Prüfverfahren nicht zu erscheinen. Eine solche Leistungsfähigkeit kann zwar der Norm des üblichen Weges genügen, es kommt aber auch vor, daß sie dort versagt, auf jeden Fall kann sie nicht das zeigen, was sie auszeichnet, und sich nicht dort entfalten, wo sie ihre besondere Fähigkeit hat.

In diesen und anderen Tatsachen ist dann aber auch die Grenze der psychologischen Prüfmethodik und insbesondere des psychologischen Prüftests recht deutlich geworden. Diese Grenze liegt einmal darin, daß die in einem geschlossenen Leistungszeichen erscheinende Probe keineswegs immer eindeutig auf bestimmte Fähigkeiten zurückweist. Das zeigen gänzlich verfehlte Tests, wie etwa die sogenannten „Mutproben". In diesen stellte man die Forderung, daß bestimmte Leistungen vollbracht werden, die, wie etwa der Sprung von einem 10-m-Brett ins Wasser allgemein als „mutig" gelten. Versagen oder Vollbringen der Leistung nahm man als Kriterium des Mutes. Aber es ist ganz klar, daß hier der Rückschluß von einer Leistung als Zeichen auf eine bestimmte Leistungsfähigkeit gefährlich ist. Es läßt sich in diesem Fall durchaus denken, daß jemand nicht aus Mut, sondern aus Angst springt, weil er fürchtet, schief angesehen zu werden. Ein anderer kann aus Ehrgeiz springen usw. Die meisten Leistungen sind, obgleich sie in ihrer Außenseite klar umschrieben, erfaßt und verglichen werden können, aus verschiedenen Leistungsfunktionen erzeugbar, manche solcher nach außen hin scheinbar ganz klar umschreibbaren Leistungen, wie etwa z. B. die Mutleistung, sind geradezu aus entgegengesetzten seelischen Funktionen vollziehbar.

Selbst wenn wir Tests erfinden würden, die mit absoluter Genauigkeit uns eine und nur eine Leistungsfunktion zeigen, so stünden wir immer noch vor einer weiteren Aufgabe. Wir müßten erkennen, wo die absolute Grenze dieser Einzelfunktionen liegt, und wir müßten vor allem, um eine Persönlichkeit etwa in ihrer speziellen oder besonderen „Eignung" zu erkennen, einen Schlüssel zu den möglichen und unübersehbaren Kombinationen haben, die im Zusammenspiel verschiedener Einzelfunktionen eine Leistung ermöglichen.

Damit sollen nicht die Ergebnisse und Erfolge der psychologischen Prüftechnik bestritten oder geschmälert werden, wie sie etwa in der Psychotechnik auch ihren Geltungsbereich gefunden haben. Es ist möglich auf diesem Wege festzustellen, daß für die Verrichtung bestimmter Leistungen oder bestimmter Dauerleistungen, wie sie ein Beruf darstellt, die Voraussetzungen fehlen. Man kann weiter das Vorhandensein allgemeiner Fähigkeiten in einer Durchschnittsnorm feststellen, es läßt sich etwa mit einigen Intelligenztests durchaus ein Bild von der Intelligenz einer Persönlichkeit gewinnen.

Wenn nun aber die wesentliche Leistung eines psychologischen Prüfexperimentes darin besteht, Einzelfunktionen in möglichster Genauigkeit und Schärfe zu erfassen, sie vermittels einer Leistungsprobe nach Art und Grad zu bestimmen, dann entsteht die Frage, wie weit ein solches Prüfexperiment imstande ist, das Ganze der Persönlichkeit zu erfassen. Geht man von der Voraussetzung aus, daß dieses Ganze sich aus Einzelfunktionen zusammensetzen läßt, so müßte es möglich sein, bei einer genauen Kenntnis aller Einzelfunktionen auch die ganze Persönlichkeit gleichsam zusammensetzen zu können.

Das ist das Ziel der kombinierten Testverfahren und es hat sich gezeigt, daß bis zu einem gewissen Grade dieses Ziel auch erreicht werden kann. Wenn wir etwa in einer kombinierten Intelligenzuntersuchung uns über die umfassendere und allgemeinere Funktion der Intelligenz in einer Persönlichkeit klar werden, könnten wir sagen, daß sie wenigstens eine Teilgestalt der Persönlichkeit als Ganzes erfaßt hätten.

Eine einfache Überlegung kann uns jedoch zeigen, daß das psychologische Prüfverfahren hier auf eine Grenze stößt, die es nicht überschreiten kann. Stellen wir uns etwa vor, daß in einer Persönlichkeit drei Einzelfunktionen in der Art und dem Grad ihrer Ausprägung deutlich erkennbar sind, beispielsweise eine sehr starke Triebhaftigkeit, eine schwache Intelligenz und eine durchschnittliche Gefühlsfähigkeit. Dieser Innengestalt der Persönlichkeit können eine Reihe von Außengestalten entsprechen. Es wäre möglich, daß ein solcher Mensch ein eben noch brauchbarer Arbeiter einfacherer Art ist, er könnte aber auch ein faulenzender Landstreicher sein, er könnte ein triebhafter Verbrecher, aber auch ein gehemmter, gerade noch in seine Umwelt sich einfügender Mensch sein. Auch andere Möglichkeiten wären in dem Sinne denkbar, daß keine der genannten Komponenten einer solchen Möglichkeit widerspricht.

Welche Außengestalt aber wirklich erscheint, wird einmal von den anderen Komponenten der Persönlichkeit abhängen, weiter von Schicksal, Umwelt und Erziehung, vor allem aber wird es davon abhängen, in welcher Weise diese und die anderen Komponenten zusammenspielen. Das System des Zusammenspiels der einzelnen Kräfte einer Persönlichkeit richtet sich sicher nicht nur nach dem Grad und der Art der Einzelfunktionen, sondern bildet eine Gestalteinheit. Es sind innerregulative Vorgänge, die eine solche Gestalteinheit schaffen, und diese innerregulativen Vorgänge können, je nach der Außensituation, auch andere Gestalteinheiten verwirklichen.

Welche Möglichkeiten haben wir nun vermittels eines Prüfexperimentes innerregulative Funktionen dieser Art zu erkennen? Offenbar kann das Prüfexperiment das nicht, weil es sich um Vorgänge handelt, die wir nicht eigentlich an einer bestimmten Leistungsprüfung erkennen können. Sobald wir nämlich die Persönlichkeit vor irgendeine Aufgabe stellen, in der sie etwas Bestimmtes und Verlangtes zu leisten hat, wird sie sich darauf einstellen und ihr Gesamt darauf ausrichten. Die innerregulativen Vorgänge werden das Zusammenspiel der Kräfte auf diese Aufgabe lenken, und so kann nicht jenes freie Spiel der Kräfte erscheinen, das als die innerste und eigentliche Form der Persönlichkeit dort erscheint, wo die Persönlichkeit sich frei und ungehindert entfaltet.

Sofern es uns darum geht, diesen inneren Kern der Persönlichkeit, in dem sie ihr eigentliches Gestaltprinzip hat, zu erkennen, muß das Prüfexperiment versagen. Es stößt genau auf die Grenze, auf die auch die experimentelle Psychologie gestoßen ist. Sie versagte dort, wo es darum ging, psychische Gestalten darzustellen und aufzuhellen; das Prüfexperiment versagt ebenfalls dort, wo es darum geht, die Persönlichkeit als individuelle Gestalt zu verstehen.

## DAS DIAGNOSTISCHE ENTFALTUNGSEXPERIMENT

Andere Untersuchungsverfahren haben aber gezeigt, daß es Möglichkeiten gibt, in diese Bereiche vorzudringen, und in ihnen besitzen wir heute die eigentlich charakterdiagnostischen Untersuchungsmethoden, in denen wir nicht Einzelfunktionen des Psychischen prüfen, sondern die Gesamtfunktion erkennen wollen. Manche dieser Verfahrensweisen sind älteren Datums, so insbesondere die Graphologie, und haben immer schon praktisch erwiesen, daß sie Mittel sind, einen Menschen als Ganzes zu erfassen. Sie zeigen methodisch eine andere Struktur.

Gehen wir zunächst von dem Äußerlichen aus, so fällt auf, daß der Graphologe keine Schönschrift zur Beurteilung haben will, sondern ein möglichst unbefangen geschriebenes Schriftstück. Im Rorschachtest werden zehn Tafeln vorgelegt, die den weitesten Spielraum lassen; was immer an Hand dieser lockeren Gebilde der Versuchsperson einfällt, soll sie sagen. Es gibt keinerlei richtige oder falsche Deutung, sondern alle Deutungen sind möglich, sofern sie sich erkennen lassen.

Im Warteggtest werden acht Zeichenbilder verlangt. Es kommt nicht darauf an, ob der Betreffende zeichnen kann, es wird keinerlei bestimmte Lösung erwartet, und wiederum sind unabsehbar viele Lösungen möglich. Im Szonditest werden der Versuchsperson Bilder vorgelegt, aus denen sie ohne die geringste Beeinflussung, nur ihrer Neigung folgend, die auswählt, die ihr sympathisch bzw. unsympathisch sind. Im thematischen Apperzeptionstest bekommt die Versuchsperson eine Reihe von Bildern vorgelegt, die Szenen enthalten, zu denen die Versuchsperson sagen kann, was ihr eben einfällt, woran es sie erinnert usw. Im Szenotest werden der Versuchsperson Puppen, Klötze und einige dazugehörige Spielgeräte gegeben, und sie kann damit bauen, was sie will. Im Pyramidentest erhält sie eine Reihe von quadratischen Farbtäfelchen in allen Farbschattierungen und großer Anzahl, sie soll auswählen, welche ihr gefallen und daraus eine Pyramide zusammenlegen, wie sie will.

Äußerlich gesehen ist es das Spielerische, das diese Verfahrensweisen vom Prüfexperiment unterscheidet. Es gibt keine Prüfsituation. Lediglich bestimmte Reaktionsweisen, wie etwa die Wahlreaktion beim Szonditest und ebenso in anderer Form und an einem anderen Material im Pyramidentest, erscheinen. Im Rorschachtest geht es um die Einfalls- und Deutereaktion gegenüber vieldeutigen Form- und Farbgebilden. Im Schreibvorgang erscheint die Schreibbewegung und der schriftformende Vorgang. Im Warteggtest ist es die zeichnerische Gestaltung, im Apperzeptionstest wird ähnlich wie im Rorschachtest Phantasie und Deutekraft der Persönlichkeit angesprochen. Immer wird ein Anreiz gegeben, die Reaktionen, die diesem Anreiz folgen können, werden ins Spiel gesetzt und sollen sich dann frei entfalten.

Die tiefere Bedeutung liegt in der Tat darin, daß die Persönlichkeit sich im Rahmen einiger Grundreaktionen entfaltet. Zu diesem Zweck wird ein Material gegeben, das die Versuchsperson gestaltet. Doch ist die Gestaltungslinie in keiner Weise bestimmt, abgesehen davon, daß sie im Rahmen des Vorgangs laufen muß, der durch das Material bestimmt ist. Es wird also nicht, wie im Prüftest, eine bestimmte Leistungsfähigkeit, sondern wenn überhaupt eine „Leistungsfähigkeit", dann nur die der Gestaltung geprüft. Deswegen werden immer Gestaltungsmöglichkeiten ausgesucht, die entweder wie das Bilderauswählen, das Spiel mit irgendwelchen Gegenständen, das Deuten von Zufallsfiguren, jedem vertraut sind oder, wie das Schreiben und das Zeichnen oder Kritzeln auf Papier die selbstverständliche Mitgift eines heutigen Menschen sind.

Auch der weitere Gang eines solchen Verfahrens unterscheidet sich im Äußeren vom Prüfverfahren. Wenn wir, wie das jeweilige Verfahren es verlangt, vor uns das Ergebnis haben, so besteht es zunächst aus dem Protokoll der Antworten im Rorschachtest, aus den acht Zeichnungen oder Zeichenversuchen im Warteggtest, aus dem Schriftstück im graphologischen Verfahren, aus den festgelegten Wahlreaktionen im Szonditest, aus der aufgeklebten Farbpyramide des Pyramidentest und aus einer gestellten Szenerie im Szenotest. Damit ist, ähnlich wie im Prüfexperiment, der eigentliche Versuch abgeschlossen, und die Ausdeutung kann beginnen.

Von diesem Punkt an wird nun der tiefere und methodisch prinzipielle Unterschied des Verfahrens greifbar. Als Ergebnis liegt nämlich vor uns ein

Zeichengefüge, ein Ausdrucksgesamt. Dieses setzt sich aus Einzelzeichen zusammen, wobei diese Einzelzeichen mehr oder minder in sich zusammenhängen und ein Gesamtgebilde darstellen. Lockerer erscheint dieses Gesamtgebilde etwa im Protokoll der verschiedenen Antworten des Rorschachtestes, deutlich als ein einziger Bewegungsfluß erscheint es im Schriftstück, im Warteggtest ist der Zusammenhang wieder weniger deutlich, insofern es sich um eine Abfolge von Zeichnungen handelt, wohingegen etwa im Szenotest die gestaltete Szenerie ein Ereignis zumeist darstellt.

Dieses so als Zeichenbild oder Zeichenvorgang erscheinende Gefüge wird nurr in seinen Einzelzeichen erfaßt. Jedes einigermaßen entwickelte Verfahren hat die Tendenz, die Einzelzeichen möglichst genau nach Erschei nungsart und Deutungsgehalt zu bestimmen. So werden im Rorschachtest die einzelnen Antworten signiert, im graphologischen Verfahren die einzelnen graphischen Zeichen dem Merkmalscharakter nach festgelegt. In den letzten Jahrzehnten haben gerade der Rorschachtest und das graphologische Verfahren in dieser Hinsicht sich entwickelt. Durch statistische Untersuchungen, vergleichende Betrachtung und Eichung hat sich die genauere Bestimmung der Einzelzeichen sowohl nach der Erscheinungsseite wie nach dem Deutungssinn verbessert, und es ist kein Zweifel, daß die anderen noch weniger entwickelten Verfahren diesen beiden als den am meisten entwikkelten folgen werden.

Hier nähert sich das Verfahren der Tendenz des Prüftestes, der auch danach strebt, genauer und eindeutiger die aus ihm hervorgehenden Leistungsproben abzugrenzen. Die Eindeutigkeit des Prüftests liegt darin, daß die erscheinende Leistungsprobe ihren eindeutigen Bestimmungswert haben soll. Im Entfaltungstest liegt die Sache anders. Da jedes erscheinende Einzelzeichen zugleich das Zeichen des entfalteten Gesamtvorgangs ist, hat jedes Zeichen einen doppelten Wert. Es kann für sich, als Einzelzeichen, betrachtet werden, und es muß ebenso im Rahmen des Ganzen als Teilzeichen eines Gesamtvorgangs erkannt werden.

Im technischen Vorgang zeigt sich das auf die Weise, daß neben der Einzelbewertung des Einzelzeichens eine Gesamtbewertung des Ausdrucksgesamt erfolgen und jedes erscheinende Einzelzeichen in Bezug zu diesem Ausdrucksgesamt gesetzt werden muß. Die einzelnen Verfahrensweisen haben zu diesem Zweck verschiedene Wege entwickelt. So ist in der Graphologie schon seit Crepieux-Jamin eine Technik gebräuchlich gewesen, die Zeichen nach Dominanten und Resultanten zu ordnen. Später hat dann Klages eine andere Methode gezeigt. Die Einzelzeichen werden nach dem „Formniveau", d. h. einem übergeordneten Bewertungsvorgang des ganzen Schriftbildes mitbewertet. Neuerdings habe ich in meiner „Deutung der Handschrift" versucht, die Einzelzeichen aus den sie gestaltenden Gesamtvorgängen zu bewerten. Im Rorschachtest, als dem vielleicht in dieser Hinsicht am meisten entwickelten Verfahren, erfolgt eine Bewertung der Einzelzeichen durch die Gesamtverrechnung, in der nach einem allgemeinen

Schema teils durch prozentuale Verrechnung, teils durch absolute Gesamtbewertung die Einzelzeichen in das Ausdrucksgesamt eingeordnet werden.

Was wird damit erreicht? Die in einem Entfaltungsexperiment erscheinenden Zeichen zeigen uns, für sich genommen, die Arbeit bestimmter psychischer Funktionen, im Ausdrucksgesamt erscheinen sie als Teilzeichen einer übergreifenden und umfassenderen Funktion. Soweit es uns gelingt, ihre Einzelfunktion zu erkennen, werden wir die betreffenden, ihnen zugrundeliegenden psychischen Einzelfunktionen erfassen, soweit es uns gelingt, das Zusammenspiel und den Zusammenhang, d. h. die gegenseitige Abhängigkeit und Verbindung der Zeichen zu erfassen, werden wir übergreifende Gestaltfunktionen des Psychischen erfassen. Hier liegt die größere Möglichkeit des Entfaltungsexperimentes. Soweit es diese Aufgabe lösen kann, hat es die Chance, in tiefere Gestaltfunktionen des Psychischen einzudringen. Wir können heute schon sagen, daß es durch diese Chance das eigentliche Mittel einer charakterologisch - diagnostischen Erkenntnis geworden ist.

Wenn wir nämlich in dieser Weise ein Ausdrucksgesamt im Zusammenspiel seiner einzelnen Funktionen erfassen, so erfassen wir eine höhere Funktion, die die Einzelfunktionen zusammenschließt. Die Möglichkeit der Erfassung dieser Gesamtfunktion beruht lediglich darauf, daß wir erkennen können, welcher übergreifende Zusammenhang die Einzelfunktionen verbindet. Liegt vor uns das Ergebnis eines Rorschachtestes oder einer Schriftprobe oder eines anderen Entfaltungsversuches, so hatte die Persönlichkeit, die sich diesem Versuch unterzog, eine Reihe von Möglichkeiten. Sie konnte im Rorschachtest Farb- oder Formdeutungen geben; diese einzelnen Gruppen unterscheiden sich wieder beispielsweise nach Ganzdeutungen, Detaildeutungen, Zwischenformdeutungen usw. Sie konnte einen Farbschock erleiden, sie konnte mehr oder weniger Deutungen geben, sie konnte versagen usw. Alle diese Möglichkeiten waren ihr, ohne daß sie es wußte, frei gestellt.

Nicht anders ist es beim Schreibvorgang. Der Schreibende kann groß oder klein, eng oder weit schreiben, er kann kurvig schreiben oder den Strich bevorzugen, er kann stockend oder fließend schreiben. Die Schreibgestalt, die schließlich bei einer ausgeschriebenen Schrift entstanden ist, ist das Ergebnis vieler teils bewußter, teils unbewußter Entscheidungen, sie ist das Ergebnis eines Ausdrucksdranges, den der Schreiber hat oder nicht hat, und eines Formwillens, der sein Ziel erreicht oder nicht erreicht usw. Auf jeden Fall aber liegt vor uns ein Ausdrucksgesamt, das insofern zu der Persönlichkeit gehört, als es innerhalb eines bestimmten Rahmens die Verwirklichung eines Gestaltvermögens zeigt.

Die Erfahrung hat gezeigt, daß jedes Ausdrucksgesamt dieser Art einen individuellen Charakter hat. So gibt es kaum zwei gleiche, wenn auch viele ähnliche Rorschachprotokolle, die aus einem Versuch hervorgegangen sind, wie es kaum gleiche, wenn auch viele ähnliche Schriften gibt. Die Modifikationsmöglichkeiten sind so groß, daß in der Praxis jedes Testergebnis immer wieder anders aussieht.

Der individuelle Schriftcharakter einer Persönlichkeit besteht darin, daß sie bestimmte Züge betont und mit Vorliebe gebraucht, sie in alle Formen einflicht und andere zurückdrängt oder überhaupt nicht gebraucht. Aber nicht in der Auswahl oder Vernachlässigung von Einzelzügen liegt die Variabilität. Die eigentlich unübersehbare Variabilität, die auch jeder Schrift das unverkennbare Erscheinungsbild gibt, liegt in der Kombinationsmöglichkeit der Einzelzüge zu immer wieder neuen Gestalten. Ähnlich erscheint der individuelle Charakter eines Rorschachprotokolls. Die der Zahl nach geringen Einzelmerkmale und Signaturen können sich zu einer Fülle verschiedener Zeichenkomplexe zusammenschließen, diese Fülle wird vollends unendlich, wenn wir den Ablauf eines Tests berücksichtigen.

In der Erfassung solcher Merkmalszusammenhänge und ihrer Ausdeutung liegen die größeren und weiteren Möglichkeiten der psychologischen Diagnose des Entfaltungsexperimentes gegenüber dem Prüfexperiment. Dem entspricht freilich auch, daß die Handhabung dieser Methoden ungleich viel schwieriger ist als die des Prüfexperimentes. Das letztere kann in verhältnismäßig kurzer Zeit erlernt werden, seine Auswertung kann gemäß den Regeln in der Mehrzahl der Fälle ohne Schwierigkeit erfolgen, und die Handhabung eines Prüfexperimentes läßt sich so mechanisieren, daß in kurzer Zeit und ohne daß eigentlich geschulte Kräfte zur Verfügung stehen, Massenuntersuchungen durchgeführt werden können.

Dies ist bis jetzt bei einem Entfaltungsexperiment nicht möglich. Es setzt im Gegenteil Übung und Erfahrung voraus. Ist es schon nicht so ganz einfach, ein solches Verfahren zu erlernen, so verlangt die Anwendung eine Praxis, die erst allmählich erworben wird. Abgesehen von den allgemeinen Schwierigkeiten und Problemen stellt zumeist jeder Test seine besonderen Probleme. Oft ist deren Erfassung gleichbedeutend mit einem tieferen Eindringen in die Persönlichkeit, zumeist zeigt sich in einer solchen Problematik auch eine besondere seelische Problematik der untersuchten Persönlichkeit.

Dies alles macht das Entfaltungsexperiment zum eigentlich charakterologisch-diagnostischen Untersuchungsmittel, weil es die Möglichkeit gibt, die Person tiefer und individueller zu erfassen, macht es aber gleichzeitig zu einem Untersuchungsmittel, das Anforderungen an die Schulung dessen stellt, der damit arbeiten will.

## DEUTUNGSALPHABET UND KOMBINATIONSMETHODIK

Entfaltet, wie wir annehmen können und die Erfahrung gezeigt hat, in einem Entfaltungstest die Persönlichkeit sich in Einzelzeichen und einem Ausdrucksgesamt, dann ist die Aufgabe des deutenden Verfahrens, rückwärts aus Ausdrucksgesamt und Einzelzeichen die Persönlichkeit zu erschließen. Der Prüftest hat einen Bewertungsvorgang und einen Deutungsvorgang; sind es mehrere Prüftests, so tritt, wenn sie kombiniert werden, die Zusammenziehung der einzelnen Ergebnisse dazu.

Um den Entfaltungstest zu deuten, sind zwei Deutuhgsvorgänge zu unterscheiden. In der Praxis gehen sie oft ineinander über, aber sie sind wesensmäßig voneinander unterschieden. Der eine Vorgang ist die Aufgliederung des Ausdrucksgesamts, das erschienen ist, in seine einzelnen Zeichen und die Ausdeutung dieser Zeichen gemäß einem Deutungsalphabet. Der andere Vorgang ist, wie schon gesagt, die Einstellung der Einzelzeichen in das Ausdrucksgesamt und die Erschließung der übergeordneten und regulativen Vorgänge. Bei diesem zweiten Vorgang handelt es sich um ein kombinatorisches Verfahren.

So könnte man etwa für die Graphologie vor allem die Zeichen nennen, die seit altersher in jedem Lehrbuch der Graphologie erscheinen, wie beispielsweise Druckstärke, Höhe, Weite, Bindungsform, Verbundenheitsgrad, Schriftlage, Zeilenführung usw. Im Rorschachtest sind es die Ganzdeutungen, Detaildeutungen, Kleindetail- und oligophrene Detaildeutungen, die Gruppe der Farbantworten als reine Farbantworten, als Formfarb- und Farbformantworten, dann die Bewegungsantworten, die Zwischendeutungen usw.

In jedem Fall ist dieser Merkmalschlüssel, nach dem wir das Ausdrucksgesamt erfassen, relativ leicht erlernbar. Ihm entspricht dann ein Deutungsalphabet, das ebenfalls meist einfach ist. So wissen wir, um einige Beispiele zu geben, daß die Formzeichen im Rorschachtest in den Bereich der Intelligenz und Gestaltungskraft weisen, wohingegen die Farbzeichen in das Gebiet der Affektivität und Erlebnisfähigkeit gehören, wir wissen, daß die Schriftlage auf Ansprechbarkeit der Persönlichkeit, die Zeilenführung in die Stimmungslage zeigt usw. Da jedes dieser Zeichen verschiedene Formen annehmen kann, können wir nicht nur die allgemeine Richtung, sondern jeweils auch die bestimmtere Ausprägung der Affektivität, der Stimmungslage, der Intelligenz und der entsprechenden anderen Funktionen erkennen.

So hat jeder Entfaltungstest sein aus Erfahrung und Forschung gewonnenes Merkmalsalphabet, dem ein Deutungsalphabet entspricht. Dieses ist begrenzt, zeigt uns Richtungen und psychische Funktionen. Wir sprechen deswegen von einem „Alphabet", weil diese Zeichenunterschiede und die ihnen entsprechenden Deutungsunterschiede sich in der Tat dem Buchstaben eines Alphabets vergleichen lassen. Sie kombinieren sich miteinander, können sich zu Komplexen verbinden und eine unbegrenzte Zahl von solchen Verbindungen erzeugen.

So leicht es ist, das Deutungsalphabet eines Tests schnell zu erlernen und schnell anzuwenden — wovon die vielerlei praktizierenden Graphologen leider Zeugnis genug ablegen —, so schwierig ist es, den anderen Deutungsvorgang auf eine genaue Weise zu betreiben. Die möglichen Kombinationen, in denen die Einzelzeichen zu Gebilden verschmelzen, sind gleichfalls ein Deutungsfeld. Während wir aber, was die Einzelzeichendeutung angeht, gewisse Normen aufstellen können, ist das Verfahren der Deutung der Kombinationen noch wenig entwickelt.

Die Kombinationsmethodik ist daher das eigentliche Problem und die eigentliche Schwierigkeit all dieser Verfahrensweisen. Die Aufgabe, eine wirklich brauchbare und nachprüfbare Methodik dieser Art zu entwickeln, ist nur zum geringen Teil gelöst und wird sicherlich ein Hauptanliegen der weiteren Entwicklung sein.

Ursprünglich, wie man etwa an der Entwicklung der Graphologie sehen kann, spielt diese Frage als theoretische kaum eine Rolle, dafür aber eine um so größere in der Praxis. Die Kombination der einzelnen Merkmale und der ihnen zugehörenden Deutungsgehalte ging ganz dementsprechend willkürlich vor sich. Man stellte die erfaßten und den Einzelzeichen entnommenen psychischen Funktionslinien nebeneinander, man modifizierte sie nach eigenem Gutdünken und gelangte auf diese Weise zu einem mehr oder minder geschlossenen Bild der Persönlichkeit.

Noch heute ist dieses Verfahren leider bei jenen vielen Graphologen gebräuchlich, die, sich im wesentlichen auf das Deutungsalphabet verlassend, das Übrige mit einer gewissen Routine erledigen. Teils fehlt ihnen die methodische Besinnung auf diese Aufgabe überhaupt, teils sind auch die vorliegenden wissenschaftlichen Ansätze noch im Werden. Wenn gleichwohl selbst auf diese Weise noch einigermaßen brauchbare Ergebnisse zustandekommen, so ist es der Tatsache zu danken, daß gerade im graphologischen Verfahren die Verteilung und das Ineinandergreifen der Zeichen, endlich das unübersehbare und vor Augen liegende Bild des Ausdrucksgesamts gewisse Leitlinien der Zusammenfassung aufzwingt.

Jedoch kann eine wirkliche Deutungstechnik sich auch in diesem Punkte nicht allein auf Routine und zufällige Erfahrung verlassen. Die Aufgabe der Kombinationsmethodik läßt sich klar umreißen. Da uns jeder Entfaltungstest ein Ausdrucksgesamt gibt, in dem die einzelnen Zeichen zusammenhängen, sich zu einer Gesamtgestalt vereinigen und diese Gesamtgestalt in der Kontrastierung, Beziehung und dem Zusammenhang der Zeichen, weiter in der Verteilung und Anordnung der Zeichen erscheint, so muß die Erfassung eben dieser Faktoren uns die Gestalterfassung und Gestaltdeutung ermöglichen.

Vergleicht man nun mit dieser Aufgabenstellung die bisher vorhandenen Versuche und Ansätze einer Kombinationstechnik, so ist zu erkennen, daß sie alle in diese Richtung weisen. In der schon genannten Dominantentheorie von Crépieux-Jamin wird die Verteilung der graphischen Zeichen als Grundlage des kombinatorischen Verfahrens angesetzt. Dann hat Klages, indem er als übergeordneten Gesichtspunkt der Bewertung der einzelnen Merkmale die Festsetzung des Formniveaus einer Schrift verlangte, als Grundlage des kombinatorischen Verfahrens die Deutung des Ausdrucksgesamts verlangt.

Nun sind freilich diese Anweisungen mehr die Angabe von Leitgesichtspunkten als die Ausarbeitung einer wirklichen Technik der Kombination. Eine solche findet sich bis zu einem gewissen Grade im Rorschachtest, der in dieser Hinsicht das am meisten entwickelte Verfahren darstellt.

Bekanntlich darf im Rorschachtest nicht, wie es heute etwa im graphologischen Verfahren noch vielfach üblich ist, von der Deutung der Einzelzeichen oder gar eines Einzelzeichens ausgegangen werden. Die Deutung kann erst beginnen, wenn die Verrechnung durchgeführt ist und die Verrechnungsformel feststeht. In dieser Verrechnungsformel werden einmal die einzelnen Zeichen nach Gruppen der Zusammengehörigkeit, die Rorschach Erfassungstyp und Erlebnistyp genannt hat, geordnet, andere nicht in diese Gruppen gehörende Zeichen werden für sich betrachtet. Weiterhin wird der Anteil der einzelnen Zeichen an der Gesamtzahl teils der Antworten überhaupt, teils verschiedener Antwortengruppen berechnet, und endlich werden besondere Faktoren in diesen Zusammenhang eingestellt. So ergibt die Verrechnungsformel im ganzen äußerlich ein überschaubares Bild der Einzelergebnisse, gibt aber gleichzeitig einen Überblick über die Zusammenhänge.

Im ausgefüllten Schema der Verrechnungsformel erscheinen die Einzelzeichen abgetönt nach ihrer Eigenart und abgestuft nach ihrer gradmäßigen Ausprägung. Damit sind zwei wichtige Grundlagen der Kombination gegeben, der gradmäßige Anteil eines Zeichens am Gesamtbild und die tönungsmäßige Färbung des Ausdrucksgesamt durch ein Zeichen.

Dies entspricht den wirklichen charakterologischen Unterschieden, wie wir sie in der Praxis der Menschenbeobachtung immer wieder sehen können. So erfahren wir beispielsweise, daß derselbe Grad der Intelligenz in zwei Fällen, der jeweils tönungsmäßig anders gefärbt ist, auch andere Persönlichkeitsbilder ergeben. Wir können sehen, daß dieselbe Intelligenz, die wir sowohl nach Grad und Art als vergleichbar ansehen können, dennoch völlig verschieden erscheint, wenn andere Faktoren, wie Affektivität oder Energie, verschieden ausgeprägt sind.

Für jede Diagnose einer Persönlichkeit, die danach strebt, das Gesamtgefüge zu erfassen, muß eine Kenntnis der tönungsmäßigen Verschiedenheit und der gradmäßigen Abstufung der Einzelfunktionen Voraussetzung sein. Allerdings ist damit immer erst die Grundlage für die eigentliche Kombination vorhanden, nicht aber die Einsicht in die wirklich bestehende Kombination, das wirklich erscheinende Gefüge der Persönlichkeit und die möglicherweise erscheinenden Ausgestaltungen.

Hier liegen Aufgaben, die zum großen Teil der Zukunft überlassen werden müssen. Unsere Kenntnis der innerregulativen Zusammenhänge überhaupt, unsere Möglichkeit, sie zu erfassen und schließlich die für alle Diagnostik entscheidene Möglichkeit, sie in einem diagnostischen Verfahren herauszufinden, sind keineswegs vollkommen und im Hinblick auf das, was möglich ist, bescheiden.

## ALLGEMEINE REGELN PSYCHOLOGISCHER UND CHARAKTEROLOGISCHER DIAGNOSTIK

Aus dem Gesagten ergeben sich zusammenfassend einige Regeln, die als allgemeine Leitregeln dienen können. Sie sollen zugleich den Umfang des bisher Erreichten zeigen und erkennen lassen, welche Probleme sich in der praktischen Erfassung eines Charakters ergeben.

Wenn die Grundlage aller psychologischen und charakterologischen Diagnostik die Möglichkeit ist, aus Zeichen als Anzeichen auf eine psychische Gegebenheit zurückzuschließen, so liegt die Problematik einer solchen Möglichkeit immer darin, in welcher Weise und wie weit ein Zeichen als Anzeichen genommen werden darf. Die alltägliche Menschenkunde und unsere Alltagspsychologie sowie die alltägliche Beurteilung eines Menschen machen in dieser Hinsicht oft wenig Umstände. Wir sind schnell bei der Hand und nennen jemanden, den wir einige Male auf einer Lüge ertappt haben, einen Lügner. Würden wir in dieser Art auch wissenschaftlich verfahren, so wäre das Ergebnis dasselbe, wie wir es etwa dort sehen, wo wir die Urteile verschiedener Persönlichkeiten über ein und denselben Menschen vergleichen. Oft sind sie diametral entgegengesetzt, meist recht verschieden und nur vergleichbar, wenn wir den persönlichen Standpunkt des Einzelnen abrechnen.

Wo immer wir ein wissenschaftliches Urteil anstreben, ist die erste Vorbedingung einer solchen Einsicht, daß wir von Zeichen ausgehen, die nicht nur ihrer Außengestalt nach eindeutig umschreibbar sind, sondern auch die ihnen korrespondierende psychische Gegebenheit und ihre Funktion deutlich erkennen lassen. Gerade dieser Forderung genügt die alltägliche Praxis nicht. Wir schließen aus zwar eindeutig umschreibbaren Außengestalten, wie es etwa lügnerisches Verhalten, unzulängliche Handlungen, ängstliches Gebaren usw. sind, allzuleicht auf psychische Funktionen, wie Lügenhaftigkeit, Ungeschicklichkeit, Ängstlichkeit usw.

Als erste Regel für jede diagnostische Erfassung gilt daher, daß das Verhältnis von Zeichen und psychischer Gegebenheit, das wir die Deuterelation nennen, bestimmten Anforderungen genügt. Die Deuterelation muß keineswegs so sein, daß ein Zeichen eindeutig auf eine psychische Funktionslinie oder Gegebenheit und n u r auf diese deutet. Dies ist in den seltensten Fällen möglich. Aber jedes Zeichen, mit dem wir arbeiten, muß in eine Grundrichtung deuten, die an der Erscheinung dieses Zeichens beteiligt ist.

Auch dann noch ist für jede diagnostische Situation und nicht nur die psychologische Diagnostik, als grundsätzliche Grenze gegeben, daß bei einer in der Regel gültigen Deutungsrelation dennoch ein Zeichen dort erscheinen kann, wo die psychische Grundgegebenheit nicht vorhanden ist, und umgekehrt ein Zeichen nicht erscheint, obwohl diese vorhanden ist. Hier sind wir in derselben Lage, in der auch jede medizinische Diagnose ist. Es können Symptome auftreten, die im allgemeinen in eine bestimmte Richtung weisen, im besonderen Fall es aber nicht tun. Bei einer Krankheit, etwa einer Blinddarmentzündung, können Symptome nicht auftreten, die in der Regel erscheinen.

Daher gilt als zweite Regel eines diagnostischen Verfahrens, daß auch dort, wo die regelhafte Sicherheit einer Deuterelation vorhanden ist, jedes Zeichen insofern mehrdeutig ist, als es dort erscheinen kann, wo die im allgemeinen dazugehörige psychische Grundgegebenheit fehlt, und dort fehlen kann, wo diese vorhanden ist. Vor allem in dieser Hinsicht ist der Anfänger allzugerne bereit zu sündigen. Hat er einmal den Wert einer Deuterelation eingesehen und verfügt er über sie, dann glaubt er, daß sie mit unumstößlicher Sicherheit auch anwendbar ist.

Insbesondere ist es das psychologische Prüfexperiment, das die Neigung hat, diese Regel außer acht zu lassen. Daß das Mißlingen oder Gelingen eines Prüfexperimentes nicht immer und unter allen Umständen auf die dazugehörige psychische Tatsache hinweist, muß bei jeder psychologischen Untersuchung, die im Prüfverfahren erfolgt, beachtet werden.

Diese Mehrdeutigkeit des diagnostisch-psychologischen Zeichens liegt in der allgemeinen Tatsache begründet, daß Psychisches sich immer nur bis zu einem gewissen Grad aus der Erkenntnis von Einzelfunktionen verstehen läßt und voll immer erst verstanden wird, wenn wir umfassendere und übergeordnete Gestaltfunktionen miterkennen.

Es ist nun in der psychologischen Diagnostik, wie gezeigt wurde, vor allem eine Gruppe von Verfahrensweisen, die wir als Entfaltungstests bezeichnen, von denen wir sagen können, daß sie diese Erkenntnis anstreben. Nach ihrer Anlage tendieren sie von vornherein auf ganzheitlichere Funktionen. Aber auch kombinierte Testprüfungen haben immer wieder ein ähnliches Ziel zu erreichen versucht.

Soweit diese Methoden zu ihrem Ziel gelangen, verlangen sie eine besondere Technik. Für jedes Verfahren dieser Art ist kennzeichnend, daß das Verhältnis der T e i lzeichen zu den G a n z h e i tszeichen richtig erkannt werden muß, die Bewertung der Teilzeichen entsprechend richtig der Gesamtgestalt erfolgt und Methoden gefunden werden, die das ermöglichen. Diese Erfahrung, die wir in der wissenschaftlichen Diagnostik machen, ist im Grunde eine Erfahrung des alltäglichen Umgangs mit Menschen. Wir können jemand wohl in irgendeiner Teilfunktion, sei es der beruflichen, sei es seiner Leistung als Schüler, als Glied einer sozialen Gruppe usw. ganz richtig erkannt haben, als Persönlichkeit erkennen wir ihn erst, wenn es uns gelingt, zum Verständnis des „ganzen" Menschen zu kommen. Nicht immer mag eine solche übergeordnete Gestalt vorhanden sein, das schließt nicht aus, daß wir dies feststellen müssen.

Wo immer wir aber in charakterologisch-diagnostischer Absicht arbeiten und ein Verfahren, das diesem Zweck dienen soll, anwenden, gilt eine weitere Regel. Sie lautet:

Jedes Einzelzeichen, das im Rahmen einer Gesamtfunktion erfaßt oder in diese eingestellt wird, hat keine absolute Bedeutung mehr, sondern wird von der Gesamtfunktion modifiziert und kann von ihr sogar ins Gegensätzliche verändert werden. Jede bloß einzelzeichendeutende Verfahrensweise und jede in einem Prüfexperiment Einzelfunktionen erfassende

Untersuchung hat daher immer nur den Wert einer Teildiagnose, deren Grenze bei einer umfassenderen Untersuchung liegt. Genau liegt die Grenze jeweils dort, wo übergeordnete Gestaltfunktionen imstande sind, Einzelfunktionen zu modifizieren.

Wenn wir diesem Satz eine besondere Wichtigkeit beimessen, so deswegen, weil er praktisch das Problem jedes Entfaltungstestes und jedes charakterologisch-diagnostischen Verfahrens bildet. Ausdeutung und Auswertung eines solchen Verfahrens hängt immer davon ab, welche allgemeineren Gestaltfunktionen psychischer Art wir durch die Gesamtanlage des Tests erkennen

Aber weiterhin ist dieser Satz bedeutsam, weil er überhaupt die Grenze einer diagnostischen Technik bezeichnet. Die Erfahrung lehrt uns zunehmend, daß offenbar jeder Entfaltungstest bestimmte Gestaltfunktionen vor allem ins Licht rückt. Das ist durch die Art seiner Anlage bestimmt. Zwar können wir heute noch nicht deutlich erkennen, welche spezifischen gestaltenden Qualitäten etwa das graphologische Verfahren oder der Rorschachtest vor allem erkennen. Aber wir erfahren praktisch immer, daß diese Verfahren wohl einen Gesamtaspekt durch eine Persönlichkeit legen, der seine Gültigkeit hat, daß aber daneben noch andere Aspekte möglich sind.

Diese Erfahrung ist es, die zur Vorsicht rät und vor allem dazu rät, bei jeder gründlicheren Untersuchung mehrere Verfahren anzuwenden. Wer auf diese Weise praktisch gearbeitet hat, wird erkannt haben, daß die einzelnen Gesamtverfahren sich korrigieren, in glücklich gelagerten Fällen sich ergänzen, in anderen Grenzfällen aber sich widersprechen und damit neue Probleme stellen.

## ANWENDUNGSBEREICHE, MÖGLICHKEITEN UND GRENZEN PSYCHOLOGISCHER DIAGNOSTIK

Die Anforderungen und Bedürfnisse, aus denen heraus eine psychologische oder charakterologische Untersuchung verlangt wird, sind vielfältig. So werden Rat und Hilfe bei der Ausscheidung der Ungeeigneten und der Auswahl der Geeigneten für die verschiedensten Zwecke erwartet. Die sogenannten Eignungsprüfungen, Berufseignungsprüfungen, Berufsberatungen, Begabtenprüfungen sind, wie man immer erkannt hat, ein Feld psychologischer Diagnostik. Vielleicht hat man zu wenig erkannt, daß sie vor allem ein Feld charakterologischer Diagnostik sind.

Ist Auswahl und Auslese sowohl für die Berufsarten, die möglichst geeignete Kräfte verlangen, wie auch für den, der seinen Beruf sucht, das eine große Feld psychologischer Diagnostik, so ist das andere das der inneren und mit inneren Vorgängen zusammenhängenden Konflikte. Eltern, denen ihre Kinder Sorge machen, gefährdete Kinder und Jugendliche, die abartig sind oder kriminell geworden sind, die Vielzahl der kriminellen Fälle, die deutlich auf eine besondere psychische Veranlagung und eine entsprechende

Umweltsgefährdung verweisen, wollen eine psychologische Untersuchung. Dazu gehört der große Bereich der inneren Konflikte, die sich im Zusammenleben zweier Partner ergeben, oder überhaupt die Konfliktsituation, die entsteht, wenn jemand in eine Krise kommt.

Vielleicht wäre dann noch als ein dritter Bereich jener zu nennen, der in der Praxis der häufigste ist. Ohne eigentliche besondere Veranlassung, aus Wißbegierde oder Neugierde, wird eine psychologische Untersuchung erbeten. Dieser oder jener will sich über sich selbst oder einen anderen klar werden und wendet sich an jemand, der ihm geeignet erscheint, zumeist an einen Graphologen.

Die Übergänge von den Fällen, wo jemand zu seinem eigenen Urteil noch ein anderes hören will, bis zu den Fällen, wo aus Not gefragt und die psychologische Diagnose schon als Hilfe gesucht wird, sind fließend. Eigentlich müßten diese Fälle scharf getrennt werden. Vor allem müßte beachtet werden, daß die psychologische und charakterologische Diagnose nur ein Instrument des Erkennens ist. Es kann Möglichkeiten zeigen, Gefahren aufweisen, innere Situationen und Schwierigkeiten durchsichtig machen, individuelle Bedingungen der Entstehung von Konflikten klären usw. Die Behandlung ist in jedem Fall eine andere Sache, sie erfordert andere Zugänge zum Menschen, andere Methoden, bei allen Fällen, wo sich Anhaltspunkte dafür ergeben, daß eine Behandlung notwendig ist, ist überdies auch eine ärztliche Untersuchung anzuraten.

Von den vielen Anforderungen, die gestellt werden, sind nun keineswegs diejenigen die einfachsten, in denen „nur" ein charakterologisches Gutachten gefordert wird. Hier wird im Grunde das Schwierigste und Umfassendste an psychologischer Diagnose verlangt. Gegeben freilich wird es in den seltensten Fälen. Zumeist wird auch nicht mehr als eine Art von Gesamteindruck, eine Skizze der Persönlichkeit, erwartet. Hier ist dann das große Feld der graphologischen Analyse, deren Recht nicht bestritten werden soll, wo diese Aufgabe mit den nötigen Kenntnissen und der nötigen Vorsicht gelöst wird. Gleichwohl ist aber festzuhalten, daß solche Gutachten nur mit dieser Begrenzung als psychologische Untersuchungen anzusehen sind.

Die eigentlich psychologische und charakterologische Untersuchung ist ein umfänglicheres Verfahren. Es empfiehlt sich immer, wie schon gesagt wurde, die Anwendung mehrerer Verfahrensweisen nebeneinander. Die Blinddiagnose, d. h. die Beurteilung der Persönlichkeit beispielsweise aus einer Schriftprobe oder einem Testresultat ist eins der wichtigsten Forschungsmittel, für die praktische Arbeit ist sie immer nur als Ergänzung zu werten. Schon aus diesem Grunde sind alle graphologischen Gutachten etwa, die abgegeben werden, ohne daß der Gutachter die Persönlichkeit gesehen hat, immer nur als Ergänzung zu einem bereits vorhandenen Urteil zu werten.

Die psychologische Beurteilung muß sich nach dem Zweck richten, zu dem sie verlangt wird. Es ist etwas völlig anderes, ob eine Persönlichkeit auf die Gefahren untersucht wird, die ihre psychische Eigenart in sich birgt, oder auf die Möglichkeiten der Entwicklung, die sie hat; das Urteil kann völlig verschieden ausfallen, je nachdem gefragt wird, ob der Betreffende für eine sehr nüchterne, in engen Grenzen zu leistende Arbeit tauglich ist, oder ob er etwa wünscht, über seine Befähigung zu künstlerischer Arbeit Auskunft zu erhalten.

Wenn man sich weiterhin nach diesen Einschränkungen fragt, was die psychologische Begutachtung und Untersuchung in diesen und ähnlichen Fällen leisten kann, so ist diese Frage nicht allgemein beantwortbar. Setzt man voraus, daß man es mit einem erfahrenen und geschulten Gutachter zu tun hat, der die diagnostischen Techniken beherrscht und psychologisches Wissen hat, also nicht nur über eine Technik wie etwa die der Graphologie verfügt, dann kann man auch erwarten, daß eine solche Begutachtung die Persönlichkeit in ihren Grundzügen aufzeigt, daß sie tiefere und selbst dem Nahestehenden verborgene psychische Tatsachen erkennt und Zusammenhänge sichtbar macht, die ohne eine solche Untersuchung nur unklar erscheinen.

In einem Teil der Fälle ist damit der Zweck der Untersuchung erreicht Aber wiederum sind es gerade die scheinbar einfachen Fragen, die die größten Schwierigkeiten in der Beantwortung machen. Natürlich meint der Laie, daß es dem Psychologen, der etwa sofort bei der zu beurteilenden Persönlichkeit bestimmte Schwierigkeiten oder bestimmte Fähigkeiten erkennt, ein Leichtes sein müsse, zu sagen, ob diese Person sich für diese oder jene Tätigkeit eigne, ob er zu diesem oder jenem Menschen passe. Er macht sich selten die anderen Faktoren, die mitspielen, klar, so z. B. die entscheidende Wirkung der Situation, die einen Menschen aufsperren aber auch zusperren kann, die Tatsache, daß eine Berufsarbeit aus verschiedenen Fähigkeiten, Bemühungen und Anstrengungen geleistet werden kann oder aus verschiedenen Gründen nicht geleistet wird. Wenn auch der Psychologe solche Fragen im allgemeinen beantworten kann, so müßte er, um sie im speziellen Fall zu beantworten, immer eine genaue Kenntnis aller Umstände haben. Ob jemand für eine Berufssituation oder irgendeine Situation geeignet ist, kann zweierlei heißen. Er muß für die Sache geeignet sein, also für die Arbeit, dann aber auch für die Umstände, z. B. für den Arbeitgeber. Kommen Eltern und wollen wissen, aus welchen psychischen und individuellen Gründen ihr Kind schwer erziehbar ist und sich abartig entwickelt, so ist es die alte Erfahrung, daß sehr oft der Grund dafür in der seelischen Struktur der Eltern liegt. In diesen und ähnlichen Fällen müßte zu der Beurteilung der eigentlich in Frage stehenden Persönlichkeiten die der Partner treten.

Das diagnostisch-psychologische Erkennen ist ein Eindringen in die individuelle Persönlichkeitsgestalt. Diese kann in ihren Grundlinien erkannt werden. Um aber zu wissen, wie sie sich in einem bestimmten Feld entfaltet, muß dieses Feld bekannt werden. Und dieser Teil der lebendigen und psychischen Persönlichkeit kann aus einer diagnostischen Untersuchung direkt nicht erkannt werden, höchstens aus dem Widerschein dieser Bedingungen in der Persönlichkeitsgestalt.

Jede diagnostische Untersuchung für einen speziellen Zweck oder aus Anlaß eines Konfliktes wird um so eher gelingen, je mehr diese Umstände bekannt sind. Die ganz allgemeine Charakteristik einer Persönlichkeit, gleichsam die Aufzeichnung eines seelischen Grundrisses, der in allen Situationen und unter allen Umständen die Persönlichkeit bedingt — dies ist die große Möglichkeit einer psychologischen und insbesondere charaktèrologischen Diagnose.

Sie kann als Blinddiagnose geschehen, also lediglich auf Grund eines diagnostischen Verfahrens, ohne daß Umstände und Situation, ohne daß die Entwicklung der Persönlichkeit bekannt ist. Immer wieder kann man dann hören, daß eine solche Blinddiagnose, beispielsweise eine graphologische Begutachtung, erstaunlich gut gewesen sei. In der Tat gibt es Blinddiagnosen, die eine Persönlichkeit im Ganzen und bis in ihre verborgenen Winkel zu erfassen scheinen und mit hellsichtigem Blick die Umwelt zeichnen können, in der der Betreffende lebt.

Solche Leistungen haben darin Ähnlichkeit mit einem Kunstwerk, daß sie über das handwerkliche Können hinausgewachsen sind, aus langer Erfahrung und einem zur Kunst gewordenen Können entstanden sind, wenn sie nicht Zufallstreffer sind. Man tut gut daran, nicht von diesen Leistungen den Maßstab zu nehmen. Ein wissenschaftlich brauchbares und lehrbares Verfahren ist zunächst ein handwerkliches Können, das nur in den besonderen und überdurchschnittlichen Fällen zur Kunst wird.

Nimmt man dieses handwerkliche Können als durchschnittlichen Maßstab, so ist vor allem zu fordern, daß psychologische Diagnostik zum mindesten die völlige Beherrschung eines Verfahrens und die zusätzliche Beherrschung von weiteren Verfahrensweisen voraussetzt. Ohne die Kenntnis eines solchen Verfahrens hat niemand das Recht, eine fachlich-psychologische Begutachtung abzugeben, er mag ein noch so guter Psychologe sein und noch so viele Erfahrung und psychologisches Fingerspitzengefühl besitzen. Erst die Kenntnis eines diagnostischen Verfahrens gibt die Möglichkeit, anderweitig Gesehenes und Erkanntes zu kontrollieren.

Jede lebendige Persönlichkeit erlaubt unzählig viele Bilder, je nach dem Blick- und Standpunkt, den wir einnehmen. Sie ist eine Gestaltfunktion, die sich zwar einerseits um gewisse Mittelpunkte bewegt, andererseits sich aber um Aufgabe, Ziele und Situationen sammeln muß, die im Außen liegen. Den einen Teil des Seelischen muß der Psychologe mit seinen Verfahren finden. Diesen muß er auch in der Blinddiagnose erkennen. Aber die Fehlerquelle aller Blinddiagnosen bleibt darin außerordentlich groß, weil wohl die inneren Mittelpunkte erkannt werden können. Diese zeigen sich als wirkende oder leidende Kräfte der Persönlichkeit. Aber die äußeren Konzentrationspunkte, Fixierungen, das Feld, in dem die Persönlichkeit sich entfaltet, sind für unsere Verfahrensweisen nur indirekt erschließbar.

Aufgabe und Möglichkeit einer psychologischen und charakterologischen Diagnostik liegt also darin, die Grundgestalt einer Persönlichkeit zu erfassen, wie sie sich entwickelt hat und in ihrem gegenwärtigen Stadium ausprägt. Diese Fixierung einer Grundgestalt strebt jedes Verfahren an, ihre Erkenntnis ist der Kern, um den sich alles weitere bewegt. Sie richtig, möglichst vollständig und in ihrer individuellen Ausprägung zu erfassen, ist die eigentliche und heute durchaus zu einem wissenschaftlichen und kontrollierbaren Verfahren entwickelte Möglichkeit psychologischer Diagnostik.

Die weiteren Erkenntnise, so z. B. Erschließung der Entwicklung, die voraufgegangen ist, Einsicht in die besonderen Fähigkeiten, Eignungen und noch bestehenden Entwicklungsmöglichkeiten zu gewinnen, Gefahren zu erkennen, sind Konsequenzen und kombinatorische Schlüsse, die aus der primären Einsicht in die Grundgestalt gezogen werden. Sie sind um so eher möglich, als zu der Einsicht in die Grundgestalt die genaue Kenntnis der zusätzlichen äußeren Bedingungen und Situationen hinzutritt.

Die innere Funktionsgestalt der Persönlichkeit, die die diagnostische Psychologie ergreift, ist ein Teil des Schicksals. Der andere Teil aber ist das Feld, in dem diese Gestalt sich entfaltet. Die Besonderheiten dieses Feldes, d. h. die schicksalsmäßige Entwicklung, soweit sie durch die Bedingungen der Umwelt veranlaßt und bestimmt ist, kann eine solche Diagnostik nicht voraussagen.

# LITERATURVERZEICHNIS

Das nachfolgende Verzeichnis dient vor allem dem Zweck, Hinweise für Anfänger und Fortgeschrittene zu geben. So nennt es neben den Einführungen Grundwerke, auch älterer Art, und zusammenfassende Darstellungen. Auf Spezialliteratur wurde weitgehend verzichtet, doch wurde Bedacht darauf genommen, die Werke zu nennen, die Spezialliteratur angeben.

Um aus der Fülle der verstreuten Literatur eine didaktisch brauchbare Auswahl geben zu können, sind die Angaben systematisch nach Gebieten geordnet, die sich locker dem Gang des Buches anschließen.

## I. EINFÜHRUNGEN, GESAMT- UND SAMMELDARSTELLUNGEN, ZEITSCHRIFTEN

1. Historisch:

P. Seifert, Charakterologie im Handbuch der Philosophie, Bd. III, Mensch und Charakter, Leipzig 1931.

2. Sammelwerke:

N. Ach, Lehrbuch der Psychologie. 3. (bisher einziger Bd.), Praktische Psychologie 1944.

Abderhalden, Handbuch der biologischen Arbeitsmethoden, Bd. VI, Berlin—Wien 1920 ff.

Birnbaum, Handwörterbuch der medizinischen Psychologie, Leipzig 1930.

3. Zeitschriften:

Charakter. Eine Vierteljahresschrift, herausgegeben von Saudek. (3 Jahrgänge 1933—1935.)

Jahrbuch für Charakterologie. Bd. I—VI, herausgegeben von Utitz. 6 Bde. Berlin 1924—1929.

Zeitschrift für Menschenkunde, herausgegeben von Hattingberg, Campmann und Engelke. Berlin 1925—1943.

Schweizerische Zeitschrift für Psychologie, herausgegeben von Morgenthaler, Bern, seit 1942.

Psyche, herausgegeben von Kunz, Mitscherlich und Schottländer, seit 1948.

Grenzgebiete der Medizin, herausgegeben von Tischendorf, seit 1948.

(Abgesehen von diesen Zeitschriften finden sich verstreut in allen anderen psychologischen und pädagogischen sowie psychiatrischen Zeitschriften wichtige Arbeiten.)

4. Systematische Gesamtdarstellungen der Charakterkunde:

P. Helwig, Charakterologie, Leipzig 1936, L. Klages, Grundlagen der Charakterkunde, 10. Aufl. 1948, A. Kronfeld, Lehrbuch der Charakterkunde, Berlin 1932, H. Rohracher, Kleine Einführung in die Charakterkunde, 3. Aufl. 1937.

5. Systematische Darstellungen angrenzender Gebiete:

Elsenhans — Giese — Gruhle — Dorsch, Lehrbuch der Psychologie, 3. Aufl. 1939, K. Jaspers, Allgemeine Psychopathologie, 4. Aufl. 1946, Rohracher, Einführung in die Psychologie, 3. Aufl. 1948.

## II. GRUNDRICHTUNGEN UND GRUNDWERKE

1. Psychoanalyse:

Freud, Gesammelte Schriften. Wien 1928. Insbesondere (auch einzeln erschienen): Vorlesungen zur Einführung in die Psychoanalyse. Psychopathologie des Alltagslebens. Jenseits des Lustprinzips. Das Ich und das Es. Ges. Schriften Bd. IV, Bd. VI, Bd. VII.

Bumke, Die Psychoanalyse und ihre Kinder. Berlin 1938.

2. Individualpsychologie:

A. Adler, Über den nervösen Charakter. 4. Aufl. 1928, Wexberg, Handbuch der Individualpsychologie. 2 Bde., München 1938, Künkel, Angewandte Charakterkunde in 6 Bden. Leipzig 1932—1935.

3. Komplexe Psychologie (Jung):

C. G. Jung, Psychologische Typen, 3. Aufl. 1930, Zürich, Ders. Psychologische Abhandlungen, Bd. 2, 3, 4, Zürich 1928, 1932 und 1943. Die kulturelle Bedeutung der komplexen Psychologie, Festschrift zum 60. Geburtstag von C. G. Jung, herausgegeben vom Psychologischen Club Zürich, Berlin 1935.

4. Allgemeine Tiefenpsychologie und Psychotherapie:

Heyer, Der Organismus der Seele, München 1932, Schultz I. H., Das autogene Training, 4. Aufl., Leipzig 1940, Schultz-Hencke, Der gehemmte Mensch, Leipzig 1940, Speer, Der Arzt der Persönlichkeit, Stuttgart 1949.

5. Konstitutionspsychologie:

E. Kretschmer, Körperbau und Charakter, 17./18. Aufl. 1944, E. Kretschmer und W. Enke, Die Persönlichkeit der Athletiker, 1936, K. Konrad, Der

Konstitutionstypus als genetisches Problem, Berlin 1941, E. Jaensch, Grundformen menschlichen Seins, 1929.

6. Erbcharakterologie:

W. Peters, Die Vererbung geistiger Eigenschaften und die psychische Konstitution, 1925, G. Pfahler, Vererbung als Schicksal, 1932, Stumpfl, Erbpsychologie des Charakters, Handbuch der Erbbiologie des Menschen, Bd. V, 1, 1939, Gottschaldt, Die Methodik der Persönlichkeitserforschung in der Erbpsychologie, 1942, H. Kranz, Lebensschicksale krimineller Zwillinge, 1936.

7. Schichtenpsychologie und Aufbau des Charakters:

H. Hoffmann, Das Problem des Charakteraufbaus, 1936, H. Lersch, Der Aufbau des Charakters, 1938, E. Rothacker, Schichten der Persönlichkeit, 3. Aufl. 1947.

8. Entwicklungspsychologie und Entwicklungscharakterologie:

Charlotte Bühler, Das Seelenleben des Jugendlichen, 5. Aufl. 1929, K. Bühler, Die geistige Entwicklung des Kindes,. 6. Aufl. 1930, C. W. Dix, Das Seelenleben des Kindes im ersten Lebensjahr, 1939, O. Kroh, Die Psychologie des Grundschulkindes in ihrer Beziehung zur kindlichen Gesamtentwicklung, 9./10. Aufl. 1931, W. Hansen, Die Entwicklung des kindlichen Weltbildes, 1928, W. Hoffmann, Die Reifezeit, 3. Aufl. 1938, E. Spranger, Psychologie des Jugendalters, 19. Aufl. 1949, E. Schneider, Psychologie der Jugendzeit, 1948.

9 Verstehende Psychologie:

W. Dilthey, Ideen über eine beschreibende und zergliedernde Psychologie. Ges. Schriften Bd. V, 1943, Ders. Über vergleichende Psychologie, Beiträge zum Studium der Individualität, Ges. Schriften Bd. IV, Ders. Die Typen der Weltanschauung und ihre Ausbildung in den metaphysischen Systemen, Ges. Schriften Bd. VI, E. Spranger, Lebensformen, 7. Aufl. 1930, K. Jaspers, Psychologie der Weltanschauungen, 2. Aufl., Berlin 1922, E. Nohl, Charakter und Schicksal, 1938, Gruhle, Verstehende Psychologie, 1947.

10. Ausdruckspsychologie:

K. Bühler, Ausdruckstheorie 1933, L. Klages, Grundlagen der Wissenschaft vom Ausdruck, 6. Aufl. 1942, Piderit, Mimik und Physiognomik, 4. Aufl. 1925, Ph. Lersch, Gesicht und Seele, 2. Aufl. 1943, H. Strehle, Analyse des Gebahrens, Berlin 1934, G. Kietz, Ausdrucksgehalt des menschlichen Ganges, Keilhacker, Sprechweise und Persönlichkeit, 1940, Eckstein L., Die Sprache der menschlichen Leibeserscheinung, 1943, Fischer G. H., Ausdruck und Persönlichkeit, 1943.

11. Psychotechnik und Prüfmethodik:

a) Allgemein:

Franziska Baumgarten, Die Testmethode, in Abderhaldens Handbuch der biologischen Arbeitsmethoden, 1933, Bd. VI, Moede, Lehrbuch der Psychotechnik, 1. Bd. 1930, Wallon, Grundzüge der angewandten Psychologie, übersetzt von Witte, 1948.

b) Intelligenzprüfung

E. Hylla, Testprüfungen der Intelligenz, Braunschweig 1927, Bobertag, Über Intelligenzprüfungen nach der Methode von Binet und Simon, W. Stern-Wittmann, Methodensammlung zur Intelligenzprüfung, 3. Aufl., Leipzig 1926, D. Wechsler, The measurement of Adult Intelligence, Baltimore 1941, H. Biäsch, Testreihen zur Prüfung von Schweizer Kindern, o. J.

c) Eignungsprüfung:

Giese, Handbuch psychotechnischer Eignungsprüfungen, 1925, Moede, Eignungsprüfung und Arbeitseinsatz, 1943, A. Carrard und Mitarbeiter, Praktische Einführung in Probleme der Arbeitspsychologie, Rascher, 1949.

12. Diagnostische Psychologie:

a) Allgemein:

Rapaport with the collaboration of Gill and Schafer, Diagnostical Psychological Testing, 2. Bd., Chicago 1945, R. Meili, Psychologische Diagnostik, 1937, Simoneit, Grundriß der charakterologischen Diagnostik, 1943.

b) Verschiedene Verfahren:

Rorschachtest:

E. Schneider, Psychodiagnostisches Praktikum, 3. Aufl. 1948, H. Rorschach, Psychodiagnostik, 6. Aufl., herausgegeben von Morgenthaler, 2. Bd., Text und Testapparat, 1948, H. Zulliger, Behn-Rorschachtest, 1941, 2. Bd., Text und Tafeln, 1941, B. Klopfer, Rorschach technique; a manual for a projektive method of personality diagnosis, New York, 1942.

Graphologie:

Klages, Handschrift und Charakter, 23. Aufl. 1949, Pophal, Die Handschrift als Hirnschrift, 1949, M. Pulver, Symbolik der Handschrift, 4. Aufl. 1945, R. Heiss, Deutung der Handschrift, 1943.

Warteggtest:

E. Wartegg, Gestaltung und Charakter, Leipzig 1939.

Szonditest:

L. Szondi, Schicksalsanalyse, 1944, Ders. Experimentelle Triebdiagnostik, 1947 (Text und Apparat).

Szenotest:

Dr. von Staabs, Anleitung zum Szenotest, Berlin 1944.

Thematic — Apperception — Test, Manual by Henry A. Murray, 1943, Harvard-University Cambridge, Massachusetts, U. S. A.

Paulitest:

Pauli, Der Arbeitsversuch als charakterologisches Prüfverfahren, 1943.

Ramplein, Beiträge zur Typologie und Symptomatologie der Arbeitskurve, 1942.

Pyramidenfarbtest:

Der im Text genannte Pyramidenfarbtest ist von Pfister aus dem Institut für angewandte Psychologie von Dr. Biäsch, Zürich.

Die beiden Lückentests im Text sind entnommen:

1. Moede, Lehrbuch der Psychotechnik, S. 226;
2. F. Kaeser: Testpsychologische Hilfsmittel für Eignungs- und Neigungsabklärungen, Aeroverlag o. J.

# NAMEN- UND SACHREGISTER

★

FSC
www.fsc.org
MIX
Papier | Fördert
gute Waldnutzung
FSC® C083411

Zeitfracht Medien GmbH
Ferdinand-Jühlke-Straße 7
99095 Erfurt, Deutschland
produktsicherheit@kolibri360.de